科学创新理论与应用

秦伟平　王　晖　著

科 学 出 版 社

北 京

内 容 简 介

本书从历史与现实发展的视角阐述了"科学"与"创新"的内涵与外延，揭示了人类从事科学研究活动的本质，给出了新的"科学"定义。通过多维度空间的广义诠释，揭示了创新的特征与本质。在定义了"创新"概念的基础上，阐述了创新的时空限域、级别、价值、衍生能力、派生能力、影响力和难易程度等问题，进而给出了评价创新活动的准则；提出了对创新进行分级的依据和方法；定义了创新因子等多项创新评价指标；提出了评价创新的方法和操作步骤；阐述了创新的产生机制和过程；论述了教育创新和建立人类空间网络映像的问题。

本书适合科技政策制定者和执行者、科研人员、学术期刊编辑、科研项目规划与发布人员、创新成果评价人员、科技奖励工作人员、相关专业研究生、教育工作者和学生家长阅读或参考。

图书在版编目（CIP）数据

科学创新理论与应用 / 秦伟平，王晖著. —北京：科学出版社，2019.4
ISBN 978-7-03-060872-7

Ⅰ. ①科⋯　Ⅱ. ①秦⋯ ②王⋯　Ⅲ. ①创造学　Ⅳ. ①G305

中国版本图书馆 CIP 数据核字（2019）第 049581 号

责任编辑：王喜军　高慧元 / 责任校对：贾娜娜
责任印制：师艳茹 / 封面设计：壹选文化
手绘插画：张敬勋

科 学 出 版 社 出版
北京东黄城根北街 16 号
邮政编码：100717
http://www.sciencep.com

河北鹏润印刷有限公司 印刷
科学出版社发行　各地新华书店经销
*
2019 年 4 月第 一 版　开本：720×1000 1/16
2019 年 4 月第一次印刷　印张：26
字数：520 000

定价：118.00 元
（如有印装质量问题，我社负责调换）

名词与术语

1. 物质：由基本粒子所构成，通常的存在形式是化学元素或化学元素的组合，包括无机物和有机物（含具有生命特征的生物体）。

2. 场：物质释放、交换与传递能量的一种表现形式，包括电场、磁场、光场、引力场。

3. 意识：脑活动的非物质存在形式。

4. 时间：用于衡量事物发生、发展顺序和节奏的自然属性。

5. 信息：生物体或生物体借助于工具获取、交流、传递、存储事物形态和特征的信号与消息，是生物体利用物质及其属性组成的编码。

6. 科学：关于自然（物质、空间、时间和场）、生命、思维、社会现象及其存在形态和演化规律的学问，是在遵从真实、客观、可证伪、可观测、符合逻辑、严谨等原则的基础上建立起来的知识体系。

7. 科学研究：通过现象观察、实验模拟、理论抽象、逻辑归纳、回归验证等活动过程，发现和描述对象的存在形态与演化规律，通过发明创造活动制造新事物的人类活动。

8. 自然：包括一切以物质形态存在的实体和从实体辐射出来的场，包括承载物质和场的空间，包括标定事物发生、发展顺序和节奏的时间。物质实体包括所有天然或人造的无机物和有机物；场包括电场、磁场、光场、引力场。

9. 生命：蛋白质存在的一种形式，其基本特征是蛋白质能通过新陈代谢作用不断地跟周围环境进行物质与能量交换。

10. 思维：以广义的语言（含语音、声音、文字、符号、知觉、情绪）和图像为载体的大脑活动过程。通常情况下特指人类大脑的活动过程。

11. 社会：群体形态下，人或动物个体间的存在关系的总和。

12. 单素：不可再拆分的因素。

13. 复素：可以进一步分解的因素。

14. 万维空间：任何一个事物都可以在一个由 N 个单素和复素构成的 N 维坐标体系中被描述出来，N 维坐标体系被称为万维空间。

15. 单素轴：简称素轴，指万维空间的单素坐标轴。

16. 复素轴：简称复轴，指万维空间的复素坐标轴。

17. 素轴空间：简称素空间，指坐标轴全部是素轴的万维空间。

18. 复轴空间：简称复空间，指坐标轴全部是复轴的万维空间。

19. 非素轴空间：简称非素空间，指坐标轴既有素轴又有复轴的万维空间。

20. 万维空间中的点：所有坐标轴都只有单一的取值。

21. 万维空间的直线与直线线段：在任意一个坐标轴上的取值有一个不为零的范围，而在其他坐标轴上都只有单一的取值。如果该不为零的范围是无限的，则为万维空间的直线，否则为直线线段。

22. 万维空间中的曲线：在任意一个坐标轴上的取值有一个不为零的范围，而其他坐标与该坐标之间存在一一对应的取值关系。

23. 万维空间中的平面：在任意两个坐标轴上的取值均有自己不为零的变化范围，而在其他坐标轴上都只有单一的取值。

24. 万维空间中的曲面：在任意两个坐标轴上的取值均有不为零的变化范围，而其他坐标均单一取值且与前面两个坐标之间存在一一对应的取值关系。

25. 万维空间中的多维体：在三个或三个以上坐标轴上的取值均有不为零的变化范围。

26. 子空间：维度数量小于万维空间维度总数量的部分空间。

27. 外在空间：外在万维空间的简称，即独立于人的意识之外的现实世界。

28. 内在空间：内在万维空间的简称，客观世界的万维空间反映在人的主观世界中所形成的主观映像，即人对现实世界的认识。

29. 人类空间：由人类知识的总积累构成的全人类内在空间。

30. 个体空间：存在于人类某个个体头脑中的个体内在空间。

31. 态：事物状态的简称。

32. 状态函数：简称态函数，在万维空间中描述事物的坐标及其变化的函数，或事物在万维空间中的坐标及其变化范围的集合。

33. 系统：对事物及其所处环境的统称。

34. 创新：增添人类知识积累的活动。

35. 全球创新：也称地球创新或人类创新，指地球人类所及区域内的人类创新。

36. 秘密创新：处于保密状态的全球创新，或指没有公开的全球创新。

37. 区域创新：也称局部创新，指在地球上一个局部区域内的创新。通常指受到了秘密创新的提示和影响在某个地区内开展的跟踪与模仿活动，不具有全球创新的意义。

38. 狭义创新：严格意义上的创新，通常等同于全球创新。

39. 广义创新：非严格意义上的创新，通常等同于区域创新。

40. 负价值创新：简称负创新，产生了负的社会效益或负价值的创新。

41. 零价值创新：不能产生任何社会效益和社会价值的创新。

42. 知识：人类对事物理性认识的结晶。

43. 维积：维度和容积的统称，用于衡量万维空间中知识覆盖事物的广泛性和多少的量度。

44. 知识的维积：某个知识在万维空间中覆盖的维度和空间范围。

45. 零维知识：也称点状知识，关于某个事物的某种极其特殊情况的知识。零维知识的适用范围在任何维度上都不能够扩展，即在任何维度上都只能取单一的值。

46. 一维知识：也称线状知识，揭示事物发展的某种规律性，阐明该事物随着某个参量变化的运行轨迹，具有一维规律特征的知识。

47. 二维知识：也称面状知识，揭示事物在两个维度上发生变化的规律性，其维积是一个万维空间中的二维曲面，具有二维规律特征的知识。

48. 多维知识：揭示了事物在多个维度变化时的共同属性，其维积是万维空间内的多维体。

49. 逻辑距离：事物之间逻辑关联的远近程度。

50. 创新因子：可同时衡量创新事件的创新程度和创新能力的因子，是时间的函数。

51. 创新价值：创新事件所产生的结果在社会应用中所带来的社会效益。主要体现在新知识被转化为生产力、社会财富以及由其直接和间接衍生出的其他创新事件的价值。创新价值是时间的函数。

52. 创新影响：创新事件产生的影响，包括衍生创新事件的数量和质量、创新事件本身及其衍生创新事件产生的社会效益的总和。

53. 创新影响力：创新活动及其结果对产生新知识和社会效益的影响能力。

54. 创新影响因子：衡量创新事件或创新成果产生的直接影响的评价指标。

55. 创新衍生因子：综合反映一个创新事件衍生出其他创新事件的质量及其数量的指标。

56. 创新的派生能力：将创新所产生的新知识用于具体实践并导致新知识转化为新事物的能力。它是衡量创新知识实用性高低的指标。

57. 维度创新：建立或发现了一个新维度的创新。

58. 单维创新：发现或创造了万维空间新的单素轴的创新。

59. 复维创新：发现或创造了万维空间新的复素轴的创新。

60. 递推创新：通过逻辑推理获得新知识的创新方式。

61. 复合创新：复合两个或两个以上不同维度而产生的创新。

62. 组合创新：通过组合原有事物创造出了新的事物。

63. 参量创新：突破万维空间某个坐标轴测量极值（最大值或最小值）的活动。

64. 数量创新：创造事物数量或数值新纪录的活动。

65. 变形创新：将原有事物做了形式上的变化从而生产出了新的事物形态。

66. 递进创新：当一个创新事物出现后，人们对其改进和升级并创造出新的事物。递进创新产生于创新的衍生能力。

67. 类比创新：通过类比创造出新事物的活动。

68. 模仿创新：模仿原有事物而产生出新的类似事物的活动。

69. 创新级别：用于区分创新事件的等级，从高等级到低等级分别用 0、1、2、3……等级数来表示，分别称为零级创新、一级创新、二级创新、三级创新……。其等级数为创新事件中使用的旧知识数量。

70. 元级创新：即零级创新，也称为"源创"，是"无中生有"型的维度创新。

71. 发现创新：让失真的内在空间映像趋同于真实世界的外在空间而产生的创新。

72. 发明和创造：让外在空间趋同于内在空间的创新过程。

73. 创作创新：将个体空间的内容用语言文字、图像、音符、程序代码、摄影、雕刻、陶艺等不同形式表现出来，形成超越外在空间的新描述，并赋予其新的含义和功能。

74. 能力：从事某项工作、承担某项任务或处理某件事情时所表现出来的技巧品质。

75. 肢体记忆：或称肌肉记忆，人体的肌肉具有"记忆"功能，同一种动作重复多次之后，肌肉就会形成条件反射，表现出肢体记忆效应。

76. 智力因素：在人的智慧活动中直接参与认知过程的因素。

77. 非智力因素：不直接参与认知过程的因素，即在认知过程中不直接承担对机体内外信息的接收、加工、处理等任务，但直接制约认知过程，表现为它对认知过程的驱动、定向、影响、维持、调节以及弥补作用。

78. 行为能力：人在行为过程中需要的各种能力，如肢体运动能力、思维对人体的控制能力、肢体记忆能力、领导能力、理财能力、操纵器械的能力等。

79. 行为过程：在某种思想指导下人的行动过程。

80. 心理过程：即心理活动过程，指人的心理活动在一定时间内随着所处的境况发生、发展和变化的过程。

81. 创新思维：能够产生新知识的思维。

82. 创新心理过程：能够产生新知识的心理过程。

83. 技能：一种通常需要肢体记忆相配合的特殊知识，属于个体空间的一部分。

84. 想象：有意识地让个体空间失真的思维方式。

85. 心理动因：人们产生动作、愿望或需求的心理原因。

86. 自发创新：自发展现出的创新思维，指不受生活经验限制的、随意的创新。

87. 自觉创新：创新者力图摆脱固有的思维模式，从各个方面做出判断和推敲，并同以往的经验进行对比，然后进行反复的琢磨而形成的创新。

88. 准创新：产生了新异事物却没有产生新知识的创新。

89. 创新的心理机制：在思维中用已知事物牵引出未知事物的心理动因。

90. 显意识心理活动：在感知觉系统受控的状态下发生的心理活动，其特征在于，大脑能够顺利地将活动过程及活动中产生的信息存储在记忆之中。

91. 潜意识心理活动：不受感知觉系统监控的心理活动，其特征在于，大脑不能顺利地将活动过程及活动中产生的信息存储在记忆之中。

92. 维界：低维子空间与高维子空间的交界。

93. 创新检索：通过设置创新主题词证明事件具备前所未有的创新性质的检索。

94. 创新人才：能够产出新知识的人才。

95. 自觉：在理性认识行动目的及其社会意义的基础上，独立自主地确立合理目标、主动调节和支配行动的意志品质。

96. 果断：通过对是非的理性认识，迅速而合理地做出决定和执行决定的意志品质。

97. 自制：通过对行动（目的及意义）的理性认识，合理地控制和支配自己行动的意志品质。

98. 坚持：通过对行动（目的及意义）的理性认识，在行动中坚持决定、百折不挠地克服困难和障碍、完成既定目标的意志品质。

99. 勇气：通过对行动（目的及意义）的理性认识，在危险的时刻保持理智。

100. 全一组合：也称"71组合"，具有最高品质的个体空间组合方式。

101. 5122组合：通过减少维度数量和知识内容而达到空间结构合理和知识内容准确、清晰的个体空间组合方式。

102. 全3组合：也称"73组合"，在三级分类的情况下，品质最低的个体空间组合方式。

103. 72组合：在三级分类的情况下，个体子空间七种品质因素都居于中等层次的组合方式。

104. 维度人工智能：可以产生新维度的人工智能。英文拼写为 dimensional artificial intelligence，缩写为 DAI。

105. 学习开关：控制一个人是否处于"接受知识"状态的心理开关。

106. 有序积累：按照知识由浅入深、由简到繁的顺序进行学习和记忆的知识积累方式。

107. 知识操控：或称操控知识，指将人类空间的知识作为对象进行驾驭的知识运用方式。

108. 知识操控教育：以知识操控的理念，注重培养知识操控能力的教育。

109. 知识积累型教育：以增加受教育人知识积累为目的的教育。

110. 人类空间网络计划：简称人类空间计划，指将人类现已掌握的知识在最大可能的情况下汇集在网络平台之上，构成一个可供全人类检索使用的人类空间网络映像。

111. 中国脑：以中文为主要检索语言，内容丰富、准确、专业、权威的多功能信息化网络检索平台。

112. 中国脑工程：建设中国脑的工程，人类空间计划的一部分，是中国版的人类空间计划。

113. 上转换发光：光频上转换发光的简称，其英文为 optical frequency upconversion luminescence，特指发光频率高于激发光频率的一种发光现象。

前　言

　　科学与创新是当今社会广泛而频繁使用的两个词汇。在很多情况下，人们只是把它们当成时髦的词汇来使用，很少深究其真实的含义。毫无疑问，科学与创新是现今社会高速发展所依赖的两大动力源泉。然而，对它们的含混认识与错误解读，已经造成了许多模糊的理念和不良的后果。这些构成了作者创作本书的动机。

　　创新的本质是什么？长期以来人们对此并不十分清楚。本书提出创新是增加人类知识积累的活动。这是对创新本质的认识。

　　西方人提出的 innovation（中文通常译为创新）主要是用于生产、经营和经济活动之中，如在其中引入新技术和新方法等。

　　中国 1400 多年前的《魏书》就有"革弊创新"的说法。在汉字的语义中，创指的是一个从无到有的过程，创造出来的东西必须是原来没有的、新的东西。这就是中华文化对创新的解释，很精辟。所以，创新的概念就有两点：一是从无到有，二是产生了之前没有的东西。新，不是材质上的新，而是本质上的新、类别上的新。

　　在当代中国人的意识中，创新意味着产生了本质和类别上的新事物，因此必然是增加了人类知识积累的活动。从这个角度讲，中华文化里的创新和英文中的 innovation 不能等同。我们有必要对创新的内涵和外延重新进行考察，以建立科学的创新理论体系。

　　此前，人们从来没有对创新活动做过分级、分类研究。分级与分类就是要解决哪些创新是高级别的，哪些创新从本质上是重要的问题。针对这些问题，目前还没有一个系统的理论对其进行阐述。然而，如果从产生新知识的角度去思考这些问题，我们就能够找到解答上述问题的合理线索，就能够区分不同级别和类别的创新。

　　定义创新级别的关键就在于一个创新活动使用的旧知识量有多少。使用的旧知识量越少，说明创新性越高；使用的旧知识量越多，则创新级别越低。因此，本书提出了元创或源创的概念，指的是没有明显使用旧知识的创新，这样的创新通常也是维度创新。现在人们常用的原创指的是原始创新。这种用法没有显示出该创新是否使用了旧知识以及使用了多少旧知识。本书提出的元创或源创是元素的元或源头的源，具有开元或源头的含义。

　　本书定义了创新的衍生能力和派生能力。一个创新事件出现以后，它还可以诱发出其他级别比较低的创新事件，这种能力称为创新的衍生能力。将创新中产生的新知识用于具体的社会实践产生其他社会效益（如产品）的能力称为创新的派生能力。

在研究了知识量化的基础之上，本书探讨了对创新的价值、创新因子、创新级别、创新的衍生能力等指标的量化问题。

创新产生的新知识一定是人类之前不知道的知识，因此，必定产生在人类知识积累未涉及的区域。这就要求创新者拥有的知识一定接近于这个未知区域，或者说创新者的知识要处于已知知识区域的边界上。

在研究创新产生的过程中，本书提出了三个空间的概念：外在物质世界，本书将其称为外在万维空间或外在空间；整个人类的知识积累，本书将其称为人类空间；一个人的知识积累，本书将其称为个体空间。

一个人从小开始学习知识，一是从外在空间观察世界，自己去体会和总结；另外绝大部分是从人类的知识积累中学习和萃取，然后形成自己的个体空间。如果一个人个体空间中的某个知识与人类空间原有的知识不一样，并且被证明是正确的，那么他就增加了人类的新知识，实现了创新。

三个空间相互之间比较才能够产生创新是本书的一个重要结论。发现、发明、创造、创作，从本质上讲，都源自三个空间的比较。

既然创新与知识的产生相关，我们就应该弄清楚人类知识的来源。本书的一个观点就是，人类全部知识的唯一来源是外在世界，即所有的知识都来自于物质世界和人类社会。

本书论述了创新产生的心理过程和行为过程，提出通过人类大脑的活动可以产生新的知识。然而，有些事物是心理过程没有办法触及的，但在行为过程中人们却可能不知不觉地触及它们。行为过程发生在现实的外在世界之中，须遵从客观规律。行为过程的这种特性常常导致高等级创新的产生。

知、情、意①构成了个体空间的品质。科学地建立个体空间是创新教育要解决的问题。

外部世界无穷大，人类可以获取的知识无穷多。在有限的时间和有限的精力之内，人类个体不可能建立一个包罗万象的全空间映像。只能建立一个在某个或某些领域里比较清晰的个体子空间。为孩子建立什么样的个体子空间是家长和教育工作者首先要考虑的问题。

本书提出了学习开关和有序积累两个概念。一个人只有处于接受知识的状态才可能获取知识，只有通过有序积累才可能理解和记忆所学的知识。

建立个体空间的过程中存在两种不好的极端：一种极端是建立的个体空间过

---

① 认知、情感与意志。

泛过乱，另一种极端是只知道数理化语外①，其他什么都不知道。构建一个维度合理、结构精细的个体空间是创新人才培养的关键。

创新教育实际有两个问题，一个是创新教育，另一个是教育创新。

创新教育的任务就是要培养创新型人才。根据现代社会发展的需求去培养创新型人才。按照个体空间的建设理论，从心理过程和行为过程训练两个角度去培养创新型人才，从操控知识的角度去培养创新型人才。

教育创新的任务就是建立合理的教育体制，使其适应当前社会高速发展的人才需求。当代中国教育的重心是高考。然而，以高考为重心的中国教育已经无法满足对创新人才培养的需求。

本书认为，教育创新首先要解决把高考作为中国教育重心的问题，解决高考一刀切的问题。若要改变一锤定命运的高考模式，首先要尊重"人的发展存在不同阶段"的事实。

目前，个别大学的不甚严格的考核制度，决定了只要学生进入大学基本就能毕业。大学毕业证书分为两档，毕业和肄业。学生只要考试合格都能获得毕业证书。

作者建议：取消现在大学文凭中毕业和肄业两级划分，采用更加细致的分级式文凭。例如，分九个级别（0～8级）。一门课出八个难度级别的考题。学生参加一级难度的考试就拿一级难度的分值，考八级难度就拿八级的分值。并且，要求每张考卷要考过90分才算通过。为什么要这么要求呢？这个要求就是保证所建的个体空间一定要精细、清晰。

在这样的政策下，高考带来的一些副作用会被极大地弱化。人们就会用比较科学的思维去思考怎么样去培养人才，而不是绞尽脑汁地思考怎么去提高学生的高考成绩。

本书提出了知识操控的概念。我们正处于知识大爆炸的时代，任何人不可能把所有的事情都清晰地记住。因此，建立一个结构精细、合理的个体空间显得尤为重要。如果一个人能像在图书馆检索那样，记住知识检索的关键环节，掌握找到和运用相关知识的方法，然后在实践中运用查找到的相关知识，这样他就是在操控知识，而不仅仅是运用记忆的知识。由于需要记住的是相关知识的关键环节和知识体系的结构关系，此时需要记忆的东西少了，但是掌握的知识范围却大了，即学习知识的目的不在于记忆它而在于操控和运用它。因此，本书的观点是，创新型人才最关键的技能是对知识的操控能力。

本书提出了建立人类空间网络映像的建议，将以中文为主要检索语言的人类空间网络映像称为中国脑。中国脑是一个由中国政府组织建设、内容全面、精准、

---

① 指中学课程中的数学、物理、化学、语文、外语（在中国通常指英语）。

专业、权威的网络检索平台。它与现有的一些网络检索工具不一样，不以营利为目的。有了中国脑，中国人践行创新会变得相对容易，因为中国脑可以帮助人们较容易地到达知识已知区域的边缘。

创新检索是本书提出的一种新的检索方法，可用于判断一个事件的创新性，也可用于确定一个创新事件的创新级别、创新衍生能力、创新因子和创新影响因子等多项创新评价指标。创新检索可以用于创新评价，可以量化评价。建立科学的创新评价体系是本书的主要目的之一。利用本书创建的评价体系，我们以举例的方式对 822 篇学术论文和 7 种典型期刊的创新性、创新影响和创新指数做出了评价。

当今社会已经进入了一个新时代，一个创新的时代；中国的发展目标是成为创新型国家，创新是当代社会发展的强大动力，本书正是在创新型国家建设的时代背景下产生的。

目前，在倡导创新的过程中还存在很多问题，如创新概念不清、使用混乱。产生这些问题的根源在于人们对创新的本质没有清晰的认识。以往人们使用的创新概念都源于西方文化对它的解读，没有中国特色的内涵。

基于这样的时代背景，本书研究了创新的本质并尝试解决创新量化、创新评价等问题，开展了对创新价值、创新产生过程、创新的衍生能力、创新影响力等一系列探索和研究，初步建立了科学创新理论体系，并研究了该理论的一些实际应用问题。由于科学创新理论产生于社会主义中国进入新时代这样一个大背景之下，其根基又源自中国的传统文化，因此它带有当代中国的特色。

在具体的学术评价上，本书所建立的科学创新评价体系与现有的学术评价体系完全不同。科学创新理论可能对中国的科学研究和教育发展产生影响。它从理念和体制上均对这两个领域的创新提出了改革的建议。中国正在努力成为创新型国家，建立科学的创新理论体系必将对国家未来的发展产生积极的影响。

本书第一作者长期从事科学研究工作并承担量子力学、激光光谱学的本科和研究生教学工作。在学习和讲授量子力学的过程中，量子力学中蕴含的哲学思想和方法论让作者颇为受益。作者很早就萌生了用希尔伯特空间来描述复杂事物的想法，并在吉林大学的课堂上不断地尝试和凝练这样的想法。将希尔伯特空间概念用在现实世界中，一个神奇的现象出现了——纷乱复杂的万物有了排列的规则、现实世界得以简化。这就为作者进一步开展创新研究奠定了基础。

长期从事科学研究让作者有了追求新异的思维倾向，因此也一直尝试着解答什么是创新的本质这样一个悬而未决的重要问题。当作者将视野放到整个希尔伯特空间时，站在全人类的角度上，放眼人类的全部历史，创新的本质跃然而出。

本书力争从历史与现实发展的角度阐述科学与创新的内涵与外延，力图揭示人类从事科学研究活动的特征；通过广义的诠释，揭示创新的本质与真谛，阐述创新的时空限域、级别、价值、难易程度、衍生能力和影响力等问题，从而合理地给出指导和评价创新活动的准则和方法。

作者将创新与知识的产生相互关联，顺着这样的线索研究创新过程中蕴藏的规律性，进而探讨创新人才培养和教育改革问题，并从心理学的视角探讨创新的产生过程与心理机制。

本书从酝酿到开始写作，花费的时间超过 15 年。真正开始把想法落实到文稿中时，作者才认识到 15 年的思考依然有很多不成熟的地方。特别是，作者有限的知识积累就是完成本书写作的一块短板。有太多的东西需要学习、借鉴和思考。毫无疑问，本书的完成是"知识操控"的结果。

本书由两个部分组成。第一部分探讨科学、科学研究、创新理论；第二部分探讨创新理论的应用。第一部分包含第 1～11 章；第二部分包含第 12～18 章。本书内容亦可划分为三大块：第一块是创新理论，第二块是创新评价，第三块是创新理论和评价方法的应用。创新级别、分类、评价等研究结果是应用该理论的必然推论。为什么要建立三个空间，为什么说三个空间之间的比较会产生创新，为什么说创新产生于两个过程之中，为什么要建立结构宽广而内容精细的个体空间，为什么要搞知识操控教育，为什么大学教育要创新，为什么要建立中国脑，也都是该理论一步步推论的结果。

秦伟平主笔撰写了第 1～8 章、第 11～18 章，并与王晖共同撰写了本书的第 9 章和第 10 章。

最初与科学出版社签订出版合同时，本书的名称定为《科学与创新》。然而，随着写作的进展，作者发现真正要论述的是有关创新的命题，书中关于科学的论述并不多。那时，想把本书命名为《创新学》。如果冠以《创新学》就意味着我们要建立一门新的学科，然而本书是否能够建立起一门新的学科，需要经过历史的考验和实践的检验。最终我们将本书命名为《科学创新理论与应用》，认为这个名字与本书的内容比较贴切，至少这个名字能够比较准确地表达出作者撰写此书的初衷和目的。

SCI（科学引文索引）统计数据的工作由秦伟平研究组的博士后和在读研究生完成。参与数据统计的博士后和研究生有田苗（博士后）、吐尔逊、李洋洋、刘晓辉、郭俊杰、董妍惠、周丽波、李大光、李思晴、贾世杰、毕雪晴、刘丹秀、王方、王顺斌、李楠、陈昊彬、房晓峰、陈丹丹、张培培、门孝菊。

感谢香港科技大学汤子康教授为本书提供了他宝贵的科研经历。

感谢吉林大学的赵丹教授、何春凤副教授，江西宜春学院的陈欢副教授，浙江省舟山市无线电管理局的付连峰先生为本书提供了孩子照片。感谢刘丹秀、李大光、刘斯洋、张培培、杨育、马世童、李成植等同学为本书所做的实验研究。

感谢吉林大学钱颖教授和梁伟锋教授为本书提出的宝贵意见，感谢董妍惠博士、张丹博士在稿件校对过程中所付出的辛勤劳动。

感谢秦伟平研究组已经毕业和在读的研究生，他们的辛勤工作迸发出灿烂的创新火花，成就了本书思想的主体线路。

由于作者水平有限，书中难免存在疏漏之处，敬请广大读者不吝赐教、斧正。读者可通过发送邮件至 trungscin@163.com 和作者交流。

作　者

2018 年 3 月 5 日于吉林长春

目　　录

第1章 绪　　论

要说明科学与创新两个概念，首先要对我们身处的世界有个透彻的分析，理清世界上事物的本质和组成要素，理清事物组成要素与事物本身之间的关系。给出科学的合理定义，阐述科学研究的内容与特征；详细地研究人类的创新活动，将其分类、分级，区分创新的程度，说明创新价值，定义创新影响力、创新的衍生能力和派生能力，提出评价创新的标准和可行方法。

本书（所论证的所有观点的前提是）假设我们的世界是可以被认识的，但是我们对世界的认识是在不断完善中循序渐进的。在人类的认识世界中不存在绝对真理，但是人类对世界的认识却可以逐渐地趋近于事物的本来面目。本书将以辩证唯物主义的观点，采用化整为零的分析方法，从科学的角度阐述创新的本质。

人类从事科学研究与创新活动导致的一个重要结果就是为人类增添了知识积累；人类的全部力量也正是来自于人类知识的宝库。毫无疑问，在一个荒漠里，一群完全没有接触过前辈知识传承的人类也只能是没有开化的野人。正是知识和经验的不断积累，推动着人类的进步，使人类从蛮荒时代一步步地走向文明。人类文明的发展历史是不断研究、不断创新的历史；人类开展科学与创新活动的根本目的就在于不断地丰富人类的知识宝库，从而不断地加深对世界的认识，不断地提高人类生存的能力，不断地改善人类生存的条件，不断地增强人类自身的创造能力。

创新理论的根基是什么？要阐述哪些概念？要明确哪些概念？本书要建立一个什么样的学说体系？动笔伊始，忽然发现本书的写作对我们来说是一个前所未有的挑战。

科学与创新覆盖的内容几乎包含了世界上所有的事物，其错综复杂的程度难以想象。我们的任务便是要把这些凌乱的事物梳理清楚，分出头绪，分出层次，查到根源，寻到根据，找到符合事物发生和发展的逻辑。在这里，我们尽力建立简单的模型，使复杂的事情简单化、图像化，然后按图索骥，建立本书的章节，力争使其形成一个完整的理论体系。

要理清科学与创新的命题，必须首先理清我们对世界的认识。按照辩证唯物主义的划分，我们的世界包含物质和意识两大组成部分。现代物理学告诉我们，一切物质的东西都由基本粒子[①]所构成，它们是我们这个世界中实实在在的物质存

---

① 构成一切物质实体的基本成分。严格地说，基本粒子是不能再分解为任何组成部分的粒子。但是，随着科学研究的深入，人们发现原本认为不可再分的质子、中子等粒子本身也有自己的复杂的结构，因此从 20 世纪中叶起，学术界就主张将"基本"二字去掉，统称这些微小颗粒为粒子。本书借用基本粒子的概念来说明物质的构成。

在；它们可以是天然的，也可以是人造的。在这些由基本粒子构成的物质中，生命体是一类特殊的物质集合。它们具有新陈代谢、汲取周围能量、自我生长和繁殖后代的能力。生命体的共同特征是包含蛋白质，因此它们是蛋白质的聚集体。当这些蛋白质的聚集体进化到了高级阶段后，产生了可以孕育意识的大脑。意识是大脑活动的非物质存在形式[①]。具有大脑的生命体在群体情况下表现出繁杂的社会属性，进而产生了令人眼花缭乱的社会现象。大脑与一般的物质不同，它是产生思维的土壤；在实践中纯物质的大脑产生了非物质的思维，这是生命的奇迹。因此，我们的世界总体上可以划分为物质、意识两大类，进而可以划分为物质、生命、思维、社会四大类别。这四个类别各自都有自己明确的特征，相互之间互不重叠又紧密相关。更为重要的是，世界上所有的事物（除了时间、空间、场和信息）都包含在这四个类别之中。在纯物质的世界中，物质只可以发生物理和化学两种变化；而在生物世界中，发生在细胞中的物理和化学变化奇妙地集成在一起，构成了复杂的生物反应，表现为形形色色的生物学现象。思维是一种特殊的生物学现象，因此它的本质也必然是大脑中发生的物理和化学反应。

在我们的世界中，除了物质和意识之外，还有些东西似乎并不涵盖在其中，如时间、空间、场和信息。

时间是自然的属性。世界上一切事物的发生和发展都有其自身运动的前后顺序和速度节奏，人们用"时间"这个非常基本的概念来衡量这样的顺序和节奏，并用一些特定的节奏（如原子钟[②]频率）作为时间的度量。因此，我们可以定义时间如下：用于衡量事物发生、发展顺序和节奏的自然属性。虽然人们可以通过读取各种计时器上的数值获得有关时间的信息，虽然人们可以感受到时间的早晚、长短以及事情发展节奏的快与慢，但时间是看不见、摸不到的。时间是自然世界的属性，既是非物质的又是非意识的。然而，无论物质还是意识都必须在时间的维度上发生、发展和变化。由于时间是事物发展变化的度量，因此当这种变化停止后，时间也就停止或不复存在了。

空间也是我们这个世界一个非常基本而又特殊的概念。在我们的世界中，一切物质和场都装载在空间之中。如果我们定义"物质"须由基本粒子构成，那么很显然空间也是非物质的；然而空间又是客观存在的，它并不是产生于人的想象之中，因此空间也是非意识的。

时间和空间是我们生活的世界的组成部分，它们都是自然的属性。

---

① 哲学、心理学、神经医学、脑科学对意识都有从不同角度的定义。作为名词、动词或非学术类用词，意识也有不同的含义。此处给出的定义强调的是意识的本质特征。

② 利用原子两个能级之间跃迁时辐射具有固定频率的电磁波的原理而制作的计时器。例如，铯（Cs）133 辐射电磁波的固有频率为 9192631770 赫兹（Hz），相当于每次振荡用时 1.088×10^{-10} 秒。因此，用铯原子作节拍器可以计量高度精确的时间。

场是物质附带的属性。

信息是生物体或生物体借助于工具获取、交流、传递和存储事物形态和特征的信号与消息。这些信号与消息由物质本身（如电子、笔墨痕迹）、物质的存在形态（如振动的空气）、物质附带的属性（如电磁场、光波）和大脑中的意识共同构成。从这个角度讲，我们的世界应该包含物质、意识、时间和空间四个部分，而信息不过是生物体利用物质及其属性组成的编码。

人类的历史是科学发展的历史，是知识不断创新的历史。人类通过不断的创新活动在积累着自己的知识、提高着自身的能力。

科学与创新是人类发展永恒的主题。理清科学与创新的头绪，给出它们的准确定义，做好它们的分类和分级，无疑是十分重要的。在人类的发展历史中，许多学者都尝试过开展这样的工作，并付出了艰辛和巨大的努力。然而，其中的很多问题还有待进一步深化和解决。

着手撰写本书的初衷是理清创新的概念，为创新活动分类、分级，并找出分类、分级的科学根据，从而能够更好地指导和评价人们的创新活动。但是，我们发现如果不能把诸如"科学"这样的基本概念阐述清晰，就无从开展关于创新的论述。偏离科学依据的"创新"只会产生荒唐的结果，会造成人类知识积累的混乱，会造成社会财富的浪费，会误导人们的思维，会干扰人类社会前进的步伐。

中国正处于高速发展的关键期和转折期，历史的重任赋予当代中国一项艰巨的使命——以科学与创新为动力，带领约占全世界人口 1/5 的中国走向新的文明与进步。这就要求我们必须首先从思想上和理论上做足准备。这也许需要我们探索几十年甚至更长的时间。而做这样准备的前提就是最大限度地运用科学与创新两大动力之源。

什么是科学？如何作为才是科学的？什么是创新？如何作为才是高等级、有价值的创新？如何建立科学的评价体系以引导我们完成高等级的创新活动，使其拥有高的创新价值并产生大的社会效益？回答了这些问题，无疑我们就占据了科学发展的先机，就为促进人类的文明与进步奠定了思想上和理论上的基础；不能回答这些问题，跟随发达国家的脚步发展，中国将永远是发展中国家。

本书的另外一个重要任务就是形成可操作的理论体系。本书运用辩证唯物主义阐述科学与创新两个重要概念，使其形成完整的理论体系。但是，本书的根本目的还在于找到该理论体系的可操作路径。只有可操作的理论才能够有效地指导实践活动，才能够引导人们有效地开展创新活动。我们将从创新活动对人类知识积累和对人类社会发展的促进作用两个角度去评判创新成果的类别和价值；从创新成果衍生其他创新的潜在能力去划分创新事件的级别。

我们必须意识到，许多对人类社会发展有利的活动并不一定具备创新的特征，但是它们依然是人类社会发展必不可少的一部分。从这个观点出发，我们可以将人类的活动划分为具有创新特征的"创新劳动"和不具有创新特征的"重复劳动"。例如，农民每年都要耕种土地以获取人类生存所必需的粮食。人类的祖先最先将野生的种子播种到泥土中开展人工种植粮食的活动无疑是一项伟大的创新。当他的子孙学会了这种方法年复一年地开展农业耕作时，绝大多数劳动属于重复性的。农民不断地扩大种植面积以养活越来越多的人口，这样的不具备创新性的重复劳动对人类的生存与发展显然具有重大的意义。然而，我们必须认识到，在这些看上去重复了成千上万年的劳动中，人们的科学与创新活动一直都没有停止过。正是有了袁隆平[①]先生这样一批从事农业创新的科学家，才使得如今人类的粮食生产能力可以支撑数量庞大的人类。因此，我们在本书中强调科学与创新，并不代表我们要藐视人类的重复性劳动。创新活动为人类增添知识财富，重复性劳动为人类增加精神财富和物质财富，二者缺一不可。

事实上，人类的很多创新思想都来自重复的劳动之中，这就是中国人常说的"熟能生巧"。

在现今的中国社会中，人们似乎觉得没有创新就没有业绩。产生这种现象的思想误区恰恰在于整个社会都忽视了重复性劳动的价值。教师年复一年地讲着同一门课程，他们的劳动是重复性的，但是他们不断地将知识传授给学生，使其成长为对人类发展有用的人才，因此教师的重复性劳动是非常神圣的。

本书中提及的"科学"和"创新"只涉及它们在汉语中的语义和基于中华文化对它们的释义。我们并没有试图在本书中刻意挖掘这两个词在其他语言中的语义变化与细微差别。因为，本书的目的并不在于探讨"科学"和"创新"两词的历史来源，而在于诠释和界定它们的现实与未来意义，在于发掘它们作为两个推动人类发展与进步的重要概念的作用。

按照中华文化，早在《礼记·大学》[②]中就有"致知在格物，物格而后知至"的语句，后人将其精炼为"格物致知"，意思是"研究事物获得真知"或可称为"研精是求"。在清朝末年，人们用格致学来统称数学、物理、化学等自然科学。不难看出，"研究事物获得真知"不仅仅可以用在自然科学上，对于做其他的事情也同样适用。因此，格致二字似乎比科学二字更能够体现"科学"的现代含义。但是，历史选择了科学二字，我们就要对它进行一个深入的剖析，不仅仅停留在它的字面含义，也不仅仅停留在它继承的西文或日文含义。换言之，今日英文的"science"和"innovation"也有必要重新审视它们的现实含义。

---

① 袁隆平（生于 1930 年），中国杂交水稻育种专家，中国研究与发展杂交水稻的开创者，被誉为"世界杂交水稻之父"。

② 相传为孔子弟子曾参（公元前 505～前 435 年）所作，《大学》与《中庸》《论语》《孟子》并称"四书"。

第 2 章 科学与科学研究

2.1 科学的内涵与外延

作为一个名词，"科学"①是有关世界本源与发展规律的包罗万象的学问；作为一个形容词，"科学"给出了一系列规范：符合事物存在形态真相的、反映事物发展规律的、能够准确描述事物之间关系的、严谨的、系统的、完整的、符合逻辑的、得到实验或理论验证的，等等。

将科学用作名词，可以加一个前缀对其修饰与限定。例如，行为科学、数理科学、实验科学、社会科学、自然科学、生命科学、视觉科学、认知科学，等等。"科"本身就具有分科的含义，因此在中文词汇中经常将这个"科"字省略。例如，物理科学简称为物理学，生命科学简称为生物学。在上述词汇中，前面两个字定义了分科范围，后面的"科学"二字规范了其获得结论性知识的方式、方法和规则。例如，生命科学是研究有关生命现象的学问，也是研究生命的活动规律、本质、发育规律以及各种生物之间和生物与环境之间相互关系的学问。

从对生命科学的定义不难看出，"生命"二字限定了该学科研究的领域及其内容；"科学"二字包含了"规律""本质""相互关系"等限定性规则。

今天，人们广泛而频繁地使用"科学"二字，但是在不同的使用场合，人们却自觉或不自觉地用科学二字替代了"规律性""本质""符合逻辑""合理""系统""精确""完整""省时""节俭""高效""实际""严谨"等具体含义。

例如，我们经常说"这种方法很科学"，通常指的是该方法合理、可行。又如，人们常说学习科学，通常指的是学习科学知识或学习科学方法。当人们想同时传递"规律性""本质""符合逻辑""合理""系统""精确""完整""省时""节俭""高效""实际""严谨"等含义中的几个时，往往会用"科学"二字来简化和精炼自己的表达。正是"科学"二字具有上述多重含义，人们才经常使用它来概括某些事物具有的多种特征。

---

① 科学一词，英文为 science，源于拉丁文的 scio，后来又演变为 scientin，最后成了今天的写法，其本意是"知识""学问"。日本著名科学启蒙大师福泽瑜吉把"science"译为"科学"。到了 1893 年，康有为引进并使用"科学"二字。严复在翻译《天演论》等科学著作时，也用"科学"二字。此后，"科学"二字便在中国被广泛运用。

作为一个形容词，用"科学"修饰的常用词汇有：科学知识、科学精神、科学方法、科学论断、科学幻想、科学实验、科学仪器、科学会议、科学目标等。例如，在"科学知识"中，"科学"二字代表着这些知识具有"规律""本质""符合实际"等客观特征；而在"科学方法"中，"科学"二字代表着该方法必须符合事物发展的规律性。

上面的讨论告诉我们，"科学"是一个具有多重内涵的词语。科学一词的内涵一直在发生着变化，其外延也越来越丰富，直到今天包罗万象。这门包罗万象的学问犹如滚雪球一样在不断地壮大，这个原本应该非常严格的规范犹如扩散的迷雾一样正在变得越来越模糊。

随着"科学"的外延的不断扩展，科学的内涵也在不断地变化着。"科学"一词在今天人们的认识中其内涵早已超出了它的历史沿革，更非"科举之学"或"分科的学问"。科学既是一门包罗万象的学问，也是人类认识世界的知识总和，因此也常常被认为是最大的知识体系。毫无疑问，科学有它自己的特征，可以概括为：客观性、可证伪性、可观测性、符合逻辑等。宗教[①]、神学[②]、八卦[③]、风水[④]、迷信[⑤]等也是人类社会发展至今产生的学问，也常常被称为某某学，但是它们缺乏客观、可证伪、可观测、符合逻辑等特征，因此它们不属于科学的范畴。虽然这些非科学的人类文化缺乏客观、可证伪、可观测、符合逻辑等特征，但它们也会经常借用人类已经获取的科学成果和科学知识，也有它们自己文化中的逻辑，也形成了自己的知识体系。尽管如此，宗教、神学等人类社会产生的非科学知识，总体上还是缺乏客观、可证伪、可观测等唯物特征。

在上述讨论的基础上，我们尝试给"科学"下一个全新的定义。

科学是关于自然（物质、空间、时间和场）、生命、思维、社会现象及其存在形态和演化规律的学问，是在遵从真实、客观、可证伪、可观测、符合逻辑、严谨等原则的基础上建立起来的知识体系。

该定义可划分为三个部分：第一部分规定了科学涉及的内容与研究对象，这些内容与研究对象中不包括超自然存在的事物；第二部分说明了科学必须遵从的原则，保证科学能够反映客观事物的真实性，追求客观真理，必须严谨，排除唯心主义、伪科学和不严谨的成分；第三部分指出科学是人类建立的一个知识体系。

---

① 宗教是人类社会发展到一定历史阶段出现的文化信仰现象。

② 神学是研究神及其相关主题的学说。

③ 八卦是中国道家文化中的深奥概念，相传由伏羲氏所创，在中国文化中通常被用作解释、推演自然或社会现象。八卦图是用八个三组阴（--）阳（一）以及阴阳鱼组成的形而上的哲学符号。用阴（--）阳（一）表示的二进制，是人类历史上最早的二进制。

④ 风水术也称相地之术，是中华民族历史悠久的一门玄术，其理念是"天地人和""天人合一"。

⑤ 无法验证、无法用现代科学解释的神秘作用统称为迷信。

在这个科学的定义中，以涉及的对象类型划分了科学的四大领域。如此分类的根据在于这四类科学对象具备各自不同的存在特征而又相互不重叠。

自然：包括一切以物质形态存在的实体和从实体辐射出来的场，包括承载物质和场的空间和时间。物质实体包括所有天然或人造的无机物和有机物；场包括电场、磁场、光场、引力场[①]。

自然科学针对的对象是物质和由物质产生的场及其发生、发展变化所遵从的客观规律（如数理逻辑、物理定律、化学反应方程式、核反应方程式等）。物质是由基本粒子所构成的，通常的存在形式是化学元素或化学元素的组合，包括无机物和有机物（含具有生命特征的生物体）；场是物质释放、交换与传递能量的一种表现形式，包括电场、磁场、光场、引力场。自然科学关注的是实物化事物的存在形式、相互作用及其发展规律。由于物质是第一性的，世界上一切无生命的或有生命的事物都产生于物质，因此，自然科学是科学的基本门类，其他学科的发生与发展离不开自然科学。可以说，生命现象、由生命存在带来的思维现象以及由生命体聚集产生的社会现象都不能与自然科学决然分开。

生命科学针对的对象是具有新陈代谢、自我生长和繁衍能力的蛋白质聚集体。蛋白质本身是物质的，对其进行研究，应归类于自然科学范畴，然而其新陈代谢、自我生长和繁衍的本质与规律是生命科学所关注的核心内容。因此，在传统的学科分类中将生物学归于自然科学这个大类之中。简而言之，生命科学关注的是蛋白质聚集体的"活"属性。

生命：蛋白质存在的一种形式。它的最基本的特征是蛋白质能通过新陈代谢作用不断地跟周围环境进行物质与能量交换。新陈代谢一旦停止，蛋白质就会分解，生命过程也就停止了。生命的内涵是指，在宇宙发展变化过程中，自然出现的存在一定的自我生长、繁衍、感觉、意识、意志、进化、互动等丰富可能的一类现象，其外延可以包括生化反应产生的能够自我复制的氨基酸结构，以及真菌、细菌、植物、动物（包括人类）。生命是生物体所表现的自身繁殖、生长发育、新陈代谢、遗传变异以及对刺激产生反应等的复合现象。

思维[②]：指的是以广义的语言（含语音、声音、文字、符号、知觉、情绪）和图像为载体的大脑活动过程。通常情况下特指人类大脑的活动过程。

思维是生命体发展到高级阶段拥有大量的脑细胞后才具有的一种生物属性

---

① 随着科学的发展，也许会有新的场被发现。这里没有包括生物场，到目前为止，生物场只是一种假说和被某些生物学工作者借用的一个概念，缺乏充分的科学证明。

② 思维的心理学定义：以物质工具、语言符号和知识系统为中介，对客观现实对象和现象的概括及间接的反映。通常是指人类概括、间接地认识事物的过程。思维包括注意、识别模式、记忆、决策、直觉、知识等诸多内容。

和能力。思维的载体是物质，但其存在形式却是非物质的。知识是人类思维产生的结果，是人类理性思维的结晶。思维科学针对的对象正是这些非物质的意识活动。

社会：群体形态下人或其他动物个体间的存在关系的总和。生产、消费娱乐、政治、教育、战争都属于社会范畴。

社会科学针对的对象是群体形态下人或动物个体、小群体相互间的关系，以及由这些相互关系衍生出来的交流方式、行事准则、本能、习惯、现象和规律等。

科学研究是通过现象观察、模拟实验、理论抽象、逻辑归纳、回归验证等活动过程，发现和描述对象的存在形态和演化规律，通过发明创造活动制造新事物的人类活动。

自然（物质、空间、时间和场）、生命、思维和社会是科学研究的对象，客观准确地描述这些研究对象、给出它们的发展演化规律并据此发明创造新的事物是科学研究的目的。科学研究的根本目的在于服务于人类。

不严谨的研究可以称为学术，但不能称为科学。

科学知识是人类认识世界和改造世界经验之大成。

2.2　科学研究的任务

科学研究的任务可划分为如下三大类。

（1）发现新的事物。

（2）客观描述事物，包括：寻找组成事物的要素；揭示事物的内在本质和属性；揭示事物内部诸要素间的联系；揭示事物与周边环境的关联关系；揭示事物的产生来源；揭示事物的发展规律和趋势。

（3）创造新的事物。

2.3　不同学科科学研究的特征

现今，人们习惯上将科学划分为三大学科：自然科学、社会科学和生命科学。人们通常将思维科学归类于生命科学。毫无疑问，思维是以生命体为载体的，是大脑的一种属性。但是，思维有其独特的性质：思维产生于物质但却以非物质的形式存在。一切物质的东西都是由基本粒子构成的，它们严格地受到自然法则（如能量守恒、物质不灭定律）的约束；但是思维却是由广义的语言与图像构成的，它不受物质世界的任何法则约束，可以天马行空，可以无中生有，可以不遵从逻辑。因此，思维科学不同于一般的生命科学，它研究的是大脑的活动过程。

　　根据 2.1 节给出的科学定义，科学可划分为四大学科：自然科学、生命科学、思维科学和社会科学。自然科学是其他三大学科存在的基础，它是有关"物质"的学科，没有了物质就不会有生命，因此就谈不上思维科学与社会科学。

　　从上述划分不难看出，虽然自然科学、生命科学、思维科学、社会科学的研究对象完全不同，但却覆盖了我们这个世界的全部存在。由于研究对象的不同，自然科学、生命科学、思维科学、社会科学都各自具有自己的研究特征。受自然规律的支配，它们也有一些共同的特征与规律。它们必须遵循数理逻辑，例如，在这四门学科中 1 + 1 都必须等于 2。

　　同时，我们必须意识到，即使自然科学、生命科学、思维科学和社会科学四门学科有着各自不同的研究对象，但是它们之间也有着不可分割的密切联系和共同的研究特征。随着科学研究的深入发展，我们会发现不同学科之间的联系越来越紧密，学科之间的相互渗透越来越重。也许到了某一天，人们会发现思维的过程不过是大脑中众多物理和化学过程的综合表现形式。当人类有能力将这些物理和化学过程完美地整合到一起时，人类就创造出了非生命体的思维[①]。

　　自然科学：自然科学的研究对象是物质及由物质产生的场，以及它们发生、发展的规律。因此，自然科学具有系统性、实用性、实证性、逻辑抽象性。自然科学是研究无机自然界和包括人的生物属性在内的有机自然界的各门科学的总称，其任务在于揭示自然界发生的现象以及自然现象发生过程的实质，进而把握这些现象和过程的规律性，以便解读它们，并预见新的现象和过程，为在社会实践中合理而有目的地利用自然界的规律开辟各种可能的途径。

　　生命科学：生命科学研究的对象是"活"的事物，或者说是研究生物的"活"属性。

　　思维科学：思维科学研究的是大脑孕育和产生意识的规律与特征。

　　社会科学：社会科学研究的是群体形态下人或动物的行为特征与规律。社会科学是以人和人类社会为研究对象，以揭示人的本质，帮助人们树立正确的世界观、人生观、价值观，探索掌握社会发展规律和社会管理规律的科学。社会科学研究与自然科学研究比较，既有共性，也有个性。这些个性构成了社会科学研究方法的独有特点。这些特点是由社会科学的学科特点和研究对象所决定的。

2.4　本　章　小　结

　　本章给出了"科学"的定义：关于自然（物质、空间、时间和场）、生命、思

---

　　① 现代电子计算机的计算过程不能称为思维过程。利用物理效应，现代电子计算机可以执行数值运算、逻辑运算、存储记忆、互联网检索与上传和下载（信息的采集与输出）、学习、模仿、判断、推理等功能。但与大脑相比，电子计算机还有许多不具备的功能，如情绪与情感功能、维度创新功能等。

维、社会现象及其存在形态和演化规律的学问，是在遵从真实、客观、可证伪、可观测、符合逻辑、严谨等原则的基础上建立起来的知识体系。

本章确定了科学研究的任务：①发现新的事物；②客观描述事物；③创造新的事物。

本章简要地论述了不同学科科学研究的特征。

第3章　一个自然科学研究的例子
——关于圆的科学研究

　　如果没有圆的发现，人类一定还生活在原始社会。

　　人类对自己生存的世界和自身的研究从来没有停止过，人类活动一直伴随着发现、发明和创造。通过这些研究活动，人类不断地积累着自己的知识，丰富着对客观世界和人类自身主观世界的认识，强化着人类适应环境、改造世界、创造新生事物的能力。因此可以说，人类的发展历史就是一部人类从事研究的历史。

　　如果人们从事的研究以获得对客观世界的认知、寻找客观世界的真谛为目的，那么这样的研究就是科学研究。科学研究的标志是总结客观规律、发现新的事物、发明新的事物、创造新的事物。从这种意义上讲，人类的很多活动都可以归结为科学研究活动。随着人类知识积累逐渐雄厚，已知的事情相对增加，未知的事情逐渐减少，人类可以参与科学研究的人群更加专业化。随着人类对世界认识的不断深化，与人类的整体数量相比，越来越少的人有机会从事科学研究活动，而绝大多数人都在利用已有的知识生活着。人类的祖先从发明了语言、文字、衣服到利用石器狩猎和制造工具，都充满了研究的性质。不难看出，研究的特点在于人类用大脑去思考，或者说，人类从事的科学研究必须伴随着人类大脑的活动。

　　人类在自己生存的不同阶段进行了不同的研究探索，不断地将"未知"变成"已知"，不断地将"已知"趋近于客观真实，不断地去除"已知"中的矛盾使其符合逻辑，不断地将原本不存在的东西创造出来。昨天的研究结果组成了今天的人类知识，今天的知识有可能在明天转化为人类赖以生存的物质财富。人们获取已有知识的活动称为学习。正是前人的不断研究、后人的学习积累才促进着人类自身的不断发展。

　　第一个将石块打磨成工具的原始人就是人类在远古时代的科学家；而在今天，一个将石块打磨成石头器具的人类只能被称为石匠。同样以石头为工作对象，远古时代的人和现代人对科学发展的贡献完全不同，前者开拓了人类使用石头作为工具的知识先河，他的工作具有创新性，后者只是使用了前人的知识、重复了前人的劳动。虽然今天的石匠创造了物质财富，但并没有为人类认识世界提供新的内容。从上述分析不难看出，科学研究具有非常强的时间特征，时间的早与晚决定了所从事活动的性质和价值。同样一个（研究）活动，最早开展的研究是创新性研究，当相关研究结果已经成为人类知识的一部分后，其他人开展的类似活动只能称为模仿或生产。模仿可以具有研究的特质（伴随大脑的活动），但是却不具有创新的意义。

3.1　一个简化了的研究事例

我们不妨从一个简单的研究事例说起，以分析人类从事科学研究活动的过程。

在很久以前，一个聪明的人类发现用一根绳子可以画出一个非常完美的图形（图 3-1）。他将绳子的一端固定在地面的一个点上，将绳子的另一端拉直并围绕着这个点在地面上画出痕迹，结果他制造出了一个前所未有的图案——圆！他惊奇地发现，这个圆就像天上的太阳和月亮。他的这次壮举构成了人类历史上的一次创新活动——使用工具画出了圆形图案。他赞叹圆的完美，却不知道圆为何如此完美。他的同伴及后人很快就学会了如何画圆，他们用不同长短的绳子画，用不同长短的枝条画，在泥土上画，在石头上画，画出了不同大小、各式各样的圆。但是，无论怎样画，他的同伴及后人的画圆活动都不再具备创新性。

图 3-1　用绳子画出的完美图形——圆

很久以后，另一个聪明人着迷这个完美的图案，冥思苦想。忽然有一天，他发现这个图案之所以完美，在于那个固定的点到图案上的任何一个点的距离都是一样的。他发现了蕴藏在圆中的客观规律性，将这个距离称为半径。他公布了他的发现，他的创新性研究结果成了人类知识的一部分。他成了另外一位人类早期科学家。再后来，人们发现经过那个固定点圆心到圆上的直线长度也都是相同的，等于 2 倍的半径长度，并将其称为直径。

3.2 圆周率π的故事

又过了很多年，另外一个聪明人发现圆周的长度与直径的长度之比总是比 3 大一些，他成为第一个发现圆周率的科学家。例如，在古埃及（约公元前 1700 年）的纸草书中这个比值为$(4/3)^4 \approx 3.16049$。中国汉朝（公元前 202～220 年）以前一直使用"周三径一"，即取圆周率等于 3，这实际上是以圆内接正六边形的 6 边总长代替了圆周长。

第一个用科学方法寻求圆周率数值的人是古希腊数学家阿基米德[①]（图 3-2），他在所著的《圆的度量》[②]一书中用圆外切和内接正多边形的周长确定圆周长的上下边界，从正六边形开始，逐次加倍计算到正 96 边形，得到圆周率介于 3 + 10/71（≈ 3.1408）和 3 + 1/7（≈ 3.1429）之间的结果，开创了圆周率计算的几何方法（亦称古典方法，或阿基米德方法，见图 3-3），得出精确到小数点后两位（3.14）的圆周率。阿基米德是世界上最早进行圆周率计算的科学家，所以圆周率就用希腊文"圆周"一词的第一个字母"π"表示（图 3-4）。阿基米德用到了迭代算法和两侧数值逼近的概念，称得上是"计算数学"的鼻祖。

图 3-2 古希腊数学家阿基米德

[①] 公元前 287～前 212 年，古希腊哲学家、数学家、物理学家、力学家，静态力学和流体静力学的奠基人。
[②] 由阿基米德撰写的一本几何学著作，成书于公元前 3 世纪，是古希腊数学的顶峰之作。

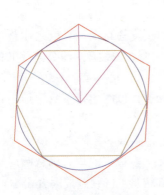

图 3-3　阿基米德计算圆周率的方法　　　　　图 3-4　圆周率π

又过了几百年，在中国西汉时期出现了一本人类历史上的数学巨著——《九章算术》，其作者已不可考。它是中国古代第一部数学专著，是"算经十书"中最重要的一种，成书于公元 1 世纪左右。该书内容十分丰富，系统总结了战国、秦、汉时期的数学成就。一般认为它是经历代各家的增补修订而逐渐成为现今定本的，西汉的张苍、耿寿昌曾经做过增补和整理。在《九章算术》的第一章"方田"中，讲述了圆形、扇形、弓形、圆环等图形面积的计算方法。

在公元 263 年，中国魏晋时期的伟大数学家刘徽撰写了著名的《九章算术注》，采用了与阿基米德相似的方法计算圆周率，并将该方法称为"割圆术"。他先从圆内接正六边形开始计算，逐次分割圆周，一直算到圆内接正 192 边形。他利用割圆术第一次精确地求出了圆周率为 3.1416 的结果，后世称为"徽率"。

中国南北朝时期杰出的数学家和天文学家祖冲之（429～500 年，见图 3-5）进一步将圆周率精确到小数点之后第 7 位（355/113≈3.1415926～3.1415927），后人将 355/113 称为"祖率"。另外，祖冲之和其子祖暅（xuǎn），在刘徽工作的基础上圆满解决了球体积计算问题。

图 3-5　祖冲之

1427 年，阿拉伯数学家阿尔·卡西（Al-Kāshī）采用"割圆术"把π值算到小数点后面 16 位；16 世纪法国数学家韦达（1540～1603 年）得到更精确的结果。1596 年，德国数学家卢道夫倾其一生心血将π值求至 35 位小数。1630 年，德国数学家伯根创造了利用"割圆术"求π值的当时最高纪录——39 位小数。

　　人类对圆周率精度的追求一直没有停止过。除了采用"割圆术"求π值外，数学家还发明了用解析法求π值，直到现在用计算机求π值。其发展历史如下。

　　第一阶段：π值早期研究阶段。

　　代表著作为古埃及的纸草书、《圆的度量》、"算经十书"、《九章算术》《九章算术注》等。代表人物为古希腊的数学家阿基米德、中国数学家刘徽、祖冲之，当然还有一些伟大的科学家历史上没有留下他们的名字。在中国使用的第一个圆周率是 3（开始年代不详），这个误差极大的值一直沿用到汉朝。

　　第二阶段：采用"割圆术"进一步提高圆周率的精度阶段。

　　1427 年，阿拉伯数学家阿尔·卡西把 π 值算到小数点后面 16 位。

　　16 世纪中期，荷兰人安托尼兹（1527～1607 年）求出圆周率的值在 3.14159265～3.14159267。欧洲人认为这个精密的数值是安托尼兹最先推算到的，因此把它命名为"安托尼兹率"。日本数学家三上义夫认为这个数值并非安托尼兹最先得到的，主张把它改为"祖率"。事实上，中国的祖冲之早其 1000 多年就得到了这样的精度。

　　1596 年，德国数学家卢道夫倾其一生心血将π值求至 35 位小数。

　　1630 年，德国数学家伯根创造了利用"割圆术"求π值的最高纪录——39 位小数。

　　第三阶段：采用解析法求π值阶段。

　　1699 年，英国数学家夏普求至 71 位小数。

　　1706 年，英国数学家梅钦求至 100 位小数。

　　1844 年，德国数学家达泽求至 200 位小数。

　　1947 年，美国数学家弗格森求至 710 位小数。

　　1949 年，美国数学家伦奇与史密斯合作求至 1120 位小数，创造利用"解析法"求 π 值的最高纪录。

　　第四阶段：采用计算机求π值阶段。

　　1949 年，美国麦雷米德是世界上第一个采用电子管计算机求圆周率的人，他将 π 的值求至 2037 位小数。

　　1961 年，美国数学家伦奇利用电子计算机将其求至 100265 位小数，这时计算机只需 8 小时 43 分就把π的值算到小数点后面 10 万位了。

　　1973 年，法国数学家纪劳德将π计算到 100 万位小数，若把这长得惊人的数印出来将是一本 300 余页的书。

　　1987 年，日本数学家金田康正求至 134217728 位小数。

　　1990 年，圆周率已突破 10 亿位小数大关。若把其印成书将达三四百万页。

　　2002 年 12 月 6 日，东京大学信息基础中心和日立制作所的联合研究小组宣布，该中心科学家金田康正等与日立制作所的员工合作，利用日立制作所的超级计算机系统日立 SR-8000-MPP，耗时超过 400 小时，算出了 π 值的 12411 亿位小数。

　　很显然，将圆周率计算到小数点后 35 位（1596 年德国数学家卢道夫的计算结果）已经能够满足人类任何计算精度的需求，继续提高圆周率的精度已经失去了实用价值。最新的研究结果认为，宇宙的直径约为 930 亿光年。为了便于计算，我们在此取其为 1000 亿光年，1 光年为 9460530472580800 米。因此，宇宙的直径约为 $9.46×10^{26}$ 米或 $9.46×10^{35}$ 纳米。这就意味着，用卢道夫的圆周率计算整个宇宙的周长，其误差只有一个原子直径的大小。

　　随着数学的发展，人类对圆这个图案的认识也在不断地加深。法国数学家笛卡儿[①]建立了直角坐标系，发现在这个坐标系中一个半径为 R 的圆（图 3-6）需要满足下面的方程：

$$(x-a)^2 + (y-b)^2 = R^2$$

式中，a 和 b 为圆心的坐标。

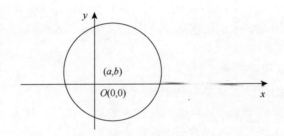

图 3-6　笛卡儿坐标系中的圆

　　这项研究成果将人类对圆的认识上升到了理论的高度。即使是这样一个简单的方程，其历史也不过 300 多年。可见，从人类诞生到成长，人类的认识过程还是非常缓慢的。

3.3　拓展空间的维度

　　如果这个圆不是一个数学上二维空间内抽象的圆，其线条有一定的粗细度，那么也仅仅需要再增加一个与 x-y 平面垂直的 z 坐标，即将上面的二维空间拓展一个维度，变成三维空间。在这个三维空间中，人们可以对这个有一定尺度的圆环进行数学上的抽象描述（图 3-7）。

---

① 笛卡儿（1596～1650 年），法国数学家。

其数学表达式为

$$(\sqrt{x^2 + y^2} - R)^2 + z^2 = r^2 \qquad (3.1)$$

式中，R 为圆环管子的中心到圆环中心的距离；r 为圆管的半径。

如果这个圆环在运动，我们就可以通过增加一个时间坐标 t 来描述它的运动状态，即再增加一个维度。或者说，这个圆环的状态完全可以用一个数学函数 $f(x, y, z, t)$ 来描述。

图 3-7　三维圆环

例如，假设一个圆环的中心在 $t = 0$ 时刻处于笛卡儿坐标系的原点，随着时间的推移，这个圆环从初始位置以匀速度 v 沿着 x 轴的正向进行平移运动，则其运动形态必须满足如下方程：

$$[\sqrt{(x - vt)^2 + y^2} - R]^2 + z^2 = r^2 \qquad (3.2)$$

式中，x、y、z、t 为四个坐标轴或称为四个维度。上述方程描述了 x、y、z、t、v 在构成这个圆环运动时的逻辑关系。

3.4　原创性研究结果

如果古代一个研究者将这个圆环作为研究对象，有如下几项工作是他的努力方向：
（1）确认描述这个运动圆环的五个要素 x、y、z、t、v；
（2）确认不同运动形态下 x、y、z、t、v 间的逻辑关系。

在研究上述两个问题时得到的研究结果都属于原始创新范畴。例如，人们发现描述一个圆环需要建立 x、y、z 三个空间坐标，而这三个坐标在相互垂直的情况下使用起来最为简便。第一次开展这个工作的人是研究的先驱，他的工作是原创性的。为了描述这个圆的运动，第一个引入时间坐标的人也是研究的先驱，他的工作同样是原创性的，因为他们的工作发现了四个维度。接下来，人们为了描述这个圆环的运动状态，找到了 x、y、z、t 四个变量与圆环运动形态之间的关系，建立了函数 $f(x, y, z, t, v)$。他的工作没有发现或创造出新的坐标轴，但是却发现了事物运动的规律性，建立了一个理论体系 $f(x, y, z, t, v)$。这也是一个原创性的工作。由于圆环的运动有很多种复杂的形式，因此对其运动规律的总结工作也变得非常复杂，其中可以产生原创性结果的研究会层出不穷。当然，整个研究、发现以及创造过程可能会很艰难、很曲折，可能是循序渐进的，逐渐趋近科学问题的本质，其中的阶段性成果依然可能包含原创的成分。

经过前人的努力，关于圆环运动状态描述的理论 $f(x, y, z, t, v)$ 已经建立并公开了。这时，后来的研究者很可能会想到另外一个问题：如何描述一个椭圆的运动呢（图 3-8）？

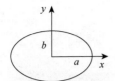

图 3-8　在 x-y 平面
坐标系中的椭圆

椭圆方程：

$$\frac{x^2}{a^2} + \frac{y^2}{b^2} = 1 \qquad (3.3)$$

式中，a 和 b 分别为椭圆的长轴与短轴。

当然，类似的问题会有很多。后来的研究者经过努力，建立了描述椭圆运动的方程 $g(x, y, z, t, v)$。毫无疑问，后来研究者的科学研究活动借鉴了前人的研究成果，不再包含发现或创造了维度的原始性创新。后面的理论工作也仅仅是对前人研究结果的改良和扩展，因此其原创性仅限于发现了椭圆及其数学描述方程。对比圆和椭圆，我们不难发现，后一个工作与前一个工作有很多相同的地方，唯一不同的地方在于椭圆存在一个长轴和一个短轴，而圆的长轴和短轴相等。也就是说，椭圆的工作拓展了圆的工作，它的创新点就在于将圆的半径 R 变成了椭圆的长轴和短轴。

进一步，如果要描述的圆环是一个实在的物体，它具有真实的材质，如由金属铜构成，那么，描述这个铜质圆环就需要增加一个新的要素——Cu。Cu 是铜的元素符号，元素符号已经有 118 个。此时，铜质圆环的运动函数可以写为 $f(x, y, z, t, v, e)$。其中，e 表示材质坐标，当采用铜材质时，Cu 是 e 的坐标值。

很显然，描述材质的坐标轴是不连续的，这个特征有别于空间和时间等可以连续变化的坐标轴。当然，化学元素并不是由单一因素组成的，因为每种化学元素都是由多种基本粒子组成的。核物理和高能物理在这方面的研究已经取得了长足的进展，证明每种化学元素都是由一些更基本的粒子组成的，这些基本粒子包括电子、正电子、质子[①]、反质子、中子、中微子、介子、夸克、希格斯玻色子等几百种。在目前的认识范围内，我们暂且可以把这些基本粒子当作单一因素。但是根据毛泽东的著作《矛盾论》[②]，基本粒子还可以继续拆分下去，因此它们也不是单素[③]。《矛盾论》的基本思想是：任何事物都是矛盾的统一体，都存在着矛盾的两个方面，因此也都是可分的。人们之所以将这些粒子称为基本粒子，是受到人类目前的研究能力所限。当然，物质是否无限可分，最终是一个哲学问题，因为人类从事科学研究的能力毕竟有限，无法穷尽这样一个哲学命题。

科学家证明物质是由基本粒子构成的。除此之外，电荷、能量、温度、热量等都是描述我们这个物质世界的基本因素。

我们将上面简化了的研究事例列出一个表，如表 3-1 所示。

---

① 科学家已经证明质子和中子具有各自的组成结构——它们是由夸克组成的。但是，由于独立的夸克不能存在，所以质子和中子也常被看成基本粒子。

② 1975 年由人民出版社出版的哲学著作。

③ 见 4.1 节单素与复素。

表 3-1　圆的研究事例

发生顺序	发生事件	内容	创新性质
1	用工具画出圆	◯	原始创新
2	发现圆的规律性	R	原始创新
3	发现了圆的直径	D	递推创新
4	定义圆的周长	l	原始创新
5	用作车轮		原始创新
6	发现了圆周率	周三径一；l/D	原始创新
7	割圆术计算圆周率	3.14	原始创新
8～13	发明手推车（8）、马车（9）、水车（10）、纺车（11）、磨（12）、辘轳（13）	轮子的应用	—
14	圆的面积	πR^2	原始创新
15	球体的表面积	$4\pi R^2$	原始创新
16	球体的体积	$4\pi R^3/3$	原始创新
17	建立圆方程	$(x-a)^2+(y-b)^2=R^2$	原始创新
18	建立圆的运动方程	$(x-vt-a)^2+(y-b)^2=R^2$	原始创新
19	发现圆环		原始创新
20	建立圆环方程	$(\sqrt{x^2+y^2}-R)^2+z^2=r^2$	原始创新
21	建立运动的圆环方程	$[\sqrt{(x-vt)^2+y^2}-R]^2+z^2=r^2$	组合创新
22	制作出铜质圆环		原始创新
23	发现了铁		原始创新
24	制作出铁质圆环		组合创新

　　按照原始创新的当前定义：独立完成的、前所未有的重大科学发现、技术发明、原理性主导技术等研究成果，具有首创性、突破性、带动性。上面结果中的绝大多数都可以称为原始创新。在表 3-1 中标出的原始创新结果都符合这个原始创新的定义，也具有首创性、突破性、带动性三个特征。那么，它们真是同一个级别的创新吗？显然不是。圆的发现是其他有关圆与圆环创新活动的基础，没有圆的发现，其他与圆有关的原始创新都无从谈起。建立圆的方程看似在理论上有了一个完美的体系，但是这项原始创新来自笛卡儿坐标系的发明和对圆半径的发

现。有了笛卡儿坐标系和对圆的特点的认识，写出圆的方程是顺理成章的事情。

　　很显然，在上述关于圆的故事中，人们对圆周率的研究和计算下的功夫最大。我们现在已经无从考证谁最先认识到"周三径一"这个规律的。历史记载，埃及人在 3700 多年以前就使用了 3.16 作为圆周率。到了公元前 200 多年时，阿基米德已经把圆周率准确到了小数点后面第二位。事实上，3.14 对于我们今天的很多计算精度也是能够满足的。但是，几千年以来，人们发明不同的方法或利用同一种方法花费更多的精力不断地提高圆周率的计算精度。圆周率精度的每一次提高都是一次创新活动，但绝大多数都仅仅是一次参量创新活动（见第 7 章），而非原始创新活动。然而，在不断提高圆周率精度的参量创新活动中也会偶尔出现原始创新。例如，"阿基米德方法""割圆术""解析法""计算机法"等计算圆周率的方法在其诞生时都包含原始创新的成分。从上面的分析不难看出，单单用一个原始创新不足以区分创新活动及其成果的性质和等级。因此，我们需要找到更加合理的方法来判别创新的程度，从而评判创新结果的价值和可能带来的社会效益。

3.5　无创新性或低创新性的人类活动

　　很显然，在铜质圆环的研究结果产生以后，如果一个人称自己制作出了一个尺寸稍大些的铜质圆环，那么他的工作的创新性相对而言就低很多。前者的工作是开创性的，而后者的工作是模仿性的。开创性的工作解决了"从无到有"的问题，后者作为模仿性的工作仅仅完成了"增大尺寸"的参量创新（见 7.5 节）。同样地，如下几个研究结果也不具有任何创新性或仅具有较低的创新性：

（1）
$$[\sqrt{(x-vt)^2+y^2}-a]^2+z^2=b^2$$

（2）
$$[\sqrt{x^2+(y-vt)^2}-R]^2+z^2=r^2$$

（3）
$$(\sqrt{x^2+y^2}-R)^2+(z-vt)^2=r^2$$

（4）金质圆环；

（5）木质圆环。

　　结果（1）只是做了简单的符号改变；结果（2）和（3）描述的是圆环沿着 y 和 z 轴做匀速直线运动的情况。上述三个方程虽然在形式上与前面给出的方程不同，似乎有了新的改变，但在本质上却没有新意，因此只能算作对前人研究结果的复制与模仿。使用金或木制作圆环在工艺上必有不同，但是在前人已经完成了铜质圆环的情况下，任何人在有了金或木材质和制作工艺的条件下都可以想到。因此，后两项的真正创新点在于如何获得新的材质和新的加工工艺。如果金或木材质和加工工艺都为已知，那么首次制作出金质圆环或木质圆环只能算作组合创新（见 7.4 节）。

上面是一个关于圆、圆周率、圆的方程、三维圆环、三维圆环方程、铜质圆环、铁质圆环等的研究事例，前后可能经历了几十万年甚至更长的时间，其中可以称为原始创新的发现不过才十几例。而人类的历史已经有几百万年，因此可以说在人类知识积累的长河中，原始创新活动是凤毛麟角、极其稀有的事件，人们从事更多的是模仿与重复性的劳动。

3.6 本 章 小 结

本章用一个简单的事例讨论了科学发现和科学研究的发生、发展过程；提出了人类的很多活动都可以归结为科学研究活动、人类的发展历史就是一部人类从事科学研究的历史等观点。圆周率的故事充分地说明，人类经历了漫长的历史才取得了今天的科学技术进步。本章还论述了原始创新问题，并列举了无创新性和低创新性事例。

第4章 万维空间

在论述创新之前，首先需要做的是简化模型。无论我们的现实世界还是我们的内心世界，其复杂性都是无与伦比的。一个简化的模型有助于我们理清其中的头绪，有助于我们建立一个清晰的理论框架。

本章用两个空间（外在空间和内在空间）分别去抽象现实世界和人对现实世界的认识。在这样的抽象下，世界只是由坐标轴以及在坐标轴撑开的空间中的事物组成。一切科学研究和创新活动只需围绕着坐标轴及空间中的事物展开即可，从而简化了我们的命题和对命题的论述。

4.1 单素与复素

既然一切事物都是由一个或多个因素组成的，我们就应该对这些可能构成事物的因素的性质有一些基本的了解和分析。从构成的形式上讲，世界上最简单的事物是由一个不可再拆分的因素构成的，我们将这样不可再拆分的因素称为单素；与之对应，我们将可以进一步分解的因素称为复素。一个事物的不可拆分性存在两种情况：一是事物本身已经是最小构成单元，确实不可拆分；二是人的认识或能力无法将一个事物拆分成其他更小的构成因素。

换言之，单素代表了单纯因素。它是指构成事物的一个因素，其特征在于该因素是单纯的、不可再分解为其他因素的组合。例如，时间就是一个单素，我们无法将时间分解为其他因素的集合。任何一个单素都不可能被其他的单素表示出来。举个简单的例子，我们无法用空间坐标 x、y、z 和时间 t 来表征一个物体的温度 T。因为 x、y、z、t 和温度 T 都是单素，它们不能相互表示；或者说，我们不能把温度 T 写成 x、y、z、t 的函数，因为 T 与 x、y、z、t 四个单素之间没有普适的必然联系（必然规律性）。数学上把这种不能相互表示的关系称为相互垂直，其意义为一个单素在另外一个单素坐标轴上的投影等于零。这个概念虽然抽象但很容易理解。例如，在笛卡儿直角坐标系中，x 轴和 y 轴都是单素而且相互垂直，因此它们中的一个在另外一个上的投影等于零。或者说，我们不能用 x 轴去表示 y 轴，也不能用 y 轴去表示 x 轴。

但是，对于一个具体的事物，T 与 x、y、z、t 四个单素之间可能存在对应关系，甚至可以有某种以函数形式存在的对应关系。例如，一个人身体某个部位

(x, y, z)的温度T会随着时间变化，因此T与x、y、z、t四个单素之间就有一一对应的关系。也就是说，当一个人身体某个部位的坐标(x, y, z)确定了，在某个t时刻该部位的温度是一定的。又如，在做科学实验时，我们经常会对一个样品的温度进行控制。在线性升温过程中，样品的温度便是时间t的函数。在这种情况下，样品的温度T可以写成$f(x, y, z, t)$的函数形式。从上面的例子我们可以看到，虽然T、x、y、z、t五个单素之间相互垂直，但是在某个具体的事物上，它们之间可以有一一对应的关系或是某种函数关系。这一点就如x、y、z三个坐标轴之间相互垂直，但是在某个具体的几何图形（如圆、直线或球）中，其方程为确定的函数关系。

与单素不同，复素不是一个简单的因素，它是由两个或两个以上单素构成的集合。也就是说，复素可以分解为两个或两个以上的单素。例如，图4-1中的矢量r就是一个复素，它可以分解为x方向上的一个矢量和y方向上的一个矢量之和。又如，原子也是一个复素，它是由原子核和核外电子构成的。事实上，原子[①]的本意是不可再分的最小物质，但是随着人们认识的发展，科学家发现原子是可以再分的。从原子的定义到后来人们认识的发展，我们不难看出，单素的不可拆分性有可能随着人类认识的发展而改变。随着人类科学研究能力的不断增长，今天的单素会变成明天的复素。但是，复素却永远不可能变成单素。

世界上的一切事物都是由一个或多个单素构成的。即任何一个事物通常都可以分解成多个单素。例如，几何空间就是一个复素概念，因为几何空间可以分为x、y、z三个坐标方向，而x、y、z三个坐标方向不可再分，因此x、y、z是三个单素。

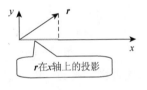

图 4-1　r矢量是一个复素

有些概念经常被单独使用，如速度。但是，速度却是一个复素，因为速度v是由路程s和时间t两个单素构成的。在速度这个复素中，路程和时间有着相除的关系：$v = \dfrac{\mathrm{d}s}{\mathrm{d}t}$。

因此，我们可以总结出，复素是由两个或两个以上的单素通过某种特定的关系相联系而构成的。这种必然的联系（一个复素与组成它的单素之间的联系）不会因事物的不同而发生变化。这一点与单素之间的联系有本质的不同[②]。

毫无疑问，如果我们仅仅用单素来描述这个世界，那么我们的描述往往会变得非常复杂、晦涩难懂。合理地使用复素来描述事物，通常会使描述变得简单。例如，当我们说一列高铁列车以360千米的时速行驶时，360千米/小时表

---

① "原子"（atom）在希腊文中是"不可分"的意思。原子在现代科学中是指化学反应中不可再分的基本微粒。原子在化学反应中不可分割，但用物理的方法可以将原子进一步拆分成原子核与电子。

② 单素之间不存在必然的固定函数关系，只是在具体事物上可以有一一对应的关系。

示的就是高铁列车的行驶速度。在这个表述中，我们用了一个复素（速度）简单明了地描述了这辆高铁列车的运动特征。当然，我们也可以用比较复杂的方式对 360 千米的时速进行描述：一辆做直线运动的高铁列车用了 25 分钟向东行驶了 129.9 千米的同时向北行驶了 75 千米。简单的计算也会得出高铁列车的时速约为 360 千米，但是第二种描述方式显然无法做到让人一目了然。其原因在于，在第二种表述中，我们使用了 5 个单素：直线、时间、东、北、距离，而这 5 个单素与速度（复素）之间的逻辑关系并没有显含在描述之中。虽然第二种描述给了我们更加丰富的信息，但是如果仅仅是为了说明该高铁列车的行驶速度，第一种表达更加简明、有效。

4.2　事　　物

本书将任何一个研究对象都称为事物。这里的事物可大可小，大到宇宙，小到基本粒子和光子。本书中的事物可以是一个概念，可以是一个公式，可以是一种逻辑关系，可以是一个人或动物，可以是一种物质，可以是一种心态，也可以是一台仪器。总之，本书中的事物可以是世间的万物之一。正如第 1 章中所指出的那样，科学研究的对象包罗万象，因此科学知识也包罗万象。我们把这些涵盖在自然、生命、思维和社会中的种种存在都统称为事物，以方便和简化我们的论述。

一个大的事物中通常都包含了很多小的事物，而小的事物中还可能包含更小的事物。我们可以将一个研究对象不断地拆分下去，直到达到人类能力或认识的极限。换句话说，一个事物通常都是由多种因素构成的，对这些因素进行剖析并开展研究是获取科学知识的途径之一。

4.3　万维空间的定义

抽象地说，我们的世界是由无数个（N 个）单素和复素构成的，也就是任何一个事物都可以在一个由 N 个单素和复素构成的 N 维坐标体系中被描述出来。这样的 N 维坐标体系称为万维空间。构成万维空间的单素和复素分别称为单素轴（简称素轴）和复素轴（简称复轴）。如果构成万维空间的坐标轴全部是素轴，则称该空间为素轴空间，简称素空间；如果构成万维空间的坐标轴既有素轴又有复轴，那么称该空间为非素轴空间，简称非素空间；如果构成万维空间的坐标轴全部是复轴，则称该空间为复轴空间，简称复空间。由哪些坐标轴和由多少个坐标轴来描述事物，取决于该事物本身的性质以及对描述详细程度的需求。例如，在前面的论述中，一个平面几何上抽象出来的圆只需要 x 和 y 两个单素轴来描述，即一个二维空间便足可以盛装一个平面几何圆。

上述的讨论内容只不过是将数学中的希尔伯特[①]（Hilbert）空间[②]概念推广到了大千世界中，并将其称为万维空间。希尔伯特空间相当于我们这里定义的单素空间，而万维空间是由单素空间、非素空间和复素空间共同构成的。与希尔伯特空间相同，万维空间也是完备的[③]。

$$万维空间 = \begin{cases} 单素空间（希尔伯特空间）\\ 非素空间 \\ 复素空间 \end{cases}$$

我们在此定义的单素相当于数学希尔伯特空间的一个坐标轴，因此我们把单素称为单素轴或素轴[④]，复素称为复素轴或复轴。

然而，与数学中的希尔伯特空间不同的是，万维空间的坐标轴不一定必须是单素轴，也可以是复素轴。采用单素轴还是复素轴视需要而定。正如我们前面所讲到的，使用复素描述事物往往会使描述更加了然；而使用单素描述事物会给出更加详细的信息，但是描述本身会变得更为复杂。

在此需要说明的是，我们在这里定义的万维空间虽然有无穷多个维度，但是它并不能够满足数学中对无限维空间（希尔伯特空间）的要求，如点的坐标是一个平方收敛的级数。另外，由于万维空间的坐标轴已经不再是数学意义上的坐标轴，因此我们也没有尝试去定义空间中的向量和向量的内积。

人的认识是对客观世界的主观反映，客观世界的万维空间反映在人的主观世界中就会形成一个万维空间的主观映像。我们将这个映像称为内在万维空间或简称内在空间；对应地，我们将现实中的万维空间简称为外在空间。由于认识对客观世界的偏离、误解、重塑、臆造、伪像和缺失，人们头脑中的内在空间必定是外在空间的一个失真映像。这个失真的内在空间虽然不同于真实的外在空间，但是人们是借用自己认识中的内在空间去理解世界、解释世界、指导自己的行动。

现实世界中的外在空间原本就是自然存在的，伴随着人类新发明和新创造的不断出现，外在空间的维度在不断地增加，空间范围不断膨胀，空间中的内容不断地丰富。人类通过观察去认识外在空间，并通过不断地学习和记忆在大脑中建

---

① 希尔伯特（1862～1943 年），德国数学家。

② 在数学中，希尔伯特空间是欧几里得空间（有限维度空间）的一个推广，其维度数量可以趋于无限。与欧几里得空间相仿，希尔伯特空间中有点、线、面、体积、距离和角的概念，其坐标轴之间相互垂直。此外，希尔伯特空间还是一个完备的空间，也就是说，任何事物都可以完整地置于希尔伯特空间之中。

③ 即任何事物都可以完整地置于万维空间之中。

④ 本书中的素轴概念相当于量子力学中的基矢、本征矢、本征态、本征函数等概念。

立并丰富自己的内在空间。人类的每一次发现都为丰富和完善自己的内在空间提供素材。因此，抽象地讲，人的认识过程就是将内在空间趋同于外在空间的过程。

4.4　抽象我们的世界

有了万维空间，我们就可以将世界上的任一事物置于其中，并对其进行详细的量化描述。例如，我们将一个铜质圆环放在了由 x、y、z、t、e（e 代表化学元素 element）五个维度组成的五维空间中。x、y、z 是三个笛卡儿坐标轴，t 是时间坐标轴，e 是圆环的材质坐标轴。但是，这样五个维度事实上不足以描述一个现实中的铜质圆环。现实中的铜质圆环都是有一定温度的，温度维度没有被包含在上述五个维度中。因此，如果要描述一个具有温度的铜质圆环，我们需要再增加一个维度，构成一个由 x、y、z、t、e、T（温度）六个维度构成的六维空间来描述。依此类推，随着事物复杂程度的增加，用于描述事物的空间维度也将增加。例如，要在现实生活中描述一个人，那么就要建立一个维度众多的多维空间。这个人所处的空间位置(x, y, z)，他的体重、性别、年龄、体温、肤色、发色、睛色、学历、种族、信仰、性格、国籍、牙齿数量、视力、籍贯、智商、情商、血压、心率、脑重、血型等都是相互独立的维度。类似的维度我们还可以找出很多，因此构成的是一个万维空间，而任何一个事物都只是万维空间中的一个点、一条多维曲线线段、一个多维曲面或一个多维立体图案。

万维空间中的点、线、面和体的概念定义如下。

万维空间中的点：所有坐标轴都只有单一的取值。

当一个处于万维空间中的事物在所有坐标轴上都只有一个单一的测量值时，该事物在万维空间就只占据一个点。

万维空间中的直线与直线线段：在任意一个坐标轴上的取值有一个不为零的范围，而在其他坐标轴上都只有单一的取值。如果该不为零的范围是无限的，则为万维空间的直线；否则为直线线段。

万维空间中的曲线：在任意一个坐标轴上的取值有一个不为零的范围，而其他坐标与该坐标之间存在一一对应的取值关系。

当一个处于万维空间中的事物在某一坐标轴上的测量值为一个不为零的范围，而在其他坐标轴上都只有一个单一的测量值时，该事物在万维空间占据一条直线线段。如果其他单一取值的坐标与变化的坐标之间存在一一对应的关系，该事物在万维空间就占据一条曲线线段[①]。

---

① x、y、z 三个空间坐标具有对等性和任意取向性，通过坐标方向的选取可以保证对"万维空间的曲线"的定义成立。在"万维空间的曲面"和"万维空间的多维体"定义中情况相同。

万维空间中的平面：在任意两个坐标轴上的取值均有自己的不为零的变化范围，而在其他坐标轴上都只有一个单一的取值。

万维空间中的曲面：在任意两个坐标轴上的取值均有不为零的变化范围，而其他坐标均单一取值且与前面两个坐标之间存在一一对应的取值关系。

当一个处于万维空间中的事物在某两个坐标轴上的测量值均有自己的不为零的变化范围，而在其他坐标轴上都只有一个单一的测量值时，该事物在万维空间中占据一个平面；如果其他单一取值的坐标与两个变化的坐标之间存在一一对应的关系，该事物在万维空间中就占据一个曲面。

万维空间中的多维体：在三个或三个以上坐标轴上的取值均有不为零的变化范围。

当一个处于万维空间中的事物在三个或三个以上坐标轴上的测量值均有不为零的变化范围时，该事物在万维空间中就占据一个多维体空间。

有了万维空间的抽象概念，我们就可以将任一事物置于这个万维空间之中，从不同的坐标轴方向对其所占位置及其坐标延展区域进行测量，从而形成一个详细客观的参量描述。因此，一项研究活动的重要内容之一不外乎是为事物建立一个具有充分维度的空间，按照事物原有属性合理地设置该空间的坐标轴（维度），将事物置于该空间之中，从各个维度方向测量事物的空间坐标，得出最贴近事物本来面目的客观描述。

事物是发展变化的，因此在万维空间中描述事物也需要持有运动的观点。例如，在前面谈到的描述一个人的万维空间中，除了种族、籍贯等在出生时就已经固定下来的单素坐标外，其他的维度坐标测量值都可能发生变化。但是，这些坐标值无论怎么变化，都会有自身发展变化的规律和范围。例如，人类的身高就有一个变化范围。到目前为止的吉尼斯世界纪录表明，美国人罗伯特·潘兴·瓦德洛是历史上最高的人，身高达到 2.72 米，而其他人的身高无论怎么变化都不会超过 2.72 米。虽然，相传中国清代安徽省婺源县浙源乡虹关村的詹世钗身高达到 3.19 米，但其死后棺材长度为 2.6 米，因此詹世钗身高达到 3.19 米的说法并不被大家所认可。

事实上，随着科学研究的不断发展，描述事物的万维空间也在不断地拓展，其维度数量也在不断地增加。例如，古代的人们就不会使用智商、情商、血压、血型等参量去描述一个人，因为那时的科学还没有发展出这些坐标轴。当然，我们也应该意识到，今天在描述人类自身时肯定也存在着还没有发现或发明的坐标轴。今天科学研究的一个重要目的就是为明天的万维空间发现和创造新的坐标轴，而基于这种研究目的所获得的研究成果属于维度创新（见 7.1 节），是一种最高等级的创新（见 8.2 节）。

4.5　子　空　间

我们生活在一个有着无限维度的万维空间之中，但是在通常情况下，我们都会在有意或无意之中根据需要将复杂的万维空间简化为只有很少几个维度的一个子空间[①]。在从事一项科学研究时，研究人员通常都只关心一些相关的技术指标和参数，而不会费力去测量一些不太相干的参数。事实上，这些相关的技术指标就构成了一个子空间。例如，在从事半导体发光特性的研究中，人们会关注下面一些材料指标和参数：组成成分、纯度、掺杂浓度、电导率、载流子迁移率、量子效率等有关材料和物理性质的参数。研究者不会从心率、血压、情商、飞行速度、海拔等素轴方向对半导体材料展开测量。因为，在无形之中，他们已经把对半导体发光的研究局限在了一个相对较小的子空间中。从这个例子还可以看出，划出一个合理的子空间去审视和研究事物不仅是必要的而且是重要的。

通常，人们都会根据经验来划出这样的子空间，而很多创新研究成果恰恰诞生于对子空间的拓展之中。例如，在研究黑体辐射时，很多科学家试图使用经典物理理论对其解释，然而尝试了各种方法依然不能很好地拟合出黑体辐射实验曲线。1900 年，普朗克[②]为这项研究的子空间增加了一个维度，他提出了一个新概念"能量量子"。在这样一个经过拓展的子空间中，普朗克在理论上很好地拟合出了黑体辐射曲线，从而诞生了量子物理学。

事实上，虽然现实世界是一个具有无穷维度的万维空间，但是人们的内心世界总是由有限个维度构成的子空间。因此，可以说，人类从事的任何科学研究都是在一个适当的子空间中进行的。很多创新性研究成果的诞生也恰恰受益于合理地选择了子空间。

4.6　个体空间和人类空间

我们将现实世界称为外在空间，将人对现实世界的认识称为内在空间。内在空间可以分为由人类知识的总积累构成的人类内在空间和存在于人类某个个体头脑中的个体内在空间。我们在此分别称其为人类空间和个体空间。

4.6.1　个体空间的特征

个体空间存在于人类某个个体的大脑之中。从出生开始，通过感觉、知觉、思考、学习、记忆，人们逐步地建立起属于自己的知识体系，形成属于自己的个体内在空间。

---

① 在数学上，子空间指的是维度数量小于全空间维度数量的部分空间，如平面二维空间就是一个子空间。

② 普朗克（Planck，1858～1947 年），德国著名物理学家，量子物理学的重要创始人之一。

在个体空间建立的过程中，人类空间中的知识储备是一个主要来源。人们通过学习，逐步将一些前人积累的知识吸收进自己的知识体系之中；再通过思考、分析、加工等心理过程[①]，将这些知识个人化并存储在自己的记忆中。因此，学习就是人类个体建立、丰富、完善个体万维空间（个体空间）的过程，是从外在万维空间（外在空间）和人类万维空间（人类空间）汲取知识与信息的过程，是通过思考从内在空间自发产生对事物新认识的过程。

与外在空间和人类空间相比，个体空间的维度要少很多，是典型的子空间。个体空间具有人类个体的鲜明特色，且每个人的个体空间都不尽相同。这些不同主要体现在维度、维度数量、维度的清晰度、盛装的事物、盛装事物的清晰度等各个方面。维度和维度数量的不同意味着每个人建造了不同的子空间。例如，生活在深山里的孩子与生活在海边的孩子，他们各自的个体空间必然不同。深山中长大的孩子会对树木、动物、山泉、溪流、蘑菇、草药、猎枪等有较多的感性认识，而生活在海边的孩子会对大海、潮汐、贝壳、螃蟹、海螺、渔船、渔网、沙滩等有较多的感性认识。因此，他们会拥有不同的内在子空间。

当然，无论这些孩子生活在什么样的环境中、有什么样的成长经历，在他们的认识中会存在许多相同或相近的事物，也就是他们的个体空间会有许多相同的维度。换句话说，这些孩子的个体空间会有相互重合的部分。在目前中国的教育体制下，学生使用相同或类似的教学大纲，学习几乎完全相同的课程，使用相同或类似的课本，生活在几乎相同的环境中，因此现在孩子们的个体空间相互重合的部分非常大。

个体空间的建立过程就是一个观察、思考、学习、记忆的过程。人类个体在观察、思考、学习、记忆各个方面的能力存在差异。因此，即使在面对同一事物时，每个人在头脑中形成的印记也会不同，从而造成不同人的个体空间在同一事物映像间的差异。细致的观察、缜密的思考、良好的记忆会构造出一个内容相对完整的个体空间；而粗略的观察、不加思考、模糊的记忆必然会形成一个不完整、图像失真、似是而非的个体空间。

与外在空间和人类空间将比，个体空间中的内容少、图像模糊且充斥着大量的非真实图像和非逻辑关系。受到观察能力、分析能力和记忆能力的限制，个体空间中的知识往往是零散、缺失、支离破碎、不准确、无细节的。因此，人们在学习过程中需要反复复习、复述、回忆、再现、练习去加强记忆，补全零散、缺失和支离破碎的知识，添加事物的细节，增加对事物理解的准确度，从而完善自己的个体空间。

---

① 对心理过程的定义和详细论述见第 9、10 章。

4.6.2 人类空间的特征

人类空间由人类知识的总积累构成，是从成千上万个个体空间升华出来的知识的概括与总结。人类空间属于全人类，是从人类诞生起到现在为止人类对世界认识的集合，是在人类发展的历史长河中一点一滴建立起来的。人类空间积累了全人类的知识财富和智慧。通过口口相传，利用甲骨、泥板、竹简、青铜器、石壁、石碑、绢帛、陶瓷、兽皮、纸张、胶片、磁盘、磁带、光盘、硬盘、U 盘、存储卡等媒介把这些知识和智慧记录了下来并流传给后人。当然，在流传过程中不可避免地会有丢失、失真、复得、无中生有、添枝加叶、去伪存真等现象的发生。但无论如何，人类空间是在不断地完善与丰富之中发展壮大的。

到目前为止，人类空间还只是一个概念，它由存储于图书馆、资料室、档案馆、博物馆、专利局、教案、课件、网络云端、个体空间之中的各种知识组成。或者说，到目前为止，人类空间还没有一个完整的统一存在形式。

4.7 态、态函数与态分析原理

在量子力学[①]中，态是量子态[②]的简称，用于描述自然界微观体系的状态。描述量子状态的函数称为状态函数或态函数，是量子力学中的一个重要概念。量子力学中的态指的是某时刻微观世界中某个事物所处的状态。

正如 3.3 节所论述的那样，任何事物都可以在万维空间中找到自己的位置坐标和坐标延展范围，所有这些坐标值构成了对该事物的完整描述。因此，我们便可以将与该事物对应的这些坐标值的集合称为该事物的状态函数。例如，当一个人的身高、体重、性别、年龄、体温、肤色、发色、睛色、学历、种族、信仰、性格、国籍、牙齿数量、视力、籍贯、智商、情商、血压、心率、脑重、血型、指纹、基因密码等万维坐标全部确定后，这个人就会被唯一地确定下来。我们说这些万维空间坐标值的集合构成了他的状态函数。这就像我们经常填写的个人情况调查表一样。一份详细的调查表可以包括上面列出的所有信息选项（甚至更多），那么这样一份表格就是我们在现实生活中的状态函数。

---

① 量子力学（quantum mechanics）是描述微观世界运动规律的物理理论，与相对论一起构成现代物理学的两大支柱。许多物理学理论，如原子物理学、固体物理学、核物理学和粒子物理学，以及其他相关学科的理论（如量子光学、量子化学、激光光谱学、量子信息学等）都是以量子力学为基础建立的。

② 量子力学用量子态的概念表征微观体系的状态。例如，氢原子的量子态是由一组量子数(n, l, m, s)表征的，每一组(n, l, m, s)都唯一地对应着一个形式极其复杂的本征函数。这些本征函数之间相互正交（垂直），全部的本征函数构成了一个希尔伯特空间，而每个本征函数就是该希尔伯特空间的一个坐标轴（基矢或本征矢）。

状态函数不仅仅是量子力学所拥有的独特概念，也应该是对任何事物都成立的一个概念。对一切事物的描述都可以归结为对其状态函数的描述。由状态函数的定义，事物存在的状态必然由如下三个因素所决定并被唯一的决定：

（1）事物本身的特质（决定其发展变化的形式与规律，内部因素，简称内因）；

（2）事物发展的历史（决定其发展变化的惯性方向，历史因素或惯性因素，简称轨迹）；

（3）事物在某时刻所处的环境条件（决定对其发展变化的影响，外部因素，简称外因）。

因此，万维空间的观点是不允许把世界看成由彼此分离的、独立的部分组成的。在这里，我们可以把事物及其所处的环境看作一个整体，统称为系统。

量子力学用量子态的概念表征微观体系的状态，我们在这里用状态函数描述万维空间中的任何事物及其发展变化的规律。即状态函数是描述事物运动状态的函数，因此它需反映事物在某一时刻的全部万维坐标以及这些万维坐标的变化规律与趋势。通常情况下，因认识能力或实际需求有限，人们不可能或不必要知道事物的全部万维坐标，而只有一些万维坐标是知晓的或是必要的。也就是说，人们通常在一个维度适中的子空间中描述事物及其变化规律。

既然任何事物都可以由态函数来描述，而态函数又是由其内因、外因和发展轨迹所唯一决定的，那么一个事物是否成立，关键就是看它的内因、外因和发展轨迹是否同时支持其成立。因此，预测一件事在未来某个时刻是否能够发生就可以从这三个要素着手进行。我们将这样的分析和预测称为态分析和态预测，将这样的分析原理和方法称为态分析原理和态分析方法。

所以，如果我们要做成一件事，首先要看它的内因是否支持其成立；如果内因支持了，那么再去查它的外因，也就是说去查看这个事物所处的环境条件是否成立；如果它的环境条件也成立了，那么我们就看它的历史发展轨迹是不是能够达到这个事物成立的条件。如果这三个条件都成立了，我们的目标就会自然而然地实现。这就像一个物体的运动速度要在某个时刻达到某个值一样。如式（4.1）所示，质量为 m 的物体在某一时刻的速度 v_t 是由其初始速度 v_0、加速度 a 和时间 t 共同决定的。加速度 a 由物体的受力 F 和其质量 m 共同决定。m 是它的内因，v_0 是它的初始速度，t 代表物体受到 F 作用的时间长短。v_0 和 t 共同构成了事物发展的历史，受力 F 是其发展变化的环境条件。在式（4.1）中，速度和加速度都是矢量[①]。

$$v_t = v_0 + at, \quad a = \frac{F}{m} \qquad (4.1)$$

---

① 又称向量，是一种既有大小又有方向的量。

　　本着这样一个原理，你想让一个事物成立（做成一件事情），如果它的内因不支持它成立，那你首先就要去改变它的内因，即改变事物本身的内在因素，以使其具有支持事物成立的基本条件。

　　当内因成立的时候，就要去查看它是否处于支持事物成立的环境之中；如果环境条件不充分，那么就要想方设法去改变其环境条件，即没有条件就要去创造条件，让事物拥有一个可以成立的外部环境。

　　若内因和外因都支持事物成立，就要对事物的发展变化轨迹进行管理和控制，使事物的发展速度和发展方向能满足其成立的要求。在现实生活中，我们通常会同时改变和优化这三个因素，以促成我们的最终目标。

　　在这里，我们可以用一个大家都能够理解的例子来说明态函数分析方法。

　　例如，我们想让自己的孩子考上大学。当我们把"考上大学"作为一个未来事件进行分析时，可以采用如下的态函数分析步骤。

　　（1）孩子的内因（如智力状况和身体状况）怎么样？如果一个孩子的智力有先天的缺陷（如严重智障），那么无论你的家庭条件多么优越、无论你花多少力气去培养这个孩子，你都很难让这个孩子在高考中取得好成绩。因为这个孩子的先天智力是有缺陷的，即孩子的内因并不支持其考上大学这件事成立。这就像你不可能将一枚鹅卵石孵成小鸡一样。如果孩子的先天智力是正常的，甚至是超常的，那么其内因就达到了态函数分析所要求的第一个条件。

　　（2）外因是否支持"考上大学"事件成立？当内因条件满足时，我们就要考虑第二个条件是否成立，也就是说从家庭到学校到社会，是否为孩子建立了能够满足让孩子取得好成绩的学习环境。例如，孩子的潜质非常好，可是他所处的环境并不能保障他好好学习。他生活在一个秩序非常混乱的社会里，甚至找不到一个可以上课、看书、写作业的地方，那么这样的孩子确实也很难在学习方面取得成效。这种情况意味着让孩子考上大学的外因并不成立。

　　（3）孩子成长的惯性轨迹是否支持"考上大学"事件成立？如果内因和外因都成立，即孩子的素质和所处的学习环境都很好，此时孩子能不能考上大学就取决于孩子以往受教育的过程是否合理、有效，即孩子的成长轨迹是否支持他考上大学。你有一个智力正常的孩子又为他创造了良好的学习环境，可是他从来就没有上过学或从来也没有接受过良好的教育，这样的孩子当然不可能考上大学。因为他的历史发展轨迹和发展的惯性条件都不支持其"考上大学"这件事情发生。

　　当然，如果一个孩子的智力正常，他所处的学习环境很好，而且他受教育的历史也很正常，到了高考的时候，这样的孩子考上大学将变得相对容易。因为当内因、外因和惯性轨迹三个条件都成立时，孩子的态函数就已经变成了"考上大学"。

　　上面这个例子比较形象地说明了态分析的原理和方法。利用这样的分析方法，人们可以清晰地知道要做成一件事情应该从哪几个方面入手，从哪几个方面把原本不可行的事情变成可行。

下面，我们再举一个例子来进一步说明态分析原理。例如，你现在是一位普通的心理学教授，但你要想成为一位心理学方面的大师。那你首先就要分析一下心理学教授和心理学大师存在哪些不同。从内在的素质上分析二者有哪些不同，从环境上分析二者对其要求有哪些不同，从发展的历史上分析对二者的要求有哪些不同。当你把所有的这些差距补齐的时候，你就能够从一位心理学教授变成一位心理学大师。对心理学大师的基本要求就是在心理学方面有自己独到的见解，有自己创造的东西，有高于普通心理学教授的学术视角和独树一帜的学术观点。

需要说明的是，事物的内因、外因和发展轨迹并不是相互独立的变量。它们在发展过程中总是相互影响和相互左右的。外因可以影响内因，同样内因也会影响到外因，而事物的发展变化轨迹说到底还是由其随时间变化的内因和外因共同决定的。

另外，还需要强调的是，态函数不仅仅可以应用在对事物存在状态的分析与预测上，还可以用于左右事物未来发展与走向的决策上。当通过态分析把握了事物发展的脉络时，准确合理的决策就变得顺理成章和水到渠成。

4.8 万维空间中蕴藏的知识

内在空间是人们对外在空间认识的映像。因此，人类的全部知识都源自外在空间。那么，外在空间中蕴藏有哪些知识呢？

从前面的论述我们知道，当把现实世界抽象成一个万维空间后，我们的世界就只包含三个要素：坐标轴、子空间和态函数。因此，人类的知识也只能源自这三个要素及它们之间的相互关系。也就是说，人类的知识来源可以归纳为如下九种：

（1）坐标轴；

（2）子空间；

（3）态函数；

（4）坐标轴之间的关系；

（5）子空间之间的关系；

（6）态函数之间的关系；

（7）坐标轴与子空间之间的关系；

（8）坐标轴与态函数之间的关系；

（9）子空间与态函数之间的关系。

上面九种知识来源具体产生的知识情况如下。

（1）坐标轴。

有哪些坐标轴？单素轴还是复素轴？每个坐标轴的性质（如取值特征、分立值或连续值、取值范围）如何？其中的复素轴由哪些单素轴组成？组成复素轴的规则是什么？

（2）子空间。

子空间是由有限个坐标轴构成的空间。单个坐标轴构成一个线性一维空间；两个坐标轴共同展开一个二维平面空间；三个坐标轴撑起一个三维立体空间；四个或四个以上的坐标轴撑起一个多维（坐标轴数量≥4）空间。当维度小于无穷时，由有限个坐标轴围成的空间都属于万维空间的子空间。坐标轴不同，构成子空间的性质必然不同；在不同的子空间中，可能存在的事物的性质也必然不同。由于坐标轴的数目众多，因此坐标轴之间的组合方式也非常多，也就是各种子空间的数目非常多。因此，由子空间产生的知识是非常多的。

（3）态函数。

事物的态函数描述了事物的全部状态。因此，有关态函数的知识就等同于有关事物本身的知识。这些知识应该包括：事物本身的特质、事物发展的历史、事物所处的环境。在万维坐标中的态函数是一个事物在该坐标体系中取值的完整集合。因此，对事物的认识来自对事物处于万维空间中坐标的测量。这种测量会体现出事物的坐标取值、取值范围及它们的发展变化规律。

（4）坐标轴之间的关系。

单素轴与单素轴之间相互垂直，而复素轴与单素轴、复素轴与复素轴之间的关系不能确定，可能具有相互垂直的关系，也可能具有一个复轴包容另一个单素轴或复素轴的关系。由于万维空间的坐标轴有无穷多个，这就意味着，坐标轴之间的关系可以产生大量的知识。

（5）子空间之间的关系。

坐标轴及其数量是构成子空间的两个要素。坐标轴数量决定了子空间的维度；坐标轴性质决定了子空间的性质。

维度相同的子空间之间存在如下三种关系：重合、部分重合、不重合。例如，我们可以用 x、y、z 三个坐标轴构成一个三维笛卡儿子空间，我们也可以用球坐标 r、θ、φ 构成一个相同的三维子空间，这两个三维子空间完全重合。如果上面两个子空间各自再增加几个维度，而新增的维度对两个子空间来说各不相同，那么新构成的子空间之间就是部分重合的。例如，x、y、z、t、T 五维空间与 r、θ、φ、e、m（质量）五维空间部分重合。假设我们用 t、T 两个维度构造一个二维空间，又用 e、m 两个维度构造另外一个二维空间，那么这两个二维空间完全不重合。

维度不相同的子空间之间存在如下三种关系：包容、部分重合、不重合。

若低维度子空间的所有维度都包含在一个高维度的子空间中，那么高维度空间与低维度空间之间具有对应的包容关系，即低维度空间包容在高维度空间之中。例如，x、y二维平面空间包容在x、y、z三维立体空间之中。当两个维度不同的子空间中既含有相同的坐标轴又有不同的坐标轴时，两个子空间部分重合。当构成两个不同维度的子空间的坐标轴之间全部相互垂直时，两个子空间之间不重合。

（6）态函数之间的关系。

态函数之间的关系就是事物与事物之间的关系。当盛装一个事物的子空间确定后，事物的可观测量就由支撑该子空间的坐标轴的性质确定下来。例如，在x、y、z三维立体空间中，我们可以测量处于其中事物的位置、体积、各个方向上延展范围等尺寸特征。因此，在同一个子空间中，事物之间的联系就会很密切。而完全不同（没有相同的坐标轴）的两个素轴子空间（单素子空间）中的事物彼此之间不会存在任何显现的关联关系。例如，我们用质子、中子和电子三个坐标轴构成一个三维的物质空间。门捷列夫[①]元素周期表内的所有元素都存在于这个子空间中。我们可以用一个质子和一个电子构成一个氢原子，用两个质子、两个中子和两个电子构成一个氦原子等。我们用认知[②]、情绪[③]、意志[④]三个坐标轴构成一个三维心理空间。那么所有的心理过程都会出现在这个子空间中。很显然，在三维物质空间中不会出现任何心理事件；同样地，在三维心理空间中也不会出现任何化学元素或由化学元素构成的任何物质。由于两个不同子空间的坐标轴之间是相互垂直的，因此这两个子空间之间也没有交集（共同区域）或接触边界。但是，没有交集、没有接触不等于不能产生关联。就像x坐标轴和y坐标轴相互垂直、相互不可表征、一个在另外一个上的投影等于0，然而我们却可以用一条二维平面内的直线轻而易举地将它们联系起来。直线是一种规律的表述，在这个特殊的表述中，x坐标和y坐标的相互关系被固定在这种规律之中。假如有一天人们发现脑细胞中的氢离子、氧离子、碳离子或氮离子的某种存在与运动形态左右了心理过程，那么无疑就建立起了上述三维物质空间与三维心理空间之间的联系。事实上人们已经发现了有机分子多巴胺[⑤]对

---

① 门捷列夫（1834～1907年），俄国科学家，发现化学元素的周期性，依照原子量，制作出世界上第一张元素周期表，并预见了一些尚未发现的元素。

② 认知也称作认知过程，主要指人类通过感官感知外界事物获得有关事物的信息，再通过人脑的加工处理将这些信息抽象、概括并上升到理性认识，最后存储在记忆中。认知包括感觉、知觉、记忆、思维和想象等心理要素。

③ 对一系列主观认知经验的通称，是多种感觉、思想和行为综合产生的心理和生理状态，如喜、怒、哀、惊、恐、爱、嫉妒、惭愧、羞耻、自豪等。

④ 个体自觉地确定目的并根据目的调节支配自身的行动、克服困难、实现预定目标的心理过程。

⑤ 多巴胺（$C_6H_3(OH)_2$—CH_2—CH_2—NH_2）由脑内分泌，可影响一个人的情绪。它正式的化学名称为 4-(2-乙胺基)苯-1, 2-二酚(4-(2-aminoethyl)benzene-1, 2-diol)。瑞典科学家阿尔维德·卡尔森（Arvid Carlsson）发现多巴胺是大脑中传递信息的重要物质，为此他获得了 2000 年诺贝尔生理学或医学奖。

动物心理产生的影响。多巴胺是一种神经传导物质，是用来帮助细胞传送信息的化学物质。这种脑内分泌物主要负责大脑中有关情欲、兴奋及开心等信息的传递。

（7）坐标轴与子空间之间的关系。

坐标轴是子空间的维度，子空间的性质由构成该子空间的所有坐标轴的性质共同决定。随着坐标轴数量的增加，子空间的可观测量也会增加；同样的道理，随着坐标轴数量的减少，子空间的可观测量也会减少。例如，我们把两个尺寸相同的铁质球体和铜质球体都放入一个 x、y、z 三维空间中。由于该子空间只有 x、y、z 三个坐标轴，这两个球体的材料特性（铁质或铜质）在这个子空间中无法体现（测量），因此铁质球体和铜质球体都会退化成几何球体。它们的材质特性在 x、y、z 三维子空间中消失了，铁质球体和铜质球体成了相同的事物。如果我们再增加一个材质维度 e，那么原来的子空间性质立刻发生了改变，铁质球体和铜质球体还原成两种不同的事物。

（8）坐标轴与态函数之间的关系。

坐标轴与态函数之间的关系就是坐标轴与事物之间的关系。需要特别指出的是，坐标轴本身就是一类特殊的事物，只不过在人们有意识的选择下，这些特殊的事物（态函数）成了坐标轴。坐标轴是性质相对单一的一类特殊事物。当然，我们也可以选择复杂的事物作为坐标轴，这样的坐标轴是复素轴。正如 4.1 节所论述的那样，在由复素轴构成的子空间中描述事物，描述会变得相对简单。因此，坐标轴与态函数是相对的，它们之间可以相互转换。

（9）子空间与态函数之间的关系。

现实世界是一个万维空间。任何一个描述事物的态函数都可以装载在这个万维空间之中。子空间是人们为了能够方便地描述某个或某些具体事物而单独从万维空间中划分出来的部分空间。因此，子空间是用于盛装某个或某些特殊态函数的。子空间的维度及其数量决定了对态函数的描述方式和复杂程度。通常来说，子空间的维度及其数量是已知的，而事物可能涉及的维度和数量是未知的。当人们用已知的子空间去描述含有未知维度的事物时，事物在人的认识中会发生形变，对事物的描述会因缺失维度而失真，事物的一些特征信息会被丢失。因此，事物在人脑中的映像通常是不完整的、失真的。若要使这样的映像趋于完整、真实，人们就需要不断地增加和调整子空间的维度，从而获得更加丰富的不同维度测量数据。

总之，子空间与态函数之间的关系是一个相互适应、相互匹配的关系。人们依据自己的认识和需要设置子空间的维度、规定其性质，又依据自己的认识和需要调整、增加、改变子空间的维度和性质。随着子空间维度的变化，人们对事物的认识会变得深刻和丰富。

4.9　万维空间中科学研究的任务

有了万维空间和事物的状态函数的概念，我们就可以更加抽象地清点科学研究的目的和任务了。

人类从事科学研究的目的在于认识世界和改造世界。如果把我们的世界抽象成一个万维空间，把世界中的任一事物抽象成一个状态函数，那么科学研究的目的就是认识和改造这个万维空间、描述事物在万维空间中的状态函数、在万维空间中创造新的事物。

为此，科学研究需要完成如下任务。

（1）确定万维空间的坐标轴（单素轴和复素轴）；确定这些坐标轴共同规定的空间区域。

（2）探索万维空间中可能存在的事物、性质及其状态函数；探索事物（状态函数）产生与发展的规律；探索态函数间的关系与相互影响规律。

（3）合理地分离出子空间，在适当的子空间中对事物开展研究。

（4）从不同的素轴或复轴方向测量事物所占位置的坐标及其延展范围，得到对事物的客观描述——状态函数。

（5）在万维空间中发现新的事物、创造新的事物。

（6）拓展万维空间，为其寻找新的单素坐标轴。

（7）深度认识万维空间，为其寻找新的复素坐标轴；在新的复素坐标轴下重新认识事物、描述其状态函数。

（8）探索不同坐标轴规定的子空间性质。

（9）在新的坐标空间中发现新生事物。

（10）在新的坐标空间中创造新生事物。

（11）探索原有空间的边界与极限，尝试在改变某些条件时是否可以进入一个新的空间之中，从而发现新的单素坐标轴。

4.10　本 章 小 结

本章引入了万维空间的概念，用以抽象现实世界（外在空间）和人对现实世界的认识（内在空间）；详细地介绍了态、态函数与态分析原理；分别论述了个体空间和人类空间的特征，并用万维空间的模型论述了知识的来源以及科学研究的任务。

第5章 创新的定义

创新、创造、创作各自有着不同的含义又相互重叠。

5.1 创新的广义内涵

中文的"创新"二字出现得很早，如成书于 1400 多年前的《魏书》[①]中有"革弊创新"，《周书》[②]中有"创新改旧"。在唐朝（618～907 年），李延寿[③]撰写的《南史·后妃传上·宋世祖殷淑仪》[④]中就有："据《春秋》[⑤]，仲子非鲁惠公元嫡，尚得考别宫。今贵妃盖天秩之崇班，理应创新。"中国最早的百科词典《广雅》[⑥]对创的解释是："创，始也。"

汉语中创新的字面语义非常清晰，"创"即为"始"，亦为创造，代表从无到有；"新"有别于旧，强调了与已存在事物的不同。《南史·后妃传上·宋世祖殷淑仪》中的"理应创新"说的是"按理应该建一座新的宫殿"。毫无疑问，时至今日，在房地产产业极其红火的当下，没有人再用创新一词来描述或解读盖一座新楼盘，因为今天的创新一词已经有了新的内涵。

今日中国学者使用的"创新"通常都会与英文的 innovation（a new idea，method，or device[⑦]；新思想，新方法或新装置）等同起来，并一定要注明它来

---

①《魏书》是北齐人魏收所著的一部纪传体断代史书，是二十四史之一，该书记载了公元 4 世纪末至 6 世纪中叶北魏王朝的历史。成书于天保五年（554 年）。共 124 卷，其中本纪 12 卷，列传 92 卷，志 20 卷。

②《周书》，中国历代正史二十四史之一，记载了宇文氏建立的北周（557～581 年）的纪传体史书。唐朝令狐德棻主编，参加编写的还有岑文本和崔仁师等。成书于贞观十年（636 年）。共 50 卷，本纪 8 卷，列传 42 卷。

③ 李延寿，唐代史学家，曾参加过官修的《隋书》《五代史志》（即《经籍志》）、《晋书》及当朝国史的修撰，还独立撰成《南史》《北史》和《太宗政典》（已佚）。

④《南史》为唐朝李延寿撰，是中国历代官修正史二十四史之一。纪传体，共 80 卷，含本纪 10 卷，列传 70 卷，上起宋武帝刘裕永初元年（420 年），下迄陈后主陈叔宝祯明三年（589 年）。记载南朝宋、齐、梁、陈四国 170 年史事。

⑤《春秋》，即《春秋经》，又称《麟经》或《麟史》，中国古代儒家典籍"六经"之一。《春秋》也是周朝时期鲁国的国史，现存版本由孔子（公元前 551～前 479 年）修订而成。

⑥《广雅》是我国古代的一部百科词典，收字 18150 个，是仿照《尔雅》体裁编纂的一部训诂学汇编，相当于《尔雅》的续篇。《广雅》成书于三国魏明帝太和年间（227～233 年）。

⑦ 见 Merriam-Webster 词典，其他词典的解释大同小异。

源于美籍经济学家 Schumpeter[1]在 1912 年出版的 *The Theory of Economic Development*[1][2]一书。Schumpeter 在该书中首次从经济学的角度提出了"Innovation Theory"（中文通常翻译为：创新理论）。他提出：innovation 是指把一种新的生产要素和生产条件的"新结合"引入生产体系。它包括五种情况：引入一种新产品，引入一种新的生产方法，开辟一个新的市场，获得原材料或半成品的一种新的供应来源，引入新的组织形式。Schumpeter 的 innovation 概念包含技术性变化的技术 innovation 及非技术性变化的组织 innovation。目前，国内外专业人士对"创新"的认识依然是以 Schumpeter 的 Innovation Theory 为基础。人们认为"创新"涵盖政治、军事、经济、社会、文化、科技等各个领域，因此可以划分为科技创新、文化创新、艺术创新、商业创新等；人们认为创新可以产生不同类型的结果，因此将其划分为知识创新、技术创新、管理创新、制度创新等。

　　然而，稍作思考我们就会发现，Schumpeter 在《经济发展理论》[2]中提出的"innovation"与后面"科技创新、文化创新、艺术创新、商业创新、知识创新、技术创新、管理创新、制度创新"中的"创新"并不能够等同起来。前者主要强调在生产与经济领域引入新的元素以提高效益，其中的关键在"引入"，强调的是方法与过程；后者包含了更加广泛的内容。因为 Schumpeter 的"innovation"与中文的"创新"在内涵与外延两个方面都不等同。中文的"创新"比英文的"innovation"具有更加深刻而广泛的内涵。中文的"创新"既包含了"创"（create）也包含了"新"（novel），因此中文"创新"的内涵就是创造了新事物。如果一个事物原本就存在，那么再产生或生成一个同样的事物就谈不上创新，我们只能说是复制了一个同样的事物。因此，创造新事物就意味着创造了一个原本不存在的事物。

　　打开互联网，我们可以立刻从百度百科[3]中查到对"创新"的定义[3][4]：以现有的思维模式提出有别于常规或常人思路的见解为导向，利用现有的知识和物质，在特定的环境中，本着理想化需要或为满足社会需求，而改进或创造新的事物、方法、元素、路径、环境，并能获得一定有益效果的行为。

---

① Schumpeter（1883～1950 年），美国经济学家、政治家。

② *The Theory of Economic Development*，西方经济学界第一本用"Innovation"理论来解释和阐述资本主义的产生和发展的专著，最早以德文发表于 1912 年，全书名 *The Theory of Economic Development：An Inquiry into Profits，Capital，Credit，Interest，and the Business Cycle*。

③ 百度百科是一部内容开放、自由的网络百科全书，旨在创造一个涵盖所有领域知识，服务所有互联网用户的中文知识性百科全书。目前它已经收录了超过 1500 万的词条，参与词条编辑的网友超过 630 万人，几乎涵盖了所有已知的知识领域。

④ 也有一些其他的定义，例如，指能为人类社会的文明与进步创造出有价值的、超越前人的精神产品或物质产品。

分析一下该定义，我们会发现它强调了以下几个要点：

（1）创新是人类的行为，因为只有人类才可能具有"思维模式"；

（2）对"新"字的解读为"有别于常规或常人思路的"；

（3）对"创"字的解读为"改进或创造"；

（4）创新活动覆盖"事物、方法、元素、路径、环境"等众多方面；

（5）设立了一些条件，即"利用现有的知识和物质、在特定的环境中、本着理想化需要或为满足社会需求"；

（6）设立了一个鉴别标准，即"获得一定有益效果"。

我们这里谈到的创新行为无疑是指地球上人类的活动。我们现在还没有能力知道地球以外其他生命体的任何活动迹象，我们也没有能力判别地球上除了人类之外其他物种的创新活动。因此，在"创新"定义中无须加入"人类"字样的限制条件。

任何创新都不可能是凭空产生的，一定是利用了"现有的知识和物质"，也一定是在特定的环境中发生的。任何创新都会满足"本着理想化需要或为满足社会需求"的先决条件。另外，给创新设立前提条件和鉴别标准都是不必要的。

当我们把这些不能发挥作用的限制条件和不必要的鉴别标准去掉后，上面对"创新"的定义只剩下了（2）、（3）两点，即"有别于常规或常人思路的改进或创造"。"有别于常规或常人思路的"不等同于"新"，非常规的或非常人的思路也可能是原本就有的。因此，对"新"字的准确解读应该是"有别于原已存在的"。改进原已存在的事物或造出原本不存在的事物，都会达到"有别于原已存在的"目的。因此，对创新的完整解读似乎是"改进原已存在的事物或造出原本不存在的事物"。但是，这个解读在某些情况下会偏离现今人们对"创新"一词的普遍认同。例如，房地产商盖了一栋新房子，他盖房子的活动符合"造出原本不存在的事物"，但是仅从建房子的活动来讲，人们不会将其称为当代意义上的创新；又如，某人买了一辆汽车，他为了提高车的性能更换了一台大马力的发动机，使"原已存在的事物"得到了改进。可是，按照现有的认识，人们也不会将他的活动归类为创新行为。之所以这两个例子都不能归于创新，其原因在于人们对创新中"新"字的审视标准有其更为严格的要求。或者说，原来定义中的事物并非指的是某个特定的具体事物，而是指某类事物。因此，创新中的"新"是指事物类别或事物本质上的新，而非新旧的新。

事物的新与旧要在时间坐标上进行判断，时间在前的称为旧，时间在后的称为新。而在衡量创新的时间上，人们总是站在现在的时刻审视以往的全部历史过程。因此，在历史中任何时间点上出现过的东西都是旧的，哪怕只间隔了很短的时间长度，或是经过了成百上千年在人们的记忆中已经淡漠的事件。

5.2　重新定义创新

创新中的"新"，并非仅仅是新旧的新，而是带有在类别、品质或数量上突破意义的新。创新的结果是产生了前所未有的事物，这个事物可以是新思想，可以是新物质、新方法、新概念、新关系、新纪录、新政策、新观念、新技术、新工艺、新文化、新艺术、新模式、新规则、新制度、新体制、新作品等。发现了一个未知的事物是一种创新；发明一个原本不存在的方法是另外一种创新；创造一种前所未有的材料还是一种创新。在上述列举的所有创新中明显存在一个共同的特征，即产生了人类原本不知晓的新知识。创新活动可以是不同形式的和多种多样的，只要该活动的结果为人类增添了新的知识积累。

因此，我们在此给出新的"创新"定义：增添人类知识积累的活动。这里所谈的知识积累指的是人类知识总量的积累，而不是某个人、某个团体或某个区域的知识积累。某个人的知识积累完全可以通过学习过程从人类知识的宝库中获取。但是，人类认识世界和改造世界的知识只有从人类的创新活动中去积累。按照此定义，发现[①]、发明[②]、创造[③]、创作[④]都属于创新范畴。

如果借用第 4 章中万维空间的概念，创新便可以解读为：增加了人类空间内容的活动。详细论述见 5.5 节。

由于英文单词 innovation[⑤]并不具有中文创新的准确含义，因此在这里我们建议在英文中使用汉语拼音"chuangxin"替代"innovation"以准确表述创新一词，并区分 innovation 与创新之间的不同内涵。我们也可以依据汉语的发音创造一个新的英文单词"trungscin"来表达中文中创新的准确含义。

5.3　基于中华文化定义"知识"

为了明确上述创新的定义，我们需要准确地知道什么是"知识"。

---

① 发现：人类将未知变成已知的行为。

② 发明：对产品、方法或者其改进所提出的新的技术方案。

③ 创造：制作出前所未有的事物。

④ 创作：直接产生文学、艺术和学术作品的智力活动。

⑤ 朗文词典：1 [countable] a new idea，method，or invention；2 [uncountable] the introduction of new ideas or methods. 维基百科（Wikipedia）：Innovation is production or adoption，assimilation，and exploitation of a value-added novelty in economic and social spheres；renewal and enlargement of products，services，and markets；development of new methods of production；and the establishment of new management systems. It is both a process and an outcome.

英文维基百科对知识（knowledge）的解释如下[4]：Knowledge is a familiarity，awareness，or understanding of someone or something，such as facts，information，descriptions，or skills，which is acquired through experience or education by perceiving，discovering，or learning.

翻译成中文如下：知识是对某人或某事（如事实、信息、描述或技能）的熟悉、认识或理解，它源于感知、发现过程中的经验或受教育过程中的学习。

古希腊哲学家柏拉图①曾将知识定义为"被证明为正确的观点"②，并指出："一条陈述能称得上是知识必须满足三个条件，它一定是被验证过的、正确的，而且是被人们相信的。"

中国人对知识二字自古就有自己独到的见解。《庄子·杂篇·外物》③中有"心彻为知"，而《说文解字》④中有"识，知也"和"彻，通也"的解释。因此，知识在中国古代是指人们从心里明白了某个事物。另外，《庄子·杂篇·外物》中还有"知彻为德"的说法。也就是说，当人的知识积累到了一定的程度，其修养就达到了"德"的高度。在古代汉语中，知、识二字有两种用法，一是用作动词，二是用作名词。很显然，"心彻为知"中的"知"为名词。当把知识二字放在一起组成一个词汇时，它代表了人们对事物的认识（心彻）结果，这种认识结果经常是完成了从感性认识上升到理性认识的升华过程。因为只有完成了这种升华过程才可称为"心彻"。因此，基于中华文化对知识的解释是明确的，知识可定义如下：人类对事物理性认识的结晶。这种理性认识可以是对某个人或某个事物的认识，也可以是对人和事物之间关系的认识，还可以是人们认识结果的大成。因此，人们经常会在知识二字的前面加上修饰词语，使其变成科学知识、生活知识、人文知识、小知识、百科知识等。

柏拉图为知识设定的三个条件与中华文化对知识的本质的阐述有很大重合（图 5-1）。但是，知识未必是正确的，因为人的认识未必是正确的。正如第 1 章所论述的那样：人们对世界的认识是在不断完善中循序渐进的。在人类的认识世界中不存在绝对真理，但是人类对世界的认识却可以逐渐地趋近于事物的本来面目。从这一点上讲，《庄子·杂篇·外物》中的"心彻为知"更为准确。

---

① 公元前 427～前 347 年，古希腊哲学家、思想家，代表作有《理想国》《苏格拉底之死》等。

② 英文原文："justified true belief"。

③《庄子》又名《南华经》，为道家经文，庄子及其后学所著，与《老子》《周易》合称"三玄"。外物为篇首两个字"外物不可必"，依作篇名。庄子，姓庄，名周，字子休（亦说子沐），东周时期著名的思想家、哲学家和文学家。

④ 简称《说文》，作者许慎，中国第一部系统分析汉字字形和考究字源的字典，原书作于汉和帝永元十二年（公元 100 年）到安帝建光元年（公元 121 年），为人类较早字典之一。

图 5-1　知识：庄子 VS 柏拉图

5.4　改革与创新

　　改革也是一种创新，因为改革的过程和结果会为人类增添新的知识积累。一种方法经过改革后可以提高生产效率、降低成本；一项政策经过改革后会变得更加符合实际，变得更加有效率；一种社会制度经过改革可能更加适合一个国家的具体情况。改革创新可以是递进式的，也可以是组合式的。

　　中国社会主义制度的建立就属于革命性的创新。按照马克思主义的学说，社会主义制度应该建立在资本主义制度的土崩瓦解之上，应该是工人阶级自觉的结果。但是，中国的社会主义制度却是建立在半封建半殖民地的旧中国之上，而中国的社会主义运动主体也不是工人阶级而是亿万农民。毫无疑问，以毛泽东为核心的中国共产党人将原有的马克思主义学说结合中国的实际情况做了创造性的发展，加入了诸多的中国元素，使之成为中国近代发展的可行之路，将中华民族从积贫积弱的状态中解救了出来，走上了今天高速发展的道路。不可否认，中国共产党领导的这场社会主义革命已经为人类的知识宝库增添了大量的内容，它属于一场震古烁今的创新活动。如果我们对其进行认真仔细的剖析，不难看出这场创新活动包含有组合创新、递进创新和维度创新（见第 7 章），并且这场创新活动还在继续进行之中。2013 年 9 月，习近平在哈萨克斯坦纳扎尔巴耶夫大学发表重要演讲时表示："为了使我们欧亚各国经济联系更加紧密、相互合作更加深入、发展空间更加广阔，我们可以用创新的合作模式，共同建设'丝绸之路经济带'。这是一项造福沿途各国人民的大事业。我们可以从以下几个方面先做起来，以点带面，从线到片，逐步形成区域大合作。"2013 年 10 月，习近平在印度尼西亚国会发表重要演讲时表示："中国愿同东盟国家加强海上合作，使用好中国政府设立的中国—东盟海上合作基金，发展好海洋合作伙伴关系，共同建设 21 世纪'海上丝绸之路'。""一带一路"倡议构想的提出，契合了沿线国家的共同需求，为沿线国家优势互补、开放发展创造了新的契机。"一带一路"和平发展的理念无疑为人类的知识宝库增添了新的内容，形成了一种国际合作共同进步的全新模式。

5.5　在万维空间中论创新

外在空间是我们对现实世界的抽象，这种抽象反映在人们的内心世界中会形成一个头脑中的内在空间（见 4.6 节）。内在空间可以分为由人类知识的总积累构成的人类内在空间和存在于人类某个个体头脑中的个体内在空间，如图 5-2 所示。

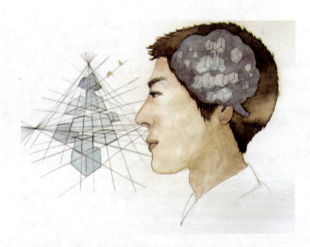

图 5-2　人类个体头脑中的个体内在空间（个体空间）

也就是说，在上面的论述中存在三个万维空间，它们分别隶属于现实外在世界、整个人类和人类的某个个体。外在空间、人类空间和个体空间之间的关系如图 5-3 所示。

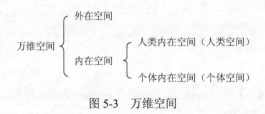

图 5-3　万维空间

内在空间是我们对现实世界的认识，是人类知识积累的具体体现。内在空间与外在空间之间的不同是促进人类认识、发现和创造的核心矛盾与根本动力。外在空间及其中的一切事物都是人类认识的对象，也是可以形成人类知识积累的来源。

万维空间是由单素轴和复素轴构成的，而复素轴又是由两个或两个以上其他的单素轴依据一定的组合关系构成的。外在空间原则上可以盛装世间的任何事物。对这些事物的认识是人类知识积累的一个主要来源。这些认识包括外在空间中可能存在的事物及其性质和状态函数、事物产生与发展规律、事物间的关系与相互影响规律等。

从上面的论述我们可以概括万维空间中的创新活动表现在如下几个方面。

（1）发现万维空间的坐标轴（单素轴和复素轴），增加人类对外在空间的认识和知识积累，拓展装载人类认识的人类空间。

（2）探索外在空间中可能存在的事物及其性质和状态函数，探索这些事物的产生与发展规律，探索这些事物间的关系与相互影响规律。探索外在空间中的事物会增加我们对外在空间性质的认识、丰富人类有关外在空间内容的知识，充实人类的内在空间。

（3）在外在空间中发现新的事物（充实内在空间）、创造新的事物（在充实外在空间的同时充实内在空间）。

（4）创造新的单素轴，拓展外在空间；在新的坐标空间中发现新生事物；在新的坐标空间中创造新生事物。

（5）探索已知空间的边界与极限。

（6）探索事物在已知空间中的边界与极限。

（7）用不同的素轴或复轴构成不同的子空间。探索子空间的性质、寻找子空间中可能存在的事物、在子空间中创造新生事物。

5.6　原始创新 = 创新

根据前面给出的创新的定义，任何增加了人类知识积累的活动都可以称为创新。增加了人类的知识积累就意味着创新活动一定涉及了前人没有涉及的某个万维空间区域。无论这个区域是大是小，它都是前人没有开垦过的一块处女地。从这个意义上讲，任何全球性的创新都是原始创新。

在我们当前的社会里，人们经常使用原始创新一词，但是原始创新除了能够表明它是一种全球性创新之外，它无法进一步区分创新活动的创新程度，更无法区分它的创新类型。因此，原始创新一词是一个比较含混的词，或者说，所有符合创新定义的人类活动都具备"原始"的特征。因此，原始创新就等同于创新，原始两个字完全可以省略不用。

可是，为什么当前的社会中人们却如此频繁地使用原始创新一词呢？那是因为，目前很多人所说的创新并不能或者说并没有为人类增加新的知识积累。因此，他们开展的活动和所做的事情只不过是空打了创新的旗号，而并无创新的实质。为了区别于这些伪创新，人们选择使用原始创新一词，以强调有些活动真的具备创新的特质。

5.7　创新的时空限域

由 5.2 节给出的创新的定义可知，任何创新都可以归结为对人类知识积累的创新，或简称知识创新。事实上，任何形式的创新，学术创新、技术创新、文化创新、艺术创新、商业创新、制度创新、组织创新、政策创新等，其本质都是知识创新，都会为人类的知识宝库增添新的内容。而人类知识的积累活动一直伴随在人类的产生、成长过程中。因此，人类的任何创新活动也就都有着其时空限域[①]。

人类的知识涉及方方面面，其价值和对人类社会、自然环境的影响林林总总、不一而足。

正如在本章开始时所谈到的那样，创新行为是生活在地球上的人类的活动，不考虑地球以外其他生命体的创新，也不考虑地球上除了人类之外其他物种的活动。我们无疑已经将创新群体限定为地球上的人类，时间限定为整个人类的发展历程之内。如此得到的创新是一种具有特定时空限制的创新，而非绝对意义上的全宇宙[②]范围内的创新。如果宇宙中还存在智力超出或接近地球上人类的生命，我们今天的创新活动在它们的世界里就有可能不是什么新鲜事。也就是说，今天在地球上发生的创新行为放到全宇宙可能就不再是严格意义上的创新。从这个意义上讲，创新不仅有时间上的限制，也有空间和地域上的限制。因此，我们上面给出的创新定义，严格地讲，应该称为人类创新或全球创新（地球创新）。也就是说，我们在此讨论的创新，其最大的空间适用范围是地球和地球上的人类，也是一种严格意义上的局部创新，是地球上最大的局部创新。

在某些领域中技术是保密的，其间的创新事件不能被及时有效地公布给全世界。例如，在军事和国防领域，一项在发达国家早已实现的技术在欠发达国家可能正处于研究发展之中。因此，创新活动通常会表现出很强的地域性或小团体性。

---

① 限域：限定的区域。
② 宇宙：天地四方为宇，古往今来为宙。

虽然在前面的定义中没有给出对创新活动的地域限制并称之为全球创新，但是在实际生活中这种具有地域限制特征的创新还是大量存在的。

这种加上了地域限制的创新，在添加了人类知识的同时，首先添加了该地域内的知识积累。我们不妨将其称为秘密创新。

随着时间的推移，秘密创新的内容也会逐渐地被该地域以外的人们知晓，并形成一种提示效应，激励其他地域的人们去破解其中的奥秘，形成内容相近的其他地域的跟踪与模仿活动，并有可能导致这些地域内的知识积累。我们将这种由于受到了秘密创新的提示和影响，在某个地区内开展的跟踪与模仿活动称为区域创新。

秘密创新是地球范围内的首创，区域创新只能算作地球之上某个区域范围内的首创。在地球上，全球创新是狭义创新，而区域创新是广义创新。区域创新有可能产生出不同于秘密创新的新知识，但是其级别仍然要低于全球创新或秘密创新。

在核物理技术的发展过程中，这种秘密创新与具有跟踪模仿特征的区域创新活动一直在上演着。

在前面给出的创新定义中，隐含了"地球"的地域特征。在地球上，当区域小于地球时，例如，区域是某个国家、某个地区、某个公司、某个团体，我们就可以加上这个区域名对创新的适用范围加以限制构成广义创新，以区别于在整个地球上的狭义创新。

例如，我们可以将某项研究结果称为国内领先、国内首创或国内创新，言外之意就是在国际上已经有了类似的结果，而国际上的创新活动发生得更早些。因此，就会产生如"中国创新""某某公司创新""某某大学创新"这样的区域创新分类。从创新的定义来看，这些区域创新或广义创新并不具备严格意义的知识创新性质，因此也不是严格意义的创新。

即使如此，这些广义创新活动依然会有其自身特定的价值。例如，中国在 20 世纪 60 年代独立自主地发展出了自己的核能技术，有了自己的核反应堆、原子弹和氢弹。在中国发展的这些核技术无疑受到了美国、苏联等国家相关技术的提示与启发。从知识创新的角度来看，中国发展核能技术与美国和苏联相比就缺乏全球创新性，属于区域创新或广义创新。但是，这种广义创新对中国国防安全与后来的国家发展都有着至关重要的意义。即使在信息传输异常快捷的今天，很多国家依然有大量的高科技技术需要靠广义创新来自主研发。

因此，在具有保密特征的技术上进行广义创新通常会给本区域带来积极的影响和有益的价值，即使这样的跟踪与模仿活动不具备很高的创新性，但是它们对促进某个区域（国家、团体、组织）的发展可能至关重要。尤其在贸易保护、高技术禁运、知识产权限制等约束变得日益严重的情况下，在提倡全球创新的同时，一个国家大力推进区域创新是必须采用的发展战略。

　　事实上，我们今天的很多科学研究活动都或多或少地包含跟踪与模仿的痕迹，原因在于即使是已经公开发表的创新研究结果也常常会隐去其中的关键技术细节。人们对这样的创新活动进行跟踪与模仿有可能获得具有不同创新性质的新结果。例如，中国的两弹一星①的功勋②就在独立自主发展中国的核能和火箭技术中发明和创造了许多具有自己特色的技术。因此，跟踪与模仿型的科学研究往往也是有价值的，也可能产生出具有不同特色的科学和技术创新。

　　对一个欠发达或相对落后的区域来说，跟踪与模仿型的科学研究会更加高效地兑现创新成果带来的价值。

　　当然，从知识创新的角度讲，全球创新的意义和价值通常会更高。

5.8　本　章　小　结

　　本章在论述了创新的广义内涵的基础之上，给出了创新的定义：创新是指增添人类知识积累的活动。

　　由于英文单词 innovation 并不具有中文创新的准确含义，本书建议在英文中使用汉语拼音"chuangxin"或创造一个新的英文单词"trungscin"替代"innovation"，以准确表述创新一词，并区分 innovation 与创新之间的不同内涵。

　　基于中华传统文化，本章定义了知识：人类对事物理性认识的结晶。

　　本章提出，如果改良的过程和结果能够为人类增添新的知识积累，那么改良也是一种创新。

　　本章在进一步论述万维空间的基础上，概括了万维空间中的创新活动。

　　本章论述了创新的时空限域问题，提出人类的任何创新活动都有其时空限制。提出了人类创新、全球创新、地球创新、秘密创新、区域创新、狭义创新、广义创新等多个新概念。

---

　　① 两弹一星是对核弹、导弹和人造卫星的简称。

　　② 1999 年 9 月 18 日，在庆祝中华人民共和国成立 50 周年之际，中共中央、国务院、中央军委决定，对当年为研制"两弹一星"作出突出贡献的 23 位科技专家予以表彰，并授予于敏、王大珩、王希季、朱光亚、孙家栋、任新民、吴自良、陈芳允、陈能宽、杨嘉墀、周光召、钱学森、屠守锷、黄纬禄、程开甲、彭桓武"两弹一星功勋奖章"，追授王淦昌、邓稼先、赵九章、姚桐斌、钱骥、钱三强、郭永怀"两弹一星功勋奖章"。

第6章　创新评价、评价指标和方法

创新评价是对创新活动和创新成果的价值、影响力、学术贡献以及社会效益开展的评价活动。在目前的评价体系中还不存在系统评价创新活动及其成果的评价工具和方法，甚至人们还不知道从哪些方面和哪些角度去开展创新评价活动。

在现行的评价体系中，学术评价及在学术评价中人们经常使用的评价工具和方法相对来说发展得较为成熟。学术评价指的是基于一定的学术标准①、利用一定的评价工具和评价指标②、采用一定的评价方法③和流程，对学术机构、科研项目、科研人员、科研团队、学术成果、学术期刊的学术水平、价值、业绩、影响力、社会效益等指标进行的定级、定位和优劣判断活动。

但是，即使在发展得较为成熟的学术评价体系中也还是存在着很多问题。

2017年1月13日《中国科学报》刊登了一篇讨论学术影响力的文章，题目是《被引次数多的论文未必影响力就大》[5]。这篇文章通过对比的方式说明了学术评价中可能出现的几种不同评价结果。

该文就影响因子④和引用次数两个评价指标进行了讨论："研究人员日常实践和各类学术评价中常碰到这样的 PK 问题：同一领域的两篇论文，一篇发表在高影响因子刊物上但被引次数很少，一篇发表在影响因子较低的刊物上但被引次数很多，哪篇论文的影响力大？"

文章认为，何时评价非常关键。当论文刚刚发表后不久，人们通常都会将发表在高影响因子期刊上的论文等同于影响力大的论文，"而且在发表后越短的时间内评价越是如此"。但是，如果过若干年后再对这两篇论文进行评价，人们往往又更加看重引用数量较多的高被引论文。而事实上，汤森路透⑤每年预测诺贝尔自然科学奖也是用论文被引次数而不是刊物影响因子。

---

① 由某学术组织规定的标准或被某学术领域公认的标准。

② 如检索机构收录情况、引用次数、影响因子、H 指数、经济效益、获授权专利数量、学术称号、学术获奖等。

③ 如网上评审、大众投票、专家（推荐）评审、专家委员会评审、职能部门审批等。

④ 见 13.1 节。

⑤ 汤森路透（Thomson Reuters）成立于 2008 年 4 月 17 日，是由加拿大汤姆森公司（The Thomson Corporation）与英国路透集团（Reuters Group PLC）合并组成的商务和专业智能信息提供商。

　　文章还认为，谁来评价是另外一个关键因素。美国印第安纳大学的 Radicchi 等[6]的调查表明，同行专家通常并不认可被引次数多的他人论文影响力大，但却认为自己的高被引次数论文具有更大的影响力，并由此得出结论：越是同行评价可能越不准确，反倒是"依据数字的学术评价比依赖专家的学术评价往往更准确、更客观、更公正"。

　　至少这篇文章告诉我们：依据专家的学术评价不可避免地会附带上专家的主观好恶，其客观性和准确性难以保证。该作者似乎更加信赖"依据数字的学术评价"，或者说更加信赖依据期刊"影响因子"和论文的"引文数量"进行学术评价。

　　这里便产生了一个矛盾，如果说依据专家的学术评价缺乏准确、客观和公正性，那么一篇文章是否可以刊登在一本高影响因子的期刊上不也同样缺乏准确、客观和公正性吗？因为决定一篇文章是否能够被录用完全是由 1～3 位专家（包括期刊编辑）定夺的。编辑关心的是发表一篇文章能否为期刊影响因子的提高作出贡献；评审人从自己研究的方向去审视一篇研究论文是否应该刊登在这本期刊上。

　　而在作者选择如何引用文献、引用哪些文献时更是乱象丛生。有些作者为了显示自己研究工作的高度，通常会偏好于引用发表在高影响因子期刊上的论文，哪怕是所引文献与自己的研究工作缺乏基本的联系。有些作者为了掩盖自己研究结果缺乏创新性的特点，故意不引用与其相关的某些文献，或者在毫不相干的位置引用这些文献，误导编辑和评审人（reviewers），使其无法有效地判断出该文稿的真实创新性。更有甚者，某些评审人会直接建议作者加入大量评审人已发表的论文作为参考文献，以提高自己论文的引用次数。因此，从某种程度上说，引用次数也具有很浓重的个人主观性和人为可操作性。

　　如果科学界继续依据期刊"影响因子"和论文的"引文数量"进行学术评价，毫无疑问，上述的学术乱象将愈演愈烈。其原因就在于，现行的学术评价缺乏对研究结果创新性的客观评价标准。因此，建立一个客观评价标准就显得尤为重要。如果期刊编辑和评审人能够一目了然地看出一项研究工作的创新级别和创新点，对他们做出准确、客观和公正的判断大有帮助，对研究人员的辛勤劳动也会给出公正的判断和评价。

6.1　衡量创新程度的标准

　　第 5 章论述了什么是创新的问题，给出了创新的定义，区分了全球创新（狭义创新）和区域创新（广义创新）。根据这个定义，我们会清晰地意识到创新活动具有花样繁多的复杂特征。因此，用什么标准去衡量和评价一个创新活动的创新程度不仅是个非常重要的问题，也是一个非常难处理的问题。

创新是增添人类知识积累的活动。由这个定义我们不难给出评判创新程度的标准是增添人类知识的程度。用增添人类知识的程度来衡量创新活动的创新程度无疑是符合逻辑的，也符合前面给出的创新定义。

那么，如何衡量"增添人类知识的程度"呢？

6.2   知识的质与量

人们通过创新活动增添全人类的知识积累。创新的程度不同、种类不同、级别不同、领域不同，对增添人类新知识的质和量的作用也不同。

为了表征知识质和量的不同，我们在此定义一个新概念——知识的维积。

知识的维积：某个知识在万维空间中覆盖的维度和空间范围。维积，即维度和容积的统称，是知识覆盖事物的广泛性和多少的度量。在后面的论述中，我们将就知识覆盖事物的广泛性和多少的问题作进一步的阐述。

我们在这里之所以没有用体积或容积的概念来表征知识的质与量，是因为体积是事物占据空间大小的度量，而知识并不占据万维空间，因此体积的概念并不适用于知识；虽然容积是一个事物的内部能够容纳多少其他事物的度量，但是容积显示不出万维空间的维度特征。

人类的知识五花八门，阐述的内容各不相同，涵盖事物的范围（适用范围）也不相同。

有的知识只揭示了某个具体事物的某一个特征，这样的知识在人类空间中只是一个点。维积为一个点的知识只适用于某个事物的某种极其特殊的情况。例如，在科学研究中，如果研究的是某种特殊组分的材料在某个特殊条件下的一个现象，那么这样的研究得出的知识就是一个维积为点的知识。也就是说，维积为点的知识的适用范围是单一的。一旦（环境）条件稍有改变或是事物组成元素稍有改变，这样的知识就不再适用。我们在此将这种维积为一个点的知识称为点状知识。点状知识属于零维知识，这种知识的适用范围在任何维度上都不能够扩展，即在任何维度上都只能取单一的值。

例如，"水的沸点是 100 摄氏度[①]"就是一个点状零维知识。该知识陈述了在一个标准大气压（101.325 千帕）下纯净水沸腾时的温度测量值。当测量环境变化时（如偏离一个标准大气压），或者水中掺有其他种类的液体（如酒精）时，100 摄氏度就不再是沸点，该知识也就不再适用。从上面的论述我们可以看到，点状零维知识的体积和容积都等于 0，但是它们的维积却不等于 0 而等于 1（一个知识点）。在上面的例子中，"水的沸点是 100 摄氏度"是包含了一个知识点的点状零维知

---

① 准确地说是 99.974℃。

识。虽然这个知识的维度扩展为零，但是由于水是地球上最常见的物质，也是人们日常生活必不可少的物质，其普遍性又决定了该知识的重要性。

有的知识揭示了一类事物发展变化的规律性，阐明了该类事物随着某个参量变化的运行轨迹，其知识维积为一条线。维积为一条线的知识涵盖了某类事物发生变化的特殊情况，具有一维的变化规律。例如，在研究上转换发光纳米材料时我们发现，随着 Gd^{3+} 掺杂浓度的增加，在其他制备条件不变时，$NaLuF_4$ 纳米晶的尺寸不断地减小（图 6-1），上转换发光性质不断变差[7]。这个研究结果揭示了 $NaLuF_4$ 纳米晶尺寸与 Gd^{3+} 掺杂浓度之间的关系，体现了一种线状的规律性，因此是个一维知识，它的知识维积是一条线。在此，我们把维积是一条线的知识称为线状知识。一维知识涵盖了随着某个维度参量变化的规律性，因此它不仅仅适用于某种单一的现象，而且适用于某类现象，是蕴藏在一类事物中共有规律的体现。因此，一维知识适用的事物数量要远多于零维知识适用的事物数量。但是，由于 $NaLuF_4$ 纳米晶只可在一个非常狭小的领域内应用，这一点与水无法相比。因此即使是一维知识，上述内容的重要性也不能与有关水的沸点的零维知识相比。

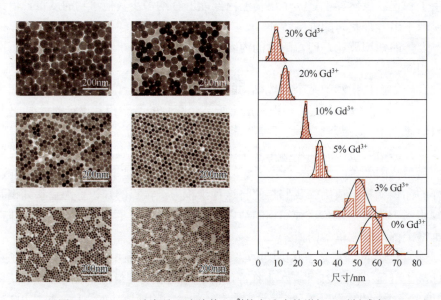

图 6-1　$NaLuF_4$ 纳米晶尺寸随着 Gd^{3+} 掺杂浓度的增加而不断减小

有的知识揭示了事物在两个维度上发生变化的规律性，其知识维积是一个二维平面，我们将其称为二维知识。例如，人们在研究铁（Fe）中掺杂碳（C）时发现，在不同的掺碳浓度（横坐标）和不同的温度（纵坐标）下，铁碳合金存在不同的相态，如图 6-2 所示。

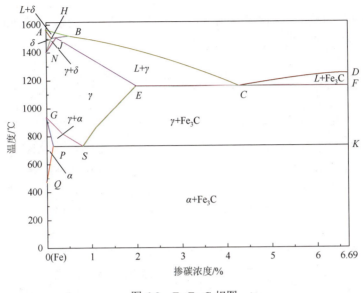

图 6-2　Fe-Fe₃C 相图

　　图 6-2 蕴藏了一个二维（温度、掺碳浓度）知识。温度和掺碳浓度，无论其中哪一个发生变化，我们都能够从图 6-2 中找到对应的铁碳合金的相态。如果我们把温度和掺碳浓度固定在确定的参数上，对应的就是该相图中一个点，而这个点表现的只是一个点状的零维知识；如果我们把温度或掺碳浓度中的一个维度固定而变化另外一个维度，就会得到相图中的一条线（平行于横轴或纵轴），而这条线告诉我们的就是线状的一维知识。很显然，二维知识所包含的信息和可以涵盖的事物数量要远远大于一维知识和零维知识。我们也可以说，二维知识是由众多的一维知识和零维知识构成的，二维知识给出了两个维度发生变化时的规律性。

　　有的知识揭示了多种事物在多个维度变化时的共同属性，其知识维积是一个多维空间内的多维体。例如，牛顿第二定律[①]揭示了物体受力、物体质量和运动加速度之间的关系。这种关系对具有一定质量的任何客观物体都是成立的，在一定的范围内也不会随着时间、温度、材质、物体的形状和结构等众多因素而改变。因此，牛顿第二定律是一个多维知识，其知识维积就是一个多维体积。很显然，多维知识能够涵盖的事物数量要远远大于零维、一维和二维知识。

　　据此，我们可以将知识划分为零维、一维、二维和多维知识。在同类知识中，知识的维度越高，知识所能涵盖的事物越广，其价值也就越高。

　　在这样的划分下，我们很容易地想到可以把创新程度划分为：零维知识创

[①] $F = ma$，其中，F 为物体受力，m 为物体的质量，a 为物体运动的加速度。

新、一维知识创新、二维知识创新和多维知识创新。创新产生的知识维度越高，创新活动的创新程度就越高，揭示的客观规律性就越普遍，其创新价值就会越大。

下面我们用科学发展中的典型事例来说明高维知识和维积大的知识的重要性。

1900 年，普朗克为了寻找一个统一的黑体辐射公式，发现必须抛弃能量连续的观念，认为物体在吸收或发射光能时是一份一份不连续地进行的。从而提出与经典电磁波理论相悖的新假设——普朗克量子假设，并由此推出黑体辐射强度的分布公式——普朗克公式，从此诞生了量子物理学。在今天的科学研究中，量子的概念已经被广泛地使用，并产生了以量子为基础的众多学科。量子在我们的世界中只是一个非常小的概念，但是它在现代科学的发展中却发挥了巨大的作用。量子的概念之所以如此重要，在于量子特性是物质世界普遍存在的一种基本特征。它虽然小，却左右着万物，与事物运动形态的本质密切关联。量子是一个具有单素（见 4.1 节）特质的概念，它的发现与提出无疑为万维空间增添了一个新的坐标轴，使得人们能够从一个新的视角来重新审视与描述客观世界。因此，普朗克关于量子的创新为我们开辟了一个新的世界——量子世界。他为人类添加的新知识是质的飞跃，是量的爆炸式增长。由于有了普朗克量子假设，玻尔[①]准确地推导出了氢原子中的电子轨道半径，非常精确地计算出了里德伯（Rydberg）常数[②]。在原子尺度下如此出色的工作，印证了普朗克量子假设的合理性和科学性。量子概念诱发了一场深刻的科学革命，导致了 20 世纪初至 20 世纪中叶自然科学的大跃进。

为了解释光电效应，1905 年爱因斯坦[③]吸收了普朗克提出的量子概念这一新思想，进一步提出了关于光的本性的光子假说。1917 年，爱因斯坦在研究光与物质相互作用的问题中提出了"受激辐射"的新概念，并导致了后来激光器的诞生。激光无疑是我们今天生活中重要的光源之一，没有激光可能就没有今天的信息化时代。受激辐射概念的提出恰恰揭示了光发射的一个本质特征，而光又是充满宇宙各个角落的事物。对物质世界中普遍存在的事物本质特征的揭示必将极大地推动人类的认识。

从上面两个创新事例不难看出，创新对象所涉及的领域大小决定了对人类知

---

① 玻尔（1885～1962 年），丹麦物理学家，通过引入量子化条件，提出了玻尔模型来解释氢原子光谱。1922 年获诺贝尔物理学奖。

② 在计算氢原子谱线的里德伯公式中引入的一个常数（$R = 1.0973732 \times 10^7 \mathrm{m}^{-1}$），后被玻尔严格地推导、计算出来。

③ 爱因斯坦（1879～1955 年），1905 年 3 月提出光子假说，成功地解释了光电效应，因此获得 1921 年诺贝尔物理学奖；1905 年提出了狭义相对论，1915 年提出了广义相对论。

识积累质量的高低。从逻辑上讲，创新对象越趋近于世界的本源，它所能覆盖的领域就越广阔，它能导致新知识的积累就越丰富。因此，基础研究产生的创新成果往往会改变我们对世界的认识，也构成了最具价值的创新。

量子和受激辐射都是人类知识中原本没有的概念，而且是两个单素概念。这两个概念的提出使得我们的物理世界多了两个坐标轴，多了两个维度。每个新增的坐标轴都会为原来的世界拓展出新的空间。因此，量子和受激辐射概念都属于高维知识，因为它们所蕴藏的规律性在其他多个维度（如温度、压力、材质等）发生变化时依然成立。

一个新增维度的创新是开辟新的知识空间的创新，它以最大的程度增添了人类知识的积累。

下面用一个众所周知的事例来说明这个命题。假设我们的世界只有一个维度 x，我们就只能沿着某个特定方向画直线。我们能做的事情不外乎是将这条直线画得长些还是短些。如果我们发现了世界的第二个维度 y，我们就可以在一个 x-y 二维平面上画各种平面图形。与单个方向的直线相比，各种平面图形的丰富程度是无与伦比的，它对人类知识量的提升也是爆炸式的飞跃。我们不妨将这种增加了空间维度而导致的知识量的暴增称为维度提升。但是，无论我们怎样画，这些二维图形的体积都等于 0。当我们发现世界的第三个维度 z 时，平面的世界变成了立体的世界！人们在三维空间中可以完成的图案更加丰富多样，每个图案都可以有一个新的特性——体积。人类的知识积累再一次以爆炸的方式完成了维度提升。因此，可以说，维度创新是创新的最高境界，它可以促使人类知识高速积累。维度创新开启了原本不存在或没有被开启的空间，使得人类的知识维度得以提升。

维度创新为原本的世界开辟了新的空间，新空间中产生的新事物将层出不穷。基于新空间的创新活动会像雨后春笋般不断出现。

自从爱因斯坦提出受激辐射概念之后，1951 年，汤斯[①]基于爱因斯坦的理论，正式展开有关激光的研究工作。1953 年，汤斯与他的学生肖洛[②]制成了第一台微波量子放大器，获得了高度相干的微波束。1954 年，汤斯与研究人员成功研制出第一台微波激射放大器（maser），即激光的前身。1958 年，汤斯和肖洛发现了一个神奇的现象：当他们将氖光灯泡所发射的光照在一种稀土晶体上时，晶体中的离子会发出颜色鲜艳的、始终会聚在一起的强光。他们据此提出了激光器（laser）的概念。

根据这一现象，他们提出了"激光原理"，即物质在受到与其分子固有振荡

---

① 汤斯（1915~2015 年），美国物理学家，1964 年获诺贝尔物理学奖。

② 肖洛（1921~1999 年），美国物理学家，1981 年获诺贝尔物理学奖。

频率相同的能量激发时，会产生不发散的强光——激光。他们为此发表了重要论文，成了激光的发明者，并获得了诺贝尔物理学奖。以受激辐射概念和激光理论为基础，1960 年美国科学家梅曼成功地搭建出世界上首台激光器，不仅用实验证明了爱因斯坦提出受激辐射概念的科学性，也为人类利用激光开启了时代的按钮。

在短短的几十年时间里，数不清的激光器、各种与激光关联的理论与应用被发明、建立和推出。仅仅是在这样一个有关激光的领域中，各式各样的原始创新活动数不胜数。然而，它们都是以爱因斯坦提出的受激辐射概念为理论基础的，或者说，它们都产生在爱因斯坦为我们开辟的新的空间之中。

当一个科学巨匠为人类开辟了一片新天地后，人们对这块新空间的认识几乎是零。后来者需要开展一系列的创新活动来认识和增加属于这块新空间的知识。接下来的创新活动可以归结为以下八个方面。

（1）探索新空间的特性；

（2）探索新空间中事物发生与发展的规律；

（3）探索新空间与原有旧空间的异同及其相互关系；

（4）探索新空间中已经存在的事物和可能存在的事物及其特征；

（5）探索可以在新空间中创造出来的事物；

（6）探索新空间中新生事物的应用前景；

（7）探索新空间的边界；

（8）寻找与开拓其他新的空间。

人们用已有的知识去建立新的知识，去创新。新知识与旧知识之间的关联往往很密切，或者我们用更加形象的语言说："它们的距离很近。"我们将这样的距离称为逻辑距离，用来表征事物之间逻辑关联的远近程度。例如，当天文学家研究星云时，他们首先注意的是星云中的星系和星系中的恒星，他们不会从基本粒子开始研究星云。因为与基本粒子相比，星系和恒星与星云有着更加直接的联系，它们之间的逻辑距离更近。这样的"逻辑距离"可以从下面的物质构成关系看出：

基本粒子→原子核 + 电子→原子或等离子→分子或离子→石头或溶液或气团
→恒星或行星→星系→星云

人们用基本粒子去研究核子，用中子、质子去研究原子核，用原子、原子基团或团簇去研究分子，用分子去研究材料，用不同的材料去建造各种零件，用零件去搭建仪器设备。再聪明的人也无法完成用基本粒子去描述仪器设备的工作，当然那是不必要的。

那么，如何用旧知识创造新知识呢？

事实上，任何一项创新活动中或多或少都会有使用已知知识的痕迹。

例如，普朗克提出量子假设是为了解决黑体辐射的紫外灾难[①]问题，人们在此前研究紫外灾难问题时所获得的实验数据和经验公式无疑构成了他提出量子假设的知识基础。

他在自己创造的黑体辐射公式中使用了玻尔兹曼分布、光速、玻尔兹曼常量、光的频率等旧知识，并创造了一个新常数——普朗克常量 h，如下面的普朗克公式所示：

$$\rho(\omega_{fi}) = \frac{\mathrm{d}E}{\mathrm{d}\omega} = \frac{\hbar\omega_{fi}^3}{\pi^2 c^3} \frac{1}{\left[\exp\left(\dfrac{\hbar\omega_{fi}}{k_{\mathrm{B}}T}\right) - 1\right]} \qquad (6.1)$$

式中，$\rho(\omega_{fi})$ 为场能密度；$\hbar = h/(2\pi)$ 为约化普朗克常量；ω_{fi} 为光的圆频率；c 为光速；k_{B} 为玻尔兹曼常量。

普朗克通过创造一个新的常量 h 并利用原有的旧知识很好地解释了黑体辐射所遵循的客观规律，从而引出了量子的概念并揭示了客观世界一个原本不为人知的客观本质——微观世界的量子化特征。因此，我们可以说，普朗克发现了我们这个世界的一个新维度——量子，他的创新活动是维度创新，促使人类知识的维度提升。

从上面的例子我们不难得出这样的结论：使用的旧知识越少，创造的新知识越多、维积越大，其创新程度就越高，创新性就越强。

6.3　创新因子与知识量化

用 6.2 节得出的结论，我们可以从理论上定义创新因子，用以衡量创新活动的创新程度和产生新知识的能力：

$$创新因子 = \frac{产生的新知识量}{使用的旧知识量} \qquad (6.2)$$

创新因子由创新活动"使用的旧知识量"和"产生的新知识量"两个因素构成。作为分母的"使用的旧知识量"反映的是创新活动"新"的程度，"使用的旧知识量"越少，其"新"的程度越高；作为分子的"产生的新知识量"反映的是创新活动及其成果产生知识的能力，是创新能力的体现。因此，创新因子的大小可以很好地反映一个创新活动的创新程度和创新能力。

这个定义马上就为我们带来了一个迄今没有解决的问题，如何量化知识？我

[①] 在 1900 年之前，用于计算黑体辐射强度的瑞利-金斯公式在紫外波段趋向于无穷大，当时的物理学对此无法解释，因此称为紫外灾难。

们在头脑中对知识的多少或许有着某种模糊的量化概念，但是要真正量化知识确实是一件很难做到的事情。在现实中，人们用比特①量化信息，但是信息与知识并不等同。

事实上，知识是可以量化的，只是人们从来就没有尝试过去量化知识。同样以前面举例用的圆的知识为例，我们在此可以分析一下关于圆的知识点有哪些，从而将其量化。当我们在互联网上输入"圆的知识点"便可以检索到大量的有关圆的知识。然而，为了简单明了地说明问题，我们在此只取有关圆的知识积累历史中的一小段，并刻意地忽略了很多细节以求简明扼要地说明我们的命题。

现在，我们把时间拨回到笛卡儿生活的时代，并把那个时期已经产生的有关圆的知识点计算到建立圆的方程，如表 3-1 所示。如此，有关圆的知识可计算为 17 个知识点（注意，在此我们刻意地忽略了很多圆的知识点，以达到简明扼要的目的），或者说这些有关圆的知识量化后等于 17。其中，有关轮子的发明被简化为 7 个知识点（轮子、手推车、马车、水车、纺车、磨、辘轳）。而每个知识点都对应着人类一次原始创新活动，对应着一次关于圆的重大发现或重大发明。

根据定义，我们可以计算这些创新活动的创新因子。一项创新活动带来的影响主要体现在它发生之后的时间里，并且创新产生的人类知识积累会随着时间的推移而不断地增加。因此，根据前面给出的创新因子计算公式，创新因子应该是一个时间的函数，即创新因子会随着时间的变化而改变（增加）。在创新因子计算公式中，分母是创新活动中使用的旧知识量，分子是创新之后到某个时间节点产生的新知识量。创新活动中使用的旧知识量不会再发生变化，是一个稳定的参数，但是创新产生的新知识量却会随着时间的推移而不断地增加。因此，我们在谈创新因子时必须明确它的时间特征，即应该指明是在什么时间计算的创新因子。

以圆的发现为例，时至今日这个发现所产生的新知识完全可以用"浩瀚"二字来描述。也就是说，如果在今天来计算"圆的发现"的创新因子，其值会是一个非常大的数。

为了简明扼要地说明问题，我们把时间回溯到阿基米德时代（公元前 287～前 212 年），并在阿基米德时代计算一下"圆的发现"的创新因子。在这样的时间划分里，笛卡儿时代产生的圆的方程就不能计算在内。

圆的发现者在发现圆时也使用了旧的知识。例如，绳子的使用方法：绳子需要拉直才能在地面上画出圆来。我们在此且将这位古人运用的有关绳子的知识算作一个知识点，即"使用的旧知识量"=1。而到了阿基米德时代，已经产生的有关圆的知识量为 16（截止到球体的体积公式），因此阿基米德时代的"圆的发现"的创新因子为

---

① 比特，二进制信息单位。

$$创新因子_{圆的发现} = \frac{16}{1} = 16 \qquad (6.3)$$

式（6.3）分子中"产生的新知识量"包含了"发现圆"本身这个知识点，另外 15 个知识点来自于"发现圆"之后截止到阿基米德时代所产生的新知识量（知识点数量）。从而，我们计算出在阿基米德时代"发现圆"的创新因子是 16。用同样的方法我们还可以计算其他创新事件的创新因子。例如，我们还是在阿基米德时代计算发现"周三径一"规律的创新因子。在这里，我们假设人类首先发现了"周三径一"的规律，然后才有了古埃及的圆周率 3.16。这样的假设虽然缺乏历史证据，但是比较符合情理。当人类发现了"周三径一"的规律时已经使用了"圆""半径"或"直径"等知识，因此使用的旧知识量等于 2。到了阿基米德时代，又产生了圆周率π、用圆可以做成轮子（含 7 个知识点）、圆的面积等于πR^2、球体的表面积等于$4\pi R^2$、球体的体积等于$4\pi R^3/3$ 等 11 条新的知识。但是，用圆可以做成轮子等 7 个知识点与"周三径一"没有显现的直接关系，而有直接关系的创新事件是π、圆的面积、球体的表面积、球体的体积 4 个知识点。因此，阿基米德时代"周三径一"的创新因子为

$$创新因子_{周三径一} = \frac{5}{2} = 2.5 \qquad (6.4)$$

用一个表格列出上述创新事件在阿基米德时代的创新因子，如表 6-1 所示。

表 6-1　有关圆的创新事件在阿基米德时代的创新因子

序号	创新事件	使用的旧知识	产生的新知识（序号）	创新因子
1	使用绳子	无	1～17	∞
2	画出圆	使用绳子	2、3～17	16.000（16/1）
3	半径 R	圆	3、5～17	14.000（14/1）
4	定义圆周	圆	4、6、7	3.000（3/1）
5	直径 D	圆、半径	5、7、8	1.500（3/2）
6	发明轮子	圆、半径	6、9～14	3.500（7/2）
7	周三径一	圆、半径或直径	7、8、15、16、17	2.500（5/2）
8	π	圆、直径、周三径一	8、15、16、17	1.333（4/3）
9～14	手推车、马车、水车、纺车、磨、辘轳	圆、半径、做成轮子	—	—
15	圆的面积πR^2	圆、半径、π、面积	15、16、17	0.750（3/4）
16	球体的表面积$4\pi R^2$	圆、半径、π、圆面积、球	16、17	0.400（2/5）
17	球体的体积$4\pi R^3/3$	圆、半径、π、圆面积、球表面积、体积	17	0.166（1/6）

　　将表 6-1 中的创新因子按照事件发生的先后顺序作图，如图 6-3 所示。

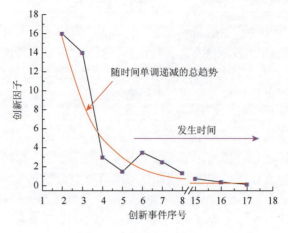

图 6-3　创新因子变化曲线

　　表 6-1 和图 6-3 中的创新因子有如下几个特征。

　　（1）时间越久远的创新事件的创新因子越大，因此说创新因子是创新事件发生后经历时间长度的递增函数。

　　（2）创新事件发生的时间越晚，其创新因子越小，因为创新事件对后世的影响需要时间去体现。

　　（3）直径 D（序号 5）的创新因子相对较小，因为它属于形变创新（见第 7 章），它的特性及功能与半径基本相同。在后面产生的创新事件中，只有"周三径一"和"π"直接使用了它的创新结果，因此我们在计算创新因子时取其分子为 2。人们在定义直径时只需要两个知识点：圆和半径。由此，可以计算出直径 D 的创新因子为 1.5。事实上，在任何需要使用直径 D 的地方都可以使用半径 R，因此变形创新的影响因子几乎不会随着时间的增加而增长。

　　（4）人类学会使用绳子的创新因子是无穷大的，它对后世产生的影响无穷深远。人类学会使用绳子代表着人类开始使用工具，它是人和动物相互区别的一个重要标志。因此，该事件虽然简单却有着巨大的创新因子。

　　（5）人们在发明轮子时只需使用圆和半径的知识就足够了，因此在计算其创新因子时将其分母取为 2。然而，要把轮子制作出来，仅仅有圆和半径的知识是远远不够的。例如，如果人们要用木头制作一个木轮子，还需要掌握许多木匠的知识。为了简单明了地说明问题，我们在此计算"发明轮子"的创新因子时并没有考虑制作轮子时所需要的木匠知识，只是简单地将其分母取为 2、分子取为 7（发明轮子、手推车、马车、水车、纺车、磨、辘轳），得到创新因子为 3.5 的计算结果。

（6）利用"圆的知识"发明轮子属于应用型创新，该创新对后世的影响可谓深远和巨大。有了轮子就会产生手推车、马车、水车、纺车、磨、辘轳等创新事物。但是，在这里我们并没有试图计算它的全部影响，只是象征性地列举了与轮子有关的六种发明。如果全面地考虑这种具有应用特征的创新对后世产生的影响，发明轮子的创新因子一定会非常大。当然，如果我们将轮子引发的创新事件全部都考虑进对创新因子的计算之中，那么发生在轮子发明之前的相关创新事件（如圆和半径）的创新因子也会同样增大。

6.4　创新的价值

创新的价值来源于创新带来的新知识产生的价值，当这些新的知识被转化为人类的生产力和财富时，当这些创新衍生出其他的创新时，创新的价值得到兑现。因此，最终衡量创新价值的尺度是社会效益，包括经济、政治、军事、科学、民生等方方面面的效益。这就注定了创新价值是一个难以量化的概念，除非它体现在同一个领域之内，如同在经济领域。当一项创新活动体现在对经济领域的影响时，人们可以从中计算出它带来的经济效益，从而以货币为单位将其量化。当一项创新出现在科学领域时，我们可以用它带来的新知识的多少以及它对科学、社会发展的促进作用来评判其价值。这种评判通常关注两个方面：

（1）创新成果的质与量；

（2）创新成果带来的直接社会效益和间接社会效益。

因此，一些基于科研成果的评审常常会考量参评者发表论文的影响因子（质）和论文数量（量），如中国的国家杰出青年科学基金、长江学者奖励计划、百人计划、国家高层次人才特殊支持计划等评审。有些评审，如中国国务院颁发的科学技术进步奖，还会要求参评者提供取得经济和社会效益的数据和证明材料。很显然，这些评审方式都是对成果创新性和创新价值的间接评审。另外，人们也很难计算某个创新活动在不同领域产生的价值。例如，核物理技术为人类提供了巨量清洁能源，我们可以计算出核电产生的经济效益；但是却很难以货币为单位来计算核物理技术为一个国家的政治地位所带来的社会效益。

创新的价值可以用来衡量创新活动的社会效果，但是创新价值的大小不能等同于创新的程度。同样的道理，高程度创新不能等价于高价值创新；创新不等同于正的社会效益。

在我们现实社会中，科学技术人员的很多创新活动都为改善人类的生存条件作出了贡献，但是也有一些创新结果危害了人类的利益甚至使得人类的生存面临威胁。

　　前几年在中国被披露的瘦肉精、苏丹红、三聚氰胺等有害的饲料添加剂或食品添加剂无一不是一些技术人员的创新结果。这些创新活动增添了人类制造有毒食品的知识，并产生了负的社会效益和负的创新价值。在此，我们将这些产生了负的社会效益或负价值的创新称为负价值创新（简称负创新）。事实上，一项创新活动产生的知识本身没有好坏之分，但是若把这些知识用于不同的事物之中，带来的社会效果却有善恶之别。同样是核物理知识，当用于为人类带来清洁能源之时，它的社会效果就是正的、善的，是有价值创新，是正创新；但是如果把它用于危害人类健康，它的社会效果就是负的、恶的，就是负价值创新。

　　考量创新的价值需要时间，当一项创新结果刚刚出现时，人们只能通过假设和想象去预测其价值；只有当人们将创新成果应用于具体的社会实践之中，通过对其产生的社会效益进行评估后，才能够确定其真正的价值。

　　总之，创新的价值在于其社会应用时所带来的社会效益；对创新价值的评判需要时间，因为创新价值的体现需要时间，或者说创新价值是时间的函数。从创新价值的时间特性上看，我们不难发现它与创新因子具有类似的特征。但是，我们必须意识到，创新因子不会随着时间的延续而减小，因为人类的知识积累只会增加不会减少；而一项创新成果给人类带来的社会效益（价值）却可能随着时间的推移而逐渐减弱直到消失，其创新效益的正与负可能随着时间的推移而发生相互转换。

　　例如，在照相技术的早期阶段，人们发明了针孔成像技术，并用该项技术制作了针孔相机。但是随着透镜成像技术的日臻完善和发展，针孔相机已经销声匿迹，它所能带来的社会效益已经不复存在。时至今日，针孔成像几乎不会再产生新价值；但是，作为人类的知识积累，"针孔成像"永远是我们的一个知识点。

　　又如，目前快速发展的一些生物技术已经为人类改善生活条件作出了巨大的贡献，属于正价值创新；但是某些生物技术却可以用作生物武器，足以将人类毁灭。这些生物技术的创新就是可能产生负价值的创新，是极度危险的创新。而这些既具有正价值又可能具有负价值的创新，其价值的正负特性可能随时发生相互转换。毫无疑问，这些生物创新结果是一把把悬在人类头上的达摩克利斯之剑[①]。目前的人类只能祈祷它们不要斩向自己。

　　创新价值的计算方法详见 8.3 节。

---

　　① 达摩克利斯是意大利叙拉古统治者狄奥尼修斯二世的宠臣。他经常奉承狄奥尼修斯道：作为一个拥有权力和威信的伟人，狄奥尼修斯实在很幸运。狄奥尼修斯提议与他交换一天的身份，那他就可以尝试到作为王者的滋味了。在晚上举行的宴会里，达摩克利斯非常享受成为王者的感觉。当晚餐快结束的时候，他抬头才注意到王位上方仅用一根马鬃悬挂着的利剑。他立即感受到了坐在王位上的恐惧，并请求狄奥尼修斯放过他，他再也不想得到这样的幸运。

6.5　创新的影响力

创新是增加人类知识积累的活动，其成果必将会影响其他相关新知识的产生以及由这些新知识带来的社会效益，从而构成创新的影响力。由此，我们可定义创新的影响力为：创新活动及其结果对产生新知识和社会效益的影响能力。

创新的影响力不能等同于创新的价值，也不能等同于创新的衍生能力和派生能力（见 6.6 节）。

前面内容论述了创新的价值，它是用社会效益来衡量的。我们在这里定义的创新影响力主要关注创新活动及其结果对产生新知识和社会效益的影响能力。在前面的章节中，我们列举了爱因斯坦提出受激辐射的创新活动。在这个例子中，爱因斯坦为后世的科学研究提供了一个新的维度，从而为后来诞生的形形色色的激光器建立了一个崭新的空间维度，因此催生了大量新的知识，影响了无以计数的后续创新活动和新知识的产生。如果在今天，一位学者用一种新的材料观察到了受激辐射，他的研究工作也可能为人类的知识积累作出贡献，但是他无非是在爱因斯坦开拓的空间中探索了一个点，其创新影响力要远远小于创造了一个新维度的影响力。也许，这位学者的工作能够发表在一本不错的学术期刊上，但是其创新影响必然会限制在受激辐射与这种新材料共同圈定的一个小区域内。

一个高等级的创新不仅可以直接增添人类的知识积累，往往还会在很大的程度上带动、促进和衍生出众多的低等级创新事件的发生，而受其影响衍生出来的低等级创新事件及其创新结果可能还会影响和衍生更低等级的创新事件，从而间接地产生更多的新知识。衍生出的创新事件越多，可能产生的社会效益就越大，其创新价值也就可能越大。所有这些衍生创新事件和产生的社会效益构成了创新影响结果，因此也折射出一个创新事件的影响能力。

在现今社会中，人们常常需要对一个创新结果的影响做出评价。对创新影响力的评价首先应该是客观的，并且应该在最大程度上去除人为因素的干扰。

正如前面所论述的那样，创新影响由衍生的创新事件的数量和质量构成，同时包含创新事件本身和衍生创新事件产生的社会效益的总和。也就是说，这两部分之和构成了一个创新事件的影响结果。

一个创新事件的衍生能力表现为它衍生其他创新事件的数量与质量两个方面，我们可以用创新衍生因子对这个指标进行衡量（创新衍生因子的定义及计算方法见 6.6 节）。创新事件及其衍生创新事件产生的社会效益的总和构成了它的价值。正如 6.4 节所论述的那样，社会效益是一个很难量化的指标，因此很难用社会效益去比较不同创新成果的影响力。尤其在比较不同领域的创新成果时，由于产生的社会效益很可能体现在不同的方面，我们很难用同一指标对它们进行评价和对比。例如，一项国防领域的创新可能为国防安全带来巨大的好处，而一项工业领域的创新可能为民众带来很多的就业岗位。很显然，由于找不到同一可比指标，这样两个不同创新事件是无法放在一起比较的。在战争年代人们可能重视前者，在和平年代人们可能更加重视后者。因此，可供我们使用的一个可行方案便是"衍生创新事件的数量和质量"。以此作为衡量创新成果影响力的指标可以将不同领域的创新评价统一起来。更为重要的是，用"衍生创新事件的数量和质量"作为衡量创新影响力的评价指标符合我们对创新影响力的定义：创新活动及其结果对产生其他新知识的影响能力。但是，这样的衡量指标不包括社会效益。

6.6　创新的衍生能力和派生能力

衍生指由演变而产生，表明一个事物通过演变而产生了另外一个新生事物，前面的事物是父代，后面的事物是子代，两个事物之间具有密切的传承关系。衍生一词经常被用于化学和金融领域。在化学领域中，衍生是指利用化学反应（如取代反应）把一种化合物转化成另外一种具有类似化学结构的化合物。

派生[1]指的是从一个主要事物中分化出来一个次要事物，主要事物与派生事物之间没有本质上的不同。如从一条大河派生出许多细小的支流。

创新是增加人类知识积累的活动，当人类的知识积累增加后，现有的人类知识宝库被扩容，必然会诱发和促进其他创新事件的产生。因此，创新从本质上讲就具有衍生其他创新的能力，从而构成了创新的衍生能力。

由此，我们可定义创新的衍生能力为：创新活动及其结果诱发和促进其他创新事件发生的能力；或一个创新事件能够衍生出其他创新事件的能力。创新衍生能力也可称为衍生创新的能力，二者均可以简称为衍生能力。

高等级（见 8.2 节）的创新可以衍生出低等级的创新，而低等级的创新无论如何也不可能衍生出高等级的创新。因此，与低等级的创新相比，高等级的创新通常具有更大的衍生能力。这就像我们用麦子和水可以做出馒头、花卷、饼、面包、饼干、油条、面条等各种各样的面食（且称它们为麦水衍生物），但是我们却无法用馒头做出麦子，也很难用馒头做出饼、面包、饼干等其他麦水衍生物，更不可能用馒头做出除了这些麦水衍生物之外的任何东西。换句话说，能够用馒头做出的东西一定可以用麦子和水做出来，而用麦子和水能够做出来的东西用馒头不一定能做出来，如麦米粥[2]。

创新为人类提供了新知识，一项创新产生的新知识可能只包含一个知识点，

---

① 派生是一个汉语词汇，南朝·梁·刘勰《文心雕龙·隐秀》："源奥而派生，根盛而颖峻。"本指江河的源头产生出支流。

② 用麦子（大麦、小麦或燕麦）熬成的粥，软滑黏糯，咬口筋道。

也可能包含多个知识点。这些新知识可能来自发现了一个新事物，可能是对一个旧事物的新认识，可能是对某事物发展规律的新描述，也可能是一种新的方法或新的专利技术。当人们把这些新知识中的一个知识点或多个知识点用于具体的实践中时，便会体现出创新的派生能力。例如，当一项专利技术被用于具体的产品制造时，新产品就成为该专利的派生物。在这样的过程中，没有新知识产生，因此创新的派生能力与其衍生能力截然不同，不具有产生其他创新的功能。但是，创新的派生能力却是其实用性的体现。通过派生过程，一项创新成果可以兑现社会效益，因此，没有派生能力的创新是没有价值的创新。

通过衍生模式，一项创新活动及其结果能够产生其他低等级的创新；但是通过派生模式，一项创新活动及其结果不能产生出新的知识，因此创新的派生过程不能称为创新过程。

创新派生能力的大小由该创新事件及其结果产生的知识点数量和质量、知识的实用性和广泛性所决定。产生的知识点数量越多、质量越高，其派生能力越强；产生的知识越实用、覆盖面越广，其派生能力越强。因此，派生能力是衡量创新成果实用性高低的指标。

创新成果的实用性与具体的创新内容有关，因此我们在此无法从理论上对创新的派生能力做一般性的量化描述。但是，高等级创新成果通常会产生高维积的知识（见 6.2 节），因此，高等级创新通常也会具有高的派生能力。

6.7　创新衍生因子

接下来我们需要解决的问题便是如何量化"衍生创新事件的数量和质量"。6.3 节定义了创新因子，并且阐述了用创新因子衡量一个创新事件的创新性的观点。让我们再一次审视创新因子的计算公式 [式（6.2）]。分母是创新过程使用的旧知识量，即我们定义的创新级别（见 8.1 节）；分子是该创新事件产生的新知识量。分母作为创新级别给出了一个创新事件的"质"；分子给出了一个创新事件衍生出其他创新事件的"量"。因此，创新因子很好地反映出一个创新事件的质量和衍生出其他创新事件的能力。但是，值得注意的是，创新因子表征的是创新事件本身的创新性，它的分母的创新级别是该创新事件自己的级别，不能反映出衍生创新事件创新性的高低。因此，创新因子不能全面地反映出一个创新事件的衍生能力，或者更加准确地说，创新因子不能反映出其衍生创新事件的"质"。

为了体现出"衍生创新事件的数量和质量"，下面定义并计算一个创新事件的创新衍生因子（trungscin derived factor，TDF）。

假设一个 n 级创新事件 A 衍生出了 i 个 $n+1$ 级创新事件 B、j 个 $n+2$ 级创新事件 C、k 个 $n+3$ 级创新事件 D……那么，该创新事件的创新衍生因子计算如下：

$$\text{TDF} = \frac{i}{n+1} + \frac{j}{n+2} + \frac{k}{n+3} + \cdots \tag{6.5}$$

式中，$i, j, k, \cdots$ 分别代表由 n 级创新事件衍生的 $n+1$ 级, $n+2$ 级, $n+3$ 级, $\cdots$ 创新事件的数量。衍生出的创新事件的数量越多，创新衍生因子就越大；衍生出的创新事件的级别越高（分母越小），创新衍生因子越大。

与创新因子相同，创新衍生因子也是时间的函数，并且是时间的递增函数。随着时间的推移，新衍生的低级创新事件不断出现，创新衍生因子会不断地增加。

6.8　创新衍生因子的客观性与衍生能力的变化规律

创新衍生因子是衡量创新影响力的一个指标。从式（6.5）可以看出，它具有很好的客观性。公式的分子和分母都是客观数据，最大限度地排除了主观因素或人为因素的影响。在这一点上，创新衍生因子与期刊的影响因子有着本质上的区别。创新衍生因子注重衡量一个创新事件对后续其他创新事件产生的影响作用，它包含了对这些衍生创新事件的质与量的综合考量。期刊的影响因子单纯以引用数量为计算数据，无法考证引用的合理性，在很大程度上带有人为的主观操控特征。期刊的影响因子计算的是期刊发表的论文对后续其他论文产生的影响；而创新影响强调的是一个创新结果对产生其他创新事件和产生社会效益的影响。毫无疑问，这两种影响是完全不同的。

除了元级创新之外，其他级别的创新都衍生于更高级别的创新。按照这样的逻辑，创新事件的产生与斐波那契[①]描述的兔子对数量增长规律相似。

斐波那契数列又称黄金分割数列[②]。意大利数学家斐波那契在描述兔子繁殖数量的规律时使用了该数列，如图 6-4 所示，故又称为"兔子数列"。图 6-4 中的每一行代表一个月的时间；浅蓝色的兔子是刚出生的小兔子，它们出生后一个月方能生育；红色兔子和黑色兔子是成年兔子对，它们每个月都会产出一对小兔子。兔子对数量的增长规律如图 6-4 所示。

第一个月，月初有一对刚出生的小兔子（第一行），经过一个月（月底）长成了大兔子（转至第二行）；

第二个月，大兔子怀胎一个月（第二行）；

第三个月初，一对大兔子生育出一对小兔子，并再次怀胎（第三行）；

第四个月，大兔子再次产出一对小兔子，原来的小兔子长成大兔子（第四行）；

……

[①] 斐波那契（1175~1250 年），意大利数学家，西方第一个研究斐波那契数列的人。该数列最早是由印度数学家在公元 6 世纪发现的。

[②] 当 n 趋向于无穷大时，斐波那契数列的前一项与后一项的比值趋近黄金分割 0.618。

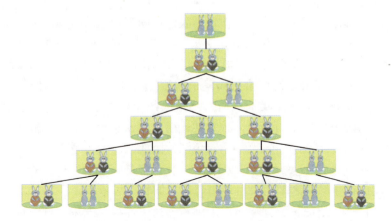

图 6-4　兔子对数量的增长规律构成斐波那契数列

每对可生育的大兔子每个月都会产下一对小兔子；假设兔子永远不死，兔子对的数量就会按照 1、1、2、3、5、8、13、21、34、55……的规律增长。

假设在第 n 个月总共有兔子 a 对，第 $n+1$ 个月总共有 b 对。那么，在第 $n+2$ 个月必定总共有 $a+b$ 对兔子。因为，在第 $n+2$ 个月的时候，前一月（$n+1$ 月）的 b 对兔子可以存活至第 $n+2$ 个月，而所有在第 n 个月就已存在的 a 对兔子还会生育出 a 对小兔子。所以，第 $n+2$ 个月总共有 $a+b$ 对兔子。

假设该数列的第零项和第一项分别为 $a_0=0$ 和 $a_1=1$，以后各项都等于前两项之和，即

$$a_n = a_{n-2} + a_{n-1}, \quad n \geq 2 \tag{6.6}$$

因此，斐波那契数列的前面几项为：0、1、1、2、3、5、8、13、21、34、55……图 6-5 分别为兔子繁衍至第 10 代和第 30 代的数量变化情况。

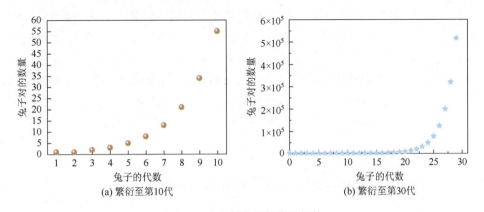

(a) 繁衍至第10代　　　　　　　　(b) 繁衍至第30代

图 6-5　兔子对数量的增长规律

图 6-5 中兔子对数量的增长规律告诉我们，随着代数的增加，兔子对的数量在飞速增长。由式（6.6）可以得到 $a_n - a_{n-1} = a_{n-2}$，即第 n 项增加的数量等于第 $n-2$ 项的大小，因此，兔子数量的增加会越来越快，呈现出爆炸式增长趋势，如图 6-5（b）所示。如果我们把第一代兔子称为"兔祖宗"，那么其他的后代都是兔祖宗的衍生子孙。繁衍至第 n 代时，兔祖宗共计衍生出 a_n-1 对兔子，而它们的子辈共计衍生出 $a_{n-1}-1$ 对兔子，孙辈共计衍生出 $a_{n-2}-1$ 对兔子。依此类推，第 k（$k \leqslant n$）代兔子共计衍生出 $a_{n-k+1}-1$ 对兔子。因此，父辈与子辈之间的衍生数量之差同样为 $a_n - a_{n-1} = a_{n-2}$。虽然只相差了一代，但是随着衍生代次的增加，父辈与子辈之间的衍生数量之差也会呈现出爆炸式增长。

如果我们把兔子的繁殖规律借用于创新的衍生过程，把兔子对的直系子孙增加数量用于衡量创新的衍生能力，那么不同级别的创新所具有的创新衍生能力如图 6-6 所示。

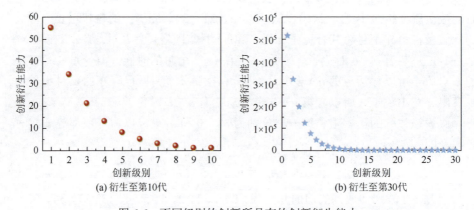

(a) 衍生至第10代　　　　　　　　　(b) 衍生至第30代

图 6-6　不同级别的创新所具有的创新衍生能力

很显然，创新的级别越高，其创新衍生能力越强；并且，创新的衍生能力会随着代次的增加而急剧增加。因此，同创新因子、创新衍生因子相同，创新的衍生能力也是时间的函数，并且是时间的递增函数。

事实上，衍生创新不可能完全等同于在理想情况下的兔子对繁殖，但它们确有非常类似的增长规律。诚然，并不是每对兔子都一定能够产出后代，也并不是每个创新都一定具备衍生能力，因此上面论述的规律只是在理想状况下才可能成立的理论描述。

6.9　现行科研评价体系的弊端

当今社会在很多事情上需要对人才做出评价。通过合理的评价体系进行评价，可以发现人才、培养人才和激励人才成长；不合理的评价体系会导致整个社会的人才战略畸形发展，酿成众多的不良后果。

许多有识之士已经深刻地认识到了现行的中国人才评价体系中存在着诸多不足之处，导致了重数量、重头衔[8]、重形式、华而不实的现状，而轻视了人才及其成果的社会效益和科学贡献。有学者统计，中国当下的各类学术头衔多达 100 多项[9, 10]。人们已经意识到现行的评价机制和评价体系不仅产生了数量颇多的低水平、低创新性的重复性学术研究，另外也消耗了参评人员宝贵的时间和精力，限制了研究人员的个性发展，无形中助长了"争名逐利"的潮流。一些人从事科学研究不再是为了科学精神和追求真理，更不是为了学术兴趣和社会效益，而是为了各种"头衔"和项目。论文、影响因子、SCI 引用和人脉①是获得"头衔"和项目的基石和阶梯，而有了"头衔"和大项目，论文、影响因子、SCI 引用和人脉又都会再上一个档次。

这种"鸡生蛋、蛋孵鸡"的游戏正在中国的科教界悄然流行，一些人在此游戏中脱颖而出，有了官职和各种各样的荣誉与既得利益。在国内学术界的聚会中，人们常见的景象是，几位学术界大腕聚在一起谈论如何拿到大项目、如何评上杰出青年、长江学者和院士，而鲜见谈论具体的学术问题。人们常常把这些学术大腕称为"刚下飞机的人物"[11]。为了"头衔"和科研项目，一些学者学会并擅长于建立人脉关系，因为在中国这样一个人情社会②中，毕竟很多评审最终能够起决定作用的还是人脉。例如，现在流行的网络投票，在某种程度上比的就是人脉，其评比结果与评比的类别和具体要求都没有任何关系。

通过上面的分析不难看出，现行的评价体系中缺乏的是客观、公平、公正、合理的标准和不受人情左右的客观评价指标、工具和方法；同时缺乏对评价所产生的副作用的最基本判断和分析。学术评价的指标、工具和方法构成了一个国家、团体或组织的科研导向指挥棒，因此也将决定一个国家、团体或组织的科学发展水平和对社会的贡献程度。

目前，中国的学术评价主要以衡量学术头衔、论文数量、影响因子、SCI 引用及项目经费为主。虽然这些考核指标具有一定的客观性，但是我们也不能否认它们包含有非常强的主观人为因素③。

例如，令人费解的是，在很多学术评审（如人才评审、重点实验室考核、校际评比等）中都把科研项目数量和经费额度作为评审指标。科研经费是国家或其他级别的部门为了支持某项科学技术研究而给予的资金资助，它在科学技术研究中是成本而不是成果。某人获得了大的科研项目资助，应该意味着他花费了纳税

---

① 可以为之利用的人际关系。
② 在一个社会中，当很多人都将人情置于公平、公正、契约及规则之上时，这样的社会便是人情社会。
③ 见 13.1 节和 13.2 节。

人更多的钱，他有更大的责任、需要承担更多的义务。因此，在学术评价中项目的经费数量应该是分母而不是分子。

如果有两个人都承担了各自的科研项目，一个人的项目经费是 10 万元，而另外一个人的项目经费是 100 万元。假设在结题时两个人获得的学术成果大致相同，那么谁的学术贡献大呢？在现行的评价体系下，花费了 100 万元经费的人在各种评审中都会优于花费了 10 万元经费的人。因为现行的评价体系是将经费数量作为分子，似乎拿到了科研项目和经费就相当于取得了科研成果。如果我们把科研经费看成国家的付出，那么经费数量就应该是分母、是科研成本。

如果是这样的指导思想，那么很显然，花费了 10 万元的人学术贡献更大，因为他的创新成本较低。

无论一个人获得了多大数量经费的支持，他的科研业绩都应该体现在学术研究成果上；创新成果应该体现在其创新价值和创新影响力两个方面，而绝不应该体现在他所获得的科研经费数量上。

鼓励科研人员多拿经费、拿大项目，应该是科研人员所在单位的想法。科研人员拿到的大项目和经费越多，他所在的单位资金进账越多。作为付账的主体，国家不应该有这样的想法。国家秉持的态度、制定的政策恰恰应该相反。国家要鼓励那些花钱少、办事多的人和单位；在各类评审中，把项目经费的数量从分子变成分母，让项目承担者真正能够感受到花了纳税人钱的责任。因此，科研管理部门应该核算创新成本，评价创新成果的投入产出比。

也许有人认为能够承担大项目本身就是水平和能力的体现。这种想法在现今中国只能说是部分正确，另外一部分就是权力和人脉的体现。最为重要的是，学术水平和学术能力最终应该体现在项目取得的科研成果上，而不应该体现在项目的数量及其使用的经费额度上。

6.10　创新指数的定义

事实上，我们在工作中不仅经常需要对人才做出创新成就和创新能力的评判，也常常需要对学术期刊、团体、组织、区域甚至国家进行相关评价。在此，我们定义一个新的评价指标：创新指数。

创新指数是用于衡量不同主体（人才、期刊、团体、组织、区域、国家等）创新能力的评价指标，它必须是对这些主体已获取的创新成果级别和数量的综合考量。

我们可以依据不同级别创新产生的可能性（见 8.4 节）定义创新指数：

$$创新指数 = 10000 \times \sum_{i=0}^{n} \frac{N_i}{(i+1)^{i+1}} \tag{6.7}$$

式中，i 为创新事件的创新级别；N_i 为第 i 级创新事件的数量；n 为所有创新事件中级别最低的创新事件的级别数。在式（6.7）中将计算值扩大了 10000 倍，其目的在于适当地考虑低等级创新事件过小的创新指数能够被较好地显示出来。按照式（6.7），我们实际上将一个元级创新事件赋予了 10000 点的创新指数、一个一级创新事件赋予了 2500 点的创新指数、一个二级创新事件赋予了 370.37 点的创新指数，依此类推。具体赋值情况见表 6-2。

表 6-2　创新指数赋值对照表

创新级别	创新指数	创新级别	创新指数
0	10000	8	2.58×10^{-5}
1	2500	9	1.00×10^{-6}
2	370.37	10	3.50×10^{-8}
3	39.06	11	1.12×10^{-9}
4	3.20	12	3.30×10^{-11}
5	0.21	13	9.00×10^{-13}
6	0.01	14	2.28×10^{-14}
7	5.96×10^{-4}	15	5.42×10^{-16}

从表 6-2 可以看出，低级别的创新对创新指数的贡献微乎其微。一个八级创新事件的创新指数不到万分之一点，比一个元级创新的创新指数低将近 9 个数量级。这种赋值方式符合不同创新级别的创新事件发生时的难度差异，详见 8.4 节。实际上，在有高等级的创新事件存在时，低（≥6）等级创新事件的创新指数完全可以忽略不计，详见 15.8 节。

在计算不同主体（人才、期刊、团体、组织、区域、国家等）的创新指数时，我们只需要将该主体完成（或刊载）创新事件的级别 i 及其数量 N_i 代入式（6.7），便可以得到其创新指数。

对创新人才进行评价就是要对其产生的新知识的质和量进行评价、对这些知识所带来的社会效益进行评价。以人才创新指数为例：如果一个人完成了 N_0 个零级创新，N_1 个一级创新，N_2 个二级创新，$\cdots$，N_n 个 n 级创新，那么他（她）的人才创新指数计算如下：

$$人才创新指数 = 10000 \times \left[\frac{N_0}{1} + \frac{N_1}{2^2} + \cdots + \frac{N_n}{(n+1)^{n+1}} \right] = 10000 \times \sum_{i=0}^{n} \frac{N_i}{(i+1)^{i+1}} \quad (6.8)$$

式（6.8）既考虑了人才完成创新事件的数量，也考虑了他（她）所完成的创新事件的质量，还考虑了不同级别创新事件产生的难易程度[①]。之所以公式中分母

---

① 见 8.4 节。

设置为 $i+1$ 的 $i+1$ 次方，是因为创新的难易程度与发生的可能性均与创新级别 i 的幂次方相关。i 越大，创新发生的可能性越高，其难度越低，详细论述见 8.4 节。

由于在取得创新成果过程中创新人才花费的科研经费数额不同，我们在计算人才创新指数时可以将创新成本考虑在内，并定义单位成本下的人才创新指数如下：

$$单位成本下的人才创新指数 = \frac{1}{M} \sum_{i=0}^{n} \frac{N_i}{(i+1)^{i+1}} \tag{6.9}$$

式中，M 为获得创新成果过程中所花费的经费数量（单位：万元）。该指标能够体现出一个创新人才使用科研经费的效率。很显然，这是一个非常实用而又有价值的评价指标。

学术论文是创新人才的主要成果体现形式之一，其创新级别由创新主题词的多少来定[1]。一篇学术论文往往会有多位作者，在分配创新指数的分值时，责任作者所得比例不应低于 50%。专利或一些其他类别的学术成果也应该将创新指数的分值主要分配给第一完成人和主要完成人。

从式（6.8）可以看出，一个零级创新事件的创新指数相当于 4 个一级、27 个二级、256 个三级、3125 个四级或 46656 个五级创新事件的创新指数。

再以学术期刊为例。我们计算某学术期刊在一段时间内发表论文的创新指数，计算方法如下：

$$期刊创新指数 = 10000 \times \sum_{i=0}^{n} \frac{第 i 级论文数量}{(i+1)^{i+1}} \tag{6.10}$$

例如，我们用 12.2 节介绍的方法首先计算出某学术期刊在 2017 年所发表的全部论文的创新级别，再将计算结果代入式（6.10），得到的结果便是该期刊在 2017 年的创新指数。其他创新指数的计算方式类似，不再赘述。

上述计算方法赋予了高等级创新较大的权重，低等级创新事件对创新指数的贡献很微弱。因此，采用上面的创新指数进行学术评价，必将激励人们去追求高等级创新而轻视低等级创新，从而能够拿出更多的精力去完成高等级创新。

6.11　创　新　检　索

按照创新的定义，创新活动必定要产生新的知识；既然是新的，那么相应的活动一定是前所未有的，或者说在时间由旧到新[2]的排序中排在第一位。利用互联网，可以将与创新活动相关的主题词输入某个搜索引擎中，并使得该创新事件在

---

[1] 见 6.11 节和 14.4 节。

[2] 在 Web of Science 网站上，这样的排序方式中文称为"出版日期（升序）"，英文称为 "Publication Date-oldest to newest"。

时间上排在第一位，证明该事件具备前所未有的创新性质。我们将这样的检索称为创新检索。创新检索的目的在于：

（1）验证事件的创新性；

（2）通过创新主题词的设定验证创新事件的核心创新内容；

（3）通过创新主题词的设定确定创新事件的创新级别[①]；

（4）确定创新事件的创新因子[②]；

（5）确定创新事件的创新影响因子[③]或年均创新影响因子；

（6）计算创新指数[④]。

在创新检索中，所设定的创新主题词须保证被检索事件排在时间的第一位，排在该事件之后的所有其他相关事件通常会受到此事件的启示和影响，因此后面这些相关事件带来的影响（含衍生创新事件及创新价值）都应该全部或部分地归属于排在第一位的该创新事件。也就是说，由于主题词覆盖的内容是该事件首先提出的，它对后续同类事件的发生和发展形成了启迪和引领作用。因此，主题词覆盖的影响应该加在第一个事件上，构成总的创新影响。

创新检索的具体方法如下。

（1）为一个创新事件设定一组创新主题词（单素或复素）。

（2）创新主题词的设置原则：

①设置的创新主题词能够反映出创新事件的核心创新内容；

②创新主题词的数量应该尽可能地少，创新主题词数目越少，创新事件的创新级别越高；

③在创新成果尚未公布之前，使用该组设定的创新主题词不能检索出任何其他相关内容；

④在创新成果公布之后，创新检索要保证该创新成果在时间排序（由旧到新）中列于第一位，即任何检索出的其他相关事件都须排在该创新事件之后；

⑤当相同数量的几组主题词都能够使得被检索事件排在时间的第一位时，选用检出相关事件数量最多的那一组。因为检出相关事件数量越多，该创新事件的创新因子越大，相对应的创新影响因子也会越大。

（3）用创新主题词数量确定事件的创新级别，即

$$创新级别 = 创新主题词数量[⑤] \tag{6.11}$$

由于在创新检索中使用的创新主题词的个数最少是 1，因此，由创新检索确

---

① 详见 8.1 节和式（6.11）。

② 见式（6.13）。

③ 见式（6.14）。

④ 见式（6.7）。

⑤ 此处定义的创新级别与第 8 章中定义的略有不同，具体区别见 8.1 节。

定的创新级别最高为一级，不会出现零级创新。这里需要强调的是，由式（6.11）定义的创新级别与第 8 章中定义的有所不同。这样的差异会导致计算创新指数时所使用的公式稍有改变。例如，式（6.10）中的创新级别 i 应从 1 开始，即

$$期刊创新指数 = 10000 \times \sum_{i=1}^{n} \frac{第\ i\ 级论文数量}{(i+1)^{i+1}} \tag{6.12}$$

（4）进行创新检索并统计如下两个检索数据：

①检出的创新事件及其衍生创新事件的数量之和；

②检出的创新事件及其衍生创新事件的影响之和。

（5）确定创新事件的创新因子[①]：

$$创新因子 = \frac{检出相关事件数量}{创新主题词数量} \tag{6.13}$$

（6）确定事件的创新影响因子：

$$创新影响因子 = \frac{检出相关事件的影响之和}{创新主题词数量} \tag{6.14}$$

从式（6.14）不难看出，创新影响因子是衡量创新事件或创新成果产生的直接影响的评价指标，其大小与全部相关事件所获得的影响之和成正比，与创新主题词数量成反比。

6.12　本 章 小 结

本章论述了学术评价及其存在的问题，展开了创新评价的论题；提出了评判创新程度的标准是增添人类知识的程度的基本观点。本章通过定义知识的维积，给出了在万维空间中衡量知识的质与量的度量，即维积是知识覆盖事物的广泛性和多少的量度。在此基础上，定义了点状知识、零维知识、线状知识、一维知识、面状知识、二维知识、多维知识等描述知识维积的新概念，并由此提出用零维知识创新、一维知识创新、二维知识创新和多维知识创新区分创新事件的创新程度。创新产生的知识维度越高，创新活动的创新程度就越高，揭示的客观规律性就越普遍，其创新价值就会越大。

本章论述了在新维度产生后万维空间中可以开展的创新活动；定义了逻辑距离，用于表征事物之间逻辑关联的直接程度；得出结论：使用的旧知识越少，创造的新知识越多，其创新级别就越高，创新能力就越大。

在将知识量化的基础之上，定义了创新因子，用以衡量创新活动的创新程度和创新能力；论述了创新因子所具有的特征；指出了创新的价值来源于创新带来

---

① 此处定义的创新因子与 6.3 节中定义的略有不同。

的新知识产生的价值，主要体现为新知识转化为生产力和财富，以及新知识衍生出其他创新的能力。

　　本章提出了负价值创新（简称负创新）的概念，用以标示那些产生了负的社会效益或负价值的创新活动。本章指出，创新因子和创新价值都是时间的函数；与创新价值不同，创新因子不会随着时间的延续而减小，然而，一项创新成果给人类带来的社会效益（价值）却可能随着时间的推移而逐渐减弱直到消失，其创新效益的正与负可能随着时间的推移而发生相互转换。

　　本章还定义了创新影响力、创新衍生能力、创新派生能力、创新衍生因子、创新指数、人才创新指数、期刊创新指数等创新评价指标；用斐波那契数列研究了创新的衍生能力。

　　创新活动必定要产生新的知识；既然是新的，那么相应的活动一定是前所未有的。在这样的理念下，本章设计了创新检索方法，用以确定创新活动的创新性。

第7章 创 新 分 类

每一个创新活动都具备自己的特质，从这些创新特质上我们可以将创新活动划分为不同的创新类型。

创新产生新知识的形式是什么？创新对拓展万维空间的作用是什么？创新事件产生的方式是什么？创新产生的知识是否具有公开性？创新事件的地域特征是什么？根据这些判据，我们可以将创新活动划分为不同的类别。

下面，我们尝试从不同的角度和创新事件产生的不同方式对创新进行分类。

根据产生新知识的方式可以将其分为：发现创新、发明创新、创造创新、创作创新。

根据对拓展万维空间的作用可以将其分为：单维创新、复维创新、非维度创新。

根据创新事件产生方式的不同可以将其分为：维度创新、递推创新、复合创新、组合创新、参量创新、数量创新、递进创新、变形创新、类比创新、模仿创新。在这几种创新中，除维度创新外，其他创新方式都产生于创新的衍生能力。

根据创新产生的知识是否具有公开性可以将其分为：公开创新和秘密创新。

根据创新性适用的地域特征可以将其分为：全球创新（狭义创新）和区域创新（广义创新）。

由于发现创新、发明创新、创造创新、创作创新、公开创新、秘密创新、全球创新、区域创新等概念比较清晰，下面主要论述维度创新和根据创新事件产生方式划分的不同创新类型。

7.1 维 度 创 新

建立或发现了一个新维度的创新称为维度创新。在前面的论述中，我们把组成事物的因素划分成单素和复素。根据发现或创造了单素或复素的情况不同，我们可以把维度创新划分为单维创新和复维创新，但是只有单维创新是真正的维度创新。复维创新是将原有空间拓扑在了一个新的坐标空间中，因此它是一种空间变换的创新，而并没有开拓出一片新的空间。例如，我们通常习惯于将三维空间中的一个点表示成(x, y, z)，x、y、z代表了三维空间的三个坐标轴。当然，我们也可以用球坐标系(r, θ, φ)来描述三维空间中的一个点，此时的r、θ、φ是描述原有空间的新坐标。由于 r、θ、φ 均可以写成 x、y、z 的函数，所以它们在 x、y、z 坐标系中都是复素，其形式如下：

$$\begin{cases} r^2 = x^2 + y^2 + z^2 \\ \cos\theta = z / r \\ \tan\varphi = y / x \end{cases} \tag{7.1}$$

换言之，在笛卡儿坐标系被发明出来后，发明球坐标系的创新属于复维创新。r、θ、φ 并没有开拓出新的空间，因此发明球坐标系不是真正的维度创新。

发现或建立了一个新的单素的创新称为单维创新，发现或建立了一个复素的创新称为复维创新。复维创新内容应该包括对其构成的单素的分析与分解。如果复维创新中的维度包含从未被发现或创造出来的单素，它就应该属于单维创新；如果一个新的复素中包含的单素都是原已存在的，那么这样的创新就是纯复维创新。

单维创新为原有的万维世界建立了一个新的维度、拓展了新的空间；而纯复维创新并不具备这样的功能。按照我们前面给出的万维空间维度的定义，一个新的维度必然与原有维度垂直，即新维度的产生不会建立在原有维度所构成的空间之中。因此，单维创新定然没有使用旧的知识，一定是元级创新（见 8.2 节），也是所有创新中级别最高的一种创新。

我们可以说单维创新是"无中生有"型的创新，也是"开天辟地"型的创新。在创新分类中，我们将这样的创新称为"元级创新"。元级创新或单维创新的特征在于为人类知识的积累拓展了新的空间。我们在创新检索（见 6.11 节）中仅仅使用一个主题词便可以将该创新成果排在检索结果的第一位。因此，单维创新必定是最高级别的创新。由于复维创新使用了原有的维度，因此并不是"无中生有"型的创新，也没有为原有的空间开辟出新区域，但是复维创新却有可能为我们审视事物带来新的视角。

复维创新级别的高低取决于它使用了多少个原有的维度。例如，在球坐标系的发明中使用了原有的 x、y、z 三个维度，因此属于三级创新。

7.2 递 推 创 新

当一个创新事件发生后，按照逻辑推理，人们可能很容易地得出一个新的推论。这种通过逻辑推理获得新知识的方式称为递推创新。例如，在前面讲述的圆的故事中，当半径的特征被发现后，圆的直径很容易从推理中被发现。而半径和直径的本质完全相同。发现直径便是递推创新。如果将圆的半径设为万维空间的一个坐标轴（维度），圆的直径也在这个维度上。或者说，直径并没有在半径的维度之外提供新的维度。又如，当人们发现直径后，很容易推论出"一条直径将圆分成了面积相等的两个半圆"。如此这般，利用递推创新的方法可以产生许多新的知识点。由于递推创新是在其他创新事件发生后，通过逻辑推理的方式产生的创新事件，因此递推创新的级别一定低于原有创新事件的级别。虽然如此，但在很多时候，递推创新产生的结果及其影响可能更加彰显。例如，人们在研究圆周率时使用直径就更加方便与直观。

7.3　复合创新

当一个新的万维空间维度被发现或被创造出来后，一片新的空间便展现在人们的面前。毫无疑问，新空间的任何特征和其中的任何事物都是等待人们去践行创新活动的对象。使用这个新生维度再结合原有的旧维度会产生新的事物，这种复合了两个或两个以上维度的创新称为复合创新。换句话说，复合创新是在原已存在的万维空间中通过复合两个或两个以上的维度发现或创造出了新的事物。

例如，普朗克在 1900 年提出了能量量子概念之后，爱因斯坦在 1905 年将光与量子两个素轴概念结合到一起，提出了光量子（简称光子）假说①，完成了一次伟大的创新。光量子概念的提出是一次严格意义上的复合创新，而普朗克提出的量子概念是一次严格意义上的单维创新（真正的维度创新）。光量子是在"光"和"量子"两个单素坐标轴共同规定的一个区域内产生的新概念，因此爱因斯坦提出的"光子学说"是一次复合创新。

作为一种物理实在，光子是由单一因素构成的，不可再分解为两个或两个以上其他因素的组合。从这个意义上讲，光子是单素②。但是从物理概念的构成上讲，光子又是由光（波动性）和能量量子（粒子性）两个概念合二为一的体现：光子存在于"光"和"量子"两个单素坐标轴共同规定的区域之中，因此它也是一个复素。在量子力学中，将微观粒子的波动性和粒子性集于一身的物理特征称为波粒二象性。很多微观粒子是不可拆分的基本粒子，具有单素的性质。然而，其波粒二象性又决定它们分别在表现波动性和表现粒子性的两个单素轴上有取值，表现出复素的特征。这种既是单素又是复素的特征应该是量子力学中波粒二象性在万维空间中的体现。非常有趣的是，从上面的论述中不难看出，爱因斯坦通过一次复合创新却创造出了一个既是单素又是复素的概念。因此，爱因斯坦的复合创新也是维度创新。这是重大科学发现中不多见的一个事例。

---

① 光和原子、电子一样也具有粒子性，是以光速 c 运动的粒子流。爱因斯坦把这种粒子称为光量子，并用它解释了光电效应。

② 单素代表了单纯因素。它是指构成事物的一个因素，其特征在于该因素是单纯的、不可再分解为其他因素的组合，见 4.1 节。

　　上面的论述还告诉我们,应该持辩证的观点来看待万维空间中的单素和复素,单素和复素不是绝对的,在一定的条件下它们可以相互转化。

　　事实上,秦伟平和他所指导的博士研究生通过实验研究已经证明,一个紫外光子可以被拆分成三个近红外光子[12],如图 7-1 所示。这样的实验事实充分地表明了上述辩证观点的正确性。

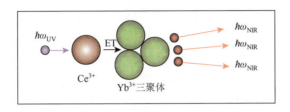

图 7-1　一个紫外光子被拆分成三个近红外光子

7.4　组 合 创 新

　　通过组合原有事物创造出了新的事物,这种产生创新事件的方式称为组合创新。组合创新是最古老也是目前人们最常使用的一种创新形式。虽然其创新级别不高,但却可能产生非常有价值的创新结果。

　　早在 17~19 世纪,经验主义(empiricism)论者就相信知识来自个体的经验,其发生机制之一就是两种思想观念的心理联系(association)。

　　高锟是一位华裔科学家,他因提出了将玻璃光纤用于通信的思想而获得了2009 年诺贝尔物理学奖。高锟将光纤与通信两个原已存在的旧事物组合在一起提出了光纤通信的思想,完成了一次伟大的创新。光纤通信的思想属于组合创新。

　　1966 年,高锟发表了一篇题为《光频率介质纤维表面波导》的论文,开创性地提出光导纤维在通信上应用的基本原理,描述了长距离、大容量、高速率光通信所需绝缘性纤维的结构和材料特性。高锟认为,只要解决好玻璃纯度和成分等问题,就能够利用玻璃制作出用于通信的光导纤维。随着第一个光纤通信系统于1981 年成功问世,高锟"光纤之父"的美誉传遍世界。

　　当被组合的事物都是万维空间的坐标轴(维度)时,组合创新便转变为复合创新。

7.5　参 量 创 新

　　参量创新就是突破万维空间某个坐标轴测量极值(最大值或最小值)的活动。例如,在某项体育比赛中创造了新的世界纪录。

　　参量创新在我们的现实生活中经常出现，很多人努力的目的就是创造某项世界纪录。例如，运动员在体育比赛中追求的目标之一就是打破原有的世界纪录并创造新的世界纪录。在科研与生产过程中，人们也在不断地追求参量创新。例如，科学家追求研制具有最大拉伸强度的钢材、最轻质量的超轻材料、最高量子效率的荧光材料、最大钻探深度、最大下潜深度、最大火箭推力、最高粮食亩产产量等。这些研究工作都在为参量创新做着努力，而每一次的参量创新都有可能产生巨大的社会效益和经济价值。事实上，人们对圆周率精度的不断追求就是一个参量创新过程，而且是一个极具代表性的参量创新过程。为了追求圆周率的精度，很多人付出了毕生的精力。在其他的参量创新活动中也是如此，大量的专业人员奋斗终生只是为了获得某个参量的世界纪录。

　　参量创新在很多时候具有非常重要的意义，尤其是在面对实际应用的参量创新活动中更是如此。例如，我们目前正在开展的一项有关有机光波导放大器的研究工作中，一个很重要的目标就是得到净的正增益。只有实现这个参量指标，有机光波导放大器才有可能获得实际应用。净增益越大，有机光波导放大器投入实际应用的可能性就越大，市场前景就会越好。因此，科学工作者的一项重要科研目标就是参量创新，尤其是针对那些具有重要应用前景的参量创新。例如，在微电子领域，人们在不断地追求高的集成度和高的运算速度，为此在不断地提升光刻工艺技术，现在已经发展出了十几纳米甚至几纳米的光刻工艺[13]。正是因为有了这样的高技术工艺，目前的高密度大容量存储、高性能 CPU①才得以实现。

　　参量创新不仅仅是一个量变过程，它经常也会带来质变的飞跃式发展。非常典型的事例就是光纤通信。光纤通信在开始时面临的最大问题就是光在传输中的损耗过大而无法得到实际应用。而光在光纤中传输损耗的主要原因是石英材料中的杂质含量比较高。要想降低光在光纤中的传输损耗，首要任务是提高石英材料的纯度。在这项研究工作中人们要针对两个参量进行创新：光的传输损耗和材料的纯度。事实上，随着材料纯度的提高，光纤的传输损耗也会降低。因此，在这项研究中材料纯度这个参量成了最主要的创新目标。当然，为了提高材料的纯度，科研人员必须探索出一些新方法和新工艺以实现这样的参量创新目标。

　　这个事例告诉我们，一个创新事件的完成经常是建立在其他几个或更多创新事件产生的基础之上。尤其是在一些高技术领域，人们为了创造一项世界纪录可能要发明和创造许多新的技术、新的方法、新的工艺和新的材料。从这个角度讲，一个创新事件的产生可能需要许多其他创新事件的支撑；当然，一个创新事件的出现也可能带动许多其他创新事件的诞生。

---

① 中央处理器，为 central processing unit 的缩写。

例如，1999 年 Speedo 公司[①]推出了一种模仿鲨鱼皮肤制作的高科技泳衣。在 2000 年悉尼奥运会上，索普[②]等穿上了鲨鱼皮泳衣的游泳运动员创造了一批世界纪录。在这届奥运会上，共有 15 项游泳项目的世界纪录被刷新，其中 13 项由穿鲨鱼皮泳衣的运动员完成，并且 83%的游泳项目奖牌被穿鲨鱼皮泳衣的运动员摘取。

7.6　数 量 创 新

创造事物数量或数值新纪录的活动称为数量创新。例如，中国的汽车年产量在 2016 年为 2819.31 万辆，并在 2017 年达到了 2901.54 万辆。这种突破了产品年产量历史纪录的事件称为数量创新。2901.54 万辆就是中国汽车行业在 2017 年的创新数量。

数量创新与参量创新不同，参量创新追求的是某个（坐标轴）指标的突破，而数量创新追求的是事物数量的突破，前者是单一指标的体现，后者多数情况下是综合指标的体现。当然，在数量指标同时又是某个参量指标的情况下，参量创新可划归为数量创新。例如，世界人口数量既是一个数量指标也是一个参量指标；世界人口数量的不断增加既是数量创新也是参量创新。

数量创新往往体现的是一种综合实力。这种实力通常包括资金、技术、人员、需求、设备、市场等方方面面。数量创新经常会伴随着其他的创新事件的发生而产生。例如，人们发明了新的工艺技术，在新工艺的辅助下，产品的数量得到提升，从而形成了数量创新。

7.7　递 进 创 新

递进创新是指：当一个创新事物出现后，人们对其改进和升级并创造出新的事物。递进创新产生于创新的衍生能力。

单从人类历史中轮子的发展和改进来看，递进创新一直都在发生着。从最早的木质轮子、青铜质轮子、铁质轮子，到现代的充气橡胶轮胎，再到具有特殊用途的各种齿轮和凸轮，无一不是递进创新。在这些递进创新中，通常都会有其他的创新元素融入其中。正是由于这些新元素的融入，递进创新才有意义。

例如，在我们最初的事例里，当轮子被发明后，人们将轮子改进升级，并用轮子制成手推车，或用轮子制成马车、纺车等。手推车、马车、纺车等都是发明

---

① 世界著名的泳衣制造厂商。

② 索普（生于 1982 年），澳大利亚游泳运动员，绰号鱼雷，共打破 13 项游泳运动项目的世界纪录。

轮子的递进创新。手推车、马车、纺车对轮子来说都有了实质性的改进和实质性的新功能，从其性能而言它们是质的进步而非简单的模仿。

7.8　变形创新

变形创新：将原有事物做了形式上的变化从而产生新的事物形态。

下面，以纳米材料制备工艺的仪器化为例说明变形创新及其作用。

纳米科学技术（nano science and technology, Nano ST）的诞生标志着人类认识世界和改造世界的能力从宏观世界到了微观世界的水平。作为物理学、化学、材料科学和生物医学等众多领域的交叉学科，纳米科学技术被人们视为 21 世纪科技发展领域的一个重要支柱。纳米材料是指材料的尺寸可以用纳米（十亿分之一米）衡量，通常是指在三维空间中至少有一维处于 1~100 纳米或由纳米尺度的基本单元构成的材料。在纳米尺度下，材料的尺寸和结构通常会在很大的程度上影响材料的物理和化学性质，从而产生小尺寸效应、量子尺寸效应、宏观量子隧道效应、紫外上转换发光增强效应等特殊物理效应。这些新的效应和新型纳米材料，为发展新的功能材料和器件提供了原理与物质上的基础，并为其实际应用开拓了广阔的空间。例如，以半导体量子点、上转换纳米粒子为代表的零维纳米材料在发光显示、光伏电池、生物信息传感、荧光动力学治疗等领域都有着重要的应用前景。

然而，作为一类新兴的特殊材料，目前已有的绝大多数纳米材料还是科学研究的对象，主要诞生在科学研究实验室里，其制备方法多数还停留在实验室的手工制作阶段。以采用湿法化学制备的光频上转换纳米颗粒为例，纳米晶的成核、生长时间、化学反应温度及其变化速度、保护气氛及其压力、反应釜的真空度、对反应溶液的搅拌速度及其均匀性、化学试剂的浓度及其相互比例、化学试剂的滴加速度及其精度都对材料尺寸、形貌和颗粒均匀性有着重要的影响。因此，操作人员的实验技巧、熟练程度、环境温度、设施条件等都会成为导致纳米材料尺寸和形貌难以控制的关键因素，从而造成手工制作出的纳米材料尺寸、形貌很难一致和均匀。相同制备条件下会制备出尺寸和形貌有着明显差异的纳米材料，而这些差异恰恰来自实验人员手工操作时产生的误差。

2014 年，秦伟平所在的研究小组将湿法化学制备光频上转换纳米颗粒的工艺进行了仪器化，成功地研制出了国际上首台全自动纳米材料合成仪。该仪器的基本功能就是将原本由实验人员手工操作的实验步骤移植到了合成仪上，做了形式上的改变，完成了一次变形创新。全自动纳米材料合成仪由计算机控制每个实验环节和实验参数，显著地减小了实验误差，因此确保了纳米材料制备条件的一致性和可重复性，确保了纳米材料的制备质量。

在上述例子中，湿法化学制备光频上转换纳米颗粒的工艺是原已存在的旧事物，当将其移植到合成仪上后，该制备工艺有了新的存在形式。与原有的手工工艺相比，程序控制下的制备步骤显然会更加精准、可靠，因此也必定会生产出更好的纳米材料。

7.9　类 比 创 新

通过类比创造出了新的事物称为类比创新。德布罗意通过类比，提出了一个极其大胆的假说，实物粒子也具有波动性。详细论述见 11.4 节。

7.10　模 仿 创 新

模仿原有事物而产生出新的类似事物的活动称为模仿创新。在前面我们讲到的圆环制作事例中，铜质圆环被假设为最先制作出来，因此木质圆环、金质圆环的首次制作是模仿创新。模仿创新的特点在于模仿后产生了新的事物，没有产生新事物的模仿不属于创新范畴。从上面圆环制作的例子里，我们不难看出，模仿创新中一定加入了与原有事物不同的元素，如上述例子中的木和金。由于制作木质圆环和制作金质圆环必然要使用与制作铜质圆环不同的工艺，因此首次制作出木质圆环或首次制作出金质圆环才可称为创新事件。

模仿创新可以有很多高级形式[14]，如现代的仿生学就是通过模仿生物的某些特征而创造出一些器件和仪器。下面列举的电子仿生技术说明了这一点。

例如，人们根据蛙眼的视觉原理已研制成功一种电子蛙眼。这种电子蛙眼能像真的蛙眼那样，准确无误地识别出特定形状的物体。把电子蛙眼装入雷达系统后，雷达抗干扰能力大大提高。这种雷达系统能快速而准确地识别出特定形状的飞机、舰船和导弹等。特别是能够区别真假导弹，防止以假乱真。

电子蛙眼还广泛应用在机场及交通要道上。在机场，它能监视飞机的起飞与降落，若发现飞机将要发生碰撞，电子蛙眼能及时发出警报。在交通要道，电子蛙眼能高效、准确地指挥车辆的行驶，防止车辆碰撞事故的发生。

又如，根据蝙蝠超声定位器的原理，人们还仿制了盲人用的"探路仪"。这种探路仪内装一个超声波发射器，盲人带着它可以发现电杆、台阶、桥上的行人等。如今，有类似作用的"超声眼镜"也已制成。

7.11　本 章 小 结

从产生新知识的方式可以将创新活动分为：发现创新、发明创新、创造创新、创作创新。

从对拓展万维空间的作用可以将创新活动分为：单维创新、复维创新、非维度创新。

根据创新事件产生方式的不同，可以将创新活动分为：维度创新、递推创新、复合创新、组合创新、参量创新、数量创新、递进创新、变形创新、类比创新、模仿创新。

根据创新产生知识是否具有公开性，可以将创新活动分为：公开创新和秘密创新。

根据创新性适用的地域特征可以将创新活动分为：全球创新（狭义创新）和局部区域创新（广义创新）。

第 8 章　创新的分级原则及创新等级划分

对创新活动分级是一直没有解决的问题。没有解决这个问题的关键在于人们没有找到一个合理的分级原则。

创新意味着发现或创造了一个新的单素或复素，意味着发现了构成事物的单素或复素之间的客观联系，意味着发现了事物演化的客观规律，意味着发现或创造了新的事物，意味着创造了新的世界纪录。

第 7 章根据创新产生的形式、方式和性质对创新事件进行了分类。然而，对创新事件分类不能等同于对其分级，更不能替代分级。对创新活动进行分级的目的在于区分创新事件的创新程度，在于确定人类活动的创新性高低。因此，确定合理的分级原则、找到科学的分级方法是十分重要的。

根据创新活动产生知识的维度特征，6.2 节将创新程度分为：零维知识创新、一维知识创新、二维知识创新和多维知识创新。并指出，创新产生的知识维度越高，创新活动的创新程度就越高，揭示的客观规律性就越普遍，其创新价值就会越大。

下面，我们将从创新活动产生的创新结果"新"的程度探讨对创新活动的分级问题。

对创新活动进行分级的关键在于确定产生的创新结果"新"的程度。诞生的新生事物可以不依据任何已有的旧事物，也可以使用了一个或几个旧的事物。从新事物的产生对旧事物的依赖程度，我们可以确定创新事物"新"的程度，进而对创新事件进行分级。

8.1　分　级　原　则

第 6 章中定义了创新因子。创新因子是一个随着时间变化的量，它的主要功能在于表征创新事件发生后对人类知识积累的作用。在创新事件刚刚发生时，由于还没有因此创新事件而产生的其他新知识，所以其创新因子等于 0。也就是说，我们不能用创新因子去评价一个新生事物，但是毫无疑问，创新因子是评价一个创新事件"历史功绩"的有力工具。因此，它可以在创新评价活动中发挥客观评价的作用。

但是，在现实中我们经常需要一个指标来实时地评价一个事件的创新性、确定其创新程度。而最好的方法就是能够按照创新事件的特质将其分级，从而确定一个新生事物的创新程度。

创新因子可以给出一个创新事件对新知识积累产生的促进作用，同时从其定义中我们也可以看出对该创新事件的分级原则。创新因子的分母是"使用的旧知识量"，它不随时间变化，是唯一在创新事件发生时和发生以后始终保持恒定的参数。更为重要的是，一个创新事件中使用旧知识的数量能够很好地诠释出其新颖性。在我们定义的创新因子中，使用的旧知识量越少，创新因子就越大，其创新性就越高。换言之，一个创新事件使用的旧知识越少，它与旧事物之间的联系就越小，其新颖性就越高。因此，我们可以用创新事件使用的旧知识量的多少来表征它的创新级别。

在此，我们对创新事件的创新级别定义如下：用于区分创新事件的等级，从高等级到低等级分别用 0、1、2、3……等级数来表示，分别称为零级创新、一级创新、二级创新、三级创新……。其等级数为创新事件中使用旧知识的数量，即

$$创新级别 = 使用的旧知识量 \tag{8.1}$$

按照这样的定义，零级创新是最高等级的创新，一级创新次之；创新级别数字越大，所代表的创新事件的级别就越低，其创新性就越低。由于零级创新没有显著地使用旧的知识，因此我们这里也称其为"元创"（元级创新）或"源创"（源头创新），表示这样的创新可能为其他后续创新活动开辟了新的源泉。事实上，任何级别的创新都有可能为其他后续创新活动提供生长点，这正是创新成果的衍生能力和影响能力之所在。作为新知识生长的种子，元创或源创比其他级别的创新具有更强的衍生能力和影响能力。

8.2　创新等级划分

按照 8.1 节创新级别的定义，我们可以计算出"圆的故事"中的创新事件的创新级别，如表 8-1 所示。

表 8-1　"圆的故事"中创新事件的级别

序号	创新事件	使用的旧知识	创新因子	创新级别
1	使用绳子	无	∞	元级
2	画出圆	使用绳子	16.000	1 级
3	半径 R	圆	14.000	1 级
4	定义圆周	圆	3.000	1 级
5	直径 D	圆、半径	1.500	2 级

右上角：续表

序号	创新事件	使用的旧知识	创新因子	创新级别
6	做成轮子	圆、半径	3.500	2 级
7	周三径一	圆、半径或直径	2.500	2 级
8	π	圆、直径、周三径一	1.333	3 级
9～14	手推车、马车、水车、纺车、磨、辘轳	圆、半径、做成轮子	—	3 级
15	圆的面积 πR^2	圆、半径、π、面积	0.750	4 级
16	球体的表面积 $4\pi R^2$	圆、半径、π、圆面积、球	0.400	5 级
17	球体的体积 $4\pi R^3/3$	圆、半径、π、圆面积、球表面积、体积	0.166	6 级

从表 8-1 中列出的分级情况，我们可以看出如下特征。

（1）元创（或源创）属于"无中生有"的创新。也就是说，在元创事件发生时人们没有明显使用任何已有的旧知识。或者说，元创是一种凭空产生的"灵感"事件。当然，任何灵感必定有其产生的前提和背景。产生灵感的主体也必须有能够抓住灵感的思想准备和知识储备，只是在这种"无中生有"的创新事件中没有显含"使用旧的知识"痕迹。例如，在旧石器时代，人类通过打制的方式制作石器，而第一个打制石器的人完成的是一次元级创新。我们现在已经无从考证何人何时完成了这样的壮举，但是从人类历史发展的长河中我们知道，这样的壮举确实在很久以前的某个时间点上发生了。问题在于，作为一种生物，人类的进化史可以追溯到上亿年前；从古猿转化成原始人又经历了上千万年；原始人出现在距今 300 万年前，而旧石器出现在距今约 250 万年前。由此可以看出，即使是"打制石器"这样一个今天看来极其简单的创新，也经历了漫长的"能够抓住灵感的思想准备和知识储备"过程。也许有人坚持说："打制石器一定使用了旧的知识，因此不可以算作元级创新。"但是，今天的人们确实无法考证这位原始人在第一次打制石器时的想法和场景，我们只能说在这次创新事件中这位原始人没有显著地使用旧知识。

（2）在计算"使用的旧知识"量时，我们只计算了与创新事件有着显著联系的相关知识，而忽略了没有显著联系的其他旧知识。例如，我们将发现半径 R 的事件定义为一级创新事件。在这里我们只计算了一个旧知识——圆，并认为有了圆就可以发现半径 R。我们忽略了"使用绳子"的旧知识，因为在发现半径 R 的事件中，"使用绳子"的旧知识可以不在"发现半径 R"的事件中发挥显著的作用；或者说"使用绳子"与"发现半径 R"之间可以没有直接的联系。但是，如果没有圆的发现就无从谈起"发现半径 R"。

（3）在同源系列创新事件中，由高等级创新事件可以衍生出低等级创新事件。关于圆的故事中的许多事例一再说明了这一点。

（4）将创新事件的级别按照它们的序号（与时间顺序一致）以图的形式表示出来，如图8-1所示。

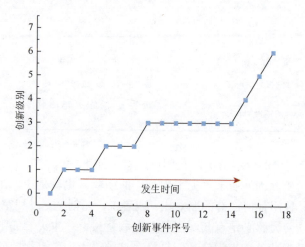

图8-1 创新事件的创新级别与发生时间的关系

从图8-1中可以看出，发生在早期的创新事件具有较高的创新级别[①]，而发生时间比较晚的创新事件的创新级别较低。早期的创新事件发生时，创新者能够依据的知识很有限，使用旧知识的量相对较少或完全没有，因此创造出来的事物必然具有相对较高的新颖性。随着时间的推移，同源创新事件的创新级别会越来越低。关于这一点并不难理解，因为后发生的相关创新事件会使用先前创新事件的结果；拥有的相关知识越多，发展出相关的新事物越容易，越顺理成章和水到渠成，因此，其新颖性和创新级别也就越低。

但是，在表8-1中的第6项出现了一个特例，"做成轮子"的二级创新。我们现在已经无从考证人类在什么时候第一次将"圆"的概念用在轮子的制作上，也无从考证"定义圆周""发现半径""发现直径""发现周三径一"和"做成轮子"等事件发生的先后顺序。然而，作为一项应用型创新，"做成轮子"只使用了"圆"和"半径"两个知识点，因此构成了一次二级创新。在我们所列的有关圆的故事之中，只有"做成轮子"没有对圆的理论发展产生贡献，当然也只有它是把理论用于了实践，产生了在人类生活中起到无比重要作用的各种工具。毫无疑问，"做成轮子"的创新价值非常巨大。这也是应用型创新的一个重要特征。

---

① 注意，创新级别数越小，创新级别越高。

8.3　创新等级与创新价值的关系

衡量创新等级的标准是创新事件中使用的旧知识量；衡量创新成果价值的尺度是它所产生的社会效益。前者注重的是创新事件对人类知识积累的作用，后者强调的是创新事件对人类社会生活产生的影响。由于衡量标准的不同，创新等级与创新价值之间不存在明确的数学关系。也就是说，高等级创新不能等同于高的社会效益，低等级创新有可能产生出高的创新价值。那么，创新等级与创新价值之间是否存在一些内在的客观联系呢？

从 8.1 节和 8.2 节可以看出，高等级的创新可以衍生出低等级的创新。例如，在表 8-1 中，"发现圆"是一级创新，由这个一级创新衍生出众多的二级到六级的创新事件。如果用社会效益来衡量它们的创新价值，发明了"手推车、马车、水车、纺车、磨、辘轳"等实用型工具的三级创新最具有直接的社会效益。但是，如果没有"发现圆"，就不可能有"手推车、马车、水车、纺车、磨、辘轳"等实用工具的发明。因为这些实用工具的发明是"发现圆"的衍生品，后者能够带来的社会效益是建立在前者存在的基础之上的。或者说，"手推车、马车、水车、纺车、磨、辘轳"等实用工具带来的社会效益应该是"发现圆"潜在社会效益的一种间接体现，属于"发现圆"的创新价值的一部分。按照这样的逻辑，我们在此给出关于创新价值计算的六个推论。

（1）一项创新的价值包含它本身产生的社会价值，也包含由它直接或间接衍生出的所有创新事件的创新价值。下面建议一种创新价值的计算方法。

假设一个 n 级创新事件 A 衍生出了 i 个 $n+1$ 级创新事件 $B_{i'}$、j 个 $n+2$ 级创新事件 $C_{j'}$、k 个 $n+3$ 级创新事件 $D_{k'}$……。那么，该创新事件 A 的创新价值 $E(A)$ 计算如下：

$$E(A) = \frac{E_A}{n+1} + \sum_{i'=1}^{i} \frac{E_{B_{i'}}}{n+2} + \sum_{j'=1}^{j} \frac{E_{C_{j'}}}{n+3} + \sum_{k'=1}^{k} \frac{E_{D_{k'}}}{n+4} + \cdots \tag{8.2}$$

式中，E_A 表示事件 A 的直接创新价值（直接社会效益）；$E_{B_{i'}}$ 表示第 i' 个 $n+1$ 级衍生创新事件的直接创新价值；$E_{C_{j'}}$ 表示第 j' 个 $n+2$ 级衍生创新事件的直接创新价值；$E_{D_{k'}}$ 表示第 k' 个 $n+3$ 级衍生创新事件的直接创新价值；依此类推，即一个 n 级创新事件的创新价值等于该创新事件产生的直接社会效益的 $1/(n+1)$ 加上其衍生出的各级创新事件的创新价值加权之和。采用上述计算方法的目的在于，所有创新事件产生的创新价值之和等于所有创新事件所占有的创新价值之和。例如，对一个一级创新事件来说，它产生的直接社会效益只有一半属于它自己，而另外一半属于它依据的零级创新事件；对一个二级创新事件来说，它产生的直接社会效益只有 1/3 属于它自己，而另外 2/3 分别属于它依据的另外两个一级创新事件。

（2）如果衍生创新事件中没有负创新价值事件发生，一项创新的价值永远大于或等于由它衍生出来的任何一个创新事件的创新价值，即

$$E(A) \geqslant E_{a_i}, \quad E_{a_i} \geqslant 0 \tag{8.3}$$

式中，a_i 为创新事件 A 的衍生创新事件。

（3）在同源的系列创新事件中，高等级的创新价值（直接社会效益＋间接社会效益）大于等于低等级的创新价值（直接社会效益＋间接社会效益），即

$$E(\alpha) \geqslant E(\beta), \quad \alpha < \beta \tag{8.4}$$

式中，α 和 β 分别为两个同源创新事件的创新级别。

（4）如果只计算直接社会效益，即使是同源的两个不同等级的创新事件之间也不能简单地预测出它们创新价值的高低。

（5）两个相同等级的创新事件的创新价值无法简单预测其高低。

（6）创新价值的高低与决定其创新等级的旧事物的性质和数量相关。

8.4 创新的难与易

创新的难易性可以从如下两个方面考虑：①是否容易想到；②是否容易做到。因此，其难易程度可分为四个级别：

（1）第一级，难想到＋难做到；

（2）第二级，难想到＋易做到；

（3）第三级，易想到＋难做到；

（4）第四级，易想到＋易做到。

是否容易想到与一个事件发生时所处的时代背景有关，准确地说与当时的人类知识积累的质与量有关。例如，第四级的难度"易想到＋易做到"就意味着"水到渠成"的创新事件。目前发表在各种期刊上的研究结果多数属于这样的难易级别。很多研究人员四处参加学术会议、大量浏览学术文献，其目的也是在寻找"易想到＋易做到"的研究问题。解决这个难易级别的科学问题通常是在做一些修修补补的工作。这样的工作张三不做李四肯定会做，因此通常不具有很高的创新性和创新价值。当然，完成这些修修补补的工作也是有意义的，至少它们可以使人类的科学知识体系更加完善。

"第三级，易想到＋难做到"是目前聚集了很多研究者"攻关"的一个难度级别。"易想到"包括研究者自己想到的事情，也包括文献中已经透露的事情，后者可能占绝大多数。这个难度级别的特点决定大家都知道该做这件事但又都耗在那

里做不出来，因此就聚集了一大批"攻关者"。随着时间的推移，这样的题目有如下四种发展趋势：

（1）难点被攻克，人们获得了其中的关键技术，创新价值得以体现；

（2）在很长的一段时间里难点无法被攻克，聚集的"攻关者"逐渐撤离，只剩下极少数的"顽固分子"仍在坚持；

（3）该难点被确实地证明根本不可能被攻克，"攻关者"全部撤离，前期投入的研究资源没有兑现出应有的创新价值；

（4）研究过程中发现了新的生长点，很多"攻关者"开始转向新的科学问题。

第一级和第二级难度的创新问题都是"难想到"的问题，因此一般来说聚集在这两个级别上的研究人员相对较少，而这两个难度的创新级别通常也相对较高。既然是"难想到"的问题，其中蕴藏的提示信息必定较少。由于比较容易实现，第二个难度级别（难想到＋易做到）的创新通常是一些"瞬态发生"的事件，其特点是一旦被人想到，很快就会被解决掉。第一级难度的创新是既难想到又难做到的创新，毫无疑问它是创新活动的最高境界。"难想到"和"难做到"两个特征表明这样的创新超越现实，可能会大大地提升人类的认识水平。

但无论如何首先需要说明的是，就单独一个创新事件来说，人们很难评价其难易程度。一个伟大的发现或发明可能就在一拍脑袋的瞬间发生了，而为了发表一篇高影响因子的论文可能需要投入巨量的资金、人力和物力。拍脑袋产生的创新可能对人类的进步与发展产生重大的影响；发表在高影响因子期刊上的论文可能毫无价值。这样的事例在人类发展的历史上屡见不鲜。即使如此，我们还是可以从理论上对不同级别的创新事件做一个整体上的难易程度判断。

中国有句俗话，"巧妇难为无米之炊"。这句话说的是在什么条件都没有的情况下做成事情是最难的。顺着这个逻辑，元级创新应该是最难的，或者说元级创新是所有创新事件中数量占比最少的。元级创新是在没有明显使用旧知识的情况下诞生的，即没有任何迹象可以为元级创新提供暗示和引导。在抽象的万维空间中，元级创新通常就是维度创新，而维度创新是超越已知空间的创新，是发生在一个未知空间中的事件。因此，元级创新的发生往往会为接下来的其他创新事件的发生建立一个新的空间、提供一方新的创新场所。相比在已知维度划定的区域进行探索，开拓未知空间的难度必定更高。

除了元级创新之外，其他级别的创新都是在已知空间中完成的。按照我们的定义，一个创新事件依据的旧事物的数量确定了该创新事件的级别。假设我们的世界已经有 N 个事物被发现或被发明创造出来，而且这 N 个旧的事物都是相互独立的元级创新，都产生于元级创新活动中。在此条件下，产生一个一级

创新就有 N 种可能，因为使用一个元级创新结果的创新就是一级创新。或者说，产生一个一级创新的可能性等于 N。使用两个元级创新结果产生的创新就是二级创新事件，因此产生一个二级创新事件的可能性等于 $N(N-1)$。同样的道理，产生一个三级创新事件的可能性是 $N(N-1)(N-2)$；依此类推，产生一个 i 级创新事件的可能性为

$$i\text{ 级创新事件发生的可能性} = \frac{N!}{(N-i)!} \tag{8.5}$$

从上面的讨论和式（8.5）不难看出，i 越大，创新级别越低，创新事件发生的可能性就越大。如果 N 是一个非常大的数字（如我们在定义万维空间中的维度数目）且创新级别数 i 不是很大，那么：

一级创新事件发生的可能性：N

二级创新事件发生的可能性：$N(N-1) \approx N^2$

三级创新事件发生的可能性：$N(N-1)(N-2) \approx N^3$ 　　　　（8.6）

$$\vdots$$

i 级创新事件发生的可能性：$N(N-1)\cdots(N-i+1) \approx N^i$

即 i 级创新事件发生的可能性与元级创新事件数量 N 的 i 次方成正比。这正是我们在定义和计算创新指数时分母使用 $i+1$ 次方的原因[①]。

这样的近似告诉我们，如果我们的世界可以有 N 个一级创新事件发生，那么就可以有 N^2 个二级创新事件、N^3 个三级创新事件……供人们去完成。也就是说，随着创新级别的降低，可以供人们创新的内容急剧增加，相比较而言，其发生难度也就会急剧降低。

我们用图 8-2 来直观和示意地说明创新事件发生的可能性（图中的小方块数量）与其创新级别间的对应关系。如果我们的世界有 10 个一级创新事件发生，那么就可能有 90 个二级创新事件、720 个三级创新事件……178200 个六级创新事件发生。创新级别越低，其发生的可能性就越大（小方块数量越多）。

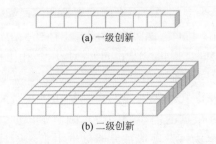

(a) 一级创新

(b) 二级创新

---

① 详见 6.10 节。

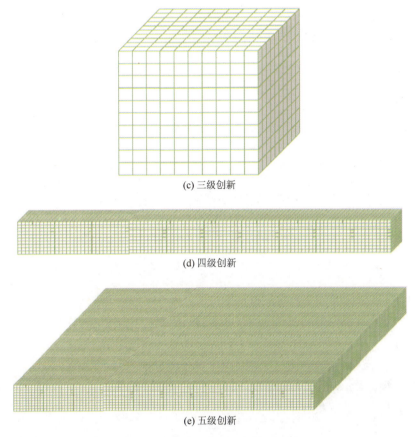

(c) 三级创新

(d) 四级创新

(e) 五级创新

图 8-2　创新级别及其发生的可能性

　　我们很惊奇地发现，相差一个创新级别的两个创新事件，其难易程度相差了 N 倍，或者说它们发生的可能性相差了 N 的一次幂。如果两个创新事件相差两个级别，那么它们发生的可能性相差了 N 的二次幂，依此类推。而在上面的公式中，N 的幂次恰恰就是我们定义的创新级别数 i。按照这样的逻辑，如果将该公式用于元级创新，则

$$元级创新事件发生的可能性：N^0 = 1 \qquad (8.7)$$

也就是说，一个元级创新事件发生的可能性仅仅是一个一级创新事件发生可能性的 N 分之一。

　　元级创新为其他级别的创新事件的发生提供了新的空间和源泉。当一个元级创新事件产生后，我们的世界便增加了一个可以依据的旧事物，原本的 N 变成了 $N+1$。此时，其他级别创新事件发生的可能性都发生了变化。下面我们分别计算出 N 个元级创新和 $N+1$ 个元级创新情况下其他各级创新事件发生的可能性。

N 个元级创新：

一级创新事件发生的可能性：N

二级创新事件发生的可能性：$N(N-1)=N^2-N$ （8.8）

三级创新事件发生的可能性：$N(N-1)(N-2)=N^3-3N^2+3N$

$N+1$ 个元级创新：

一级创新事件发生的可能性：$N+1$

二级创新事件发生的可能性：$(N+1)N=N^2+N$ （8.9）

三级创新事件发生的可能性：$(N+1)N(N-1)=N^3-N$

增加一个元级创新后，其他级别创新事件发生的可能性增加：

一级创新事件：1

二级创新事件：$2N$

三级创新事件：$3N^2-4N$ （8.10）

$$\vdots$$

第 i 级创新事件发生的可能性增加：

$$(N+1)N(N-1)\cdots(N-i+2)-N(N-1)\cdots(N-i+1)$$
$$=N(N-1)\cdots(N-i+2)[(N+1)-(N-i+1)]$$ （8.11）
$$=iN(N-1)\cdots[N-(i-2)]$$

在 N 很大，i 不是很大的情况下，我们可以粗略地认为，一个元级创新将第 i 级创新事件发生的可能性增加：

$$iN^{i-1}$$ （8.12）

创新级别越低，即 i 越大，这种可能性的增加越大。由此可见元级创新的重要作用。

8.5　创新成果的体现形式

创新成果的体现形式多种多样，表现在各行各业内更显得五花八门。人类社会发展至今，很多行业已经专门化、专业化。因此，普通人可以参与的创新活动越来越少，更多的创新都是由专业人士来完成的。大学和研究所里的教授、研究员和研究生，公司中的工程师，画院的画家，文联的作家，美院的艺术家，他们是我们这个时代创新的主体。

创新成果可以用书籍、学术论文、专利、商标、软件、程序、图纸、配方、工艺流程、文学作品、绘画作品、雕塑作品、曲谱、影视作品、样机、样品、实验报告、市场分析报告、政策、法规、政府工作报告等很多形式体现出来。而对学术论文和专利成果内容的主要要求就是要具有创新性。

8.6　本 章 小 结

对创新活动进行分级的目的在于区分创新事件的创新程度，在于确定创新性的高低。因此，确定合理的分级原则、找到科学的分级方法是十分重要的。

从新事物的产生对旧事物的依赖程度，我们可以确定创新事物"新"的程度，进而对创新事件进行分级。

创新活动中"使用的旧知识量"不随时间变化，是唯一在创新事件发生时和发生以后始终保持恒定的参数。

创新级别定义如下：用于区分创新事件的等级，从高等级到低等级分别用 0、1、2、3、……等级数来表示，分别称为零级创新、一级创新、二级创新、三级创新、……。其等级数为创新事件中使用旧知识的数量。

本章提出了"元创"（元级创新）或"源创"（源头创新）概念。

论述了创新等级与创新价值之间的关系，给出了关于创新价值计算的六个推论。

论述了创新的难易程度问题，将创新难易程度划分为四个级别。元级创新是在没有明显使用旧知识的情况下诞生的，即没有任何迹象可以为元级创新提供暗示和引导。因此，元级创新是最难的，或者说元级创新是所有创新事件中数量占比最少的。元级创新通常是维度创新，是超越已知空间的创新，是发生在一个未知空间中的事件。元级创新的发生往往会为接下来的其他创新事件的发生建立一个新的空间、提供一方新的创新场所。

论述并计算了不同级别创新事件发生的可能性。

论述了创新成果的体现形式。

第9章 创新的产生过程

创新的产生过程就是新知识的产生过程，因此也是增加人类知识积累的过程。创新的产生形式包括发现、发明、创造和创作。这四种形式的创新过程都包含人的心理过程①和行为过程②。科学工作者用实验去验证某种科学假设、发现某些实验现象、测量并获得某些实验数据，技术人员创造出新的器件或仪器设备，艺术家用纸、笔或钢琴等乐器将构思的作品呈现给世人，程序员将精心设计的软件代码输入计算机中，将思想变成程序，都既包含心理过程又包含行为过程。

4.8 节论述了万维空间蕴藏知识的观点，并且指出万维空间蕴藏的知识是人类知识的唯一来源。因此，创新过程就是人们从万维空间中获取新知识的过程，是人们把外在空间映像在大脑之中形成内在空间，再将内在空间进一步地抽象、概括形成知识积累的过程。通过观察与测量，人们认识外在空间中的事物、形成对事物的主观描述和认识。随着人们认识能力的提高，人们对事物观察与测量的广度和深度也会随之加大、加深，从而形成了对事物新的认识，获得了新的知识。

人类认识能力与实践能力的高低取决于人类知识的积累程度。从这个意义上讲，人类的知识积累越丰厚，人类认识世界与改造世界的能力越强大，人类获取新知识的能力和创新能力也越强大。

就人类的个体来讲，这样的逻辑关系也是成立的。一个人若要从事知识创新活动需要具备必要的知识积累和一定的心理和行为能力（意志力、注意力、观察能力、想象能力、记忆能力、理解能力、演绎能力、归纳能力、分析能力、抽象能力、判断能力、动手能力、仪器操控能力等）。必要的知识积累可以在其头脑中建立起一个外在世界的主观映像（个体空间）。通过比较外在世界与主观映像之间的异同，人们可以发现人类知识积累中缺失的部分、可以构思对外在世界的改造。人们在填补这些缺失部分的同时为人类的知识积累作出贡献，在改造外在世界的

---

① 心理过程是指心理活动发生、发展和消失的过程。通常包括认知过程、情绪情感过程和意志过程三个方面。认知过程指人以感知、记忆、思维等形式反映客观事物的性质和联系的过程；情绪情感过程是伴随认知过程产生的主观体验，可分为情绪和情感两种；意志过程是人有意识地克服各种困难以达到一定目标的过程。三者有各自发生发展的过程，但并非完全独立，而是统一心理过程中的不同方面。

② 行为过程的心理学定义：行为过程是有机体外显的活动、动作、运动、反应或行动的统称，是有机体在各种内外部刺激影响下产生的反应和活动过程。本书的行为过程与心理学定义的行为过程有所不同，主要指实践或实验过程。因此，本书的行为过程定义为：在某种思想指导下人的行动过程。

同时也完善着自己的主观世界。必要的心理能力和行为能力可以保障在具有充足知识积累的基础之上践行创新。

对人类个体来说，建立外在世界主观映像的过程就是一个观察、学习、思考、记忆的知识积累过程，心理学将其称为认知过程[①]。通过从书本、老师、父母、同学、同事、亲朋好友以及各类媒体那里获取人类已经积累起来的知识，通过自己的感知觉获取外在世界的各种信息，再经过大脑的演绎、归纳、提炼、抽象、分析和记忆等心理过程，最终形成个人的内在万维空间——个体空间。

正如 4.3 节中所论述的那样，由于认识对客观世界的偏离、误解、重塑、臆造、伪像和缺失，人们头脑中的内在空间必定是外在空间的一个失真映像。事实上，如果把人类知识的总积累看成人类认识世界的映像——整个人类的内在万维空间（人类空间），那么与真实世界的外在空间相比，人类空间也必定是一个外在空间的失真映像。让这个失真的空间映像趋同于真实世界的外在空间的过程就是增添人类知识积累的过程，就是人类的发现过程。让外在空间趋同于内在空间的过程也是一个创新过程，它不仅可以增添人类的知识积累，还可以改造外在的真实世界，这就是人类从事发明和创造的过程。将个体空间的内容用语言文字、图像、音符、程序代码、摄影、雕刻、陶艺等不同种形式表现出来，形成超越外在空间的新描述，并赋予其新的含义和功能，就是人类的创作过程。

人类空间是在人类发展的历史长河中一点点建立起来的，它积累了全人类的知识财富和智慧。通过口口相传，通过使用甲骨、泥板、竹简、纸草、青铜器、石壁、石碑、绢帛、陶瓷、兽皮、纸张、胶片、磁盘、磁带、光盘、硬盘、U盘、存储卡等媒介把这些知识和智慧记录了下来并流传给后人。当然，在流传过程中不可避免地会有丢失、失真、复得、无中生有、添枝加叶、鱼龙混杂、去伪存真、去真存伪等现象的发生。但无论如何，人类的内在万维空间在不断完善与丰富之中逐渐地膨胀和充实着。

由于创新的本质是增添了人类的知识积累，因此补充人类知识积累中缺失的知识、复得丢失的知识、对已有知识进行去伪存真和丰富完善（改良）都是以不同的方式"增添了人类的知识积累"，因此也都属于创新的范畴。

例如，考古工作者的成果经常被称为考古发现。事实上，考古工作者通过考古得到的古代信息肯定在"人类的知识积累"中存在过，只是后来在漫漫的历史长河中被丢失了，已经不再是"人类的知识积累"的一部分。因此，考古具有"复得丢失的知识""补充人类知识积累中缺失的知识""对已有知识进行去伪存真"等特征。从这个角度讲，考古工作具有创新的特质，很多考古发现属于创新。

[①] 在普通心理学中，认知过程指人脑通过感觉、知觉、记忆、思维、想象等形式反映客观对象的性质及对象间关系的过程。

在三个空间（外在空间、人类空间和个体空间）的划分下，我们可以将人类个体从事创新的过程抽象如下。

（1）通过观察和学习等认知过程建立个体空间；这样的认知过程就是人类个体从人类空间和外在空间汲取知识的过程，是个体空间趋同于人类空间的过程。

（2）在个体空间形成后，人们可以通过比较自己的个体空间与人类空间的异同来进一步增添自己的知识积累。这个过程仍然是一个学习过程，是一个完善个体空间的过程。

（3）比较个体空间与外在空间的异同来审视个体空间的失真情况。

（4）修复个体空间使其趋同于外在空间。在修复个体空间的过程中，个体的知识积累会得到有效的增加，个体空间会得到完善。

（5）再次比较个体空间和人类空间。此时会存在三种情况：①个体空间增加的知识早已存在于人类的知识积累之中，两者完全相同；②个体空间增加的知识早已存在于人类的知识积累之中，但是两者有所不同；③个体空间增加的知识并不存在于人类的知识积累之中。在第②种情况下，如果能够证明个体空间的映像是准确的，那么就可以对人类的知识积累做出修正，从而构成创新。第③种情况的实际效果就是增加了人类的知识积累，构成了发现创新。

（6）在比较个体空间和外在空间的过程中，人们也可以根据个体空间的失真映像修改外在空间，从而构成发明、创造和创作创新。由于相对于外在空间来说，个体空间是失真的映像，个体空间与外在空间之间的不同为人们发明、创造和创作提供了线索和契机。另外，在这样的比较中，人们经常会比较两个空间（个体空间与外在空间）的不同部分，并将这些不同的部分在头脑中组合或叠加起来形成新的图像或者新的概念。这就是人们常说的"类比""联想""灵感""发散思维"等创新模式的心理根源。

我们可以看到，在上面人类个体从事创新的六个过程中包含了学习、观察、比较、判断、概括、归纳、记忆、联想等认知过程。从这个意义上讲，心理过程在创新中发挥着至关重要的作用。

9.1　创新产生的心理过程

为了产生创新思想，你务必具备：①必要的知识；②不怕失误、不怕犯错误的态度；③专心致志和深邃的洞察力。——出自《致未来的总裁们》[15]。

人的知识来自认知过程；不怕失误、不怕犯错误的态度和专心致志都来自人们为了达到目的而须具备的意志品质；深邃的洞察力是一个人强大认知能力的具体体现。斯威尼在《致未来的总裁们》一书中的上述论断很好地说明了产生创新思想与心理过程的密切关系。

人的心理过程包括认知过程（知）、情感过程（情）和意志过程（意）。在前面的论述中，虽然我们只涉及了认知过程，但是实际上情感过程和意志过程也都会在创新活动中发挥至关重要的作用。

情感是人们面对事物时产生的各种主观体验，如满意、不满意、接受、排斥、痴迷、厌恶、热爱、憎恨等。这些不同的情感会在创新过程中发挥不同的作用。当一个人痴迷一项工作或是厌恶一项工作时，他（她）在工作中能够发挥出来的创造力会有天壤之别。

意志是人的认识发展到一定阶段所产生的心理现象。意志过程是指人们为了达到既定目标而有意识地、自觉地支配和调节自己行动的心理过程。巴斯德[①]曾经说过："立志是一件很重要的事情。工作随着志向走，成功随着工作来，这是一定的规律。立志、工作、成功是人类活动的三大要素。立志是事业的大门，工作是登堂入室的旅程，这旅程的尽头就有个成功在等待着，来庆祝你的努力结果。"他把立志这样的意志过程放到了三大要素的首位，可见意志过程在从事创新与取得成功中的重要性。

创新思维，就是能够产生新知识的思维；创新的心理过程就是能够产生新知识的心理过程。如果人的大脑在信息加工过程中产生了新的知识，这样的纯心理过程就是心理创新过程。

首先，在任何创新过程中，心理过程都是必不可少的。有些创新过程是纯心理过程、如逻辑思考、做梦、类比思维、触景生情、意外联想等。

而绝大多数创新都产生于心理过程和行为过程的相互结合之中。但是心理过程更加重要，因为在行为过程中，心理过程也是必不可少的。人们的行为要受到思想的支配，人们对感兴趣的事物会投入更大的热情，人们在实践中遇到困难时需要坚忍不拔的意志品质，人们在解决问题时要用到自己的知识积累、要有行为能力和深邃的洞察力等。

心理过程和行为过程遵循的逻辑是不一样的。行为过程遵循客观规律，而心理过程可以无中生有，更加随意，相对受到外界客观条件限制比较弱。在心理过程中，人们大脑中能提供的用于创新的素材更加丰富，素材之间的相互连接、叠加、牵引、扭曲组合更加随意自由。具有较大自由度的心理过程更加容易跨越万维空间中已知区域的边界而产生出新的知识。

创新产生的心理过程大致如下：

（1）通过感知觉获取信息，在头脑中形成印象和记忆（建立个体空间）；

（2）运用头脑中的记忆材料产生联想和想象，对头脑中的素材进行分析、综合、归纳和比较（不同空间之间的比较）；

---

① 巴斯德（1822～1895 年），法国微生物学家、化学家。其著名言论：科学虽没有国界，但是学者却有自己的祖国。

（3）形成与原有感知信息不同的图像和观点，得出与众不同的结论，形成创新结果。

上述过程包括了人的感觉、知觉、记忆、表象、想象、思维、判断等认知过程，也隐含了接受、热爱、自觉、志向、坚持、自制等情感过程和意志过程。

由于个体经验与个性的差异，通过感知觉获得的事物印象与记忆在人类个体之间就有了不同。人类认知的实质就是对外部世界的主观建构（建立个体空间），这种因人而异的个体空间差异为人类提供了重要的创新契机。如果所有人的个体空间都是一样的、没有差异的，那么人类的创新能力就会变得极为低下，甚至完全丧失创新能力。

在心理过程中产生的创新来自于在不同心理过程中对不同空间、不同事物之间的比较。这种比较可以发生在逻辑思维、联想思维、类比思维的过程中，也可以发生在对事物的总结与归纳之中，甚至还可以发生在一个人的梦境之中。

人类做梦就是一种纯心理现象。人们常说，日有所思夜有所梦。一个人梦境中所出现的事件及场景都有其认知及记忆的历史与现实痕迹。有时会是身体需求与感受的体现，有时会是内敛情感的绽放，有时会是潜意识的泄漏，有时会是思维热点的继续，有时会是篡改了的历史事件的重演，有时会是对遗憾的修复，有时会是对成功与喜悦的摧残。虽然现代的科学无法预测一个人当晚会做什么样的梦，但是心理学家还是能够从梦中寻找到一个人的心理活动特征。

从中国古代的《周公解梦》[①]到 19 世纪末弗洛伊德的《梦的解析》[②]，人们试图用梦去预测未来或是用潜意识心理去解释梦的根源，无非是想将纯心理过程的梦与现实世界联系起来。当这种联系产生了新的、科学的知识时，人们在梦境中创新就变成了可能。事实上，德国化学家凯库勒[③]就是由于梦见一条白蛇正在吞食自己的尾巴而悟出了苯环的分子结构[④]。

这样具有纯心理学意义的灵感来自哪里？很显然，梦是一种特殊的意识，是纯心理活动，是睡眠时那些还在兴奋的脑细胞将记忆的信息随机组合而成的图像。梦带有情感色彩，经常与外部世界随意关联，不大遵从人在清醒时的逻辑，因此时常会产生意想不到的情境。人们通常将意想不到的主意称为灵感。由于梦具备上述特征，因此人们在梦境中产生灵感也就不足为奇了。

---

① 一本流传于中国民间的解梦书籍，讲述靠人的梦境卜吉凶，共有七类梦境的解述。周公，姓姬名旦，即周旦，生卒不详（约公元前 1100 年），周文王第四子，武王的弟弟，中国古代西周初年著名的政治家，曾两次辅佐周武王东伐纣王。因其采邑在周，爵为上公，故称周公。

② 心理学著作经典，1899 年 11 月第一版。作者为奥地利著名心理学家西格蒙德·弗洛伊德（Sigmund Freud，1856～1939 年）。该书奠定了精神分析理论的基础，被作者本人描述为"理解潜意识心理过程的捷径"。该书引入了"本我"的概念，用潜意识理论解释人的梦境。

③ 凯库勒（1829～1896 年），德国有机化学家，主要研究有机化合物的结构理论。

④ 见 11.3 节。

通过心理过程产生新的知识、实现创新是个非常复杂的过程。由于多种心理因素交织在一起，通常我们很难理清究竟是哪种机制起到了关键作用。事实上，在产生创新的心理过程中，多种心理因素的协同与共振，知、情、意的相辅相成成就了心理创新。在知、情、意中，优秀的情感品质（如热爱、迷恋自己从事的事业）和卓越的意志品质（如志在必得、持之以恒、不气不馁）是利于创新的心理特征；而对于"知"的要求就显得非常的微妙。

人的知识积累是一把双刃剑，知识积累越丰厚，人的能力越强、其个体空间越可能接近万维空间未知区域的边缘；同时，知识积累越丰厚，人的思维也会被各种知识束缚起来，思维定势也就越多，思想的自由度反而会变小。

例如，清晰而全面的记忆可以为创新提供多而翔实的素材，这样的记忆特点无疑有利于创新。因为清晰的记忆会使事物的边界一目了然，当事物的边界清楚时，人们就有了完成创新的突破方向。因此，对所研究的事物具有清晰的记忆有利于参量创新、组合创新、递进创新和类比创新。

另外，当一个新现象突然出现时，只有具备充分知识积累的人才会有能力和资格去发现；知识积累不够的人会对新现象视而不见。

非常有趣的是，当对事物的记忆不是很清楚的时候，却往往会产生意想不到的创新。下面用汤子康[①]教授发现超细碳管的故事来说明这一点。

用汤子康教授的话说，制备出超细纳米碳管是他的无心之作。

20 世纪 90 年代末，人们刚开始研究纳米材料不久，汤子康教授萌生了一个想法，他想利用沸石晶体作模版剂制备金属或半导体纳米线。沸石晶体包含大量的纳米尺寸细孔，如果能把金属或半导体塞进这些细孔之中，再经过一系列的热处理过程，就有可能制备出尺寸均一、有序排列的金属或半导体纳米线。

沸石晶体细孔中有大量的碳氢分子。通常情况下，塞入金属或半导体固体材料之前，需先把细孔里面的碳氢分子清理干净。清理碳氢分子需要采用如下的步骤：①晶体放在石英管中抽真空；②慢慢加热至 100℃脱水；③通入纯氧气并加热至 600℃；④在氧气中高温烧制数小时除掉沸石模版剂；⑤自然冷却至室温得到想要的纳米线。

通常除掉模版剂的沸石晶体是晶莹透明的。但有一天，他的一位工作人员在做第三步的时候忘了通氧气，结果在真空高温条件下热处理了数小时。冷却后取出观察很是惊讶，晶体不再晶莹透明，而是乌黑发亮，并具有非常明显的光学偏振效应。偏振方向沿着细孔方向。样品是乌黑亮丽的，垂直细孔方向时几乎是透明的。更奇怪的是，沿着细孔方向晶体具有良好的导电性。

---

① 汤子康，男，1959 年 12 月出生于武义县壶山镇，香港科技大学和中山大学教授，中山大学凝聚态物理长江学者讲座教授、国家"千人计划"入选者。主要从事纳米材料的制备及其光电性质的研究，首次在实验中发现了量子尺寸效应作用下激子须遵循的光跃迁选择新定则，以及激子光跃迁振子强度与纳米尺度的依赖关系。

　　乌黑发亮的晶体细孔里面究竟是什么呢？热处理之前细孔里只有碳氢分子，高温氧气环境下能把碳氢分子燃烧干净，但在真空状态下，高温热处理后碳氢分子会变成什么呢？最自然的想法就是碳氢键断裂，氢被真空泵抽走，碳留在细孔里形成碳管。但是，前人的研究已经表明，600℃的温度远不能使碳氢键断裂；在真空状态下断开碳氢键通常需要温度高于800℃。

　　面对这样的结果，汤子康教授一脸的茫然。乌黑亮丽的样品表明生成物应该是碳，那么这些碳原子会是以什么样的结构排列的呢？不可能是金刚石结构，他首先排除了这样的想法。也不可能是石墨结构，因为所用的沸石的细孔太细，只有不到1纳米，实际上可利用的空间只有0.6纳米，不到1纳米的石墨窄带根本不稳定。是无定形碳吗？也不可能，因为样品有明显的偏振，说明它是有序结构。是纳米管吗？好像也不可能。因为还没有人做出来过如此细小的碳管。那么究竟是什么呢？最终，汤子康教授怀疑可能是一种像糖葫芦样的一维碳结构，即线型碳①。于是，汤子康教授和他的学生想方设法，用各种各样的手段去寻找线型碳结构的证据。但花费了很多精力和时间之后，他们还是没能找到"糖葫芦"的证据。反倒是，所有的实验数据都显示细孔里面可能是超细单壁碳纳米管。

　　虽然是些间接的证据，但还算充分，于是汤子康教授便以初生牛犊不怕虎的劲头，在1999年召开的美国物理学会年会上宣布："我发现了世界上最细的单壁纳米碳管！"

　　他宣布的发现无疑是惊人的，但宣布的后果却很悲惨。他几乎是被轰下了美国物理学会年会的讲台。因为此前已经有权威学者在 *Nature* 上发表论文断言："世界上最小的纳米碳管直径不可能小于0.7纳米。"因此，汤子康教授的发现受到了与会其他学者的广泛质疑。这些学者不相信在600℃下碳氢键能够断开并生长出直径小于0.7纳米的碳管。

　　然而，事实胜于雄辩。从美国回到中国香港后，经过多番努力，汤子康教授用透射电镜（TEM）直接看到了超细单壁纳米碳管的结构。电镜下的碳管比想象中的还要细，直径只有0.4纳米！

　　后来的研究表明，沸石是一种非常好的固态催化剂，在沸石的催化下，碳氢键断裂的温度降低了几百摄氏度，如此才可能在一个非常偶然的情况下制备出了超细的纳米碳管。

　　汤子康教授的这个发现意义非凡，他不仅制备出了超细单壁碳管，也突破了原有的碳管直径的理论最小极限；不仅发现了一种新的碳管制备方法，还证明了沸石的固态催化剂作用。最终，他的研究工作于2000年发表在了 *Nature* 上[16]。

---

　　① 英文名称为 carbyne。

科学发现中不乏这样的"错误奇迹"，甚至由于这种"无意识"的错误诞生了诺贝尔奖。日本化学家白川英树[①]因在导电高分子材料研究中的突破性贡献获得了2000 年诺贝尔化学奖。他的成功也是源于他学生的一次错误实验。

1977 年，白川英树的一个学生在做合成聚乙炔的实验中犯了一个低级错误，他把 mmol/L 当成了 mol/L，向聚合体系中多加入了 1000 倍的催化剂。正是由于这个错误，白川英树和他的学生得到了一层具有金属光泽的银色薄膜——反式聚乙炔。在此基础上，白川英树及其合作伙伴通过向聚乙炔薄膜中掺杂碘、AsF_5 等不同杂质，研制出导电聚合物，并获得了诺贝尔化学奖。

9.2　创新产生的行为过程

心理过程有其特定的模式和局限。心理过程在创新实践中主要依靠的是三个万维空间的相互比较，因此内在空间的图像是心理过程运行的基础。建立内在空间需要注意、感知、记忆、想象、理解、抽象、分析和归纳，比较不同空间的异同需要兴趣、回忆、联想、类比、注意力、意志力等心理活动和心理品质。

然而，当外在空间的某些特征不能或没有很好地反映在内在空间中时，依靠心理过程中三个空间之间的比较而产生的创新便无法完成。此时，行为过程就会成为实现这种比较的重要手段。例如，我们在从事科学实验时会出现两种结果：可以预期的结果和意想不到的结果。可以预期的结果在我们的内在空间中可以"按图索骥"获得；而意想不到的结果通常处于我们内在空间的空白区域[②]。当意想不到的结果出现时，人们可能迷惘、可能顿悟，但是无论如何，它常常都意味着高等级创新事件的出现。

思维过程发生在内在空间，而行为过程发生在外在空间。因此，行为过程得到的结果更加直接和客观。无论思维过程还是行为过程，可能产生创新的活动必然发生在内在空间或外在空间已知区域的边界上。当已知区域的边界被有效地突破后，创新便产生了。

行为过程是人体在各种内外部刺激影响下产生的反应和活动过程，是在心理过程的主导下产生的行动过程[③]。行为过程的发生和发展必须严格遵照客观规律，无论这样的客观规律是已知的还是未知的。因此，行为过程产生的结果必然是客观规律的反映、外在世界的直接体现。这正是所谓的"实践出真知"。

行为过程在创新活动中有两个主要功用：

---

① 白川英树（生于 1936 年），毕业于东京工业大学，首次合成出了高性能的膜状聚乙炔。

② 或外在空间的未知区域。

③ 注意，本书所说的"行为"与心理学中的"行为"或法学中的"行为"都有所不同；本书谈及的"行为"是指处于外在万维空间的人的肢体行动。

（1）当已知线索不够充分或事物演化的逻辑不够清晰时，通过观察、推理、判断等心理过程往往会产生多种可能的结果，通过行为过程可以验证这些结果的真伪性；

（2）当一个事物的发生、发展完全未知时，遵循客观规律的行为过程却可能揭示其中的奥秘。

这里需要强调的是，能够产生创新的实践应该发生在外在空间已知区域的边界上。因此，很多重要的创新都来自千百次的反复试验，来自对这个边界的反复探索，来自这种探索的最终突破。这也印证了中国的一句俗语"常在河边走哪能不湿鞋"。例如，爱迪生发明钨丝灯泡和发现"爱迪生效应"（见 11.6 节），赤崎勇和他的学生天野浩研制出氮化镓单晶和 P 型 GaN 半导体（见 11.5 节），他们的成功都建立在千百次的实验基础之上。因此，我们在 7.5 节和 7.6 节中论述的参量创新和数量创新都有可能形成对未知区域边界的最终突破。这正是所谓的"量变到质变"的过程。

9.3　能力在创新过程中的作用

"一个人能力有大小，但只要有这点精神，就是一个高尚的人，……。"——毛泽东《纪念白求恩》[①]。

那么，什么是人的能力[②]呢？一个人的能力指的是他（她）从事某项工作、承担某项任务或处理某件事情时所表现出来的技巧品质。这些技巧品质既有在心理过程中表现出来的心理品质，也有在行为过程中表现出来的行为品质。因此，能力是一个人多种素质、技能、技巧以及知识储备的综合体现。

物质性的肉体和非物质性的个体空间是组成人的两个要素，物质性的肉体承载着非物质性的个体空间，二者共同构成了有血、有肉、有思想的人类个体[③]。因此，人的能力也必然由其躯体的品质和个体空间的品质共同决定。

无论躯体的品质还是个体空间的品质都是出一个人的先天遗传因素和后天的学习和锻炼共同决定的，并且躯体的品质和个体空间的品质之间会相互影响。

---

① 毛泽东在 1939 年 12 月 21 日为纪念加拿大医生白求恩写的悼念文章。文章概述了白求恩大夫来华帮助中国人民进行抗日战争的经历，表达了对白求恩逝世的深切悼念，高度赞扬了他的国际主义精神、毫不利己专门利人的精神和对技术精益求精的精神。

② 能力的心理学定义：指顺利完成某种活动所必须具备的个性心理特征。在心理学上，能力有多种划分，其中一种划分是能力可以分为三种。认知能力，即智力；操作能力，指人们操纵自己的肢体以完成各种活动的能力，如运动能力和实验操作能力等；社交能力，指人们在社会交往活动中所表现出来的能力，如沟通能力、组织管理能力等。三种能力相关联。

③ 见 16.3 节。

个体空间中盛装的是知识。从其输出特征上，个体空间内的知识可以划分为两种不同的类别：可以用语言①准确输出的知识和需要肢体动作配合才能够准确输出的知识。

用语言输出知识（或信息）是串行式输出②，而用肢体输出知识（或信息）是并行式输出③，二者在输出方式、准确性、输出速度和输出效率上存在很大的差别。并行式输出具有更高的输出速度和效率。在心理学上，前者被称为陈述性知识，后者被称为程序性知识[17]。陈述性知识是关于"是什么"的知识；程序性知识是关于"如何做"的知识。需要肢体动作配合才能够准确输出的知识，除了需要用大脑对其进行记忆之外，一定伴随有肢体记忆（或称肌肉记忆④）。例如，人们学习游泳时必须伴随有在水中的肢体练习，教练在讲述游泳的知识和技巧时也会伴有肢体的动作演示。如果只有语言的交流，一位从来就没有练习过游泳的人是不可能学会游泳的，因为他缺少肢体记忆。

伴随有肢体记忆的知识经常被称为技能，构成技能的要素包括：

（1）来自肢体记忆的相关知识；

（2）来自于其他感知觉器官的相关知识；

（3）肌肉的条件反射所表现出来的记忆效应。

因此，技能是一种特殊的知识，是一种通常需要肢体记忆相配合的特殊知识，属于个体空间的一部分。

总而言之，人的能力是在其运行心理过程和行为过程中所表现出来的技巧品质，是人的知识（陈述性知识和程序性知识）积累的体现，是通过人的肢体行为反映出的个体空间品质。

在 9.1 节和 9.2 节的论述中，我们主要讲述了三空间⑤模型和两个过程在创新中的作用。然而，人是创新活动的主体。内在空间存在于人脑之中，人类空间是从成千上万个个体空间升华出来的概括与总结，外在空间是人类认识的来源与改造的对象。因此，人的品质因素必然决定着人类个体的创新能力。

人的品质因素可在心理过程和行为过程两个方面起作用。

在心理过程中起作用的因素可划分为智力因素和非智力因素；在行为过程中起作用的是行为能力⑥因素。

---

① 此处的语言包括语音和文字。

② 将语义一个字一个字（或一个语音一个语音）地依次传输，每一个字都会占据一个固定的时间长度。

③ 肢体不同部分传递出不同的信息，这些信息的输出是在同一时刻进行的。

④ 人体的肌肉具有"记忆"功能，同一种动作重复多次之后，肌肉就会形成条件反射，表现出记忆效应。与普通的记忆相比，人体肌肉的记忆速度相对缓慢，但一旦获得了对运动过程的记忆，遗忘速度也十分缓慢。肌肉记忆是大脑细胞存储了神经对肌肉的控制过程，因此这种记忆不能用语言准确地输出。

⑤ 即外在空间、人类空间和个体空间的统称。

⑥ 此处的行为能力不同于法律学中的概念。

　　智力因素是在人的智慧活动中直接参与认知过程的因素；非智力因素[①]是指不直接参与认知过程的因素，即在认知过程中非智力因素不直接承担对肌体内外信息的接收、加工、处理等任务，但直接制约认知过程，表现为对认知过程的驱动、定向、影响、维持、调节以及弥补作用。行为能力是指人在行为过程中需要的各种能力，如肢体运动能力、思维对人体的控制能力、肢体记忆能力、领导能力、理财能力、操纵器械的能力等。行为能力不在人的认知过程中显现地发挥作用，也不具备纯智力因素或非智力因素应有的特征，但是智力因素和非智力因素都会在行为能力中有所体现。

　　综上所述，人的品质因素由如下四个方面构成。

　　（1）身体状况：体魄状况、精神状况、感知觉（听觉、视觉、痛觉、味觉）状况、肢体运动能力。心理过程和行为过程都会受到身体状况的影响，同时身体状况也会影响智力因素和非智力因素。身体状况由基因、遗传、生活环境和条件、生活习惯、教育水平、医疗条件等诸多因素所决定。对于一个普通人来说，后天的锻炼是决定身体状况的一个重要因素。

　　（2）智力因素：包括注意力、观察（洞察）力、理解能力、记忆力、想象（联想）力、思维能力（分析能力、判断能力、归纳能力、抽象思维能力、形象思维能力、逻辑思维能力）、语言能力、操作能力等方面。

　　（3）非智力因素：包括情感、意志、兴趣、性格、需要、动机、目标、抱负、信念、世界观、个人魅力、亲和力、自制力、心态、入定能力、禅定能力、抗干扰能力、专注度、信仰等方面。

　　（4）行为能力：思维对肢体的控制能力、肢体记忆能力、领导能力、理财能力、器械操纵能力等。

　　这些能力可划分为一般能力和特殊能力。

　　一般能力，是指在进行心理活动和行为活动中必须具备的基本能力，如感知能力（观察力或洞察力）、记忆力、想象力、思维能力、注意力等。这些基本能力保证人类个体有效地形成内在空间，因此也将这些基本能力称为智力。它们是人类个体在建立内在空间的过程中所必须具备的。其中，思维能力包括分析能力、判断能力、归纳能力、抽象思维能力、形象思维能力、逻辑思维能力，而抽象思维能力是其中的核心，因为抽象思维能力支配着智力的诸多因素，并制约着智力发展的水平。

　　特殊能力，是完成某种专门活动所必备的专门能力，如科研能力、品酒能力、音乐能力、绘画能力、数学能力、运动能力、语言天赋等。每种特殊能力都有自己的独特结构。例如，音乐能力就是由四种基本要素构成：音乐的感知能力、音

———————————

　　[①] 指智力之外的心理因素，如动机、需要、兴趣、价值观、情感、意志、气质和性格等。

乐的记忆和想象能力、音乐的情感能力、音乐的动作能力。这些要素的不同结合，就构成不同音乐家的独特音乐风格。人的特殊能力一是来自自身与生俱来的感知觉和行为能力的天赋（由遗传基因所决定），另外后天的专业培训也是至关重要的。

　　一般能力和特殊能力相互关联。一方面，一般能力在某种特殊活动领域得到特别发展时，就可能成为特殊能力的重要组成部分。例如，人的一般听觉能力既存在于音乐能力之中，也存在于言语能力中。没有听觉的一般能力，就不可能有高度发达的语言和音乐听觉能力。另一方面，在特殊能力发展的同时，也发展了一般能力。观察力属一般能力，但是由于绘画能力的特殊发展，一位画家对事物的一般观察力会比普通人强出许多。人在完成某种活动时，常需要一般能力和特殊能力的共同参与。总之，一般能力的发展为特殊能力的发展提供了基础，而发展特殊能力的同时也会明显地促进一般能力的发展。

9.3.1　身体状况在创新过程中的作用

　　人脑是存放个体空间的基地，而个体空间的建立与完善离不开人的视觉、听觉、嗅觉、味觉、皮肤感觉等感知觉[①]。通常来说，在人体机能中，任何一种感知觉的缺失都会造成建立的个体空间严重失真，从而严重地影响一个人的创新能力。一个正常健康的精神状态是人们建立正确的世界观的基础，一个精神失常的人不可能从事创新活动。因此，强健的体魄是心理过程和行为过程正常运行的保障，也是从事并顺利开展创新活动的保障。有了强健的体魄才可能有足够的精力去思考和行动。强健的体魄不仅会影响人的智力因素，更加会影响人的非智力因素。

　　健康的身体由遗传基因、生活环境和条件、生活习惯、教育水平、医疗条件等诸多因素所决定，体育锻炼是造就强健体魄的关键。因此，人的一生中最重要的事情莫过于养成锻炼身体的好习惯。

9.3.2　智力因素在创新过程中的作用

　　创新的本质在于从心理过程和行为过程中产生了新知识。在三空间模型下，创新产生于个体空间与人类空间的比较、个体空间与外在空间的比较、个体空间对外在空间的反作用、个体空间对人类空间的反作用[②]。因此，智力[③]因素在创新过程中的作用主要体现在个体空间的建立与完善之中、个体空间与外在空间和人类空间的比较之中。

---

① 此处主要指外部感觉。

② 人类空间与外在空间之间的比较，人类空间对外在空间的反作用也需通过具体的个体空间来完成。

③ 智力通常指认知能力，指人脑加工、储存和提取信息的能力，如观察力、记忆力、想象力等。

在建立个体空间的过程中，人的学习能力起到关键性作用。学习能力通常是指人在获取知识与技能过程中表现出来的能力，是指以快捷、简便、有效的方式获取准确知识和信息并将其存储在大脑中的本事。影响一个人的学习能力的因素有很多，如注意力、观察（洞察）力、记忆力、想象（联想）力、理解能力、思维能力（分析能力、判断能力、归纳能力、抽象思维能力、形象思维能力、逻辑推演能力）、语言能力等。这些能力均属于人的智力因素，它们在人们建立和完善个体空间的过程中发挥着不同的作用。

建立好个体空间的关键在于记忆。记忆是人脑对经历过事物的识记、保持、再现或再认，是进行思维、想象等高级心理活动的基础[18]。人类记忆与大脑海马结构[19]、大脑细胞的化学成分与化学分子结构变化有关。作为一种基本的心理过程，记忆和其他心理活动密切相关，是人们学习、工作和生活的基本技能。

注意力是记忆力的基础，记忆力是注意力的结果。没有良好的注意力就不可能产生良好的记忆，即良好的记忆力是建立在良好的注意力基础上的。

只有准确地记忆所学习的事物，人们才能在大脑中形成外在空间的清晰图像，才能最大限度地减小个体空间相对于外在空间的失真。而准确记忆不仅需要人们具有良好的记忆能力，也需要对所记忆的事物有较透彻的理解。理解是记忆的桥梁，通过深入的理解才能达到记忆的彼岸。因此说，形成个体空间的关键之一就是人们通过大脑将事物的抽象无序变成形象有序并存储起来。

记忆的基本过程是由识记、保持、回忆和再认三个环节组成的。识记是记忆过程的开端，是对事物的识别和记住，并形成一定印象的过程。保持是对识记内容的一种强化过程，使之能更好地成为人的经验。回忆和再认是对过去经验的两种不同再现形式。记忆过程中的这三个环节是相互联系、相互制约的。识记是保持的前提，没有保持也就没有回忆和再认，而回忆和再认又是检验识记和保持效果好坏的指标。由此看来，在个体空间的形成过程中，识记、保持、回忆和再认三个环节缺一不可。记忆的基本过程也可简单地分成"记"和"忆"的过程。"记"包括识记、保持，"忆"包括回忆和再认[20]。

对事物的透彻理解需要细致地观察和分析，需要理解事物发生、发展的本质和规律。在这样的过程中，人们经常会通过想象（形象思维或抽象思维）在头脑中形成该事物的图像。一个清晰、特征分明的记忆图像必然来自记忆者在万维空间中对事物从各个坐标轴方向的精心测量。没有测量的坐标特性不会跑到人的记忆之中，错误的测量参数不会变得正确，模糊的测量参数不会变得清晰。恰恰相反，正确的测量参数可能会变得错误，清晰的测量参数可能会变得模糊。这就是心理学中的遗忘①在起作用。

---

① 指不能或错误回忆和再认识记过的事物的现象。

　　人们在建立个体空间的过程中需要不断地同遗忘做斗争。遗忘是大脑的一种属性，随着时间的推移，人们原有的记忆会变得模糊甚至最终消失。克服遗忘的方法是复习、复述和反复回忆，在不断重现、调取记忆的过程中加强记忆。

　　人的记忆能力和容量都是有限的，人的时间和精力也是有限的。在知识爆炸的当代，人们每天都会接触到大量的信息。因此，选择记忆的内容就显得尤为重要。

　　选择记忆的内容就是选择建立一个什么样的个体空间。外在空间是万维的、无穷大的，但是一个人能够建立起来的内在空间要小得多。相对于外在全空间来说，个体空间只能算作是一个子空间，因为它的维度（坐标轴）和所盛装的事物都很有限。个体空间的有限性源自人类个体认识能力、记忆能力、时间和精力的有限性，也源自整个人类的科学发展水平的限制。

　　既然人们只能建立一个维度有限的内在子空间，那么建立哪些维度、存储哪些内容、建立的维度是否明确、存储的内容是否清晰，就显得异常重要。很多有成就的科学家和艺术家在其所从事的专业方面异常的博学、机敏、聪明、睿智，但是在他们不关注的其他方面又显得令人不解的孤陋寡闻。其实，道理很简单，这些专业人士的内在空间很特别，在他们所从事的专业领域个体空间非常全面而精细，而其他方面的维度和内容要么缺失要么很粗略。这里存在一个辩证关系，由于建立内在空间的诸多限制，一个人要么把自己的内在空间建立得宽广而模糊，要么把自己的空间建立得小巧而精细。前者肯定是"样样通，样样松"；后者会成为某个领域的佼佼者、专业人士。

　　在个体空间与外在空间和人类空间的比较中，人的观察（洞察）力、记忆力、想象（联想）力、理解能力、思维能力（分析能力、判断能力、归纳能力、抽象思维能力、形象思维能力、逻辑推演能力）会发挥不同的作用。

　　观察是指有明确目的的感知觉行为，通常是指动物（主指人类）运用视觉、触觉、听觉、味觉、嗅觉器官测量、分析、记忆事物的各项特征，形成对事物的综合印记。观察是高级别的感知觉活动，它调动了各种感知觉器官，综合使用了分析、想象（联想）、理解、思维、记忆等多种心理过程。观察是大脑为印记特定目标而组织的有目的、有计划的高水平的感知觉活动。

　　人们通常将深入细致的观察称为洞察。洞察的不同之处在于能够感知常人观察不到的事物特征，在于透过现象看本质。奥地利心理学家弗洛伊德认为："洞察就是变无意识为有意识。"

　　观察力或洞察力就是指人的观察能力或洞察能力，二者均包含了感知觉能力、分析能力和判断能力。因此，无论观察力还是洞察力都体现了个体的认知综合实力。具有高度的洞察力可以让人更加睿智和严谨，可以发现常人不能发现的事物或事物特征。

歌德①曾经说过："吾见吾所知。"用三空间抽象模型将他的话翻译过来就是："我们在外在空间看到了事物是因为它的映像存在于我们的内在空间之中。"很显然，歌德的这句话并不尽然，如果真如歌德所说的"吾见吾所知"，那么人类的认识水平永远无法提高。人们经常会看到一些未曾见过的、大脑记忆中不存在的事物。当然，人们对事物的认识必然会受限于其内在空间的品质。也就是说，人们的认识水平和能力决定了他对事物的认知程度。从这层意义上讲，"吾见吾所知"具有深刻的内涵。例如，古代人看星空和现代人看星空会有完全不同的想法。中国古代的人们就将看到的星星与各种动物（如龙、虎、豹、獬、牛、鼠等）、皇帝、大臣、举人、将军等联系在一起，认为天上的星星与地上的人和动物一一对应；而现代人看星星知道那是运动的一个个天体，离我们很遥远。

当然，我们可以将歌德的这句表述做反向扩展——"吾见吾所不知"和"吾不见吾所知"。

"吾所不知"是指内在空间没有；"吾不见"可能是外在空间没有也可能是外在空间有但我们还没发现。无论哪种情况，都表明了内在空间和外在空间之间的不同。

创新的根本出发点就在于内在空间和外在空间的不同，在于人们通过比较去发现这种不同。也就是说，创新恰恰要求人们去发现自己内在空间中没有的东西，即"吾见吾所不知"；或是将外在空间可能存在的事物找出来；或是将外在空间没有的东西发明创造出来，即"吾不见吾所知"。当然，后面的两种情况应该准确地表达为"吾找吾所知"和"吾造吾所知"。

在比较不同空间时，记忆力也会发挥非常重要的作用。准确的记忆有助于发现细微的差别；模糊的记忆会产生大量的差别信息，过多的差别信息必然导致无从判断的结果。当然，记忆不是照相，失真、退化、被无意识修改、错误调取都是记忆的特征。这些特征会增多对比过程中产生的差别信息量，增加人们分析判断的难度，甚至导致人们得出错误的结论。为了克服这样的困难，人们会反复地加强记忆（如反复观察、反复阅读文献、反复做练习题等），力争减少比较过程中产生的差别信息数量。

然而，在创新的过程中，失真的记忆有时也会产生意想不到的结果。由于记忆的失真，个体空间显现出与外在空间或人类空间不同的特征。如果此时人们能够按照失真的个体空间图像去改造外在空间，人们就进行了发明创新或创造创新。个体空间的失真可以是无意识的，也可以是有意识的。有意识地让个体空间失真在心理学中被称为想象。

---

① 歌德（1749~1832年），德国著名思想家、作家、科学家，最著名的魏玛古典主义代表。

想象是一种特殊的高级思维形式，是人在头脑里对已储存的表象进行加工改造形成新形象的心理过程。它能突破外在空间映像的束缚，可以不遵循外在空间的构成规则，可以抛弃逻辑把风马牛不相及的事情联系到一起。想象发生在人类个体的内在空间之中，是人类个体将自己的内在空间中的各种记忆素材进行加工、整合、组装的过程。想象能突破时间和空间的束缚，达到"天马行空""思接千载""神通万里""快过光速"的境界。

9.3.3　非智力因素在创新过程中的作用

虽然非智力因素并不直接参与认知过程，但是它却直接参与了创新过程。在三个空间比较的过程中，理想、信念、兴趣、动机、意志品质、专注度、情感控制、荣誉感、学习热情、求知欲望等非智力因素都会发挥重要的作用。如果创新事件的完成需要多人配合、集体攻关，那么领导者的个人魅力、亲和力和领导能力也都会发挥出至关重要的作用。

非智力因素包括情感、意志、兴趣、性格、需要、动机、目标、抱负、信念、世界观、个人魅力、亲和力、自制力、心态、入定能力、禅定能力、抗干扰能力、专注度、信仰等方面。非智力因素可划分为以下三个层次。

第一层次：包括理想、信念、世界观。它属于高层次水平，对人的行为具有广泛的制约作用，对创新活动具有持久的影响。

第二层次：主要包括个性心理品质，如需要、兴趣、动机、意志、情绪情感、性格与气质等，这些属于中间层次。它们对人的行为过程有着直接的影响。

第三层次：包括自制力、顽强性、荣誉感、学习热情和求知欲望等，它们是与人的行为过程有直接联系的非智力因素，对行为过程产生具体的影响。

观察力的敏锐性与一个人的兴趣往往是密切相关的。在观察同一现象时，根据自己的兴趣，不同的人会注意到不同的事物或事物特征。人们在观察自己感兴趣的事物时会表现出较高的敏锐性。而观察力的敏锐性与一个人的知识积累、处事经验都密切相关。在错综复杂的大千世界中，一个知识渊博、经验丰富的人自然容易观察到许多有意义的东西。相反，在面对较复杂的观察对象时，一个知识面狭窄、经验贫乏的人总有应接不暇的感觉，很可能什么都发现不了。

更为重要的是，非智力因素决定着智力因素的发挥水平。例如，理解力和记忆力都属于智力因素，但是，如果一个学生没有远大的理想和抱负（第一层次非智力因素）、对所学的知识不感兴趣（第二层次非智力因素）、缺乏求知欲望和自制力（第三层次非智力因素），那么他即使有再好的理解力和记忆力，也都不可能取得好的学习成绩。因为，没有上述三个层次非智力因素的驱动，任何一名学生对所学的知识都会视而不见、听而不闻、学而不记。

相反，强大的非智力因素却能够很好地弥补智力因素的不足。事实上，历史上绝大多数的成功人士都非绝顶聪明之人，很多人在青少年时期都表现得相当迟钝。例如，小时候的爱迪生反应迟钝，还因亲身尝试"孵鸡蛋"被人嘲笑；爱因斯坦四岁才会说话、七岁才会认字，与一般的孩子相比，他表现得相当迟钝。由于不是很聪明，由于知道自己很迟钝，这些人的目标通常都很单一、很执着。他们没有绝顶聪明之人的骄傲和洒脱，做事勤勤恳恳、实实在在。由于经常受人白眼，他们通常都具有很强的抗打击能力，性格中逐渐形成了坚忍的意志品质。由于从小就仰视别人，这些人的成功欲望会变得更加强烈。当他们树立了远大的理想（条件一），找到了正确的方法和途径（条件二），机遇降临到他们的头上时（条件三），他们成功了。

9.3.4　行为能力在创新过程中的作用

如果一项创新活动并不能仅仅通过心理过程实现，行为能力就会在其中发挥重要作用。

行为能力包括肢体运动能力、思维对人体的控制能力、肢体对思维指令的执行能力、肢体记忆能力、领导能力、理财能力、操纵仪器设备等现代化工具的能力等。它们的共同特点就是在行为过程中通过肢体的运动与动作而体现出来的能力。例如，运动员创造新的世界纪录是一种创新，这种创新是通过肢体的运动、动作技巧和力量来实现，因此它是行为能力的体现。

在科学研究中，很多创新都需要利用科学仪器的辅助来完成。对科学仪器的操控能力属于行为能力中的一种。这种仪器操作能力是许多创新活动中必不可少的，因此毫无疑问也是非常重要的。掌握操控科学仪器的能力需要操作人员经过特殊的学习和培训。在进行仪器操作技能的学习和培训中，学习者心理过程的参与是必不可少的。学习仪器操作技巧不仅要求学习者使用肢体记忆，还要求学习者运用注意、观察、思考、联想、记忆等心理过程，在很多情况下还要求学习者具备一定的专业知识。

决定一个人行为能力的因素同样可以划分为先天遗传性因素和后天获得性因素。一些肢体的运动潜力来自于遗传，具体表现在某些人在某些运动中具有特殊的天赋。例如，有些人的短跑速度超于常人；有些人的耐力非常，在马拉松长跑比赛中独领风骚；有些人的弹跳能力非常出色，在跳高、跳远项目中鹤立鸡群。这些特殊的行为能力具有很强的生物学基础，通常会在其父母身上找到相应能力的痕迹。当然，这种生物学基础只是必要条件之一，后天的锻炼与强化是另外一个必要条件。

在体育运动中体现的行为能力如此，在其他活动中也是这样。例如，在操纵科学仪器中也存在类似的现象。有些人似乎天生就同仪器设备有着非常亲密的关系，再复杂的仪器在他们手里都会变得很顺从。非常有趣的一个现象是，如果某台仪器被发现不能正常工作，而且经过几个人都检查不出是什么毛病，但是当与仪器有着亲密关系的人到达现场时，有毛病的仪器可能会莫名其妙地正常运转起来，或者经过他稍微调试一下就恢复了正常工作。当然，也有些人似乎天生就是仪器的死对头，他使用哪台仪器，哪台仪器就会出现故障。在本书第一作者的研究组①里，学生戏称这样的人为"仪器杀手"。

人的行为能力不仅是肢体记忆的体现，更多时候是思维对肢体的控制和肢体对思维指令的执行程度的体现。无论一个人的生物学基础多么强大，如果他的思想控制不好肢体，他就无法将自己的身体特长发挥出来。例如，脑血栓患者常常会表现出肢体运动障碍。脑血栓患者的肢体运动机能依然存在，但是由于其肢体不能正常执行思维指令，就会表现出运动障碍。事实上，即使是身体健康，不同的人对自己肢体的掌控程度也会有差异。正如人们常说的，"心有余而力不足"。

一个人的行为能力无论多么强大但总是有限的。人们可以利用工具和仪器设备来增强自己的行为能力，也可以通过与他人合作或领导一个团队来放大自己的行为能力。很多大的科学研究项目绝非一个人能够完成，通过团队的协同攻关是开展大型创新项目的唯一方式。当然，在众多的科学研究中，资金和经费也是开展和完成创新计划的必备条件。无论科学仪器、实验材料、团队协作、学术交流都需要有一定的经费和资金支持。越是大型研究计划，往往越需要使用大量的资金来驱动。从这个意义上讲，项目负责人的理财能力（包括经费获取能力和经费管理能力）也会对创新计划的完成起到非常重要的作用。

因此，决定行为能力强弱的因素可以归纳为：

（1）身体先天的生物学基础；

（2）后天学习、锻炼和通过培训获得的行为技巧以及增强的肢体运动能力；

（3）思维对肢体的控制能力；

（4）可供使用的工具和仪器以及掌控这些工具和仪器的技巧；

（5）可与合作或可供调遣的人员、团体、组织、机构和资金储备。

前面三项是一个人的基本行为能力，后面两项是对基本行为能力的放大手段。

为了说明行为能力在创新活动中的作用，这里讲述一个莱特兄弟、飞机和机械师的故事。

大家都知道，1903 年小莱特（弟弟）驾驶名为"飞行号"的飞机飞行了 12 秒钟，标志着人类制作出了第一台可以载人飞行的现代化仪器装备。1908 年，莱特兄弟用最新研制的飞机飞行了 2 小时 20 分钟，使这种载人飞行装置变成了真正意义上的飞机。

---

① 吉林大学"先进光子学材料与器件集成"研究组。

很多年以后，人们为了纪念莱特兄弟的壮举，按照他们当初的设计和材质又重新复制了一架"飞行号"。然而，奇怪的事情却发生了，无论工程师安装、调试得多么精细，复制的"飞行号"都不能飞上天！

起初，人们无法理解这是为什么，后来经过计算，按照当初发动机的设计动力和"飞行号"的设计结构，从理论上讲"飞行号"就飞不起来！

原来，为莱特兄弟制作发动机的机械师非常厉害，他制作出来的发动机能够提供比原有设计更加强大的动力。正是由于机械师制作出了超过原有设计的飞行动力，才使得"飞行号"飞上了天。因此，莱特兄弟的成功很大一部分应该归功于这位出色的机械师，归功于机械师卓越的行为能力。

9.4　本章小结

创新的产生过程就是新知识的产生过程，因此，也是增加人类知识积累的过程。

人类认识能力与实践能力的高低取决于人类知识的积累程度。一个人若要从事知识创新活动需要具备必要的知识积累和一定的心理和行为能力。通过比较外在世界与主观映像之间的异同，人们可以发现人类知识积累中缺失的部分、可以构思对外在世界的改造。让失真的人类内在空间映像趋同于真实世界的外在万维空间的过程就是增添人类知识积累的创新过程；让外在万维空间趋同于内在万维空间的过程也是一个创新过程，是人类从事发明创造的过程。

补充人类知识积累中缺失的知识、复得丢失的知识、对已有知识进行去伪存真都是以不同的方式"增添了人类的知识积累"，因此也都属于创新的范畴。

在三个空间（外在空间、人类空间和个体空间）的划分下，本章将人类个体从事创新的过程作了抽象性论述。论述了类比、联想、灵感、发散思维等创新模式的心理根源。指出，创新思维就是能够产生新知识的思维；创新的心理过程就是能够产生新知识的心理过程。绝大多数创新都产生于心理过程和行为过程的相互结合。在心理过程中产生的创新来自于在不同心理过程中对不同空间、不同事物之间的比较。

人的知识积累是一把双刃剑，在增强人的创新能力的同时也束缚了他的思维模式。

思维过程发生在个体空间之中，而行为过程发生在外在空间。

行为过程产生的结果必然是客观规律的反映、外在空间的体现。当外在空间的某些特征不能或没有很好地反映在个体空间时，依靠心理过程中三个空间之间的比较而产生的创新便无法完成。此时，行为过程就会成为实现这种比较的重要手段。

　　产生创新的行为必然发生在人类空间或外在空间已知区域的边界上。当已知区域的边界被有效地突破后，创新便产生了。

　　技能是一种特殊的知识，是一种通常需要肢体记忆相配合的特殊知识，属于个体空间的一部分。

　　人的能力是在其运行心理过程和行为过程中所表现出来的技巧品质，是人的知识（陈述性知识和程序性知识）积累的体现，是通过人的肢体行为反映出的个体空间品质。

　　在心理过程中起作用的因素可划分为智力因素和非智力因素；在行为过程中起作用的是行为能力因素。

　　本章还论述了构成人的品质因素的四个方面及其在创新活动中的作用。

第10章 创新产生的心理机制

由前面的论述可知,我们可以把创新概括为"在三个空间中发生的两种过程",即在外在空间、人类空间和个体空间中发生的行为过程和心理过程;如果通过这两个过程产生了新知识,那么一项创新就诞生了。然而,我们并没有论述在行为过程和心理过程中引起比较的原因。由于心理过程在创新中发挥着最主要的作用,本章将从心理学的角度尝试阐释这种原因,即着重论述创新产生的心理机制。在这里,我们以心理学的理论和分析方法为基础,解读在两种过程中引起比较三个空间异同的心理动因,解读创新产生的心理机制。

创新产生的心理机制,是指在进行三个空间比较时,创新者内部心理活动中具有的自觉或不自觉地追求新异的心理动因[①]。这种心理动因可能来自于好奇心、兴趣、追求卓越的心理需求、实现理想的愿望、心理平衡与稳定的需求、社会需求、解脱烦恼、减轻内心不安、减轻或免除精神压力、无意识遐想、潜意识活动等。

创新过程可以划分为创新心理过程和创新行为过程。因此,作者认为,心理学对创新过程的解读就应该是对这两个过程的解读,就应该是对这两个过程与产生新知识的关系的解读。

心理学是一门研究人类心理现象、精神功能和行为的科学,是理论与应用兼具的学科,包括基础心理学与应用心理学两大领域。心理过程,即心理活动过程,指人的心理活动在一定时间内随着所处的境况[②]发生、发展和变化的过程,通常包括认知过程、情绪情感过程和意志过程三个方面。

认知过程指人以感知、记忆、思维等形式反映客观事物的性质和联系的过程。

情绪情感过程是伴随认知过程产生的主观体验,可分为情绪和情感两种。

意志过程是人有意识地克服各种困难以达到一定目标的过程。

三者有各自发生发展的规律,但并非完全独立,而是统一的心理过程的不同方面。行为过程是动物身体(通常指人体)外现的活动、动作、运动、反应或行动过程的统称,是在各种内部和外部刺激影响下产生的肢体反应和活动过程。

---

① 心理动因:人们产生动作、愿望或需求的心理原因。
② 境况:处境和状况。

创新的心理过程涉及感觉、知觉、记忆、联想、思维、注意、情绪、意志、动机、人格等许多心理品质，而这些品质特征及作用也应该是创新心理学研究的主要对象。人们通过观察、知觉、学习、思考、记忆等认知过程建立个体空间；通过比较、构思、想象等心理过程和在心理作用支配下的行为过程去反作用于外在空间。

心理学一方面尝试用大脑运作来解释人类个体心理活动以及心理活动的主导作用；另一方面也尝试解释个体心理机能在行为过程中的作用及其与个体心智之间的关系。在三空间模型中，个体空间的建立和演变都产生于个体心理机能的作用之下，人类个体的注意力、感知觉能力、思维能力、联想能力、记忆力都会在个体空间的建立和演变过程中发挥重要的作用。

个体空间是一个人对世界认识的结果和依据，因此也是人们从事创新的原始积累和行动基础。心理学对创新心理的解读应立足于创新者的个体空间，从而间接地解读其创新产生的心理机制。

心理学的一个研究目的就是描述人的心理过程，而其中一个重要任务就是描述人的认知过程，也就是描述人类个体建立个体空间的过程。在对认知过程的研究中，心理学已经取得了丰富而有价值的研究结果，它们在描述个体空间的建立、演化以及个体空间的基本性质方面能够稳定地发挥作用。

心理学的另外一个研究目的是描述人的行为过程，而其中一个重要任务就是描述、解释、预测和影响行为过程的心理机制和作用，它构成了心理学解读创新行为的全部内容。

对行为的描述依据由感知觉获得的信息，也就是依据人类的个体空间内容；而对行为过程及其动因的心理机制的解释必然依据这个个体空间，因此这样的解释也必然超越能够被观察到的外在空间。这种超越源自内在空间相对于外在空间的失真，是产生发明、创造和创作的根源，也是创新灵感的主要来源。这就意味着，在探讨创新产生的心理机制时，我们需要时刻注意这种超越的存在迹象。

行为过程发生在外在空间。态分析原理告诉我们，在解释行为过程的发生机制时要考虑三种因素：内因、外因和惯性轨迹。

在个体内部起作用的因素称为内因，如基因、身体状况、受教育程度、智商、情商、人格特征等。而受教育程度、智商、情商、人格等特征是内在个体空间的特质参量。毫无疑问，不同的受教育程度必然会造就不同品质的个体空间，而不同品质的个体空间也会折射出不同的智商、情商和人格特征。

在外部起作用的因素称为外因，如环境、情境等外在空间变量。外在空间变量制约和限制内因能够发挥的作用。在这种意义下，个体空间折射出的智商、情商和人格特征都会随着环境和情境的变化而变化。

外在空间内发生的行为过程，其起点和运行轨迹必然取决于此前的历史与惯性。

4.7 节讲述了态与态函数的概念。根据状态函数的定义，事物存在的状态由事物本身的特质、事物发展的历史（惯性轨迹）、事物在某时刻所处的环境条件三个因素唯一地决定。不难看出，事物本身的特质即为内因；事物在某时刻所处的环境条件即为外因；而事物发展的历史便是我们前面讲的心理历程和行为历程，即惯性轨迹。因此，行为过程作为一个态，其态函数必然会受到环境因素（外因）的影响，其结果必然由其惯性轨迹所决定。因此，对创新产生心理机制的探索既是对创新者内因的探索，同时外因与心理发展的惯性轨迹也都会对创新产生的心理机制起到至关重要的决定性作用。

心理学根据对象的心理历程与趋势预测某个行为过程发生的可能性。根据已发生过的行为过程，心理学家可以推断出主导行为过程发生的心理机制和心理历程，按照心理历程发展的惯性轨迹，预测心理过程的发展方向，从而进一步地预测行为过程的发展方向和结果。

影响和控制行为过程的发生和发展是心理学的终极目标。影响和控制行为过程意味着触发、维持、引导、终止一个行为过程的发生和发展。影响和控制行为过程的根据在于主导心理过程的可控制性。当心理历程与其主导的行为过程相互吻合后，对行为过程的影响和控制便转换成了对心理过程的影响和控制。从这个角度讲，无论创新事件发生在心理过程还是在行为过程中，真正起主导作用的最终还会决定于是否产生了创新心理机制。因此，要影响和控制创新过程，首先要影响和控制实施者的心理过程，洞察其心理机制。

10.1　自发创新和自觉创新

既然是新知识，就是创新者头脑中原本没有的东西，就是在创新心理机制的作用之下产生的原本未知[①]的东西。那么，一个创新者的头脑中如何会产生原本未知的东西呢？这就是本章所要研究的一个主要问题，即创新产生的心理机制问题。

下面，我们从一个简单的儿童游戏开始分析创新产生的心理机制。在下面的分析中，我们并没有从产生新知识的角度去讨论这些事例是否具备创新性，而是注重游戏者对现实经验的借鉴程度，从而揭示他们力图创新的心理机制。

堆积木是儿童经常玩的一种游戏。积木是由具有不同形状的木块或塑料块组

---

① 注意，此处的未知并非单独指创新者未知，而是指全人类都未知。

成的组合式玩具。通过不同摆放、排列和垒积，儿童可以搭建出各种各样的事物，如房屋、城堡、宫殿、火箭、动物、家具、坦克、军舰等。

如果一个年龄非常小的幼儿（1～2岁）玩搭积木游戏，在通常的情况下都会表现出一定的"创新性"。

图 10-1 是幼儿亮亮（男孩）第一次摆出的积木"作品"。拍摄这组照片时亮亮的年龄还不到 19 个月。由于年龄太小，他会把体积小些的积木当作食物啃咬，因此他的妈妈只能给他体积大一些的积木玩。这几张照片是亮亮第一次接触积木玩具，他每次坐在积木玩具前面都很难超过一分钟。

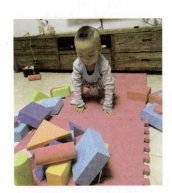

图 10-1　亮亮第一次摆出的积木"作品"

图 10-2 是幼儿小悦（女孩）摆出的积木"作品"。拍摄这组照片时小悦的年龄不到 21 个月，接触积木玩具大约有一个月的时间，她常常会把小的积木块放到最底下，也刚刚学会玩带有插孔的积木。与亮亮的"作品"相比，她的两组积木"作品"显然都有了些模样。然而，小悦并不知道轮子是做什么用的，因此在她的积木"作品"中轮子被安插在图 10-2 所示的位置上。

图 10-2　小悦摆出的积木"作品"

　　在成人的眼中，幼儿用积木搭建的东西很难说像什么，如图 10-1 和图 10-2 所示。幼儿的头脑中没有任何固定的模式，因此幼儿垒积木的方式会很随意。没有条条框框，幼儿垒出的东西可能不像房子，也不像成年人见过的任何东西。由于与现实世界中的任何东西几乎都没有联系，幼儿的积木"作品"便具有了很高的"创新性"。幼儿的"创新性"体现在他们堆积出来的东西和原本世界上存在的东西完全不一样或不带有已存在事物的痕迹。当然，我们如果从审美的观点或使用价值的观点或者用成年人的固定思维模式去审视幼儿堆砌的东西，一定不符合成年人心目中的各种要求。但是，如果从创新的观点来看，幼儿搭建的积木"作品"却是全新的、现实世界中找不到的东西。幼儿的"创新"是"无意而为之"，通常不具备产生新知识的功能。因此，幼儿的自发创新不是真正意义的创新，只能算作"准创新"，即产生了新异的事物却没有产生新的知识。

　　然而，如果让一个成年人搭建积木，成年人就会按照心目中的房子、城堡或宝塔之类东西堆砌起来。成年人按照固定的模式摆出的东西可能有价值，可能很和谐，符合成年人的审美观点。但是，与幼儿摆出的东西相比，成年人的作品缺少了创意，没有了创新性。

　　由于受到固定思维模式的限制，成年人在摆积木时其丰富的经验会阻碍他们创新性思维的运用。我们很容易看出一个问题，在思维定势很少的情况下，如完全没有特定的思维模式，没有什么生活经验，一个幼儿在堆砌积木时就完全不受任何限制，没有条条框框，因此幼儿"作品"的新异性却得以自发地展现出来。成年人摆积木，根据自己的思维定势和生活经验，摆出的东西可能很美，但是却失去了创新性。因此，幼儿和成年人在这样一个游戏中所表现出来的创新意识和创新心理机制是完全不同的。

那么，一个成年人能不能在这个游戏中体现出创新意识呢？与幼儿相比，此时成年人体现出创新意识是比较难的。难就难在成年人很难突破已有的思维定势，很难抛弃他们生活中已经取得的经验。如果一个成年人想在堆积木的游戏中创新，那么他（她）就要主动自觉地抛弃头脑中的条条框框，将追求新异作为行动的一个准则。在抛弃了所有思维定势的束缚之后，他（她）的头脑中才可能产生出新的东西。然而，如果成年人能够在抛弃了已有思维定势之后再去从事创新的话，他们的创新显然与幼儿展示的"创新"不在同一个档次上。

图 10-3～图 10-8 中的照片是本书第一作者的研究生摆出的积木作品。作者首先给研究生提出了垒积木的要求，要求他们要在这个游戏中展现出创新性，摆出一个从来没有见过的东西。事实上，在给他们提出要求时作者也不知道他们是否能够做到这一点。

图 10-3　研究生摆出的积木"作品"——保龄球

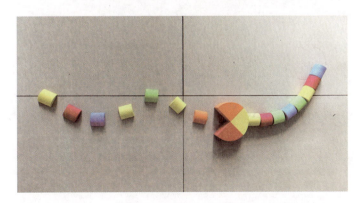

图 10-4　研究生摆出的积木"作品"——吃豆子

图 10-5　研究生随意摆放的积木"作品"

图 10-6　研究生摆出的积木"作品"——建设节约型社会

图 10-7　研究生摆出的积木"作品"——蒸蒸日上鸡

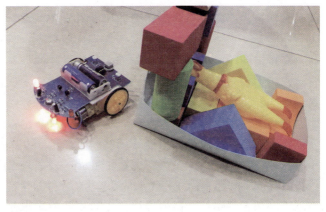

图 10-8　研究生做出的积木"作品"——云旅行房车

几天之后，研究生刘丹秀（图 10-5 左中的女研究生）把她们的积木作品照片以及完成过程中的想法发给了作者。下面是她们的搭建过程与感受。

第一阶段：实体搭建前。

（1）在动手实践之前，脑海中出现的都是十分常规且具体的想法，如用积木搭建城堡、飞机、火车等。

（2）在进一步的思考之后，想到用积木（玩具）来搭建另一个玩具，实现玩具的二次玩耍，于是有了图 10-3 和图 10-4 所示的两个作品：保龄球和吃豆子。

这两个作品都源于童年时期的经典游戏，缺点是对创新的思考更多是在游戏规则上，而不是积木本身。

第二阶段：初次搭建。

（1）在我们第一次摸到积木时会下意识地摆放，没有任何思考，像是回到了童年，如图 10-5 所示。

（2）过了下意识摆放之后我们进行了确定主题的搭建。

①伴随着两会①刚刚落下帷幕，我们首先围绕建设节约型社会，发展循环经济的主题进行创作。图 10-6（左）象征着正常生活条件下一个家庭产生的垃圾；图 10-6（右）是利用可再生的清洁型能源——风能进行风力发电后的状态，象征着贯彻了可持续发展战略构思的未来社会。

②在搭积木的过程中联想到我们自己平时的科研工作，于是有了如下设计。将如下作品类比于科研，首先我们要有一个良好的底层基础，其次不同的积木摆向代表了要我们进行不同方向的尝试与努力，在经历过多次失败后总结经验，从

---

① 指 2018 年 3 月 5 日至 3 月 20 日在北京召开的中华人民共和国第十三届全国人民代表大会第一次会议和 2018 年 3 月 3 日至 3 月 15 日在北京召开的中国人民政治协商会议第十三届全国委员会第一次会议。

而可以在自己的研究方向上有所建树。图10-7中尖叫鸡充满斗志，最后的箭头代表它始终是一个蒸蒸日上鸡。

　　经过前两阶段的搭建之后发现，我们搭建的积木多数是对现有生活的总结和希冀，较之创新还有很大差距，而且受到了"积木"这个命题的局限，应该开阔思路。

　　第三阶段：再次搭建。

　　在对前两个阶段的搭建进行了总结之后，我们跳出"只用积木"的思维定势，于是有了如下作品——云旅行房车（图10-8）。在实物搭建方面，首先我们用光敏电阻、红光LED、比较器、电机、自锁开关等制了一个循迹小车，用小车带着折纸而成的车身按一定轨迹前进，车身里装着积木作品。这个作品的灵感来源于对世界的好奇，希望可以有这样的设计——足不出户地行万里路。当我们想要去到某个地方时，锁定地址，车辆将自动驾驶。随后身体可以躺在舒服的车身设备上进行全身放松，利用VR技术①、体感技术，同时结合各种直播平台去到任何想去的地方，从而实现"云旅行"。"云旅行"结束后，现实中已经到达了我们想要去的地方，既节省了时间又探索了世界。

　　从研究生搭建积木的过程来看，他们经历了随意摆放和刻意确立主题的思想变化。在没有很强烈的创新意识时，他们的积木作品依然仅仅是对以往经历过事情的表达；然而，在创新意识之下，他们开始把一些新的元素注入到了积木作品之中。这些新元素包括：节约型社会、循环经济、清洁型能源、循迹技术、VR技术、自动驾驶、云旅行等。另外，研究生还使用了积木之外的尖叫鸡、黑板擦、折纸、光敏电阻、红光LED、比较器、电机、自锁开关（图10-8），以扩大积木的表现力。很显然，研究生的思考更加深邃，他们的积木作品也更加和谐和有现实意义。

　　幼儿展现的创新是自发的创新，是没有生活经验限制的、随意的创新。当然，没有限制源于幼儿几乎没有任何的生活经验可供参考，因此幼儿也不会有很好的审美观点和对摆出积木"作品"的价值判断。但是如果一个成年人能够在这个游戏中抛弃所有的固定思维模式，他们摆出来的东西必然会显示出其审美观和价值观等特征，如图10-6～图10-8所示。如果此时成年人搭出的积木作品还具有创新性，显然其创新价值会远远高于幼儿摆出的东西。成年人的创新属于自觉创新。自觉创新是创新者力图摆脱固有的思维模式，从各个方面做出判断和推敲，并同以往的经验进行对比，然后进行反复的琢磨而形成的创新。在自觉创新中，创新者的一切经验都会被用作排除参照物，并且在排除的过程中寻找蕴藏在这些已知参照物中的新意。

　　在这个检验创新心理机制的游戏中，下面三个问题有待验证：

---

　　① 虚拟现实技术。

（1）在自觉创新中，自发创新心理机制是否会发生作用？如何发挥作用？

（2）成年人能否在抛弃了所有的固定思维模式后摆出具有创新性的积木"作品"？

（3）成年人可以采用哪些方法将创新性思维融入这种简单的游戏之中？

验证这三个问题会加深我们对自发创新和自觉创新的理解。

当然，我们通常很难判断幼儿和成年人摆出的东西哪一个创新级别更高。然而，这里存在一个不争的事实：由于幼儿摆出的东西没有很好的经验借鉴，因此，从创新的角度上讲，幼儿作品的创新级别可能会更高些。一个成年人想从事这样的创新，无论如何，他都很难完全摆脱已经取得的生活经验。借鉴以前的经验会导致成年人作品的创新性降低。

我们从上面举出的事例可以看出，幼儿和成年人同样都摆出了一个完全不同的东西，但是他们从事创作的性质是不一样的，产生创新的心理机制也是不一样的。幼儿的创新是自发性的，是由行为过程主导的；而成年人的创新是自觉性的，是由心理过程主导的。换言之，如果没有追求新异的要求，成年人基本上不会在该游戏中表现出任何的创新性。因此，我们可以得出如下推论：当个体空间中的相关内容比较丰富时，产生自发创新的心理机制便不复存在了；反过来，当个体空间中的相关内容完全缺失时，产生创新的心理机制只可能是自发创新。

在堆积木游戏中，幼儿可能并没有动很大的脑筋，而成年人在游戏中会从各个方面做出判断和推敲，会同以往的经验进行对比，然后进行反复的琢磨。因此，幼儿和成年人在这个游戏中经历的心理过程也是不一样的；或者说，两种方式产生创新的心理机制是不一样的。

当然，还会存在介于幼儿和成年人之间的情况，即随着年龄的增长、见识的增多，稍大些的幼儿（学步儿童）、学龄前儿童、小学生、中学生如何摆积木玩具。随着年龄的增长，幼儿对世界开始有了认识，这些认识马上就会反映在他们的游戏之中。图 10-9 是幼儿嘟嘟（男孩）摆出的积木"作品"。拍摄这组照

图 10-9　嘟嘟摆出的积木"作品"

片时嘟嘟差十几天满两周岁，接触积木玩具将近四个月。此时的嘟嘟已经知道自己要摆什么。照片中是嘟嘟通过反复的努力摆出的滑梯。很显然，嘟嘟已经能够把滑梯的特征——斜面表现在自己的积木"作品"之中，他的作品开始失去自发创新性。

年龄大些的幼儿（2～3 岁）、学龄前儿童或小学生已经有了包含一定内容的个体空间。与年龄小的幼儿相比，他们在摆积木时会有心中的参照物借鉴。他们心目中已经有了滑梯、房子、汽车、动物、轮船、大炮等事物的图像，因此在游戏中他们会把对事物的认知表现在其中。这就使得他们的积木"作品"丧失了创新性。其原因在于，包含一定内容的个体空间使得儿童或小学生逐渐地失去了自发创新的能力。

图 10-10 是五岁的小乐（女孩）和六岁的正正（男孩）摆出的积木"作品"。小乐说她摆的是一只猫，而正正把自己的"作品"称为城堡。他们已经能够很好地将自己对事物的认知融入积木"作品"之中。另外，由于儿童或小学生的个体空间还很初级、很不健全，因此他们也基本上不会具备自觉创新的能力。按照作者的要求，小乐的妈妈问她能不能摆出一个从来没见过的东西。小乐马上迷惘地反问道："那是什么东西呀？"妈妈启发她说："发挥想象力，不要按照任何东西搭，搭一个全新的、我们都不认识的东西。"于是，小乐摆出了图 10-11 中的积木"作品"，并解释说是个会吐星星的魔法恐龙。

图 10-10　五岁的小乐（女孩）和六岁的正正（男孩）摆出的积木"作品"

当把同样的要求提给一名小学生时，小学生的思维就会显得严谨一些。图 10-12 是九岁的小舸摆出的积木"作品"，并将其称为"小人叠罗汉够[①]太阳。"

---

① 触摸、摘取的意思。

图 10-11 五岁的小乐搭出的"魔法恐龙"　　图 10-12 九岁的小舸搭出的积木"作品"

很显然，小乐和小舸摆出的积木"作品"都明确地包含有认知中存在的事物原型。小乐的"作品"中有魔法、恐龙和星星，并非常巧妙地用"恐龙口吐星星"诠释她对魔法的认识。小舸的"作品"中有小人、叠罗汉和太阳，她非常聪明地用"小人叠罗汉够太阳"来表达对"新"的理解。虽然她们还太小，不具有自觉创新的能力，但这两组积木"作品"反映出她们已经具有了自觉创新的意识，而且使用了组合创新的方法。她们的自觉创新意识产生于家长提出的要求："发挥想象力，不要按照任何东西搭，搭一个全新的、我们都不认识的东西。"

上述事实告诉我们以下几点可能成立的结论：

（1）儿童很早就有了自觉创新意识；

（2）外界提示可以触发自觉创新意识；

（3）当头脑中没有自觉创新意识时，人们在行为中倾向于运用个体空间中已有的图像和经验；

（4）当头脑中有了自觉创新意识时，人们在行为中会自觉避开简单地运用个体空间中已有的图像和经验；

（5）自发创新是由行为过程主导的，自觉创新是由心理过程主导的。

事实上，我们上面谈到的幼儿、儿童、小学生和研究生，相互之间没有绝对的界限加以区分，真正不同的是他们各自的个体空间的丰富程度。也就是说，真正决定自发创新或自觉创新能否发生的关键因素是个体空间的丰富程度，而并不是年龄。一个受到了良好教育的"神童"可能具有了自觉创新能力，而一个成年人很可能既失去了自发创新的能力又不具备自觉创新的能力。是否具备自觉创新能力的关键还在于，一个人个体空间所包含的知识是否抵达到了万维空间未知区域的边缘。

非常有趣的是，上述结论中包含有关于自觉创新的悖论：自觉创新既要求创新者有丰富的经验（知识抵达万维空间未知区域的边缘），又要求创新者摆脱和超越已经取得的丰富经验（破除固有的思维模式，自觉避开运用已有的经验）。正可谓"道可道，非常道"[①]。

10.2　创新产生的心理线索

创新有不同的类型，有维度创新、复合创新、组合创新、参量创新、数量创新等不同的创新。思维线索是触发创新心理机制产生的关键。

有些创新是有线索提示的；有些创新的提示和线索相对较少较弱，如维度创新。在维度创新中，创新者能够获得的提示线索相当微弱，因为维度创新必然诞生在万维空间的未知区域之中，如爱迪生发现"爱迪生效应"（见 11.6 节）。许多科学发现都是在偶然中发生的，而且往往是研究者在从事一个研究时发现了另外一个预想不到的事情。我们称这样的发现为"穿越"，是指发现者的认识从一个已知空间"穿越"到了一个未知空间。

更多的创新是有线索的创新，如组合创新、参量创新、数量创新等。在组合创新中，被组合的事物都是之前人们已知的事物，只是在组合的过程中人们把已知的事物放在一起产生了具有不同功能、不同性质的新事物。产生的事物是原本世界不存在的，但是，构成新事物的一些基本组成部分是原本就有的。在从事这样的创新时，创新者是有线索可依的。因此，找到这些创新产生的心理机制相对比较容易。例如，在参量创新中，创新者的心理机制非常清晰，即追求突破某个确定指标。

我们一直试图去探讨创新产生的心理机制，即欲阐明，一个创新者在从事创新活动的时候，在发明、发现、创作、创造的过程中，用什么样的心理去产生新的知识。原本没有的新知识意味着包含有未知的东西；如果还没有线索，显然，这样的创新是比较难的。维度创新和高等级的创新相对来说都比较难。

事实上，任何创新思维的产生都必定有线索可依，只是有些线索是显而易见的，有些线索是不易察觉的。线索不明显的创新正是我们在 8.4 节中所论述的"难想到的"那些创新事件。

在 8.4 节中，我们谈到了创新的难与易的问题，论述了哪些创新容易、哪些创新难。很显然，没有线索或线索很弱的创新是很难的。在这样的创新中，若要产生创新心理机制就要求从事创新的人，善于观察和缜密思考，能够从蛛丝马迹等非常微弱的线索中找到创新思维的痕迹。因此，观察思考、反复琢磨等心理过程都会在其中起着非常重要的作用，而个体空间的品质显然构成了运行这些心理过程的基础。当然，对创新者来说，记忆以及记忆的品质也是非常重要的。

---

① 出自老子的《道德经》，原意：道可以言说，但道非恒常不变之道。此处借用为：创新可以实现，但并非用平常的途径去实现。

　　在论述三个空间的比较时我们说过，创新过程中非常重要的是，创新者能看到位于已知区域和未知区域边界上的问号。也就是说，科学发现和创新的一种重要方式就在于能够提出前沿科学问题。为什么这样讲呢？能够提出问题，实际上就给解决问题提供了非常重要的思维线索。如果连这样的线索都没有，就无从谈及去解决问题。第 11 章中的很多例子都说明了这一点。因此，一个好的问题就是一个引导创新思维的线索；好的问题从心理上给创新者打开了一扇启动创新心理机制的大门。

　　从上面的论述中可以看出，创新产生的心理机制是，通过心理过程，创新者在思维中将已知事物和未知事物联系在一起，为新知识的产生找到了线索。简单地说，创新的心理机制就是在思维中用已知事物牵引出未知事物的心理动因。产生这种心理动因的关键在于联想和比较。

10.3　创新产生的动机

　　有些创新者凭借的是对科学研究和创新发现的兴趣从事创新；当然，也有很多创新者从社会需要出发从事创新，为了完成单位派发的某个任务或正在承担的科研项目去创新。所以，任何创新活动都存在创新动机的问题。

　　心理学在动机方面有很多系统的研究[21-26]。心理学对动机的解释为：由一种目标或对象所引导、激发和维持的个体活动的内在心理过程或内部动力，是人类大部分行为的基础。因此，在不同的情况下从事不同种类的创新，创新者所具有的动机也必然不同。

　　如果一个人凭着兴趣从事创新，就要求他具有很好的情感品质。优秀的情感品质致使一个人可以凭借兴趣从事创新活动。这是从事创新活动的最高心理境界。

　　如果一个人非常喜欢某项创新活动，从中能够得到非常大的乐趣和满足感，他的积极性就会很高，在创新活动中展现出来的才华会明显地提升他的自信和荣誉感。在兴趣、自信和荣誉感的驱使下，他可能乐此不疲，展现出超常的主观能动性。因此，在以兴趣为驱动力的创新活动中，情感过程会起到非常重要的主导性作用。为了兴趣，一个人可能主动去学习、研究、查资料、比较事物之间的不同，从而完成一项创新活动。可见，对创新人才兴趣的培养非常重要。

　　如果另外一个人也从事创新，但却是作为一种社会工作任务来做创新，他和前面凭借兴趣去做创新的人就会有不同的表现和心理感受。此时，驱动创新者前行的根本动力是社会责任感。在社会责任感的驱使下，他要投入比较大的精力，强迫自己坚持在创新工作中。由于并不能从中获得很多的乐趣，因此他的意志过程就要很频繁地参与在创新心理活动之中，只有如此才能最终完成工作任务。当消耗的心理资源过大时，创新者有可能产生较大的职业倦怠感，从而严重地制约他在工作中积极性和自觉性的发挥。由此可见，培养一个人具有坚忍不拔的意志、用心理学手段预防和消除一个人的职业倦怠感都非常重要。

创新活动本身就是通过心理过程和行为过程比较三个空间的异同，然后找出它们之间的不同，萃取比较过程中可能产生的新知识。因此，我们又可以把前面的命题归结为：进行不同空间比较的动机是什么？

毫无疑问，这里又会牵扯到从事创新的心理机制问题。当然，如果从心理学的角度去分析这个问题，我们会得出这样的结论：人们做创新活动的时候，动机是多种多样的、非常复杂的。在不同种类的动机驱使下，人们都可能开展三个空间之间的比较，都有可能在这样的比较过程中产生新的知识。任何触发比较的心理动因都构成了创新产生的心理机制。

一个研究人员可能为了解决某一个科学问题而从事创新，可能为了获得某个科研项目而从事创新，也可能为了实现某种想法而从事创新；一个研究生可能为了完成老师交给他的实验任务而从事创新。因此，创新活动可能发生在很多种不同的情况之下。

值得注意的是，如果创新成为一种习惯，那么当一个人看到可能产生创新的情境时，会形成一种条件反射，会非常及时、敏锐地抓住创新的机遇。这样的条件反射应该是一个研究者在长期从事科学研究中养成的习惯。从某种意义上讲，这种对创新情境的条件反射习惯构成了这类研究者的创新思维特色和触发创新思维的心理机制。我们也可以把这种心理机制归类为职业习惯。

10.4　产生创新的灵感之源

通过比较不同空间之间的异同，人们可以发现新的事物，发现或创造新的知识，从而完成创新活动。这样的比较过程必然伴随思维过程中的推测、判断、分析、观察、记忆、回忆、联想等心理活动。人们常常希望在这些心理活动中能有灵感产生。那么，人们非常关心的灵感又来自何方呢？

前面的章节已经涉及了创新产生的灵感问题[①]。作者认为，人们所说的灵感，其特征在于产生的新想法和原有事物（线索）之间有比较弱或比较少的联系。如果通过比较弱或比较少的联系，人的头脑之中依然产生了新异的想法，人们通常把它称为灵感。也就是说，在几乎没有提示线索或提示线索很少的情况下产生了相关的新异想法，往往称为灵感。这种灵感通常是比较不同空间中不同事物的某些共同特征时产生的结果，是不遵循常规的比较产生的结果。

---

① 见 9.1 节。

那么，在什么样的心理条件和心理机制下，人们能够产生灵感呢？

弗洛伊德将心理学意义下的意识活动划分为三个层次[25]：意识、前意识和无意识。之所以在此强调弗洛伊德所谈的意识是心理学意义上的意识，在于我们完全可以用"心理活动"去替代它。换言之，我们可以把意识活动的三个层次理解为"心理活动"的三个层次。人们也经常用显意识、前意识和潜意识来表述弗洛伊德的划分。潜意识是弗洛伊德理论的核心，他曾把人的心理活动比作一座漂浮在水面上的冰山，露在水面上的是显意识心理活动，掩在下面不易看到的则是潜意识心理活动。

作者认为，显意识心理活动是在感知觉系统受控的状态下发生的心理活动，其特征在于，大脑能够顺利地将活动过程及活动中产生的信息存储在记忆之中；与之相反，潜意识心理活动是不受感知觉系统监控的心理活动，其特征在于，大脑不能顺利地将活动过程及活动中产生的信息存储在可有效提取的记忆之中；介于两者之间的心理活动称为前意识。

灵感既可以产生在显意识中也可以产生在潜意识中。我们前面所谈到的，"通过认真的观察和思考、反复琢磨等心理过程产生的灵感"，显然是产生在显意识之中。其特征在于，创新者自觉、主动、有目的地在个体空间中搜索可能存在的任何线索，同时将从外在空间和人类空间可能获得的任何线索作为思维的素材，用于触发灵感的产生。因此，在显意识中产生的灵感是注意、洞察、搜肠刮肚或缜密思考的结果，是在感知觉系统受控的状态下产生的灵感。

在感知觉系统不受监控的状态下（如睡眠状态下），部分脑细胞和神经元也会处于自发的活跃状态。存储在这些脑细胞中的记忆和信息会较随意地、不受监控地进行表达和组合，从而构成了潜意识心理活动。当潜意识心理活动产生的结果与主体固有的心理需求发生共振时，感知觉系统可能被唤醒，潜意识活动立刻转变为显意识活动，潜意识心理活动产生的结果便可能成为可提取的记忆对象。即使大脑活动处于感知觉系统的监控之下，依然会有部分脑细胞和神经元逃离监控，处于自发的活跃状态，形成显意识和潜意识并行的心理活动状态。当上述共振发生时，潜意识活动可能会立刻转变为显意识活动，并受到感知觉系统的监控。

在不受感知觉系统监控的状态下，潜意识心理活动失去了感知觉系统监控下的条条框框，脑细胞中记忆信息的随意表达和自由组合有可能将原本联系很少或很弱的事物叠加在一起形成意想不到的线索，从而在潜意识中产生了灵感。

产生在潜意识中的灵感必须上升到前意识并进入显意识中才能被创新者所使用。

那么，在什么情况下潜意识中产生的灵感能够上升并进入显意识中呢？

正如我们在上面所讲的，当潜意识中产生的结果与主体固有的心理需求发生强烈的共振时，感知觉系统就会被唤醒或被召唤去注意，潜意识中产生的灵感就会进入显意识中。例如，凯库勒在睡梦中梦见白蛇吞食自己的尾巴而忽然惊醒就是如此（见 11.3 节）。

显意识里运行的思维过程会在记忆中留下痕迹，而潜意识中的心理活动通常不会留下清晰的记忆或只是留下模糊、短暂的记忆痕迹。与显意识中形成的记忆相比，潜意识中留下的记忆内容很难被主体提取和运用。但是，它们之间没有绝对的界限，与前意识中形成的记忆一起，显意识记忆、前意识记忆和潜意识记忆构成了由可准确提取到无法主动运用的连续变化趋势。

潜意识中形成的记忆痕迹深刻到了能够被主体记住的时候，就是由潜意识过渡到显意识的时候。当潜意识过渡到了显意识后，过渡前一段时间内的潜意识心理活动有可能被主体完整或部分地叙述出来，弗洛伊德将其称为前意识。

在显意识中产生的灵感很容易被主体抓住，但是在潜意识中产生的灵感只有上升到显意识中时才能够被主体抓住。

10.5　好奇心与追求卓越

作为一种心理驱动力，好奇心会促使人们探索未知的事物、践行创新。从这种意义上讲，好奇心是产生创新的一种可能的心理机制。

什么是好奇心呢？好奇心是人和许多动物都具有的本能特征和心理动机。实际上，无论人还是动物都会对陌生的事物产生莫名的恐惧感或不适感，或多或少。如果要想消除这种恐惧感或不适感，人或动物就会对陌生事物进行注意、观察、研究和探索，力图把陌生的事物变成熟悉的已知事物，从而从心理上消除对该陌生事物的恐惧感或不适感。这就是产生好奇心的一个心理根源。

好奇心的另外一个心理根源是追求新异。追求新异也是人类和许多动物共有的本能特征。在新异的事物面前，人类和许多动物都会表现出好奇和求知欲望。

从这个意义上讲，追求创新也许是人类与生俱来的一种本能。

按照美国心理学家墨瑞①提出的成就动机理论[27]和马斯洛②提出的需要层次学说[21]，人类个体具有追求卓越的心理需求。

追求卓越可以产生创新，因为卓越可以使人类个体在人生的进程中战胜其他的对手。在与同类的竞争中胜出是人类和动物的生存与繁衍本能所追求的目标。

如果创新行为与一个人的好奇心和追求卓越的本能都相关，那么好奇心和追求卓越的本能便是触发创新的两种重要心理机制。因此，对创新人才的培养就应该注重这两个方面，要把保留孩子的好奇心和追求卓越的品质放到一个很重要的位置上。

---

① 墨瑞（Murray，1893～1988 年），美国心理学家。
② 马斯洛（Maslow，1908～1970 年），美国社会心理学家、比较心理学家、人本主义心理学的主要创建者。

在教育中，贯彻卓越意识的培养是很重要的。当一个人在心理上有了追求卓越或追求新异的意识时，他自然而然就有了产生创新的心理动因，就有了践行创新的冲动。正如，在"追求新异"的心理暗示之下，儿童、小学生和研究生在积木游戏中展现出了自觉创新意识（见 10.1 节）。

由态分析原理可以知道，要想让一个人拥有和保持卓越意识，他所处的社会环境和所经历的成长过程是起决定性作用的。如果一名学生在班级中学习成绩一直排在后面，而且他在其他方面也都感受不到自己的卓越所在，他会丧失追求卓越的信心，在做任何事情时都会没有自信。因此，他自然而然地就把自己定位在班级比较靠后的位置上。此时，卓越对他来说几乎不着边际。他从内心中也就不会有那种追求卓越的冲动和自信。失去了这两点，他基本丧失了产生创新的心理机制和从事创新的能力，当然也很难去完成任何一项创新工作。因此，在教育中贯彻培养卓越意识的理念是创新型人才培养的一个关键。

如何让班级中的每一个学生都能够有卓越感呢？这是老师和教育工作者应该认真思考和着力解决的问题。

一个班级不应该只有考试成绩排名第一的唯一"卓越者"，更不应该给学生暗示"你不是年级的第一名"。这种以学习成绩排名的方式只能造就极个别的"卓越者"，而伤害了绝大多数人的卓越意识。

事实上，我们的教育完全可以在不同的方面造就更多的卓越者。例如，某个学生短跑速度最快，某个学生跳得最高，某个学生为人最谦和，某个学生的成语掌握得最多，某个学生的外语口语最好等。如果学校和老师能够把每个学生的卓越特征都挖掘出来，并能全方位地培养和重视不同学生的不同卓越，就可以把卓越的范围充分地扩大，让更多的学生拥有卓越意识和追求卓越的资格。

让每个学生都拥有感受自己卓越的氛围和环境，这样的教育方式才是真正的卓越意识培养方式。中国 1000 多年以前就有"天生我材必有用"[①]的说法，讲的就是每个人都会在社会中找到可以发挥自己专长和作用的位置。"天生我材必有用"是自信和卓越意识的表白，也是卓越无处不在的诠释。

无论追求卓越还是好奇心都是人的内在动机。内在动机是稳固可靠的心理动因来源。而源自外界的物质和精神赏酬、工作与学习压力等方式产生的动机属于社会驱动的外在动机。心理学的研究表明[28]，内在动机对创造力的直接影响和间接影响都很显著；而外在动机对人的创造力会产生负面的作用。

事实上，获得奖励也是"卓越"的一种体现，因此"追求卓越"的内在动机与源自"获得赏酬"的外在动机时常会呈现出并存的特征。

然而，通过上述分析，作者认为：过强的外在动机会以损伤内在动机为代价、

---

① 出自李白（701～762 年）的《将进酒》："天生我材必有用，千金散尽还复来。"

造成动机偏离，反而不利于创新心理机制的产生。个别部门的科技政策制定者恰恰忽视了这一点，片面地以为在科技创新领域中"重赏之下必有勇夫"时刻成立，并造成了各种科技奖项和学术头衔设立繁多、以重金吸引人才和以价格行赏学术论文的混乱局面。

10.6　本　章　小　结

一个创新者的头脑中如何会产生原本没有的知识呢？这就是本章研究的主要问题。

本章用事例说明了产生创新的两种不同心理机制：自发创新和自觉创新。

思维线索是产生创新心理机制的关键。

有些创新是有线索提示的；有些创新的提示和线索相对较少较弱。在维度创新中，创新者能够获得的提示线索相当微弱，更多的创新是有线索的创新，如复合创新、组合创新、参量创新、数量创新。

一个好的问题就是一个导向创新的线索；好的问题从心理上给创新者打开了一扇启动创新心理机制的大门。

创新的心理机制就是在思维中用已知事物牵引出未知事物的心理动因。

显意识心理活动是在感知觉系统受控的状态下发生的心理活动，其特征在于，大脑能够顺利地将活动过程及活动中产生的信息存储在记忆之中；与之相反，潜意识心理活动是不受感知觉系统监控的心理活动，其特征在于，大脑不能顺利地将活动过程及活动中产生的信息存储在记忆之中；介于两者之间的心理活动称为前意识。灵感既可以产生在显意识中也可以产生在潜意识中。当潜意识心理活动产生的结果与主体固有的心理需求发生共振时，感知觉系统可能被唤醒，潜意识活动立刻转变为显意识活动，潜意识心理活动产生的结果便可能成为记忆的对象。产生在潜意识中的灵感必须上升到显意识中才能被创新者所使用。

本章论述了卓越意识和产生好奇心的生理和心理根源，提出"追求卓越和好奇心是触发创新的两种重要心理机制"。

第11章　创新方法简述与创新实例简析

人类从事创新活动的原始动力来源于人类认识世界和改造世界的需求。

作为生物的一种，人类每个个体都具有超越其他个体的需求；作为灵长类生物的一种，人类天生具有好奇心。这种超越其他个体的需求和与生俱来的好奇心促使人类去认识世界进而去改造世界。

超越其他个体的过程必然是一个竞争过程，新知识和新技能是赢得这种竞争的保障。要获得新知识、新技能，创新是唯一的途径。因此，人类的发展史是人与人之间竞争的历史，是团体与团体之间竞争的历史，是国家与国家之间竞争的历史，总而言之是知识创新的历史。人类进步与发展的一个重要标志就是人类的知识宝库在不断地膨胀和充实，而且，到目前为止其膨胀速度越来越快。

人类的创新活动带来的根本性结果就是增添了人类的知识积累，而增添人类知识的基本方式和方法可以有很多种。很多书籍对创新方法都有精辟详细的论述。在本章中，我们尝试从不同的角度来定义和分析其中的一些主要方式和方法。

11.1　创新的两种基本方式

创新——产生新知识，有两种基本方式，一是提出问题，二是解答问题。

法国作家巴尔扎克[①]指出："打开一切科学的钥匙都毫无异议的是问号，我们大部分的伟大发现应归功于这个问号，而生活的智慧大概就在于逢事都问个为什么。"

爱因斯坦曾经说过："提出一个问题往往比解决一个问题更重要，因为解决一个问题也许仅是一个科学上的实验技能而已。而提出新的问题，新的可能性，以及从新的角度看旧的问题，却需要有创造性的想象力，而且标志着科学的真正进步。"

诺贝尔物理学奖获得者李政道明确地指出："能正确地提出问题就是迈出了创新的第一步。"

在人类的科学史中，很多创新都产生于"提出问题"的过程中。能够提出一个好的科学问题本身就已经为人类积累了知识。"提出问题"的创新在科学发展中一直占有非常重要的地位，科学家通过"提出问题"形成了科学假说、科学猜想，并为后人去证明这些科学假说和科学猜想指明了方向、升起了航帆。

---

① 巴尔扎克（1799~1850 年），法国小说家，被称为"现代法国小说之父"。

　　例如，在天文学中，德国天文学家贝塞尔（1784～1846 年）首先提出了天狼星有伴星的科学假说。1842 年他在观测天体的位置变化时发现天狼星的运动具有周期性的偏差，忽左忽右地摆动。这种反常的运动状态让贝塞尔感到疑惑。一颗天体为何会产生这种诡异的运动现象？通过分析他自己观测到的天狼星运动数据并根据他对万有引力定律的理解，贝塞尔推测可能有一个光度弱且质量大的伴星围绕着共同的引力中心运转，并造成了天狼星随着这颗伴星的运动忽左忽右地摆动，即随着伴星位置的变化天狼星的运动出现了周期性的变化。贝塞尔公布了他的研究结果并提出了天狼星有伴星的科学假说。直到 1862 年，当人们确实观察到了天狼星的伴星时，这个科学假说才得到了证实。

　　假说是产生新知识的一种重要形式，是创新的一种重要手段。在自然科学、生命科学、社会科学以及心理学的发展过程中，很多研究人员都由于提出了极有创意的假说而成为伟大的科学家。例如，在物理学中，卢瑟福提出的原子结构模型的假说、爱因斯坦关于受激辐射的假说以及惯性质量等于引力质量的假说；在化学中，门捷列夫提出的元素周期性假说；在生物学中，孟德尔（1822～1884 年）提出的"遗传因子"假说；在量子力学中，普朗克提出的量子假说、德布罗意提出的实物粒子波动性假说；在天文学中，康德、拉普拉斯提出的关于太阳系起源的星云假说；在地质学中，李四光提出的地质力学的假说，等等。上面提到的这些科学假说仅仅是科学发展中极少的一些典型事例。当这些科学假说被提出时，人类的认识就已经开始升华；当它们被证实后，这些科学假说成为人类进步的基石。

　　科学假说是人们根据已有的知识对未知的现象及其发展规律所做出的假设。产生科学假说的基础在于人们对逻辑的运用。当人们研究和思考未知现象及其发展规律时，缺失的逻辑环节会使未知现象变得难以理解，补充这些缺失的逻辑环节就会形成有创新价值的科学假说。

　　这些缺失的逻辑环节可能是逻辑链条上的任何一个部分：开端、中间、结尾。例如，普朗克提出的量子概念就是逻辑链条的一个开端。1900 年之前，人类的知识积累中没有"量子"这个概念，因此当时的人类无法合理地解释黑体辐射的规律。贝塞尔提出的天狼星伴星的假说弥补了逻辑链条的一个中间环节，当人们没有掌握这个中间环节时自然无法理解天狼星的周期性摆动。卢瑟福提出的原子结构模型假说来自于他完成的α粒子散射实验，他的原子模型是该实验结果的一个合理推论。因此，卢瑟福的假说弥补了逻辑链条的末端。

　　实际上，一个好的科学问题可能会促生一门新兴的学科。例如，爱因斯坦心中一直就有个疑问：物体的惯性质量与引力质量是否在本质上是相同的物理概念？这个问题导致爱因斯坦建立了广义相对论学说。

　　解答科学问题的最好方法是科学实验。通过科学实验验证前人的科学假说和科学猜想，从而使人类的认识更加接近于客观真理。

11.2　逻辑推理与创新

逻辑推理是获得新知识的一种重要方法，因此也是创新的重要手段之一。我们可以通过逻辑推理疏通整条逻辑链，发现逻辑链的缺失环节，通过科学假说和科学实验去弥补这些缺失的逻辑环节，从而完成创新并产生出新的知识。在逻辑推理过程中，当原有的逻辑无法疏通事物发展的全部过程时，就可能意味着重大创新将要诞生。

能量量子的概念正是在原有物理学逻辑无法解释黑体辐射的情况下诞生的。概念、判断和推理是组成形式逻辑的三个基本要素。而当时人们无法解释黑体辐射规律的根本原因在于那时的物理学中没有"能量量子"的概念，人们用经典的能量可以连续辐射的观点自然会得到偏离实验现象的逻辑推论。

通过逻辑推理在很多情况下会轻而易举地得到新的知识点。例如，在初等几何学中，很多知识点是通过逻辑推理得到的。在几何学中，众所周知有两条公理：空间中的两个点可以确定一条直线；空间中不共线的三个点可以确定一个平面。根据这两条公理，人们很容易得到下面一条逻辑推理：经过一条直线和这条直线外的一个点，有且仅有一个平面。这个事例告诉我们，通过逻辑推理可以获得新的知识，因此逻辑推理是创新的一种有效方法。当然，可以轻易得到的东西必然不具备很高的创新价值。例如，有人说 x 坐标轴和 y 坐标轴构成了一个平面，该平面垂直于 z 坐标轴。在这个形式逻辑中存在 x 轴、y 轴、z 轴、平面、垂直等五个概念，其中的判断是 x 坐标轴和 y 坐标轴可以构成一个 xy 平面，其结论是该 xy 平面垂直于 z 坐标轴。按照这样的逻辑推理，其他的人很容易得出：y 坐标轴和 z 坐标轴构成了一个 yz 平面，该平面垂直于 x 坐标轴；z 坐标轴和 x 坐标轴构成了一个 zx 平面，该平面垂直于 y 坐标轴。后面的两个推论与前者的结论没有本质上的区别，它们不过是通过轮换相似的概念而得到了类似的结果，显然没有什么创新价值。虽然上面的这个例子是纯虚构的，但是类似的科学研究"成果"在当今的科学界里还真的会频频出现。只要你多翻阅一些期刊的论文，你就会发现很多研究工作只是在简单地轮换概念。这些研究结果没有发现新的客观规律，只是列举了具有相同规律的类似现象。

上面虚构的例子告诉我们以下两点：

（1）利用逻辑推理可以轻而易举地产生新的逻辑推论（新的知识点），因此利用逻辑推理创新是一种行之有效的便捷方法。

（2）后面故事中的两个逻辑推论只是轮换了前面逻辑推理中的概念，尽管在后面的逻辑推理中确实产生了不同的（新）知识点，但是其创新级别会比较低，产生的新知识基本上不具有创新价值。

　　结合前面的论述，我们可以得到这样的结论：逻辑推理是获得新知识的重要方法，重大创新可能诞生于对逻辑链条的认真梳理过程中。当人们发现了缺失的逻辑环节时，弥补这些缺失的逻辑环节可能会产生重要的突破。简单轮换概念的逻辑推理是一种极易实现的创新方法，但是它不会产生高等级创新，也不会产生高的创新价值。

11.3　难题驱动型创新

　　很多创新都产生于解决难题的过程之中。难题之所以"难"，其中一定包含有人类现有知识还没有触及或并非很熟悉的区域。例如，在 30 年以前有人设想地球上的任何两个人可以随时通话聊天，那简直就是一个天方夜谭级别的难题。但是，今天人类掌握的知识却让这样一个天方夜谭实现了，让地球上的任何两个人随时通话聊天不再是难题。因此，难与易是相对的，很多时候取决于人类掌握的相关知识的多少和深浅程度；换言之，问题的难与不难取决于人类知识宝库中相关内容的充盈程度。当人类遇到艰难的科学问题时必然意味着人类相关知识的不足，当人类解决了这些难题时，必然会导致人类知识积累的有效增加。

　　鲁班（公元前 507～前 444 年）是中国古代的工匠大师，他一生中有很多的发明创造，如锯、钻、刨子、铲子、曲尺、画线用的墨斗等。

　　相传有一年，鲁班要建造一座宫殿需要很多木料。由于当时还没有锯子，鲁班和他的徒弟用斧头砍伐木材的效率非常低。毫无疑问，要完成这样一座宫殿的建设，鲁班遇到了一个真正的难题。一次，鲁班的手被一种野草的叶子割破了。草叶两边许多小细齿非常锋利，鲁班的手就是被这些小细齿划破的。这件事给了鲁班很大启发，从而发明了锯子。

　　鲁班发明锯子的故事无疑值得我们思考，为什么很多人都会碰到的生活小事却能启发鲁班发明锯子呢？事实上，当时的鲁班满脑子都是建造巨型宫殿的难题，他会将生活当中的每一件小事都与这个难题联系起来，从中找到解决问题的方法和思路。这正是由于难题驱动而产生的创新灵感。

　　另外一个故事更加具有传奇色彩，不过它却是一个真实发生过的故事。

　　19 世纪中叶，随着石油工业、炼焦工业的迅速发展，有机化学的研究也随之蓬勃发展。苯是一种重要的有机化学原料，它是从煤焦油中提取的一种芳香型液体。当时，化学家面临着一个难题，那就是如何理解苯的结构。苯的分子中含有 6 个碳原子和 6 个氢原子，碳的化合价是四价，氢的化合价是一价。那么，1 个碳原子就要与 4 个氢原子化合，6 个碳原子该与 12 个氢原子化合（因为碳原子和碳原子之间还要化合）。而苯怎么会是 6 个碳原子和 6 个氢原子化合呢?化学家百思不得其解。

这时，德国化学家凯库勒也着手探索这一难题。他的脑子里始终充满着苯的 6 个碳原子和 6 个氢原子，他经常每天只睡三四个小时，工作起来就不停歇。他在黑板上、地板上、笔记本上、墙壁上画着各种各样的化学结构式，设想过几十种可能的排法，但是，都经不起推敲，被自己否定了。

一天晚上，凯库勒在睡梦中梦到了一条白蛇。这条奇怪的白蛇用自己的嘴咬住了自己的尾巴，变成了一个白色的环。从睡梦中清醒过来的凯库勒马上想起苯的分子结构，他立即奔向书房，画出了一个首尾相接的环状分子结构。凯库勒第一个提出了苯的环状结构式，解决了有机化学中长期悬而未决的一个难题。

日有所思，夜有所梦。凯库勒在梦境中将白蛇与苯的分子结构相联系，绝非是一种偶然。凯库勒的创新灵感产生于他的潜意识心理活动之中，由于强烈的心理需求，这个产生于潜意识中的灵感引起了强烈的心理共振，并迅速地被他抓住，从而形成了一次伟大的创新。

凯库勒的创造性贡献，奠定了他在有机化学结构发展史上的显赫地位，使得人类对有机化学结构的认识产生了一次大飞跃。

这两个故事告诉我们，人们在"难题"的压迫下往往会产生意想不到的灵感，当这样的灵感出现时，重大创新可能就诞生了。中国有个成语"急中生智"，可以很好地说明这一点。

11.4　类比发现与创新

独创常常在于发现两个或两个以上研究对象或设想之间的联系或相似之处。——贝弗里奇[①]

类比发现是通过类比两个相似事物的相同特征，推断它们可能存在的其他相同或相似特征，从而实现创新。类比是一种主观的、不充分的似真推理方法，因此要确认发现的正确性还须经过严格的实践检验。有关类比发现的题目已经有比较详细和系统的论述，如华南师范大学 2005 年的一篇硕士毕业论文的题目就是《类比与科学发现》。因此，我们不再在本书中详细地论述相关内容，下面我们仅用一个有趣的故事来说明类比创新的重要性。

德布罗意（1892~1987 年）是法国的一位具有传奇色彩的物理学家，也是世界上以博士论文获得诺贝尔物理学奖（1929 年）的第一人。之所以说他具有传奇色彩不仅是他有法国贵族的头衔，还因为他原本是学历史和法律的文科生。德布罗意天资聪颖并且有着惊人的记忆力——他读书能够做到过目不忘。在法文、历史、物理、哲学等不同的领域，他都取得过很好的成绩。中学毕业后，德布罗意

---

① 贝弗里奇（Beveridge，1879~1963 年），英国爵士，福利国家理论建构者之一。

进了著名的索邦大学攻读学士学位。那时，他同今天的大多数本科生一样迷惘，并不清楚应该学什么专业。最初，他选择了历史专业，成了一名文科生。后来，他又转为主修法律。直到读了彭加勒的著作《科学和假设》及《科学的价值》，他才开始喜欢上物理学并专心研读理论物理。1913年，他获得了学士学位。他真正的自然科学生涯开始于第一次世界大战期间。那时德布罗意在军队服役并从事无线电工作。退伍后，德布罗意跟随著名物理学家朗之万（Langevin，1872～1946年）攻读物理学博士学位。

德布罗意的哥哥也是一位物理学家，是一位研究X射线的专家。德布罗意曾经跟随哥哥一道研究X光，两人经常讨论一些感兴趣的理论问题。德布罗意的哥哥曾在1911年第一届索尔威会议上担任秘书，负责整理会议文件。这次会议的主题是关于辐射和量子论的。这些会议文件展示了当时物理学的飞跃式发展，文件的内容让德布罗意着迷也使他深受启发。在讲述德布罗意的科学贡献之前，我们先了解一下爱因斯坦的光量子假说。

为了解释光电效应，1905年爱因斯坦在普朗克能量子假说的基础上提出了光量子假说。爱因斯坦大胆假设：光与原子和电子一样也具有粒子性，光就是以光速 c 运动着的粒子流。他把这种以光速运动的粒子称为光量子（photon）。同普朗克的能量子一样，每个光量子的能量也是 $E = h\nu$。根据相对论的质能关系式（$E = mc^2$），每个光子的动量为 $p = E/c = h/\lambda$，其中，λ 是光的波长；p 是光子的动量；h 是普朗克常量。光量子假说成功地解释了光电效应。1923年，在美国圣路易斯华盛顿大学任教的康普顿（Compton，1892～1962年）研究了X射线经白蜡或石墨等物质散射后的光谱。根据经典电磁波理论，入射波长应与散射波长相等。而康普顿的实验却发现，除有波长不变的散射外，还有大于入射波长的散射存在。这种改变波长的光散射现象称为康普顿效应。光的波动说无论如何也不能解释这种效应，而光量子假说却能成功地解释它。按照光量子理论，入射X射线是光子束，光子同散射体中的自由电子碰撞时，把自己的一部分能量交给电子。由于散射后的光子减少了能量，从而使光子的频率减小，波长变大。因此，康普顿效应的发现，有力地证实了光量子假说。

事实上，爱因斯坦的光子假说并不为当时的科学界主流所接受。例如，普朗克就不认同光子学说，尽管爱因斯坦是最早支持量子假说的人。普朗克有两段著名的话可以说明当时的情况。在普朗克的能量子假说遭到激烈反对的时候，他说："一个新的科学真理取得胜利并不是通过让它的反对者们信服并看到真理的光明，而是通过这些反对者们最终死去，熟悉它的新一代成长起来。"这一断言被后人称为普朗克科学定律，并广为流传。虽然爱因斯坦对光电效应的解释是对普朗克量子概念的极大支持，但是普朗克不同意爱因斯坦的光子假设，这一点流露在普朗克推荐爱因斯坦为普鲁士科学院院士的推荐信中："总而言之，我们可以说，在近代物理学结出硕果的那些重大问题中，很难找到一个问题是爱因斯坦没有做过重要贡献的。在他的各种推测中，他有时可能也曾经没有射中标的，例如，他的光量子假设就是如此。但是这确实并不能成为过分责怪他的理由，因为即使在最精密的科学中，也不可能不偶尔冒点风险去引进一个基本上全新的概念。"

虽然爱因斯坦的光的粒子性假说不被普朗克这样的物理学大牛所接受，但是对物理功底不是很强而又是文科生出身的德布罗意却产生了重要影响。德布罗意心中冒出一个想法：光波可以具有粒子性，那么其他的实物粒子是否可以有波动性呢？毫不夸张地说，一个具有坚实物理背景的真正理科生根本不可能产生这样"荒唐"的想法。因为已经被严格证明了的牛顿力学早已将质点、刚体、天体等运动轨迹描述得清清楚楚。然而，德布罗意在他的博士毕业论文中写道："我的基本观点如下：随着爱因斯坦在光波中引入光子，人们得知，光包含粒子，而这些（光）粒子是融入波中的（光）能量的密集区。这一事实表明，所有粒子，比如电子，必是经由其融入的波来传递……我的根本主张是，把爱因斯坦 1905 年发现的光波和光子为实例，即波与粒子的共存性，拓展到全部的微观粒子。"

1923 年 10 月，德布罗意在 *Nature* 上发表了一篇短文《波和量子》[29, 30]。在这篇论文中，他提出任何运动的物体（any moving body）都有波动特性[1]，并将其称为相波（phase wave）[2]。后来，他把相波概念应用到以闭合轨道绕核运动的电子上，由驻波条件推出了玻尔量子化条件[3]。在题为《量子理论，气体运动及费马原理》[31]的论文中，他进一步提出，"只有满足位相波谐振才是稳定的轨道。"为了克服玻尔理论带有人为性质的缺陷，德布罗意把原子定态与驻波联系起来，即把粒子能量量子化问题和有限空间中驻波的波长（或频率）的分立性联系起来，如图 11-1 所示。

图 11-1　德布罗意波

在第二年的博士论文[32]中，他更明确地写下了："谐振条件是 $l = n\lambda$，即电子轨道的周长是位相波波长的整数倍。"在题为《光的量子性，衍射和干涉》[33]的论文中，德布罗意提出如下设想："在一定情形中，任一运动粒子能够被衍射。穿过一个相当小的开孔的电子群会表现出衍射现象。正是在这一方面，有可能寻得我们观点的实验验证。"

---

① "We must suppose that any moving body follows always the ray of its 'phase wave'; its path will then bend by passing through a sufficiently small aperture." 我们必须假设任何运动的物体总是跟随它"相波"的射线；当通过一个足够小的孔径时，它的路径会弯曲。

② 薛定谔解释波函数的物理意义时将其称为"物质波"。

③ "I have been able to show that the stability conditions of the trajectories in Bohr's atom express that the wave is tuned with the length of the closed path." 我已经能证明玻尔原子中（电子）轨道的稳定条件即为波与闭合路径的长度一致。

1927 年，戴维森与革末在贝尔实验室将电子射向镍单晶，发现其衍射图谱和布拉格定律（这原是用于 X 射线的）预测的一样。在德布罗意提出实物粒子的波动性之前，科学界认为衍射只是波（光波、水波、声波、电磁波）具有的性质。电子衍射实验证明了实物粒子也具有波动性，从而也证实了德布罗意假说的正确性。1999 年，富勒烯球[①]也被测出有波动的性质。

回顾德布罗意提出物质波假设的过程，值得我们深思的是德布罗意从几何光学（费马原理）和经典力学（莫培丢变分原理）的类比（如下面的公式所示），又从爱因斯坦光的波粒二象性得到启示，提出了一个如此大胆的假设。这说明了利用类比的方法，了解事物的历史发展过程，对于科学创新的重要性。

$\delta \int_A^B n\mathrm{d}l = 0$，几何光学中的费马原理[②]。

$\delta \int_A^B p\mathrm{d}l = 0$，经典力学中的莫培丢变分原理[③]。

德布罗意早年对历史和法律研究的兴趣也许还有某种潜移默化的影响，促进了德布罗意物质波假设的提出。德布罗意因提出了物质波理论荣获 1929 年诺贝尔物理学奖，成为第一个以学位论文获得诺贝尔奖的人。

11.5　翻越障碍与熟能生巧

当人们设定了一个科学目标后，往往会发现实现这个科学目标有如翻越一个巨大的障碍。这样的障碍往往又是由多个科学和技术难题所构成。在 11.3 节中论述过，一个科学难题必然蕴藏着人类知识的盲点，那么多个科学难题构成的科学与技术障碍必然会包含着更多有待人们去发现和认识的新知识。

发光二极管 LED（light-emitting diode）已经是我们今天生活中必不可少的一种电子器件。它是一种可以产生电致发光的半导体器件，目前可实现 LED 功能的材料主要是 III-V 化合物半导体材料。LED 所发射的光的波长（颜色）是由组成 P-N 结的半导体材料的禁带宽度所决定的。LED 的基本结构是直接带隙半导体的 P-N 结，在正负极施以电压，利用 P 型层注入的空穴与 N 型层注

---

① 也称为碳球，是由 60 个碳原子构成的球状结构。

② 光在任意介质中从一点 *A* 到另一点 *B* 传播时，会取道所需时间最短的路径，因此又称最小时间原理或极短光程原理。该原理是由法国数学家费马于 1657 年首先提出的。式中的 *n* 为空间介质折射率，*l* 为光传播路程（光程），δ 为变分记号。

③ 物体从一点 *A* 到另一点 *B* 的实际运动（经历）可以由作用量求极值得出，即作用量 *pdl* 最小的那个经历，其中，*p* 为动量；*l* 为路程；δ 为变分记号。莫培丢于 1744 年提出了这个原理，他将其称为"最小作用量原理"，并指出："自然界总是通过最简单的方法产生作用。如果一个物体必须没有任何阻碍地从这一点到另一点——自然界就利用最短的途径和最快的速度来引导它。"另一说法是，德国数学家莱布尼茨于 1669 年首先提出了该原理。

入的电子在 P-N 结空间电荷区复合发光，光子的能量近似等于半导体材料的禁带宽度。

1955 年，美国无线电公司（Radio Corporation of America）的布朗石泰（Braunstein）基于这样的原理发现了砷化镓（GaAs）以及其他化合物半导体的红外光发射现象。1962 年，美国通用电气公司的何伦亚克（Holonyak）开发出第一款可实际应用的可见光 LED。1965 年，全球第一款商用化发光二极管诞生，它是用锗半导体材料做成的可发出红外光的 LED，当时的单价约为 45 美元。其后不久，Monsanto 和惠普公司推出了用 GaAsP 材料制作的商用化红色 LED。这种 LED 的效率为每瓦大约 0.1 流明[①]，比一般的 60～100 瓦白炽灯的每瓦 15 流明要低上 100 多倍。1968 年，LED 的研发取得了突破性进展，利用氮掺杂工艺使 GaAsP 器件的效率达到了 1 流明/瓦，并且能够发出红光、橙光和黄色光。1971 年，半导体产业界又推出了具有相同效率的 GaP 绿色芯片 LED。AlGaAs 发光二极管是 20 世纪 80 年代早期的重大技术突破，它能以每瓦 10 流明的发光效率发出红光。这一技术进步使 LED 能够应用于室外信息发布以及汽车高位刹车灯（CHMSL）设备。1990 年，业界又开发出了 AlInGaP 技术，这比当时标准的 GaAsP 器件性能要高出 10 倍。今天，效率最高的 LED 是用透明衬底 AlInGaP 材料制作的。1991～2001 年，材料技术、芯片尺寸和外形方面的进一步发展，使商用化 LED 的光通量提高了将近 30 倍。此后，人们一直努力制备绿光和蓝光 LED，以实现三基色的半导体发光。

作为第三代半导体材料体系，III 族氮化物（又称 GaN 基）半导体，由 InN、GaN、AlN 及其三元、四元合金组成，是迄今禁带宽度调制范围最宽的直接带隙半导体，非常适合于制备短波长发光器件。20 世纪 60 年代起，GaN 作为突破蓝光 LED 的关键材料开始受到人们的关注。然而与其他化合物半导体材料不同，GaN 缺乏天然的外延生长用单晶衬底，只能使用其他晶体作为衬底来进行异质外延生长，得到的外延层晶体质量和导电类型都很难控制。20 世纪 70 年代日本科学家 Nishizawa 用蒸汽压控制法液相外延高质量的 GaP 薄膜，并在 GaP 中引入 N 杂质形成等电子陷阱，实现了绿光 LED。1971 年，美国无线电公司的 Pankov 制作了采用 GaN 的 MIS（金属-绝缘体-半导体）结构蓝光发光器件，这是全球最先诞生的 GaN 基蓝绿光发光器件。但由于未实现 P 型 GaN，没有 P-N 结，器件外量子效率只有 0.1%，不具有实际应用意义。

自从人们意识到 GaN 可能成为蓝光 LED 材料开始（20 世纪 60 年代），全世界的科研人员和相关产业专业技术研发人员就蜂拥地进入这个研究领域之中。然

---

① 描述光通量的物理单位，发光强度为 1 坎德拉（cd）的点光源在单位立体角（1 球面度）内发出的光通量为 1 流明（lm）。一只普通蜡烛发射出的光通量约为 4π流明。

而，这些科研人员却绝望地发现他们遇到了无法逾越的技术障碍。这些技术障碍主要可总结为如下两点：①如何得到高质量的 GaN 晶体外延薄膜；②如何实现 GaN 的 P 型掺杂。当这些科研人员花了 10 年、20 年甚至 30 年的时间都没有解决 GaN 外延薄膜的晶体质量问题和 GaN 的 P 型掺杂问题时，绝大多数的研究人员陆续地撤离了这个研究领域。当上述两个技术难题被解决时（1991 年），全世界真正在这个领域内依然坚持的研究人员数量已经所剩无几。日本科学家赤崎勇便是其中之一。

赤崎勇生于 1929 年，1952 年本科毕业于日本京都大学，1959 年进入名古屋大学开始有关半导体的研究，1964 年获得工学博士学位。自那时起，赤崎勇先后将自己的科研目标设立为用气相外延生长法生长锗单晶和化合物半导体单晶薄膜。当成功地制备出锗单晶后，研制 GaN 单晶薄膜的工作让赤崎勇倍感艰辛。随着国际上许多大研究机构的同行先后放弃研制 GaN 单晶，赤崎勇成了仍在该领域坚持工作的为数不多的"独行侠"。1981 年，赤崎勇重返名古屋大学担任教授。为了支持他开展 GaN 的研究，该校专门为赤崎勇建造了一间超净实验室，而他将这个实验室变成了一座"不夜城"。

给蓝宝石基底加缓冲层的想法是 1983 年赤崎勇告诉自己的学生天野浩的。虽然自从天野浩入实验室后就不分昼夜地重复着生长 GaN 单晶的实验，但一直也没有尝试过加缓冲层的事情。直到 1985 年的一天，碰巧天野浩使用的炉子出了问题，温度升不到 1000℃而只能达到 700~800℃，这个温度是无法生长 GaN 单晶的。此时，天野浩想起了几年前赤崎勇老师讲的"加缓冲层"的话。于是，天野浩就在 500℃下试着生长了一层 AlN 单晶薄膜。当炉子恢复正常后，天野浩在 1000℃下又在 AlN 单晶薄膜上生长了一层 GaN 薄膜，成功地制备出了均匀的 GaN 单晶，成为研制出蓝色 LED 的"突破性技术"之一。

研制蓝色 LED 的第二个"突破性技术"是 GaN 的 P 型掺杂。赤崎勇和他的学生在 1989 年发现 GaN 的 P 型掺杂方法时也非常的偶然。他们把掺有 Mg 元素的 P 型 GaN 放到电子显微镜下观察后，意外地发现经过电子辐照的 GaN 的发光有所增强，说明电子束辐照能够提升 P 型掺杂的效率，从而获得了性能优异的 P 型 GaN 半导体，从根本上翻越了这个已经吓走了很多研究人员的技术障碍。1989 年底，赤崎勇率领他的学生们成功地研制出第一支 GaN P-N 结蓝色发光二极管。

从赤崎勇开始在半导体领域从事研究，到他与学生们成功地研制出 GaN P-N 结蓝色发光二极管，整整过去了 30 年。20 世纪 70~80 年代，在绝大多数研究人员都放弃了 GaN 单晶的研制时，赤崎勇依然孤独地奋斗了十几年。他的成功看似来自一些偶然事件，但是他攻克技术难题的决心和反反复复的尝试无疑起到了最为关键的作用。

上面的故事告诉我们，当理论指明了研究方向后，要达到目的还需要搞清许多具体的技术环节。这些技术环节往往不是理论能够预测得到的，只有通过反复的实验（行为过程）才可能获得其中的知识，实现有价值的创新。

赤崎勇和天野浩的成功有合乎逻辑惯性的大量重复实验和不断改进的方法选择，更加重要的突破却是发生在一些偶然的事件之中，如仪器故障、电子束照射引起的 P 型优化等。虽然这些事件在赤崎勇等人的研究中是偶然发生的，但偶然事件在重大科学发现中的出现确有其必然性。偏离思维惯性路线的事件是偶然事件。偶然事件的特点就在于，人们总是按照思维惯性路线去做事情，因此，偏离思维惯性路线的创新总是让人们感到偶然，其创新结果也会完全不同凡响。只有赤崎勇这样的积年累月的坚持者才会有更多的机会去偶遇那些有价值的偶然事件。因此可以说，上帝不仅青睐有思想准备的幸运者，而且更加青睐那些在科学研究道路上持之以恒的独行侠。

11.6　穿越万维子空间

万维子空间是由已知的素轴或复轴构成的。例如，在我们现实世界中，由 x、y、z 三个坐标轴构成的三维空间就是一个万维子空间。当加入时间轴后，就构成了一个四维时空。我们把低维子空间与高维子空间的交界称为维界。例如，x、y 两个坐标轴构成一个二维子空间，当加入一个与 x-y 平面垂直的 z 轴时，二维子空间就过渡到了三维子空间。二维子空间与三维子空间的交界就是维界，因此我们将维度的边界称为维界。维界是个抽象的概念，我们很难在大脑中形成一个维界的图像。但是，维界往往出现在万维子空间的非逻辑出口处。例如，在一个二维世界里，所有的生物都只能有两个伸展方向或两个运动方向。因此，只能有两个方向的运动规则构成了二维世界的逻辑。如果，一个二维生物忽然在某一天"站立"起来，发生了向第三个方向的运动，那么这个突发事件就是一个非逻辑事件，因为它打破了二维世界的逻辑，构成了一个非逻辑出口。而二维子空间与三维子空间的维界就出现在这个出口处。随着新素轴的加入，万维空间的维度也在不断地增加。所谓的穿越万维子空间就是发现新维界的过程，就是从一个已知的子空间中穿越到一个未知的子空间中。未知的子空间必然包含有新的素轴。因此，穿越子空间就意味着发现新素轴。

万维子空间中的任何一个事物都会有其边界，对事物边界的探索有可能获得相邻未知空间的信息，从而为发现新的素轴找到线索。人们在探索一个事物的边界时必定想尽各种办法、无所不用其极，因此就有可能"穿越"进入万维空间的新区域之中。实际上，这种"穿越"在科学研究中是时常发生的。很多重要的科学发现都来自对万维子空间边界的反复探索。下面，我们用爱迪生发现"爱迪生效应"的故事来说明这种"穿越"是如何发生的。

很多人以为电灯泡是爱迪生①发明的，那是以讹传讹。事实上，英国化学家戴维早在 1801 年就将铂丝通电实现了发光的功能，并在 1810 年发明了电烛：利用两根碳棒之间的电弧照明。1850 年，英国人斯旺（Swan）开始研究电灯泡。1854 年，美国人戈培尔将一根碳化的竹丝放在真空玻璃瓶中通电发光，是白炽灯泡的重要发明人。1875 年爱迪生从两名加拿大电气技师手里买下了一项电灯泡专利：在玻璃泡中充入氮气，让通电的碳杆发光。买下电灯泡专利后，爱迪生一直试图改良灯泡内的灯丝，以增加灯泡的使用寿命，并用碳化竹丝在实验室中实现了 1200 小时的照明。为寻找最佳灯丝材料，爱迪生在几年之内完成了上千次的各种实验，并最终发现使用钨丝代替碳丝作为灯丝，可以显著地延长灯泡的寿命。1906 年，美国通用电气公司②发明了一种制造钨丝的方法，极大地降低了灯泡的成本，廉价的钨丝灯泡迅速地走入了寻常百姓家。

在爱迪生完成的成百上千次实验中，有一个实验结果彻底地改变了人类的文明历史。1883 年，为了延长灯泡中碳丝的寿命，爱迪生在灯泡内的碳丝旁边加装了一小段铜丝，希望它能减弱碳丝的蒸发。然而，实验结果并不理想，铜丝对碳丝的蒸发没有任何作用。不过，无意中一个有趣的实验现象还是引起了爱迪生的注意，连接在电路里的铜丝产生了微弱的电流。通电的碳丝能够发射热电子并在铜丝中产生电流，这个实验现象并没有引起爱迪生的极大重视，但是他还是习惯地申报了一件专利，并称其为"爱迪生效应"。

然而，两年之后，英国电气工程师弗莱明（Fleming）博士利用"爱迪生效应"研制出了一种特殊的灯泡——真空二极管。真空二极管具有单向导电性，它的出现标志着人类进入了电子时代。随着真空三极管③的发明，电视机、收音机、扩音机、计算机等现代电子设备陆续出现，极大地促进了人类文明的前进步伐。

在这个故事中，灯泡的发明与改进固然重要，但是"爱迪生效应"的发现与电子管的发明更加重要。前者让人类进入电灯时代，后者让人类进入了电子时代。

爱迪生为了突破灯泡的使用寿命限制，用了三年的时间试验了 1600 多种不同的材料，最终确认钨丝是最好的灯丝材料，当充入惰性气体（氮气、氩气或氖气）后钨丝灯泡的寿命可以达到 1000 小时以上。在提高灯泡寿命的研究中，爱迪生无意间发现了万维空间的一个新素轴——"爱迪生效应"，因此有效地"穿越"到了一个新的万维子空间中。

这个故事很有趣的部分是，如果爱迪生在购买灯泡专利时灯泡的寿命就已经

① 爱迪生（Edison，1847～1931 年），美国著名发明家和企业家，出生于美国俄亥俄州米兰镇，逝世于美国新泽西州西奥兰治。他发明的留声机、电影摄影机以及经他改进的电灯技术对世界有极大的影响。他一生的发明共有 2000 多项，拥有专利 1000 多件。

② 美国通用电气公司（General Electric Company，简称 GE），爱迪生创建于 1892 年。

③ 1906 年，德福雷斯特发明了真空三极管。

达到了成千上万个小时，他自然就不会花费那么大的力气尝试各种材料和各种方法去提高灯泡的寿命了。也许，"爱迪生效应"不知要何时才能被人类所发现，人类也不知何时才能进入电子时代。如此看来，探索事物存在和发展的极限边界确实可能使我们"穿越"到万维空间的新区域。因此，在科学研究中，如果能够在维界附近进行反复的探索，就有可能实现这样的"穿越"，收获重大的科研成果。

11.7　突破极限

一个事物在万维空间中会占据一定的位置和空间，因此它在万维空间的某个坐标轴上的取值通常会有一个范围。例如，在前面我们指出，人类身高最高通常不会超过2.72 米。因为，到目前为止，2.72 米是人类身高的最高纪录。也许某一天出现了一个身高大于 2.72 米的人类，但是无论如何其身高也不会超出 2.72 米很多。因为决定人类身高的基本因素是基因这种遗传物质，而基因的根本特征之一就在于复制[①]。因此，在人类的基因没有发生重大改变时，人类的身高范围也不会有很大的变化。实际上，在中国很多身高超过 2 米的"巨人"也是由基因突变所导致的一种非正常状态。如果某一天，人们发现了一位身高超过 3 米的巨人，那么人类的知识宝库中一定会增加很多新的知识。出现 3 米高的巨人可能意味着人类基因的重大突变，可能意味着来了外星人，也可能意味着地球上产生了新的物种，等等。无论哪种情况发生，都会是人类的一次重大发现，都会是一次高等级创新。总之，发生了超出常规界限的事件必定会蕴含着某些不为人所知的内在原因。换句话说，在某个或某些维度上突破事物的原有极限可能会导致高等级的创新。这里面蕴藏的道理很简单，事物在其万维空间中都有其固有的边界或称为极限，这些边界都是由事物的本身特质所决定的。当这些极限被突破后，意味着人们的常规认识也被打破了，新的认识会随之产生。

事物突破其固有极限可能存在如下两种情况：

（1）事物内在的某些基本特性被改变了；

（2）事物存在的环境条件被改变了。

下面，我们用两个故事分别对这两种情况进行说明。

11.7.1　转基因技术

改变事物基本特性的最好例子就是转基因技术[②]。在转基因技术出现之前，农

---

① 基因的基本特性：a. DNA 的碱基互补配对；b. DNA 复制；c. DNA 解旋；d. DNA 的半保留复制。DNA 复制是指以亲代 DNA 分子为模板来合成子代 DNA 的过程。DNA 的复制实质上是遗传信息的复制。

② 利用基因工程将其他生物的遗传物质加入到某种农作物的基因中，并将其原有的不良基因移除，从而造成品质更好的农作物。通常转基因技术可增加农作物的产量，改善其品质，提高其抗旱、抗寒、抗病虫害及其他特性。

作物的产量、抵抗病虫害的能力、抗旱能力、抗寒能力都有其自身的固有范围。农业科学家、技术人员和农民通过种种努力去减灾增产，但无论如何也跨越不出这些固有的范围。因为这些范围是由农作物的固有基因特征所决定的。农作物的固有基因是经历了上亿年的自然选择形成的，其特质已然与周边的自然环境及其变化浑然一体、冲突相容。超出这些固有的耐虫、耐旱、耐寒范围，农作物不仅会产量降低，还可能会因大面积死亡而绝收。

然而，通过转基因技术，生物科学家改变了农作物的固有基因，因此也改变了原有农作物的抗虫、抗旱和抗寒能力并大幅度地提高了产量。从这个意义上讲，转基因作物不是自然界原有的品种，而是被人类干扰了的"人造品种"。这些人造品种与自然和人类是否和谐还有待时间去验证。目前，生物科学工作者已经研制出来了转基因牲畜、转基因鱼虾、转基因粮食、转基因蔬菜和转基因水果。据统计，2011年全球转基因作物的种植节约了相当于47300公斤的杀虫剂，高产的转基因作物节省了相当于1.09亿公顷的耕地，同时其效果相当于减少了约230亿公斤的温室气体排放量。

人类很多活动的目的就在于寻找和突破事物存在和发展的某些极限。所谓的世界纪录、吉尼斯纪录说的就是人类寻找和突破这些极限的最新结果。在体育运动比赛中，人类的体能极限一次次地被刷新，然而我们会发现这些刷新的记录增幅越来越小，表明这些记录都在趋近于它们的极限或称边界。当这些固有极限被有效地突破时，新生事物必然会从中诞生。遵从这样的思路，当我们的研究工作是为了有效地突破某个事物的某个固有极限时，一旦成功，高等级的创新就会随之而产生。

事物进入了万维空间的新区域必然对应着事物的某个固有极限被突破。所谓的新区域是由新的万维空间素轴所规定的。当人们发现一个事物进入了万维空间的新区域时，他就发现了万维空间的新素轴，因此也就完成了一次维度创新。

11.7.2　广义相对论与时空弯曲

在现实生活中，日常常识反复地告诉我们空间是平直的。任何光线都会在真空中沿着直线传播，如果没有其他物体的介入，光线不会拐弯。

然而，爱因斯坦却不这么认为。100多年以前（1905～1915年），爱因斯坦在建立了狭义相对论后又提出了基于惯性质量与引力质量等效的广义相对论：物理定律的形式在一切参考系中都是不变的。如果是这样，那么把太阳作为一个参考系，地球是在做匀速直线运动吗？爱因斯坦的回答是肯定的。根据他的广义相对论，太阳对地球的引力场为地球构造了一个椭圆形弯曲空间，地球在这个弯曲的空间中做匀速直线运动。

按照经典的牛顿力学理论，地球围绕着太阳公转是因为太阳对地球的万有引力为地球提供了公转的向心力，而地球之所以能够保持在自己的公转轨道上而不被太阳吸引过去是因为它还受到离心力的作用。离心力来自地球沿着轨道切线方向运动的惯性。因此，地球在公转的径向方向上受到的向心力和离心力相互抵消。但是，按照爱因斯坦的广义相对论：物理定律的形式在一切参考系中都是不变的，那么在向心力和离心力相互抵消的情况下，地球就应该做匀速直线运动。如果说，地球绕着太阳的运动是直线运动，那么地球运动的空间必然是弯曲的。在爱因斯坦看来，来自引力质量的向心力与来自惯性质量的离心力在本质上是相同的，因此用弯曲的空间来解释地球的运动轨迹更加符合事物的本来面目。

那么，空间真是弯曲的吗？人们常用光的传播特性来衡量空间的平直性。爱因斯坦根据广义相对论预言，在大质量天体的周围空间对于光线也是弯曲的。1911 年，爱因斯坦在《引力对光线传播的影响》一文中预言，光线经过太阳附近时由于太阳引力的作用会产生弯曲。他推算出偏角为 0.83″，并且指出这一现象可以在日全食时进行观测。1914 年，德国天文学家弗劳德（Freundlich）领队去克里木半岛准备对当年八月间的日全食进行观测，正遇上第一次世界大战爆发，观测未能进行。幸亏这样，因为爱因斯坦当时只考虑到等价原理，计算结果小了一半。1916 年，爱因斯坦根据完整的广义相对论对光线在引力场中的弯曲重新作了计算。他不仅考虑到太阳引力的作用，还考虑到太阳质量导致空间几何形变。1919 年日全食期间，英国皇家学会和英国皇家天文学会派出了由爱丁顿（Eddington）等率领的两支观测队，分赴西非几内亚湾的普林西比岛（Principe）和巴西的索布拉尔（Sobral）两地观测。把当时测到的偏角数据跟爱因斯坦的理论预期比较，基本相符。然而，这种观测精度太低，而且还会受到其他因素的干扰。人们一直在寻找日全食以外的其他验证方式。20 世纪 60 年代发展起来的射电天文学为此带来了希望。天文学者用射电望远镜发现了类星射电源。1974年和 1975 年人们获得了对类星体观测的结果，观测值与理论预测值偏差不超过百分之一。

在这个故事中，爱因斯坦的极限就在于物体质量的大小。当物体（天体）大到某种程度时，其质量就可以导致足以让人们观测到的空间弯曲。原本平直的时空在巨质量的天体周围发生了变化，从而突破了人类原有的认识。

当我们把"时空的平直性"放到万维空间中，在不考虑"质量"坐标轴时，时空是平直的。当把"质量"坐标轴加入万维空间中后，如果质量坐标不够大，时空依然近似是平直的；当质量坐标大到某种程度后（如大到太阳的质量），时空的弯曲特性开始显现；当质量坐标达到黑洞的质量，时空极度弯曲，光线也无法从其周围逃离出来。正如我们在 4.7 节中所论述的那样，决定事物状态函数的因素，除了事物本身的特质之外还有其所处的环境条件。因此，改变环境条件是一种突破极限的重要方法。常规的极限会在极端的条件下被突破。

11.8　符　合　实　际

符合实际是指事物的发生发展应该合乎逻辑，应该与现实保持一致。符合实际是一条判别真伪与优劣的判据，在现实生活中人们自觉或不自觉地总会用到这样的判据。

在创新活动中，应用符合实际这个判据也会产生让人意想不到的结果。当人们的原有认识不符合实际时，就意味着这些认识需要改变、新知识即将产生。因此，采用符合实际这条判据也是实现创新的一种重要方法。下面我们用一个小故事来说明这一点。

相传古时候有两个非常杰出的雕刻艺人，他们的技艺难分高下，时常会为谁是天下第一而争论不休。有一天，他们的国王突发奇想，要两人在三天内各自雕刻出一只老鼠，并宣布谁刻出的老鼠更逼真谁就是"天下第一"。

第一位艺人马上动手开始雕刻，他夜以继日地忙碌，足足用了三天三夜的时间完成了他的作品。第二位艺人略略地思考了一下，就去忙其他的事情了。直到第三天晚上他才匆匆忙忙地做了个东西，然后就呼呼地大睡起来。

三天后，两个雕刻艺人都呈上了自己的作品，国王请大臣们帮助一起评判。

第一位艺人雕刻的老鼠栩栩如生，连老鼠的胡须都会动；第二位艺人呈上的东西只能算作是一个木头疙瘩，虽然有点老鼠的神态，但真的很难说是一只老鼠。国王和大臣们看着这个木头疙瘩都不禁哑然失笑，一致认为是第一位艺人的作品获胜。

但第二位艺人表示异议，他说："猫对老鼠最有感觉，要决定我们雕刻的东西是否像老鼠，应该由猫来决定。"国王想想这个说法也有道理，就叫人带几只猫上来。没想到的是：见了雕刻的老鼠，带上来的几只猫不约而同地向那个木头疙瘩"老鼠"扑过去，又是啃又是咬，对旁边的那只栩栩如生的"老鼠"却视而不见。

事实胜于雄辩，国王只好宣布第二位艺人获胜。但国王很纳闷，就问第二位艺人："你是如何让猫以为你刻的木头疙瘩是真老鼠的呢？"

"其实很简单，我只不过是用混有鱼骨头的材料雕刻老鼠罢了，猫在乎的不是看上去像不像老鼠，而是闻上去有没有鱼腥味。"

从猫的习性来看，有没有腥味才是"符合实际"的判据；而大臣们的判据自然不会是腥味而是从人类审美的观点进行评判。第二位艺人的聪明之处不仅在于他想到了用猫去做评判，而且在于他能够成功地说服国王支持他的观点并更改了评判规则。在同意第二位艺人改变评判规则时，国王和大臣们绝不会想到鱼腥味与雕刻作品之间的关系。二者风马牛不相及，但是第二位艺人却创造性地把它们联系到了一起，并利用人们内心中"符合实际"的潜规则赢得了比赛。

11.9　打哪指哪方能百发百中

事物的发生与发展有其自身的规律性，这些规律并不随着人的意志而变化。因此，很多时候你在科学实验中会发现其现象并不像你预测的那样。科学研究中存在着很多不确定性，很多重要的科学发现都产生于意想不到的事件中。正如我们前面所论述的那样，高等级的创新往往是无法或者很少能借用现有的人类知识，因此单凭已有的逻辑线索很难将其推演出来。然而，在一些偶发的事件中，它们却可能露出痕迹，并导致出乎人们意料的重大发现。跟随实验现象的指引往往比坚持原有研究预案更能让一个研究者接近客观真理。下面用三个故事说明"打哪指哪方能百发百中"的创新方法。

11.9.1　宇宙大爆炸与宇宙背景辐射

宇宙大爆炸是一种关于宇宙起源的学说，是根据天文观测研究后得到的一种设想。现代宇宙学家认为，我们现在的宇宙是由一个密度极大且温度极高的太初状态演变而来的。在 133 亿～139 亿年前，宇宙中的所有物质和能量都集中在一个高温、高密度的质点内。极高的温度和能量密度导致这个质点发生了巨大的爆炸。大爆炸引起质点内的物质和能量向外高速膨胀，进而形成了今天我们看到的宇宙。这样大胆的设想主要来自天文学的观测数据和基于爱因斯坦广义相对论的理论预测。

1912 年斯里弗尔（Slipher）首次观测到了一个旋涡星系的多普勒红移[①]，并在之后的天文观测中证实绝大多数类似的星云都在远离地球。这在当时是一个令人困惑的天文现象。1922 年，苏联宇宙学家、数学家弗里德曼利用爱因斯坦的引力场方程推导出了弗里德曼方程。通过选取合适的状态方程，弗里德曼方程描述了一个正在膨胀的宇宙。1927 年，比利时物理学家、天主教牧师勒梅特在不了解弗里德曼工作的情况下独立地提出了星云后退现象的原因是宇宙在膨胀。1931 年勒梅特进一步指出，宇宙的膨胀意味着它在时间反演上会发生坍缩，这种情形会一直发生下去直到它不能再坍缩为止，此时宇宙中的所有质量都会集中到一个几何尺寸很小的"原生原子"上，时间和空间的结构就是从这个"原生原子"产生的。勒梅特关于宇宙的说法受到了质疑和批判。非常有趣的是，勒梅特只是反演了宇宙的膨胀过程，而并没有将一个"原生原子"到现实宇宙的发展过程称为"宇

---

① 一种物理学现象：一个远离观察者运动着的物体所发出的声音或光波的频率会变低（波长会变长）。对于光波来说，波长越长颜色越红，波长越短颜色越蓝（或越紫）。

宙大爆炸"。然而，在 1949 年 3 月的一期 BBC 广播节目《物质的特性》(*The Nature of Things*) 中，他的反对者霍伊尔将勒梅特等的理论称为 "这个大爆炸的观点"。不幸的是，"宇宙大爆炸"的发明权归属了它的反对者。1946 年美国物理学家伽莫夫正式提出大爆炸理论，认为宇宙由大约 200 亿年前发生的一次大爆炸形成。宇宙学家所指的宇宙大爆炸观点为：宇宙是在过去有限的时间之前，由一个密度极大且温度极高的太初状态演变而来的（根据 2010 年所得到的最佳观测结果，这些初始状态存在于 133 亿～139 亿年前），并经过不断地膨胀到达今天的状态。伽莫夫提出了太初核合成理论，而他的同事阿尔菲和赫尔曼则由此在理论上预言了宇宙微波背景辐射的存在。因此，我们现在的宇宙是否来自 "原生原子" 的大爆炸的关键就变成了对宇宙微波背景辐射的探测工作。从大爆炸理论提出那个时刻起，很多科学工作者都尝试着去探测大爆炸理论预言的宇宙微波背景辐射，然而此后近 20 年仍毫无结果。

1964 年，为了改进与 "回声" 和 "电视星" 卫星的通信，美国贝尔实验室的工程师彭齐亚斯和威尔逊架设了一台口径为 6 米的喇叭状天线。他们通过加装氦制冷参考源和改进对比天线温度的开关装置，使其定向灵敏度高于其他射电望远镜。为了检测这台天线的噪声性能，彭齐亚斯和威尔逊将天线对准天空各个方向进行测量。他们发现，在波长为 7.35cm 的地方一直有一个各向同性的信号存在，这个信号既没有日夜的变化，也没有季节的变化，因而可以判定与地球的公转和自转无关。因此，他们认为这个具有固定频率的微波信号应该源于天线系统本身的噪声。他们反复地检查这个天线系统不断地做着调整和改进工作，然而无论他们怎样的努力，这个噪声就是消除不掉。

1965 年初，他们对天线进行了彻底检查，发现了天线上的鸽子窝和鸟粪，以为终于找到了问题的来源。但是，当他们清除了这些鸽子窝和鸟粪后，那个令他们崩溃的噪声仍然存在。无奈之下，他们在《天体物理学报》上以《在 4080 兆赫上额外天线温度的测量》为题发表论文正式报道了这个令他们困惑的微波噪声。然而，令他们意想不到的是，他们的实验观测数据却让一些天文学者兴奋不已。天文学者同时在同一期刊上发表了《宇宙黑体辐射》的论文，兴奋的天文学者认定这个额外的辐射就是宇宙微波背景辐射！

宇宙背景辐射的发现在近代天文学上具有非常重要的意义，它给了大爆炸理论一个有力的证据，并且与类星体、脉冲星、星际有机分子一道，并称为 20 世纪 60 年代天文学 "四大发现"。为此，彭齐亚斯和威尔逊获得 1978 年的诺贝尔物理学奖。

11.9.2　光学双稳态、光致黑体辐射与七光子上转换发光的实现

下面以第一人称讲讲我（秦伟平教授，本书第一作者）的两个典型科学研究

事例。这些事例本身的科学意义不一定很大，但是是我的亲身经历，在这里与读者分享可能会更加有说服力。

　　光学双稳是非线性光学中一个十分重要的现象；基于光学双稳原理的器件是实现光开关、光存储、光逻辑运算的基本部件，在光通信和全光计算机研发等领域有着广泛的应用。一般来讲，产生光学双稳需要两个必要条件：光学非线性效应和光学信号反馈。在传统的光学双稳器件中，反馈由光学谐振腔构成，这无疑增加了器件的制造难度和器件的尺寸，为实际应用和器件高密度集成带来困难。1979 年，Bowden 和 Sung 在进行理论研究时发现，基态以及能够引起与入射场有关的局域场（或洛伦兹场）变化的近偶极相互作用可能产生光学双稳，产生这样的光学双稳无须光学反馈腔，并首先在理论上提出了凝聚态物质中的本征光学双稳态（intrinsic optical bistability，IOB）的概念[34]。1994 年，Hehlen 等在 $Cs_3Y_2Br_9$：$10\%Yb^{3+}$ 晶体材料中首先观察到了本征光学双稳现象[35]。他们在低温下（$T<31K$）用 1 微米左右的近红外激光激发稀土离子 Yb^{3+}，在检测 Yb^{3+}-Yb^{3+} 对合作发光（约为 500nm）时，发现了本征光学双稳现象。

　　我的研究组自 2004 年开始介入稀土 IOB 方面的研究，研究的重点主要为室温下 Yb^{3+}-Tm^{3+} 共掺杂微纳米氟化物体系的 IOB 实现问题。2004～2007 年，我和我的研究生完成了大量的材料制备和 IOB 原理性实验并得到了一些有价值的实验数据。首次做到了在单个微米粒子内实现本征光学双稳的实验；在双光子、三光子 IOB 观察的基础上，我们还在国际上首次实现了四光子和五光子 IOB 实验，拓展了 IOB 实现的波长范围。此前，在体材料中四光子和五光子 IOB 还从来没有被观测到过，这是因为在体材料中四光子和五光子上转换过程本身就非常弱。然而，当材料颗粒尺寸进入亚微米和纳米量级时，四光子和五光子上转换过程会变得很强。

　　就在我们欢欣鼓舞、干劲十足地开展单个纳米粒子的光学双稳研究时，一个悲剧性的事情发生了。我的博士生曹春燕用实验证明之前观察到的实验现象都是假象！曹春燕向我详细地讲述了她的实验过程和她的发现。虽然很无奈，但是我不得不承认，我们之前观测到的光学双稳跳跃来自所用激光电源的电流跳跃，虽然这个跳跃很小，但却让我们观测到了"光学双稳"。开展了几年的研究、辛辛苦苦获得的大量实验数据就这样付诸东流了。我安排曹春燕更换了高精度电源，然而我们期待的"光学双稳"再也没有出现过。

　　我马上给曹春燕安排了另外一个研究题目：近红外光照射下的高亮度黑体辐射型上转换发光研究。

　　早在 2002 年时，我的博士生吴长锋就发现在 980nm 近红外光照射下 Mo 掺杂的 TiO_2 样品会发射出强烈的宽带上转换发光[36-38]。这个宽带发光就像一盏小的白炽灯，非常亮，犹如样品在燃烧。只要激光一直照射样品，这个发光就一直会亮下去。我们当时试图用"光子雪崩""$[MoO_4]^{2-}$ 基团的上转换发光"解释这个物理现象，但是在我的心中一直觉得它与黑体辐射现象很像。如果是黑体辐射，样品的温度必定要很高才对，然而我们所提供的实验环境不太可能使样品的温度达到几千开尔文。后来，我们忙于高阶上转换、光学双稳、Si_3C 合金晶体[39]等其他问题的研究，吴长锋的这个发现草草地发了几篇论文就被搁置到一边了。但是，在我们开展的光学双稳测量实验中，我的另外一位博士生赵丹用上转换样品再次观察到了这样的宽带上转换发光。而且，非常有趣的是，在低温真空条件下这样的实验现象似乎更加容易出现。随着我们激发上转换样品的激光功率不断加大，这样的现象不断地出现，甚至都导致我们很难测量到稀土离子的上转换发光。

当我把这个题目安排给曹春燕时（大约在 2007 年下半年），我建议她从黑体辐射的角度去拟合这个宽带上转换发光。她按照我的要求开始做大量的实验和拟合计算工作，然后向我报告说，用普朗克的黑体辐射公式不能拟合出实验曲线。由于没有弄清楚其中的物理机制，我们关于这个宽带上转换发光的实验结果一直也没有发表。2010 年，香港城市大学的 Tanner 和 Wang 在 *JACS* 上发表了类似的研究结果[40]。

就在看似"山重水复疑无路"的时候，曹春燕向我报告了她的一个新发现：在 980nm 近红外光照射下，观测到了三价钆离子（Gd^{3+}）的上转换发光。这个发现让我们兴奋不已。钆通常都被作为不发光的基质材料，因为 Gd^{3+} 的第一激发态能量很高（约为 32154cm^{-1}①，而一个 980nm 的光子能量只有 10204cm^{-1}。曹春燕用 Yb^{3+} 作为敏化离子，用 Tm^{3+} 作为能量传递的桥梁离子，意外地观察到了 Gd^{3+} 的紫外上转换发光。实际上，曹春燕也是将钆用作样品的基质材料，在测量时也没有意识到 Gd^{3+} 会发光。曹春燕的这个发现不仅首次实现了近红外光激发下的 Gd^{3+} 上转换发光，还获得了当时上转换发光的最短波长（273nm），创造了该研究领域的一个世界纪录。2008 年，我们将这个研究结果发表在了美国的《光学快报》上[41]。随后不久，我们又观察到了波长更短的 Gd^{3+} 上转换发光，再次创造了最短波长的上转换发光世界纪录：246.2nm 和 252.8nm。更为重要的是，这两个紫外光发射是来自六个光子的光频上转换过程。这是该领域首次观测到六个光子的上转换发光[42]（此前有过六光子上转换发光的报道，但是并不被大家所承认）。

事实上，在曹春燕博士毕业（2008 年 6 月）之前我们已经观测到了七个光子的上转换发光，波长为 202.8～204.2nm。这些深紫外发光来自 Gd^{3+} 的 $^6G_{5/2-11/2} \rightarrow {}^8S_{7/2}$ 跃迁。但是，经过分析我认为我们有可能测量到真空紫外区域（波长<200nm）的上转换发光，也就是来自 Gd^{3+} 的 $^6G_{3/2,\ 13/2} \rightarrow {}^8S_{7/2}$ 跃迁。如果能够观测到这两个真空紫外上转换发光，我们就可以将七个光子上转换发光和真空紫外上转换发光两个创新结果共同发表在一篇学术论文中，可以发表一篇高影响因子的 SCI 论文。

---

① cm^{-1}，波数，能量单位。

这样的想法让我在随后的几年里后悔不已。我记得那是在 2008 年的暑假期间，我和我的学生在黑暗的实验室里艰难地测量着真空紫外区域的光谱。我们那时还没有真空紫外光谱仪，只能用一台普通的光谱仪去测量。这台光谱仪在可见区和波长长于 200nm 的紫外区的灵敏度很高，但是在波长短于 200nm 的真空紫外区域就变得异常迟钝。我们所用的光栅和光电倍增管的光谱响应在波长小于 200nm 时下降得很厉害，完全不适合测量真空紫外光谱，更不用说我们是在空气中测量这个发光[①]。无奈之下，我们用一根管子把氮气充入光谱仪中，好像还有些效果。经过了将近一个暑期的努力，我们终于测到了一个让人满意的光谱结果[43]。

　　然后，我们瞄准了 *Nature Photonics*（2009 年的影响因子 IF = 24.982）并开始撰写稿子。此后发生的事情几乎是学术版"阿毛的故事"[②]。我是 2008 年 9 月开始写这个稿子的，为了能够被 *Nature Photonics* 的编辑看中，我们不仅字斟句酌而且花了很大的力气去做每一张图。到 2009 年 11 月，我已经将稿件修改了 32 遍！就要将稿子投出去的时候，我发现一个类似的工作发表在了美国的 *Optics Express* 上[44]。虽然该文在真空紫外的测量结果与我们测到的结果[43]无法相比，甚至在图中错误地将 ^6G_J 能级标注成了 ^5G_J，但是它毕竟是首先报道了这个高阶上转换荧光发射。

11.9.3　二价钐离子（Sm^{2+}）上转换发光与 3 个镱离子（Yb^{3+}）的合作发光

　　在 2012 年前后，我头脑中忽然产生一个想法：能否实现变价镧系离子的上转换发光？截至那时，几乎所有的上转换发光研究都是用三价镧系离子（Er^{3+}、Tm^{3+}、Ho^{3+}、Tb^{3+}、Yb^{3+}、Gd^{3+}、Pr^{3+}、Eu^{3+}等）完成的。这个问题的难点就在于镧系离子在三价时是稳定的，而二价或四价镧系离子通常需要特殊的制备方法才能得到，并且也不太稳定。但是，我坚信从原理上应该可以实现变价镧系离子的上转换发光。由于我在原中国科学院长春物理研究所和韩国昌原国立大学工作时都做过二价钐离子（Sm^{2+}）的光谱烧孔工作，因此我选择了 Sm^{2+} 作为突破口。于是，我就将这个研究课题交给了我的博士生刘真育和硕士生陈喆、刘叶。由于 Sm^{2+} 不能直接吸收 NIR 光子，因此我们决定用 Yb^{3+} 和 Tm^{3+} 等其他三价离子对其进行敏化，用能量传递的方式激发 Sm^{2+}。

　　这样的方案在实际制作样品中带来了一个几乎无法克服的困难：在还原 Sm^{3+} 的同时三价 Yb^{3+} 也会被还原成二价离子。刘真育、陈喆、刘叶三位同学做了很长时间也没有观察到 Sm^{2+} 的上转换发光。不过，在反复地制备样品过程中，他们发

---

① 空气中的氧气对真空紫外光有极其强烈的吸收。

② 在鲁迅的短篇小说《祝福》中，祥林嫂的儿子阿毛被狼吃掉了，祥林嫂遇人便讲述阿毛的悲惨遭遇。

现样品中 Yb^{3+} 对的合作发光很强,这种强的两个 Yb^{3+} 的合作发光有可能掩盖 Sm^{2+} 的上转换发光。我们对处于绿光区域的 Yb^{3+} 对发光进行了反复的测量,测到了非常精细的光谱结构,如图 11-2 所示。

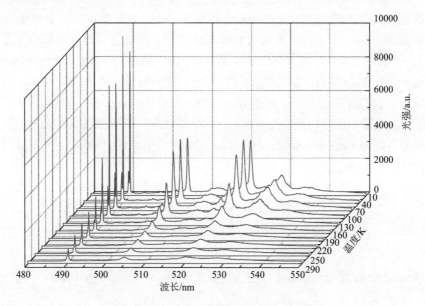

图 11-2　CaF_2 中 Yb^{3+} 对的合作发光光谱

有一天,我在与几名学生一起做实验时突发奇想:能不能测到三个 Yb^{3+} 的合作发光呢?实际上,早在 1962 年的时候,著名的理论家戴克斯特(Dexter)就宣布了一个权威性论断:"三个相同离子不能产生基于一阶微扰波函数的量子跃迁。"[45]。并且在过去的 50 多年中,无论从理论上还是从实验上,几乎无人尝试过研究三个相同离子的合作跃迁问题。但是,无论如何,大理论家的预言并不代表着不可以一试。我将光谱仪转到了紫外区,令我们惊奇的是,紫外区 343nm 处存在一个明显的荧光发射!按照波长计算,这个荧光发射有可能来自三个 Yb^{3+} 的合作跃迁。当我们将这个紫外光谱的精细结构测到后,如图 11-3 所示,一个不争的事实呈现在我们面前:这个紫外荧光发射就是来自三个 Yb^{3+} 的合作跃迁。我们将这个结果发表在了自然出版集团(NPG)旗下的 *Light: Science & Applications* 上[46]。

在随后的研究中,我发现戴克斯特在他的理论推导中将一个数学表达(量子力学微扰理论中的求和方式)用错了。这个错误在处理两个离子的合作问题时不会产生错误的结果,但是在处理三个离子的合作问题时就会出现问题。2015 年,我们将三个相同离子合作跃迁的理论推导研究结果发表在了《美国光学会志 B》上[47],该论文的题目是《三个相同镧系离子合作量子跃迁的理论》。我们在这篇

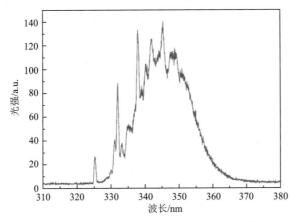

图 11-3　CaF_2 中三个 Yb^{3+} 的合作发光光谱

论文中不仅给出了三个镧系离子合作量子跃迁的理论推导过程，而且首次阐述了发生三离子合作跃迁的物理机制。

从我们观测到 $3-Yb^{3+}$ 的合作跃迁那一刻起，我立刻调整主攻研究方向，再次开始了"打哪儿指哪儿"的研究。在最近的几年里，我们利用 $3-Yb^{3+}$ 的合作跃迁首次实现了 Cu^{2+}[48]和 Pb^{2+}[49]的上转换发光；发现了离子团簇的结构性破坏荧光猝灭机制[50, 51]；实现了基于合作敏化的红外光催化[52]；更加有趣的是，我们利用这样的合作敏化机制将 Sm^{2+} 的上转换发光也做了出来[53]。更加重要的是，我们利用 Yb^{3+} 团簇的结构性破坏荧光猝灭机制，证明了一个 Ce^{3+} 可以将处于 5d 能级的激发态能量同时传递给三个 Yb^{3+}[①]，实现了将一个紫外光子裁剪成三个具有相同能量（波长约为 1000nm）的近红外光子[2]。由于 Yb^{3+} 发射的近红外光子的能量与硅太阳能电池匹配得非常好，因此这样的研究结果有可能有助于改善硅太阳能电池的吸收特性和光电转换效率。

11.10　横看成岭侧成峰，远近高低各不同

中国宋代文豪苏轼[②]在《题西林壁》中写道："横看成岭侧成峰，远近高低各不同。不识庐山真面目，只缘身在此山中。"

苏东坡的这首诗词很好地描述了从不同角度、不同距离去看待事物会得到不同的结果（在本书中称为测量参数）；如果有什么事情你看不清楚，可能的原因就是你没有跳出原有的固定思维模式——"只缘身在此山中"。

在第 4 章中，我们将世界抽象为一个由无数个坐标轴组成的万维空间。任何

---

① 我们将这种能量传递称为合作受能。
② 苏轼（1037～1101 年），字子瞻，号东坡居士，世称苏东坡，北宋著名文学家、书法家、画家。

一个事物在这个万维空间中都会被抽象为具有一定维积的空间几何形体。这样的空间几何形体可以是一个点，可以是一个多维曲线，可以是一个多维曲面，也可以是一个多维立体图形。由于万维空间的维度数量超过了现实空间的三个，因此我们很难在大脑中构造出多维曲线、多维曲面和多维体图形的图像。下面我们不妨仍然用一个万维子空间去说明万维空间中的点、线、面和体应该是什么样子，说明如何去理解和运用它们。

在 4.4 节中，我们举例说明了处于万维空间中的一个人，并建立了一个维度众多的万维空间来描述这个人，阐述了任何事物都只是万维空间的一个点、一条多维曲线线段、一个多维曲面或一个多维立体图案的观点。

那么，我们应该如何来理解这样抽象的描述呢？首先，一个现实中的人所处的空间位置不是一个点，而是具有一定体积的三维图案。因为人不仅有身高，还有腰围、胸围、臀围、足长等与身高相垂直方向上的扩展。当我们将这个三维空间进一步地增加其他维度（体重、性别、年龄、体温、肤色、发色、睛色、学历、种族、信仰、性格、国籍、牙齿数量、视力、籍贯、智商、情商、血压、心率、脑重、血型等）后，这个人在万维坐标系中所占据的空间必然是一个多维立体图案。就拿人的体温来说，一个正常人身体的不同部位的温度必然会不同，应该在一个范围内变化。例如，温度低的部位可能只有 20 多度（摄氏度），而温度高的部位可能会达到 36 度以上甚至会高于 40 度（发高烧时）。因此，一个正常人在温度坐标方向上占据的不是一个温度点，而是一个温度范围。对其他的坐标值（如肤色、发色、血压、心率）进行测量时，同样会得到一个个数值变化范围。因此，人在万维空间中是一个多维体。当然，很多其他的坐标值也可能是恒定不动的，如种族、籍贯、血型等。也就是说，当我们测量一个人的种族、籍贯、血型等坐标值时，得到的结果是单一不变的值；换言之，一个人在这些坐标轴上只是占据了一个数据点，而不是一个数据范围。

正如苏东坡在诗中所说的那样，你从不同的（坐标）方向去观测事物会得到不同的图像，岭或者是峰。但是，岭和峰实际上是同一事物的不同侧面图像。当你学会了变换不同角度去看待事物时，你的世界必然会焕然一新。变换不同的角度去观察和描述事物是增强人们对世界认识的一种途径，因此也是实现创新的一种方法。

滑铁卢战役失败之后，拿破仑被流放到了圣赫勒拿岛。为了帮助拿破仑逃离囚禁他的这座岛屿，他的支持者秘密送给了他一副象棋，并将逃离圣赫勒拿岛的详细计划藏在了一枚棋子之中。拿破仑非常喜欢这副象棋，常常一个人默默地下象棋，打发孤独寂寞的时光。然而，直到 1821 年 5 月病死在这座岛屿上，拿破仑也没有悟出送棋者的良苦用心和象棋中隐藏的奥秘。

从某种意义上讲，拿破仑死于常规思维的陷阱里，如果那时他能从"逃出圣赫勒拿岛"的角度去研究这副象棋，历史也许就会被改写了。

11.11 组合创新

组合创新是很重要的创新方法，它有明确心理提示线索，甚至一名儿童都能够想到使用这种方法[①]。日本学者菊池诚说过："我认为搞发明有两条路，第一条是全新的发现，第二条是把已知其原理的事实进行组合。"近年来也有人曾预言，"组合"代表着创新的趋势。

根据万维空间理论，当你将不同的素轴结合到一起时就会构成不同的万维子空间，在不同的万维子空间中寻找新的事物会变得相对容易。我们在第 7 章中将组合不同事物而产生的创新称为组合创新，将组合不同坐标轴而产生的创新称为复合创新，复合创新是组合创新中的一种特殊情况。尤其是当一个新的万维空间坐标轴（单素轴或复素轴）被发现或发明出来后，将新的坐标轴与原有的旧坐标轴相结合将构造出新的万维子空间。新的子空间为创新提供了新的场所，因此复合创新是一种行之有效的创新方法。然而，复合创新或组合创新的级别通常都会低于二级创新。

组合创新或复合创新中的组合或复合具有很高的自由度。各种各样的事物之间可以进行组合，各种各样的单素轴和复素轴之间也都可以进行复合。可以是两个事物间的组合，可以是三个事物间的组合，也可以是多个事物间的组合；可以是双轴复合，可以是三轴复合，也可以是多轴复合。例如，不同的材料和结构可以组合；不同的功能和系统可以组合；不同的原理和领域可以组合；不同的技术和目标可以组合；不同的政治制度和经济模式可以组合，等等。

下面讲述一个我们研究组的组合创新事例。

二氧化钛（TiO_2）是一种宽禁带半导体，其禁带宽度达 3.2eV，原则上只有波长小于 387.5nm 的紫外光才能有效地激发它。因其具有光催化活性高、稳定性好、成本低等优点，TiO_2 成了光催化领域的首选材料。但是，能够激发 TiO_2 宽禁带半导体的紫外光大约只占太阳光总能量的 5%，大部分的太阳光能量分布在可见光区（约占 48%）和近红外光区（约占 44%）；这些能量小于禁带宽度的低能量光子无法得到有效的利用。因此，如何利用低能光子激发宽禁带半导体成了高效利用太阳能的关键科学问题之一。2010 年以前，人们用各种方法（如离子掺杂、不同种类半导体复合、染料敏化等）改善二氧化钛的吸收特性，使可吸收波长接近了550nm 绿光区域。但是，占太阳光谱主要成分的红区和红外光谱区域的光能仍然无法得到有效的利用，激发波长的限制成了宽禁带半导体走向广泛应用的一个瓶颈。

---

① 参见 10.1 节和 10.2 节。

　　2007 年，中国人民大学的张建平教授准备组织一个国家重点基础研究发展计划（973 计划）项目。拟参加这个项目的有中国人民大学的林隽教授和艾希成教授，北京大学的吴凯教授、宛新华教授和周其凤教授，吉林大学的秦伟平教授（本书作者）等几十位学者。在讨论项目计划书的闲暇之余，有一天我（秦伟平）与林隽教授和吴凯教授闲聊，听他们在谈论有关光催化的问题。林隽教授和吴凯教授是研究化学问题的专家，尤其是林隽教授在光催化方面很有造诣。我是学物理出身，对化学的事情知之甚少，尤其是对光催化的事情更是一窍不通。不过，他们二位谈及的光催化方式却让我感到了兴趣。他们谈及二氧化钛在紫外光的照射下可以产生光催化作用，说实话，我当时只是听懂了这一点。

　　本来插话的机会就不多，我马上向两位教授介绍了我的研究兴趣。我从 2000 年开始一直从事近红外光（NIR，波长约为 980nm）激发的上转换发光问题。那时，我非常关心的问题是用 NIR 激发能够产生的最短波长是多少，最多能够有多少个 NIR 光子可以参与一个上转换过程。到了 2007 年，我们研究组已经能够用 NIR 产生非常强的紫外上转换发光了，我们产生的 5 光子过程强于 4 光子过程，4 光子过程强于 3 光子过程。毫不夸张地说，这样的研究结果在当时是国际领先的。为此，我们研究组于 2011 年获得了国务院颁发的国家自然科学奖二等奖。

　　我向两位教授提出，用紫外上转换荧光激发二氧化钛半导体，如果成功就可以将光催化波长扩展到近红外光谱波段。林隽教授当时就说，这个思路很好，如果成功至少可以发表在某某期刊上（当时他说了一本期刊的名称，不过我已经不记得了）。

　　回到吉林大学后，我调研了一下相关的光催化研究前沿，发现那时人们的一个努力方向是向长波拓展光催化波长，而最好的研究结果也只不过是拓展到可见光绿色光谱区。我马上安排我的博士生张代生来做这个研究问题，要求他把二氧化钛包覆到上转换纳米颗粒的外面，然后用红外光激发这个复合材料，让里面的上转换纳米颗粒发射紫外光，当包在外面的二氧化钛吸收了紫外光后便可能产生光催化作用。我当时的想法是，如果能够用这样的复合材料去进行光动力学治疗，那将是很有前景的。我甚至为这样的方法取名为红外光子刀[①]，如图 11-4 所示。

　　也许，这个题目对于物理背景的张代生确实是有很大的难度，他花了近三年的时间才把我要求的材料做了出来。2010 年，我们将研究结果发表在了 *Chemical Communications* 上[54]，报道将光催化波长拓展到了 NIR 光谱区域。

　　该研究成果发表后，受到了国内外相关研究人员的密切关注和跟踪性研究。

---

　　① 2011 年 12 月，秦伟平教授在国家自然科学基金委员会信息科学部四处主办的"纳米生物医学光电子学"发展战略研讨会上提出了红外光子刀的新概念，建议将 TiO_2 包覆的上转换纳米复合材料用于光动力学治疗。

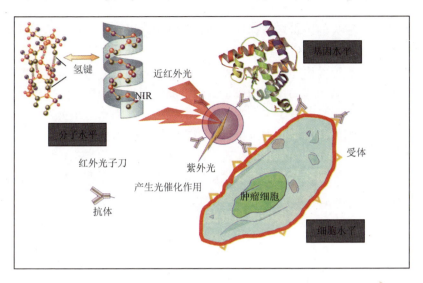

图 11-4　红外光子刀概念

截至目前，人们不仅实现了近红外光对污染目标物的催化分解，还将该项技术用于肿瘤抑制、细胞水平的光动力学治疗以及生物成像；另外，研究人员还利用近红外光同宽禁带半导体结合成功地制造出了氢气、分解了空气中的污染物、获得了近红外光激发下的光电流。这些研究成果很多都发表在 *ACS Nano*、*Advanced Materials*、*JACS*、*Biomaterials*、*Advanced Energy Materials*、*Nature* 子刊等国际著名期刊上。

至 2017 年 5 月，全世界学术界围绕着基于上转换原理的红外光光催化已经发表了 200 多篇 SCI 学术论文，这些论文获得的 SCI 总引次数超过了 3800 次，施引文献达到 2600 多篇。

在这个研究事例中，我们只是把发光物理学中的上转换方法、材料科学中的纳米材料制备与包覆和化学中的光催化结合了起来。这三项技术原本就是存在的，只是当上转换技术可以实现强紫外光发射时，将它们结合起来的时机就到来了。通过组合创新，我们成功地将光催化的波长拓展到了近红外光谱区域。这项技术有可能会用到生物医学的光动力学治疗之中，如能实现，将极大地造福人类。

11.12　本 章 小 结

创新——产生新知识，有两种基本方式：一是提出问题；二是解答问题。产生科学假说的基础在于人们对逻辑的运用。当人们研究和思考未知现象及其发展规律时，缺失的逻辑环节会使未知现象变得难以理解，补充这些缺失的逻辑环节就会形成有创新价值的科学假说。

本章将维度的边界称为维界，维界往往出现在万维子空间的非逻辑出口处。

只能有两个方向的运动规则构成了二维世界的逻辑。如果一个二维生物忽然在某一天"站立"起来，发生了向第三个方向的运动，那么这个突发事件就是一个非逻辑事件，因为它打破了二维世界的逻辑，构成了一个非逻辑出口。而二维子空间与三维子空间的维界就出现在这个出口处。

随着新素轴的加入，万维空间的维度也在不断增加。所谓的穿越万维子空间就是发现新维界的过程，就是从一个已知的子空间中穿越到一个未知的子空间中。

第 12 章　创新理论在创新评价中的应用

在上面几章的论述中，我们定义了创新的概念，定义了创新因子和创新衍生因子，对创新活动进行了分级和分类，提出了对创新活动进行评价的原则和方法。那么，如何将这些新概念和新方法应用于实践中呢？将它们用于现实中又会产生哪些后果和影响呢？

在当今社会，创新不再是少数个别人从事的活动，专业从事创新的人员数量已经非常庞大。教授、研究员、工程师、设计师、作家、艺术家等人群终生以创新为职业，业余从事创新的也大有人在。由于互联网、计算机、智能手机等各种先进工具和辅助设施的功能越来越强大，各种创新层出不穷，知识大爆炸每时每刻都在发生。因此可以说，今天，人类正以历史上速度最快的步伐发展前进着。在这样一个高速发展的时代里，我们不仅需要一套完整、科学的创新理论，还需要将其用于指导创新活动和评价创新成果，更加需要能够在实践中发挥效用的应用方法。

本章将讨论创新理论的应用问题。这些应用包括如何判断一个事件的创新性、如何确定创新级别、如何计算创新因子和创新衍生因子、如何计算创新价值、如何计算学术论文的创新因子和创新影响因子、如何完成高等级创新等问题。这里我们需要强调的是，尽管创新检索能够对成果的真实性有所反映，但本书没有试图去讨论鉴别一项创新成果的真实性问题。创新成果的真实性鉴别牵扯到更加细致的专业知识和专业技能，因此很难在本书中一概而论。一项假创新不可能拥有高的创新因子，因为假创新不具有创新衍生能力。总之，时间是鉴别成果真实性的最可靠工具，这就是所谓的"真的假不了，假的真不了"。

12.1　创新性判别

"创新"二字是当今社会一个非常时髦的词汇，许多人言必创新，似乎做的每一件事情都可称为创新。那么，这些事情真的有创新性吗？这样的疑问每每都会出现在闻者的心中。很多人经常将"新"与"创新"混淆，由于缺乏对创新本质的明确认识，人们无从判断一件事情是否具有创新性。

正如第 5 章中所论述的那样，一件新鲜事物出现时未必就是创新。由创新概念定义，创新的本质特征就是为人类的知识积累做出了贡献。符合这个特征的事件就是创新，不符合的就谈不上创新。因此，当我们需要判断一个事件是否具备创新的特质时，我们首先需要考察的就是该事件是否产生了新的知识。这里讲的新知识不是针对某个人的，也不是针对某个国家、某个团体、某个公司或某些人群的，而是针对整个人类的。一个事物在某个国家内是新的，但在全世界的范围内未必是新的。在这种情况下，我们就不能称其为创新，因为相关知识早已被记录在人类的知识宝库中。在某个国家（或团体或公司）再次发生同类事件并没有进一步地增加人类的知识积累。换句话说，创新只有第一次没有第二次。在某国家首次但在全世界范围内已非首次的情况，我们可以称其为"某国创新"。然而，"某国创新"不是一个严格意义上的创新，只是一种区域创新。严格意义上的创新应该是全球创新，只有全球创新才会增添人类的知识积累。

事实上，判断一个事件是否具有创新性并不难，只要考察在此事件发生之前是否有相同的事件已经发生过，考察的范围是整个地球和全部人类历史。有与没有是判断该事件是否具有创新性的根本判据。在空间上，这种判断应该在全世界的范围内进行；在时间上，这种判断应该在整个的人类发展历史中进行。

很显然，这样的判据并没有被当今社会的人们所认识和使用。例如，在考古学界人们经常会说"考古发现"。考古发现是站在现在人的立场上叙述的一个观点，然而古代墓穴中的任何遗迹都是古人制作出来的，因此这些遗迹严格上讲不可能是人类的首次发现，而只是当今人们的"发现"。很多"考古发现"后来也被证实确有古籍记载，并非首次。因此，这样的考古发现并不构成严格意义上的创新事件。即使如此，考古依然具有很重要的意义[①]，它对现代人认识和了解人类的历史是不可或缺的一门重要学科。

在此，我们还是要重申一个观点：并不是只有创新活动才有意义，也并不是贴上了创新标签后一项活动的意义就会因此而增添色彩。

另外一个人类历史上被误用了很多年的说法却很少有人质疑过，那就是"哥伦布[②]发现了美洲大陆"。这种说法显然是站在欧洲人的立场上去叙述哥伦布的航海活动。如果站在美洲印第安人[③]的立场上，何谈发现？美洲的印第安人世世代代都生活在这片土地上，对美洲大陆早已熟知，因此这块大陆的存在早就记录在人类的知识宝库之中。从这个意义上讲，哥伦布的发现不过是一次区域创新，而非全球创新，因此也不是一次严格意义上的创新。与哥伦布的"发现"相类

---

① 见第 9 章中的相关论述。

② 哥伦布（Colombo，1450～1506 年），意大利的著名航海家。1492～1502 年，哥伦布在西班牙国王支持下，先后 4 次出海远航，开辟了横渡大西洋到美洲的航路。在帕里亚湾南岸首次登上美洲大陆，成为名垂青史的航海家。

③ 对除因纽特人外的所有美洲土著的统称，并非一个民族或种族。印第安人（Indian）是欧洲人对原美洲土著人的误称，因为哥伦布以为自己登陆了东方的印度，并将当地人称为 Indian。

似，达尔文①的很多发现也只是站在欧洲人立场上的说法。事实上，由于本书之前人类没有一个关于创新的严格、科学的定义，发现、创新、首创、创造等词汇常常被误用。

这里还存在另外一个问题，即如何定义人类的知识宝库？

人类的知识宝库是全人类的知识积累。但是，人类获得的知识并不一定就能够完整准确地保存在这个宝库之中。有些知识在获得的那一刻没有被记录下来，有些记录下来的知识随着历史长河的流淌渐渐地被遗忘，有些知识被历史错误地记录下来，有些知识被后人错误地解读。也就是说，很多人类历史上发生的事件或获得的知识并没有被记录下来或并没有被准确地记录下来。因此，创新定义中的"人类知识积累"是指现存的人类知识积累。正如我们在前面论述中指出的那样，判断一个事件是否具有创新性要站在当下的时刻去审视人类的全部历史和人类的全部活动空间。因此，人类的知识宝库的时间特性就是立足于当下。发现了目前人类知识宝库中没有的新事物是创新，创造了目前人类知识宝库中没有的新事物也是创新。从这个意义上讲，一个事物的创新性可能会随着时间发生改变。例如，假设我们凭借着今天的人类知识去断定一个事物具有创新性，而过了些时日，考古人员从古墓中发掘出来了同样的事物，那么该事件的创新性立刻就被发掘出的相同事物抹杀掉了。又如，假设一位美国学者发现了一种新的自然现象并被欧洲国家、美国、日本、澳大利亚等多国专家学者称为首创。然而，过了些时日，一位中国学者拿出一本中文期刊并确切地指出，该现象是他在几年前就发现了的，而且有学术论文及其发表日期作为证据。那么，很显然，美国学者的发现其创新性立刻就会消失。产生这种情况的原因就在于人们对人类知识积累的掌握并不一致（可能是语言的原因，可能是信息不对称的原因，也可能是保密的原因）。这种偏差可能会导致人们对事件创新性的误判。但是，无论如何还是那句话："真的假不了，假的真不了。"

创新事件不外乎两种：简单事件和复杂事件。对一个简单事件进行创新性鉴别相对容易。例如，历史上对圆周率精度的计算就是一个相对比较容易判断的创新事件。古希腊大数学家阿基米德将圆周率的精度计算到了小数点后面第二位，得到的圆周率介于 $3 + 10/71$（3.1408）和 $3 + 1/7$（3.1428）之间。如果此时有人将圆周率的精度计算到小数点后面第三位，那么这个人的计算结果就具有创新性（参量创新，见 7.5 节）。在阿基米德去世 475 年后，中国数学家刘徽采用"割圆术"完成了这一壮举，计算出的圆周率为 3.1416（徽率）。刘徽的计算精度高于阿

---

① 达尔文（Darwin，1809～1882 年），英国生物学家，进化论的奠基人。曾经历时 5 年环球观察和采集动植物标本，先后去过南美洲东海岸的巴西和阿根廷、西海岸及相邻的岛屿、大洋洲的澳大利亚、非洲的南非，著有经典之作《物种起源》。

基米德的计算结果，因此"徽率"的出现具有全球创新性。但是，刘徽发明的"割圆术"却不具有全球创新性，仅属于"中国创新"。虽然刘徽发明的"割圆术"并没有、也不可能借鉴阿基米德的方法（用圆外切和内接正多边形的周长确定圆周长的上下边界），但是阿基米德首先完成了这样的创新工作，将这样的方法变成了人类知识宝库中的一部分。虽然刘徽独立地发明了"割圆术"，但是其创新性的光环也只能被阿基米德的成就所冲淡。

12.1.1 整体评判

　　与简单事物相比，判断一个复杂而庞大事件的创新性相对比较难。这样的事件通常会包含很多组成部分，即使从整体上来说是一个新生的事物，它的各个组成部分也未必都具有创新特征。

　　这就带来一个问题，我们应该如何评判一个复杂事物的创新性呢？

　　将一个复杂庞大的事物作为一个整体来判断其创新性称为整体评判。整体评判的标准依然是考察历史上是否存在过相同或相类似的事物。由于事物的复杂性，存在过完全相同事物的可能性较小，很多情况是存在过类似的事物或局部相似的事物。但只要在某些特征上有新的突破，复杂事物的创新性就可以被确认。

　　空客 A380 是空中客车公司 2005 年研制成功的一款超大型远程宽体客机。它一经问世便打破了波音 747 在远程超大型宽体客机领域统领 35 年的纪录，结束了波音 747 在市场上 30 年的垄断地位，成为载客量最大的民用客机，被称为空中巨无霸。空客 A380 在单机旅客运力上具有绝对优势，在典型三舱等（头等舱-商务舱-经济舱）布局下可承载 525 名乘客，采用最高密度座位设置时可承载 861 名乘客。仅上面两个数据已经表明空客 A380 具有的创新性（参量创新，见 7.5 节）。

　　毫无疑问，做这样的整体判断远远不能说明问题。人们可以将空客 A380 与波音 747 进行对比。人们可以从载客量、航程、速度、成本、耗油量、安全性等几个参数与其他机种进行对比，并确认空客 A380 在这些参数上是否具有先进性。然而，整体判断却无法给出其技术上的创新细节，更加无法判断这些细节的技术来源。要解决这些问题需要做局部评判。

　　阿波罗登月计划①总指挥韦伯说过："当今世界，没有什么东西不是通过综合而创造的。"

　　阿波罗登月计划中就没有一项是新发现的自然科学理论和技术，都是现有技术的运用。关键在于综合，综合就是创造。

---

① 20 世纪 60 年代美国航空航天局提出的一个航天计划。1969 年 7 月 16 日，阿波罗 11 号成功地将人类送上了月球。

12.1.2 局部评判

复杂事物的具体创新特征必然会体现在其局部的具体创新点上。

下面我们看看空客 A380 飞机在技术细节上有哪些创新（相关数据与描述摘自互联网[55, 56]，作者在此仅做了一些简单的编辑工作）。

空客 A380 采用了材料、工艺、系统和发动机等一系列成熟的新技术，以确保飞机性能更佳、运营成本更低、操作更容易和乘坐更舒适。与之前的其他飞机相比，空客 A380 在更大范围内采用了复合材料，引入了许多新的系统和技术工艺。空客 A380 改进了气动性能、飞行系统和航空电子设备，并为该行业树立了新的标准。在使用复合材料方面，空客 A380 在研制中使用了新的 GLARE（玻璃纤维增强铝）材料，与传统铝材料相比，GLARE 重量轻、强度高、抗疲劳特性好，维修性能和使用寿命也得到大大改善，不需要特别的加工工艺。飞机总重量的 25%由高级减重材料制造，其中 22%为碳纤维混合型增强塑料（CFRP），3%为首次用于民用飞机的 GLARE 纤维-金属板。空客 A380 首次采用了复合材料碳纤维制成的连接机翼与机身的中央翼盒。此外，空客 A380 还首次在压力舱后部的机身上采用了复合材料。

除复合材料外，空客 A380 还大量采用了先进的金属材料，这些材料提供的好处包括操控可靠和易于维护。每一种材料都根据部件将承受的负荷、压力和预计损坏程度而进一步地优化。

空客 A380 项目采用了在空客 A318 客机上首次应用的激光束焊接技术，这一技术替代了铆钉焊接法（很显然，这一创新点最多也就是属于空客 A318，而不能属于空客 A380）。

空客 A380 采用了每平方英寸①5000 磅②压力的液压系统，与一般民用飞机采用的每平方英寸 3000 磅压力的液压系统相比，前者可提供更大的动力。压力的增加意味着可使用较小的管道和液压部件传输动力，减轻了飞机的总体重量。空客 A380 的机翼十分巨大，每个都有 36 米长，除了装有起落架之外，还能储存燃油，加起来共能容纳 186386 升燃油。

空客 A380 采用了双飞行控制系统，其特色在于采用两种不同构型的 4 个独立主飞行控制系统。其中包括两个常规液压动作系统和两个电-液动作系统。空客 A380 采用电-液动作系统使其在动力资源上具备更大的灵活性，并提高了安全性能。

此外，空客 A380 具备低空通场、超低空低速通场的能力，能够在中低空完成大

---

① 1 英寸 = 2.54 厘米。

② 1 磅≈0.45 千克。

仰角转弯、过失速速度和过失速仰角飞行、能够实施空中翻转，这保证了飞机在遭遇鸟击、雷暴、大侧风等恶劣飞行条件时的飞行安全。同时，其 37 米长的机翼和 8 米长的侧旋尾翼保证了飞机在所有动力全部失效以及燃油耗尽的情况下依然可以滑翔着陆。37 米长度的纳米芯板架机翼产生的飞行升力是惊人的，它意味着即使飞行中所有的引擎全部损坏，飞机大约在 36000 英尺[①]飞行高度时"飘落"下来的延程运行（extended-range operatios，ETOPS）限制时间为 60 分钟，而不是一头扎地坠毁。

空客 A380 驾驶舱采用了最新式的交互式显示屏和由以太网链接的扩展性集成航空电子模块。为空客 A380 专门研发的多频发电机与一般固定频率发电机相比，结构简单，使用更可靠，重量也更轻。

上述来自互联网的文字是描述空客 A380 的创新性的。但是，如果严格地用创新定义去衡量这些"创新点"，不难发现很多"创新点"不符合创新的基本要求：增添人类的知识积累。例如，空客 A380 采用了许多新型复合材料，上述文字将其作为了该型飞机的主要创新特征。然而，我们知道这些新型材料的研制都是在空客 A380 项目之前就完成了的，只不过空客 A380 项目首次将这些高科技材料使用在了民用航空客机上。因此，其准确的创新性应该描述如下："空客 A380 项目首次将 GLARE 纤维-金属板用于民用航空客机。"而玻璃纤维增强铝材料 GLARE 的创新并不属于空客 A380 项目。

对于其他技术点的创新性评判也应该采用这样的评判准则。这样严格地评判必然会导致一个非常严肃的结果：在空客 A380 项目中，很多声称的技术创新并不是诞生在这个项目的运行过程中，只不过是空客 A380 项目比较早地使用了这些技术，或者将某些先进的技术做了改善和优化并使之适用于空客 A380 民用客机。毫无疑问，这些技术上的改善必然包含有创新成分，这些技术改善可以称为递进创新。

空客 A380 将大量的新技术（非创新技术）集成用于民航客机的制造上，这本身就是一种组合创新。正是由于这种组合创新才会产生空客 A380 这款新型民航客机，才会产生空客 A380 在多个技术参数上的领先优势。

12.2　判断成果的创新级别

创新级别的高低决定了创新事件及其成果衍生其他创新的能力。因此，判断一项成果的创新级别是非常重要的。

确定创新级别可以应用在两个方面：

（1）在开展研究之前预测未来成果的创新级别；

（2）评价已获得成果的创新级别。

---

① 1 英尺 = 30.48 厘米。

　　第一方面的应用可以帮助科研人员确定研究方向和研究目标，确保将要开展的研究项目具有高的创新等级并可能产生高的创新价值和高的创新衍生能力。第二方面的应用可以帮助管理人员评价创新成果，以完善现有的科研评价体系；可以帮助期刊的编辑、审稿人判断一篇学术论文的创新性和创新价值；可以帮助读者判断一篇学术文献的创新内容和参考价值。

　　创新成果出现时所依据的旧知识量决定了它的创新级别。创新成果依据的旧知识越少，其创新级别越高。正如第 6 章中所论述的那样，创新级别越高，创新难度越大，而创新成果所带来的创新价值也可能越大。因此，在科研项目设立时寻找高等级创新项目至关重要。一位科研人员可以通过预测创新等级来确定自己的研究方向和研究问题，摒弃低创新等级研究问题，寻找高创新等级研究问题。而项目评审人、项目评审专家或科研基金管理人员亦可以通过计算申报项目的创新级别来确定是否资助某个科研项目。

　　下面以作者熟悉的上转换发光研究为例虚拟两个研究课题，通过分析它们的创新级别判断它们的创新价值。这里虚拟的两个研究课题的名称是：

　　（1）Gd^{3+} 的紫外上转换发射研究；

　　（2）980nm 红外激光激发下 Gd^{3+} 离子 ^6D_J 能级的紫外上转换发光研究。

　　事实上，这两个虚拟的课题题目来自秦伟平发表的两篇学术论文的标题[41, 42]。这两篇学术论文于 2008 年先后发表在美国光学学会的《光学快报》上。第一个题目用了三个主题词：Gd^{3+}、紫外、上转换发射；第二个题目用了七个主题词：980nm、红外激光、激发、Gd^{3+}、^6D_J 能级、紫外、上转换发光。两个题目中都包含了：Gd^{3+}、紫外、上转换发射；而第二个题目中另外多出了 980nm、红外激光、激发、^6D_J 能级等四个主题词。事实上，在多出的四个主题词中，第一篇论文的内容实际也包含了980nm、红外激光、激发三个主题词，只是没有反映在它的题目中，而真正在第二个题目中需要强调的主题词是 ^6D_J 能级。也就是说，第二个题目只比第一个多了一个主题词，或者说第二个题目比第一个在创新级别上低了一级。第一个题目首次报道了Gd^{3+} 在近红外光激发下的紫外上转换发光现象，并且实现了当时上转换发射的最短波长。而第二篇文章显然是受到了第一篇文章的影响，报道了当时阶数最高的六光子光频上转换过程，并且报道的上转换波长更短。从目前（2017 年 12 月）两篇学术论文获得的 SCI 引用数量来看，第一篇论文获得的 SCI 引用数是 70 次，而第二篇论文获得的 SCI 引用数是 59 次，相差 16%左右。但是，显然第一篇论文的学术价值要远远高于第二篇论文。第一篇论文就像一粒种子，它在泥土中生根发芽、开花结果，衍生出了后续的许多关于 Gd^{3+} 上转换发光研究的成果。而第二篇论文不过是第一篇论文结出的果实之一。毫不夸张地说，如果我们没有在 2008 年发表第一篇论文的结果，很难说这个结果会在什么时候被人发现并报道。毕竟，截止到 2008 年相关研究已经开展了五六十年，还没有人观察到近红外光激发下的 Gd^{3+} 上转换发光。但是，可以肯定地说，第二篇论文的研究结果如果不是由我们研究组发表，那么很快也会由其他的研究组报道出来。其中的区别就来源于两个题目的创新等级的差别，虽然只差了一个等级，但是它们的创新衍生能力截然不同。

通过上面的分析不难得出如下结论：

（1）在两个虚拟的研究题目中，第一个题目的创新级别高于第二个题目的创新级别，因此，第一个题目应该具有更高的创新价值。

（2）从论文获得的 SCI 引用数量来看，第二篇论文只比第一篇少 16%左右，因此，SCI 引用数量并不能很好地反映出学术成果的创新价值（见 8.3 节）。

12.3　创新因子、创新衍生因子计算实例

下面，根据我们对创新衍生因子的定义和公式计算"发现圆"的创新衍生因子。我们计算的截止时间依然是在阿基米德时代。如表 12-1 所示，那时已经产生了 2 个一级创新（半径 R、定义圆周）、3 个二级创新（直径 D、做成轮子、周三径一）、7 个三级创新（π、手推车、马车、水车、纺车、磨、辘轳）、1 个四级创新（圆的面积 πR^2）、1 个五级创新（球体的表面积 $4\pi R^2$）、1 个六级创新（球体的体积 $4\pi R^3/3$），因此，"发现圆"的创新衍生因子（TDF）为

$$\text{TDF}_{\text{发现圆}} = \frac{2}{1} + \frac{3}{2} + \frac{7}{3} + \frac{1}{4} + \frac{1}{5} + \frac{1}{6} = 6.45$$

即在阿基米德时代发现圆的创新衍生因子为 6.45。其他创新事件的具体计算结果见表 12-1。

表 12-1　在阿基米德时代计算创新事件的创新衍生因子

序号	创新事件	使用的旧知识	创新因子	创新级别	创新衍生因子
1	使用绳子	无	∞	元级	—
2	画出圆	使用绳子	16.000（16/1）	1 级	6.45
3	半径 R	圆	14.000（14/1）	1 级	4.45
4	定义圆周	圆	3.000（3/1）	1 级	0.83
5	直径 D	圆、半径	1.500（3/2）	2 级	0.5
6	做成轮子	圆、半径	3.500（7/2）	2 级	2
7	周三径一	圆或圆周、半径或直径	2.500（5/2）	2 级	0.95
8	π	圆或圆周、直径、周三径一	1.333（4/3）	3 级	0.62
9～14	手推车、马车、水车、纺车、磨、辘轳	圆、半径、做成轮子	—	3 级	—

序号	创新事件	使用的旧知识	创新因子	创新级别	创新衍生因子
15	圆的面积 πR^2	圆、半径、π、面积	0.750（3/4）	4 级	0.37
16	球体的表面积 $4\pi R^2$	圆、半径、π、圆面积、球	0.400（2/5）	5 级	0.17
17	球体的体积 $4\pi R^3/3$	圆、半径、π、圆面积、球表面积、体积	0.166（1/6）	6 级	0

从表 12-1 中不难看出，创新衍生因子既是时间的函数，也与创新级别和创新因子密切相关。时间越久远的创新事件其创新衍生因子也就越大，创新等级高、创新因子大的创新事件其创新衍生因子也大。

然而，在表 12-1 中，我们只是使用了一些简化了的事件计算创新衍生因子。虽然我们使用的计算原则是清晰的，但在现实生活中对一个具体创新事件进行创新衍生因子计算会变得比较复杂。因为一个事件对另外一个事件的影响可能是直接的，也可能是间接的，可能是显现的，也可能是非显现的，可能是清晰的，也可能是模糊的。尽管如此，一个清晰的评价原则必定会发挥出它应有的作用。

12.4　本　章　小　结

本章探讨了创新理论在创新性判断、创新成果分级、创新因子和创新衍生因子计算中的应用。

这些应用包括如何判断一个事件的创新性、如何确定创新级别、如何计算创新因子和创新衍生因子、如何计算创新价值、如何计算学术论文的创新因子和创新影响因子、如何完成高等级创新等问题。

判断一个事件是否具备创新的特质，首先要考察该事件是否产生了新的知识。

创新只有第一没有第二。判断一个事件是否具有创新性并不难，只要考察在此事件发生之前是否有相同的事件已经发生过即可。有与没有是判断该事件是否具有创新性的根本判据。

并不是只有创新活动才有意义，也并不是贴上了创新标签后一项活动的意义就会因此而增添色彩。

针对复杂而庞大事物的创新性的判断可以采用整体评判和局部评判两种方式。

创新级别的高低决定了创新事件及其成果衍生其他创新的能力。因此，判断一项成果的创新级别是非常重要的。

确定创新级别可以应用在两个方面：①在开展研究之前预测未来成果的创新级别；②评价已获得成果的创新级别。

第13章 创新理论在学术评价中的应用

13.1 学术期刊的影响因子

在现实社会中，科学工作者的研究结果（或许是创新结果）通常以学术论文的形式发表在期刊上，或以学术会议报告的形式公布于众。开展学术评价的一个很重要对象就是对学术论文的评价。时至今日，在全世界的范围内还不存在一种为大家所广泛接受的学术成果评价体系。当人们涉及相关学术评价时，不得不使用一些替代的评价指标或评价工具。其中最著名的就是学术期刊的影响因子。

为了反映期刊的影响力，美国的加菲尔德（Garfield）建议了一个评价指标，被称为影响因子（impact factor，IF）。但是，很多时候，影响因子都被用于评价具体的论文、科研成果，甚至一位具体的科学工作者。人们已经意识到单凭影响因子去评价这些会产生偏差和误导，但是这样的评价在中国还不断地发生着。因为绝大多数的业内人士或相关的管理人员相信影响因子是一个客观指标。

那么，期刊的影响因子真的是一个客观的指标吗？在展开创新评价论述之前，我们不妨研究一下期刊影响因子的计算方式、特征、分布数学模型等问题。

期刊的影响因子就是通过计算单篇文章的年平均引用次数反映一种期刊被关注程度的指标。

影响因子是汤森路透（Thomson Reuters）公司出品的期刊引证报告（journal citation reports，JCR）中的一项数据，是用于衡量期刊影响力大小的一个评价指标，其大小表明一本期刊发表的论文被引用的平均次数。某期刊在某年的影响因子的具体计算方法是：该期刊前两年发表的论文在该报告年份（JCR year）中被引用总次数除以该期刊在这两年内发表的引用项论文总数，具体计算公式如下：

$$IF_y = \frac{n_{y-1} + n_{y-2}}{N_{y-1} + N_{y-2}} \tag{13.1}$$

式中，y 为年份；$N_{y-1} + N_{y-2}$ 为该刊在前两年发表的引用项论文数量；n_{y-1} 和 n_{y-2} 为该刊在 y 年被引用数量。例如，某期刊在 2016 年的影响因子等于 2015 年和 2014 年刊载的文章在 2016 年被引总数除该刊在 2015 年和 2014 年的引用项载文总数

（可引论文）。此处加上引用项的区别在于，并非将刊载的所有文章的总数作为分母，而是指定的部分文章数作为分母。由于包含有"指定"这样的人为特征，实际上一本期刊的影响因子是可以被汤森路透公司做些调整的。

1955 年，美国的 Garfield 在 Science 上发表了题为 "Citation indexes for science" 的论文[57]，建议用平均引用次数衡量一本期刊的影响力。1998 年，他在《科学家》（The Scientists）中叙述了影响因子的产生过程[58]，说明他最初提出影响因子的目的是为《现刊目次》（Current Contents）评估和挑选期刊。目前人们所说的影响因子一般是指从 1975 年开始的期刊引证报告 JCR 每年提供的上一年度全世界近万种期刊的引用数据，该报告每年发布 JCR 数据库收录期刊的影响因子，至今已经发布了 40 多年。

JCR 是一个世界性的综合数据库。它的引用数据来自世界上 3000 多家出版机构的约 11000 种期刊。JCR 报告涉及的专业范围包括自然科学、工程技术和社会科学。JCR 目前是世界上评估期刊的一个综合性工具，收集了全世界各个专业期刊的引用数据，并可以显示期刊之间引用和被引用关系。

值得注意的是，期刊的影响因子 IF 已经被严重地误用，经常被用作评价一篇具体的论文，甚至被用于评价论文作者的学术水平。这些现象已经造成了学术导向的扭曲，误导了科学研究的正确方向。很多学者已经注意到了问题的严重性，如科学网老文[①]发表的博客[59]足以说明其中存在的问题。

在这篇博客中，老文将对论文数量和高影响因子期刊的崇拜与"我们为什么培养不出杰出人才"联系起来，指出"论文质量的真正含义正在被严重歪曲。一种观念正在流行：刊物越好或影响因子越高，研究工作越好"。

老文讲述了两位诺贝尔奖获得者在颁奖典礼前夕抨击愈演愈烈的论文崇拜和高影响因子期刊崇拜的事情。

诺贝尔物理学奖获得者彼得·希格斯[②]嘲讽了时下学术圈的论文数量崇拜现象。他认为，在当前追求论文数量的学术文化下，即使是他自己也很难保持足够的安宁而做出获得诺贝尔奖的工作。虽然彼得·希格斯获得了诺贝尔物理学奖，但是按照如今的评价标准，他甚至很难找到一份从事科学研究的工作。

诺贝尔医学奖得主兰迪·谢克曼[③]将影响因子超高的 Nature、Science 等所谓顶尖刊物称作"奢华"刊物，并指出：科学研究正因"最奢华而不是最好的研究获得了最大回报"的不恰当激励措施而受到损害；对"奢华"刊物的追求正在鼓

---

① 文双春的网名，作者注。

② 彼得·希格斯（Peter Higgs，生于 1929 年），英国物理学家，因提出"希格斯机制"与"希格斯粒子"而获得 2013 年诺贝尔物理学奖。

③ 兰迪·谢克曼（Randy Schekman，生于 1948 年），美国加利福尼亚大学伯克利分校分子和细胞生物学教授，美国科学院院士，因揭示了"囊泡传输系统的奥秘"而于 2013 年获得诺贝尔生理学或医学奖。

励研究人员走捷径和追求热门领域，热衷于做"抓眼球"的工作，而不是做最重要的工作。谢克曼教授特别举例了中国的大学和研究所给在这些"奢华"刊物上发表论文的作者以重奖，认为重奖"奢华"刊物论文的作者是一种"贿赂"行为，这种奖励方式正在鼓励对个人有利而对科学进步有害的错误行为。谢克曼教授还指出，"奢华"刊物并不是只发表好论文，刊物的影响因子只反映全貌，丝毫反映不出单篇论文的质量。

老文博客中所谈及的情况说明研究人员对现行评价体系的关注、不满与无奈，也点出了目前科学界存在的问题。这些问题已经反映出"发表学术论文"与"研究工作本身的质量"之间出现了越来越大的偏差。这种偏差出现的根源在于职业创新人员不再以创新为目的，而是将多发表高影响因子论文作为了从业目标。因为在目前的评价体系下，多发表高影响因子论文可能会给职业创新人员带来他们所需要的一切：职位、金钱、名誉、称号、社会地位、权力和辉煌的未来。

希格斯和谢克曼的观点也很好地折射出目前学术界面临的问题。一方面在众多科研成果层出不穷的情况下需要对它们进行评价；另一方面人们缺乏合理的手段来达到这样的目的。

非常有趣的是，2016 年 12 月 8 日学术界出版巨头爱思唯尔（Elsevier）推出了自己的期刊影响因子评分系统 CiteScore，与 JCR 形成了两分天下的格局。爱思唯尔影响因子的计算公式和汤森路透影响因子的计算方法类似，但是有一些自己的特色，主要体现在如下六个方面[60]。

（1）汤森路透影响因子只有 11000 本期刊，爱思唯尔影响因子覆盖的期刊数量增大 1 倍，包括 22000 种期刊。

（2）计算公式也进行了调整，汤森路透影响因子是某期刊连续 2 年论文在第 3 年度的篇均引用次数，爱思唯尔影响因子则是期刊连续 3 年论文在第 4 年度的篇均引用次数。

（3）汤森路透影响因子每年只公布一次影响因子，爱思唯尔则有一个最新年度预测影响因子。

（4）汤森路透影响因子收费，爱思唯尔的影响因子系统是免费使用的。

（5）汤森路透影响因子引用包括所有文章类型，但计算平均数时不包括通信、评论等小型文章，爱思唯尔的影响因子不区分文章类型。

（6）汤森路透影响因子没有学科领域的区分，爱思唯尔的影响因子有不同学科领域的排名。

然而，无论 JCR 的 IF 还是爱思唯尔的 CiteScore 都反映的是某种期刊的刊载与被引用数据，不能体现出一篇具体论文的创新性和影响力。因此，我们需要设计新的评价指标和评价工具。

13.2　对学术成果的引用

对学术成果的引用主要体现在一篇学术论文对另外一篇学术论文的引用上。这种引用一般都记录在学术论文的参考文献之中。参考文献列出一篇前人发表的论文被视为一次引用。

一篇学术论文获得高被引数量的特点可归结如下：

（1）研究工作具有很好的创新性（高级别创新），开拓了一个有潜力的研究领域或研究方向。

（2）研究结果具有很好的应用前景，引起了很多人的关注；所涉及的问题一经被解决可能带来巨大的社会效益和影响。

（3）研究领域内的研究人群比较庞大。

（4）研究领域内的专业期刊数量比较多、单位时间内可以发表的论文数量比较大。

（5）发表在了高影响因子期刊上，获得了较高程度的关注。

引用是论文作者的个人行为，带有非常大的个人喜好、对学术知识的掌握范围、对引用的理解、学术态度等特征。

引用的目的在于要求作者指出所依据的学术内容的来源。在正常情况下存在两种引用方式：①引用了作者读到的一篇论文，这篇论文也许是学术内容的原始文献，也许是一篇相关学术内容的转述文献；②引用了发表该学术内容的原始文献。在非正常情况下，引用的方式就会异常的混乱。有人偏好引用具有高影响因子期刊的论文以显示自己研究工作的重要性；有人喜欢引用自己发表的论文，以提高自己论文被引用的次数；有人以"引用联盟"的形式来达到相互引用、共同提高引用数量的目的；有的期刊编辑或审稿人会直接给作者一份参考文献列表并要求作者将其加入文章之中；更有甚者，引用的文献与所述研究内容毫不相关。之所以在这里将其称为"非正常情况"，是因为这些引用不能提供给读者准确的学术参考，从而偏离了引用参考文献的宗旨。列出参考文献的原本目的就在于提供给读者一个准确的学术内容来源，但是目前的学术界又赋予了它一些新的功能：评价一本期刊，评价一篇具体的论文，甚至评价一位具体的科研人员。由于有大量的"非正常情况"存在，这种通过引用数量的评价变得越来越不靠谱。

引用原始文献、引用原创学术结果是引用者应该履行的职责和义务。只有这样的引用才能够准确地告知读者相关学术资料的原始出处。但是，反观今天学术期刊上的引用，很多都无视这样的准则。一个非常典型的例子可以说明目前的情况。在众多的论文中，综述性文章（review）通常都会获得非常高的引用。很多学术期刊早已看准了这一点，不惜花费大量的版面发表一两篇综述性文章，以提高期刊的引用数量，进而提高期刊的影响因子。很多研究人员也看准了这一点，花费大量的时间写综述性文章，以提高自己论文的总引次数。然而，正如我们所知道的那样，综述性文章通常只是将已经发表的研究结果加以总结和梳理，很少有原创的研究结果发表在其中。因此，可以肯定的是，综述性文章获得的引用绝大多数都偏离了引用的宗旨。或者说，综述性文章获得的引用应该体现在其他原创论文上。

采用简单的指标评审必然造成畸形的发展。一些人为了发表高影响因子的论文不惜弄虚作假、编造修改研究数据、刻意夸大研究数据的意义、刻意隐瞒不太好看的实验结果、刻意不提已经被他人发表的相关研究内容。这种存在于科学研究领域的畸形现象不仅在中国，在欧洲、美国、日本等发达国家和地区也屡见不鲜。

13.3　七种典型期刊论文被引情况统计

为了说明问题，我们首先考察一下几本著名期刊论文被引用的情况。在这里，我们选取了 *Nature*、*Science*、*Physical Review Letters*（*PRL*）、*Journal of the American Chemical Society*（*JACS*）、*Cell*、*Lancet*、*Applied Physics Letters*（*APL*）七种期刊，它们分别代表了综合类期刊、物理学、化学、生物学、医学、应用物理学等专业期刊的最高水平。我们统一选取 2000 年 12 月在上述期刊上发表的 822 篇学术论文加以统计，统计时间为 2017 年 6 月 20～25 日，具体统计数据见附录。从这些论文发表到我们统计这些数据已经历经了约 16.5 年的时间。这样的时间长度应该能够显现出其中存在的一些规律性。

当我们将每篇文章在 16.5 年中获得引用的数量相加在一起做统计后，再按照引用数量由大到小对每种期刊发表的论文进行排序，按照不同的期刊再将每种期刊的统计数据作成图 13-1。

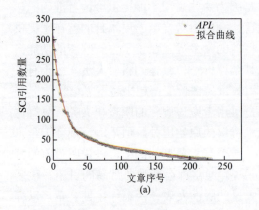
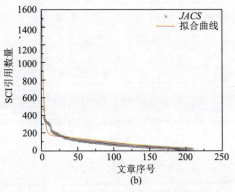

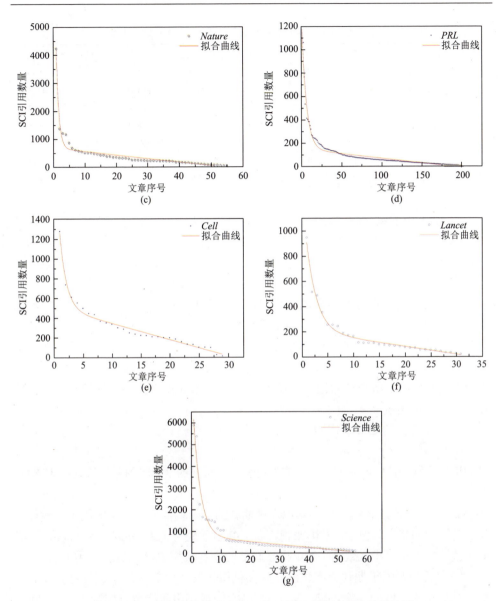

图 13-1 七种期刊论文在过去的 16.5 年里获得引用数量统计图

图 13-1 中的横坐标代表按照引用数量由大到小排序的文章序号,纵坐标表示一篇论文在 16.5 年里获得的总引用次数。每张图中都标出了所统计的期刊名称;图中的连续曲线为统计数据的拟合曲线。论文的序号由 1 开始,因此,排在最左侧的论文获得引用次数最多;排在最右侧的论文获得的引用次数最少。我们将上面的引用数据做了进一步的统计列于表 13-1 中。

表 13-1　16.5 年里七种期刊发表论文被引用情况统计表

序号	期刊名称	论文数量	总引数量	平均值	年均值	影响因子	最小值	最大值
1	*Science*	58	36121	622.78	37.74	37.205	35	5850
2	*Nature*	56	22201	396.45	24.03	40.137	24	4225
3	*Cell*	29	8783	302.86	18.36	30.410	7	1273
4	*Lancet*	34	4979	146.44	8.88	47.831	12	944
5	*PRL*	200	19263	96.32	5.84	8.462	3	1097
6	*JACS*	212	19583	92.37	5.60	13.858	0	1481
7	*APL*	233	9455	40.58	2.50	3.411	0	305

　　表 13-1 中的数据除"论文数量"外，其他数据均为 SCI 引用数量统计数据。"总引数量"统计的是某种期刊被统计的全部论文在 16.5 年里获得 SCI 引用的总次数。例如，*Science* 在 2000 年 12 月发表了 58 篇 Report 型学术论文，这些论文自发表之日起截止到 2017 年 6 月共获得 36121 次 SCI 引用。"平均值"计算的是某期刊论文单篇获得 SCI 引用的平均值，其值等于"总引数量/论文数量"。"年均值"为单篇论文每年平均获得的 SCI 引用数量，等于"平均值/16.5"。它的计算方式很接近期刊影响因子的计算方式，只是没有设置引用项并且统计时间为 16.5 年。表 13-1 中的期刊排序也是按照"年均值"由大到小排列的。"最小值"和"最大值"分别给出了所统计的论文在过去的 16.5 年中获得 SCI 引用次数最少的情况和次数最多的情况。

　　从上面统计的 SCI 引用数据可以得到如下几点结论。

　　（1）"影响因子"与我们统计的"年均值"大致一致，但对某些期刊会出现较大的偏差。例如，*Lancet* 的"年均值"是 8.88，而它的"影响因子"却高达 47.831。这种偏差主要来自汤森路透设置的引用项计算方式。除了 *Science* 的"年均值"与"影响因子"数值比较接近外，其他六种期刊的"年均值"与"影响因子"数值之间都有较大的差别。但是，总的来说，高影响因子期刊（如 *Nature*、*Science*、*Cell*）的单篇论文平均引用次数高于影响因子较低的期刊（如 *PRL*、*JACS*、*APL*）。

　　（2）低影响因子期刊会产生出一些高被引论文，高影响因子期刊也会发表一些低被引论文。例如，*Science*、*Nature*、*Cell* 的最小引用次数分别为 35 次、24 次和 7 次，年均为 2.12 次、1.45 次和 0.42 次。考虑到我们的统计时间是 16.5 年，这些引用次数还是非常低的；而"影响因子"相对较低的三种期刊 *PRL*、*JACS*、*APL* 的最大引用次数分别为 1097 次、1481 次、305 次，年均为 66.48 次、89.76 次、18.48 次。这一事实说明，单从引用次数考虑，高影响因子期刊和低影响因子期刊发表的论文会有很大一部分重叠。因此，用期刊的影响因子去评价一篇具体的论文有可能会产生很大的偏差。

　　（3）与"年均值"相比，"总引数量"能够更好地体现出一本期刊的影响力。

例如，在我们的统计数据中，*JACS*（IF = 13.858）论文获得的总引用次数是 19583，而 *Cell*（IF = 30.41）获得的总引用次数是 8783。前者是后者的 2 倍还多。毫无疑问，相比较而言，*JACS* 期刊影响了更多的科学研究工作，具有更大的学术影响力。同样的道理，*PRL*（IF = 8.462）和 *APL*（IF = 3.411）两种物理学期刊的影响力也高于生物学期刊 *Cell*（IF = 30.41）和医学期刊 *Lancet*（IF = 47.831）。

（4）因此，目前期刊的"影响因子"衡量的是某种期刊发表论文的"单篇平均影响力"，而非期刊本身的影响力。

13.4　引用数量分布的数学模型

从上面这些引用数据的统计曲线可以发现一个非常有趣的规律，所有的曲线都呈现出一个类似指数衰减的排列趋势。这个趋势不同于单指数衰减曲线，其下降趋势比单指数下降趋势还要快一些。指数衰减在末端会趋于一个常数，但是这些统计曲线在末端会一直单调下降，并呈现出一个接近于直线的下降规律。也就是说，引用统计曲线可以划分为两个部分，一部分是一个快速衰减（指数下降），另外一部分呈现直线下降的简单规律。

我们可以用式（13.2）对全部引用统计曲线做出很好的拟合：

$$y = ae^{-\frac{x}{b}} + cx + d \tag{13.2}$$

式中，y 为引用数量；x 为按照引用数量由大到小顺序排列的序号；a、b、c、d 为拟合参数。参数 $a + d + c$ 近似于在所有文章中获得引用数量的最大值。参数 b 表示指数衰减区的衰减速度，b 越小衰减速度越快，超线性引用区（快速下降区）越窄；b 越大衰减得越慢，超线性引用区相对越宽。参数 c 代表了线性下降区域的下降速度，因此在这些拟合中 c 都是负数。c 的绝对值越大，该区域的下降速度越快；c 的绝对值越小，该区域的下降速度越慢。

利用式（13.2），我们将拟合出的曲线画在了图 13-1 中，如图中的连续曲线所示。毫无疑问，这个公式确实可以很好地拟合出引用数量变化的规律。我们将拟合参数 a、b、c、d 的具体数值列于表 13-2。

表 13-2　七种期刊的拟合数据

拟合参数	*Nature*	*Science*	*JACS*	*Cell*	*PRL*	*Lancet*	*APL*
a	12019.12	8169.91	2236.51	1825.60	1219.21	1171.76	272.51
b	0.81	2.38	2.14	1.15	5.78	1.99	13.91
c	−12.60	−13.69	−0.91	−16.61	−0.79	−6.22	−0.26
d	665.50	754.35	171.07	506.53	143.71	201.18	55.30

表 13-2 中的数据表明，*Nature* 文章的引用数量在指数衰减区域的衰减速度最快（$b = 0.81$）；*Cell* 文章的引用数量在线性下降区域下降的最快（$c = -16.61$）。而 *APL* 文章的引用数量在两个区域都呈现较为平缓的下降速度，也就是说 *APL* 文章之间获得的引用数量相差最小。而高影响因子期刊发表的论文获得引用数量的差距也大，往往会出现 1～2 篇获得了极高引用数量的论文。这些极高的引用数量造成了引用曲线的陡峭下降，因此也会在很大程度上决定了上述的拟合参数。

利用上面表格中的数据，我们画出各个期刊文章线性区引用曲线，如图 13-2 所示。一个非常明显的规律呈现在图 13-2 中：高影响因子期刊的线性区下降斜率比较大，低影响因子期刊文章的引用数量在线性区下降斜率比较小。

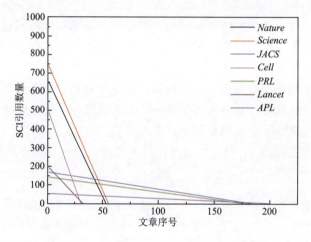

图 13-2　各个期刊文章线性区引用曲线图

事实上，无论一本期刊的影响因子大还是小，它都会发表一些低被引论文，也就是说总存在引用数量接近于零的论文。因此，引用曲线的变化形状主要取决于高被引论文数量。高被引论文数量越大，引用曲线在超线性引用区下降越快，曲线的前端就显得越陡峭。例如，当我们将最高的 3 个引用数据点去除后，*JACS* 的引用统计曲线在超线性衰减区域的下降变得缓慢了，如图 13-3 所示。这个结果告诉我们，引用统计曲线在超线性衰减区域的下降速度主要由很少的几篇高被引论文所决定。

当最高被引论文数量与最低被引论文数量（通常接近于 0）相差不大时，引用曲线下降较为平缓。我们将七种期刊的影响因子列于表 13-3 中，从中不难看出"线性区斜率"与"影响因子"间存在着关联关系。"影响因子"大的期刊其线性区斜率的绝对值也比较大。

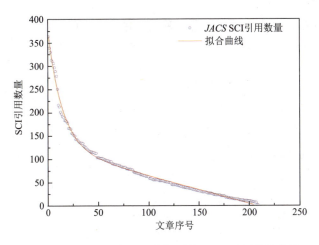

图 13-3　去除三个高被引数据后的 *JACS* 引用统计曲线

表 13-3　引用曲线线性区斜率与期刊的影响因子

项目	*Nature*	*Science*	*Cell*	*Lancet*	*JACS*	*PRL*	*APL*
影响因子	40.137	37.205	30.410	47.831	13.858	8.462	3.411
线性区斜率	−12.60	−13.69	−16.61	−6.22	−0.91	−0.79	−0.26

利用表 13-2 中的数据，我们画出七种期刊引用曲线在指数区的变化，如图 13-4 所示。一个非常明显的规律呈现在图 13-4 中：高影响因子期刊的指数区下降速度比较大，低影响因子期刊文章的引用数量在指数区下降速度比较小。

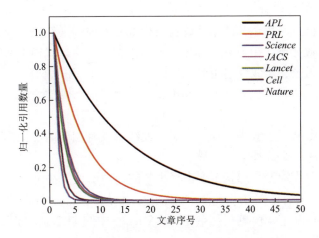

图 13-4　七种期刊引用曲线在指数区的变化图

　　下面以 *APL* 的统计数据为例进行对比，并进一步地加以说明。

　　APL 的引用数量（y）与文章序号（x）的关系可以用式（13.3）拟合得到：

$$y = 272.51\mathrm{e}^{-\frac{x}{13.91}} - 0.260x + 55.30 \tag{13.3}$$

很明显，式（13.3）可以划分为指数衰减（$272.51\mathrm{e}^{-\frac{x}{13.91}}$）和直线下降（$-0.260x$）两个部分。我们将指数衰减曲线 $y = a\mathrm{e}^{-\frac{x}{b}}$ 和直线下降曲线 $-0.260x + 55.30$ 同时画在引用数量变化图中，如图 13-5 所示。

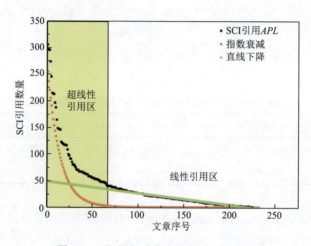

图 13-5　指数衰减曲线和直线下降曲线

　　从图 13-5 中可以看出，直线下降部分（绿色）非常好地与后段数据点（黑色）重合。前段数据点（黑色）的下降趋势与指数衰减曲线（红色）一致；线性下降部分占绝大多数文章，指数衰减部分只占一小部分文章。我们不妨将这两部分分别称为线性引用区和超线性引用区，如图 13-5 中所标示的那样。

　　从上面对七种具有代表性的期刊论文的引用情况所做的分析，我们得到如下结论。

　　（1）无论影响因子大小，期刊的引用曲线都具有相同的变化规律，即可以用一个指数衰减和一个线性下降来描述。

　　（2）引用曲线的变化形状主要由极少数的高被引论文决定。

　　（3）少数高被引论文对影响因子贡献较大。例如，*Nature* 和 *JACS* 中 17%～18% 的高被引论文贡献了 50% 的引用数量，而 *Science* 中约 11.2% 的高被引论文贡献了 50% 的引用数量。

　　（4）高影响因子期刊的引用曲线下降快，低影响因子期刊的引用曲线下降慢。

（5）绝大多数论文的引用数量按照线性下降规律排列。

（6）高影响因子期刊和低影响因子期刊发表论文的引用数量会在一个范围内重合。

（7）无论影响因子大小，每种期刊都会发表一些引用率极低的论义，也都会发表一些引用率很高的论文。

（8）影响因子不宜用于评价一篇具体的论文。

（9）影响因子没有评价学术论文创新性的功能。

13.5　本　章　小　结

本章介绍了期刊的影响因子，讨论了学术成果的引用问题，讨论了学术论文获得高被引数量的特点。指出，学术引用的目的在于要求作者给出所依据的学术内容的来源。

本章用统计的方法研究了七种典型期刊论文的被引情况，发现了统计数据遵从相同的数学模型，并得出九点结论。

第 14 章 创 新 检 索

作为发表创新成果的一种形式，期刊学术论文是学术评价的主要对象之一。发表学术论文的根本目的在于向世人公开创新成果，因此对学术论文的评价也应该注重对其创新性的评价，即确定是否具有创新性、确定创新级别、确定创新因子、确定创新影响因子、确定创新衍生因子、确定创新类型等。但是，学术论文不能等同于创新成果，学术论文是公布学术研究内容和结果的一种载体和形式，而其中的学术研究结果可能具有创新性，也可能没有创新性。另外，发表在期刊上的学术研究结果可能是真实的也可能是虚假的；其结论可能是正确的也可能是错误的。原则上讲，创新评价不能解决学术成果的真实性和正确与否等问题，只有专业人员才能对这样的问题做出有依据和有说服力的判断。因此，在具体应用时我们需要针对学术论文的特殊形式对创新评价工具做出特殊的设计。

根据创新的定义"增添人类知识积累的活动"，那么，有创新内容的学术论文一定包含有在迄今已发表了的学术文献中检索不到的内容。以此为依据进行检索，我们便可以确定一篇学术论文是否具备创新性。也就是说，我们可以通过设定一组包含某论文核心内容的主题词进行检索，如果被检索论文在已经检索到的论文中时间排序最早，说明该论文具有一定的创新性；如果做不到这一点，说明该论文不具有创新性。我们在此将这种检索称为创新检索。

14.1 学术论文的创新检索

对照前面我们定义的创新级别、创新因子和创新影响因子，我们可以规定学术论文的创新级别、创新因子和创新影响因子。

创新级别：

$$学术论文的创新级别 = 创新检索中使用的主题词数量 \qquad (14.1)$$

创新因子：

$$学术论文的创新因子 = \frac{检出文章总数}{创新主题词数量} = \frac{检出文章总数}{创新级别} \qquad (14.2)$$

进一步，我们可以定义学术论文的创新影响因子（trungscin impact factor，TIF）：

$$学术论文的创新影响因子 = \frac{相关引用的数量总和}{创新主题词数量} \qquad (14.3)$$

学术论文创新检索的具体方法如下。

（1）为一篇学术论文（或其他形式的学术文献，如专利、学术报告、项目计划书、项目结题报告等）设定一组创新主题词。创新主题词原则上应该由学术论文的作者设置，因为作者最了解论文的核心内容，作者所设定的创新主题词也会最为准确。

（2）创新主题词的设置原则：

①设置的创新主题词能够反映出论文的核心创新内容；

②创新主题词的数量应该尽可能少，创新主题词数目越少论文的创新级别越高；

③在论文尚未发表之前，使用该组设定的创新主题词不能检索出任何其他已公开发表的相关论文、著作或其他各种形式的学术文献；

④在该论文被收录到了相关数据库后，创新检索要保证该论文在时间由旧到新的排序中列于第一位，即任何检索出的其他相关学术文献都须排在该论文之后；

⑤当相同数量的几组主题词都能够使得被检索论文排在时间的第一位时，选用检出文章数量最多的那一组，因为检出文章数量越多该论文的创新因子越大，相对应的创新影响因子也会越大。

（3）用创新主题词数量确定论文的创新级别。

（4）进行创新检索并统计如下两个检索数据：检出论文数量、检出的全部论文的引用之和。

（5）确定论文的创新因子。

（6）确定论文的创新影响因子。

14.2 学术论文创新检索实例

在此，我们举例说明创新检索的使用方法以及学术论文创新级别、创新因子和创新影响因子的计算方法。为了能够在创新检索中确实地把握好对论文创新性的评价准确性问题，我们在此选用了自己从事多年的上转换发光研究进行检索。由于对相关问题的研究背景和研究内容都比较熟悉，我们可以从专业的角度对创新检索主题词的设定以及检索结果提出更加专业的意见和判断。

首先，我们选择比较权威的 Web of Science 网站作为检索工具，并选择该网站提供的所有数据库作为检索空间。为了计算我们研究组于 2008 年发表在美国《光学快报》（*Optics Letters*）期刊上的一篇论文（"Ultraviolet upconversion emissions of Gd^{3+}"）的创新级别、创新因子和创新影响因子，我们使用了 4 个主题词："Gd^{3+}" "ultraviolet or UV" "upconversion or up-conversion" 和 "980nm or near infrared or

NIR or near-infrared"，如图 14-1 所示。其中，第 2、3、4 个主题词使用了"or"（或）将两个或两个以上的同义词并列起来，以保证最大限度地检索到相关论文及引用数据。

　　检索主题词输入方法如图 14-1 所示。在本次检索中，我们选择"所有数据库"（all databases），选择"基本检索"（basic search），选择检索"主题"（topic），设定检索时间跨度（timespan）为"所有年份"（all years），要使用的检索语言（search language to use）选择"自动"。

图 14-1　用 4 个主题词在 Web of Science 网站上进行检索

　　2016 年 12 月 31 日，在提供了上述 4 个创新主题词的情况下，我们共计检出含有这 4 个主题词的 SCI 论文 43 篇。图 14-2 给出了检索结果。

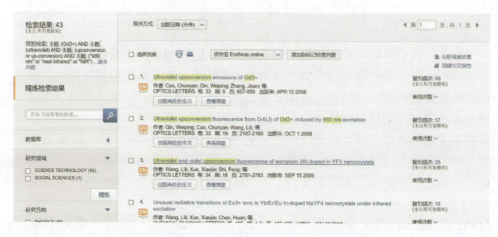

图 14-2　在 Web of Science 网站上进行检索的结果

按照论文发表时间的先后顺序，即选择出版日期升序（publication date—oldest to newest），曹春燕、秦伟平[*][①]、张继森等发表的论文"Ultraviolet upconversion emissions of Gd^{3+}"[41]排在了第一位。该检索结果表明，曹春燕、秦伟平[*]、张继森等首先报道了钆离子在近红外光激发下发射紫外上转换发光的研究结果。其他检出的研究论文同时涉及了"三价钆离子""紫外""上转换"和"980nm 或近红外光或 NIR"这 4 个主题词，其研究结果在客观上受到了排在第一位的首篇论文的影响。

利用 Web of Science 网页上提供的创建引文报告的功能，我们很容易就可以获得本次检索的统计信息，如图 14-3 所示。在 2016 年 12 月 31 日，我们检索到的 43 篇论文被引频次总计 1265 次，施引文献 1089 篇，检索到的 43 篇论文平均每篇被引用 29.42 次。根据前面的定义，我们可以确定该论文报道的研究结果为四级创新，其创新因子为 10.75。根据前面定义的创新影响因子公式，我们也可以很容易地计算出该论文的 TIF 值：

$$TIF = \frac{1265}{4} = 316.25$$

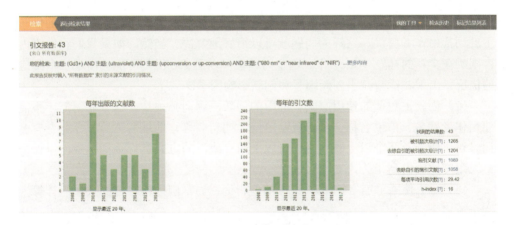

图 14-3　相关检索的统计信息

由于在使用了 4 个主题词进行检索的情况下该论文在时间上排到了首位，因此，该论文的创新级别为 4 级，其 TIF 为 316.25。由于检索的具体情况会随着时间变化，因此对创新影响因子做年平均能够更好地反映论文的影响力。该篇论文发表于 2008 年 4 月，截止到 2016 年底已经发表了约 9 年的时间（8 年＋8 个月），其年均创新影响因子 TIF/y 为

---

① 此处的星号（*）代表该作者为责任作者（通讯作者）。

$$TIF/y = \frac{316.25}{9} = 35.138$$

计算创新影响因子时应该注意如下问题。

（1）选择具有权威性的网站作为检索工具，如我们在上面使用的 Web of Science 网站。我们也试图使用 Google 学术搜索作为工具检索，但是与 Web of Science 相比，Google 学术检索到的结果较多较乱，同时 Google 学术检索又无法提供所需的时间排序和数据统计功能。因此，在目前还没有一个可以提供专门服务的创新检索工具的情况下，还是建议大家使用 Web of Science。目前 Web of Science 平台有 10 个数据库，包括 ISI Web of Science—SCIE、ISI Current Contents Connect、ISI Proceedings、Derwent innovations index、Biosis Previews、INSPEC、MEDLINE、ISI Journal Citation Reports、ISI Essential Science Indicators、ISI Highlycited.com。但是，在检索的过程中大家也会发现，通过 Web of Science 平台经常也会检索出一些莫名其妙的结果。主要原因是，Web of Science 为一些文章添加了额外的主题词（key words plus）。这些主题词中的很多都没有在文章中出现过，有些仅仅出现在了引言部分，与文章内容没有多大的关系。事实上，我们并不知道这些不相关的主题词是根据什么加上的，但是它确实严重地影响了我们对一篇文章创新性的判断和对创新影响因子的计算。如果每篇学术论文的创新主题词都由作者提供，这样的问题就可以很好地解决。当然，如果我们将检索内容限制在文章的标题（title）上，这个问题也可以避免，但是可能会出现很多漏检的情况。出现漏检会减小创新因子和创新影响因子。

（2）创新主题词的使用原则。选用的创新主题词必须是一些专业词汇，不能使用作者姓名、单位名称、项目资助单位、期刊名称、地址名称等非专业专有名词。对于两个及两个以上的同义词可以采用"或"的方式进行并列检索，以保证最大限度地检索到相关论文。

（3）对于使用了连字符"-"组成的复合词，通常应视连字符的数量而计算为两个或多个词。

（4）如果检索结果中排在前面的论文不是你要检索的对象，说明你使用的创新主题词数量过少，需要进一步增加新的主题词以保证拟检索论文排在时间序列的第一位。

例如，我们采用"upconversion"和"Gd^{3+}"两个主题词在 Web of Science 上进行检索，得到相关 SCI 论文 151 篇，总的 SCI 引用 4453 次，施引文献 2773 篇，151 篇相关文献平均每篇被引用 29.49 次。

按照文章发表的时间顺序排序，排在前 10 位的论文情况如下：

（1）Visible quantum cutting in Eu^{3+}-doped gadolinium fluorides via downconversion, By：Wegh，R T；Donker，H；Oskam，K D；et al.，Journal of Luminescence

Volume: 82 Issue: 2 Pages: 93-104 Published: Aug 1999 Times Cited: 126

(2) Polarized laser spectroscopy and crystal-field analysis of Er^{3+} doped $CaGdAlO_4$, By: Wells, J P R; Yamaga, M; Kodama, N; et al., Journal of Physics-Condensed Matter Volume: 11 Issue: 39 Pages: 7545-7555 Published: Oct 4 1999 Times Cited: 9

(3) Upconversion processes in transition metal and rare earth metal systems, By: Gamelin, D R; Gudel, H U, Transition Metal and Rare Earth Compounds: Excited States, Transitions, Interactions II Book Series: Topics in Current Chemistry Volume: 214 Pages: 1-56 Published: 2001, Times Cited: 128

(4) Upconversion luminescence in Yb^{3+} doped $CsMnCl_3$: Spectroscopy, dynamics, and mechanisms, By: Valiente, R; Wenger, O S; Gudel, H U, Journal of Chemical Physics Volume: 116 Issue: 12 Pages: 5196-5204 Published: Mar 22 2002, Times Cited: 30

(5) Spectroscopic characteristics of Er^{3+} in the two crystallographic sites of Gd_2SiO_5, By: de Camargo, A S S; Davolos, M R; Nunes, L A, Journal of Physics-Condensed Matter Volume: 14 Issue: 12 Pages: 3353-3363 Article Number: PII S0953-8984 (02) 30311-4 Published: Apr 1 2002, Times Cited: 13

(6) Energy transfer and upconversion luminescence properties of Y_2O_3: Sm and Gd_2O_3: Sm phosphors, By: Zhou, Y H; Lin, J; Wang, S B, Journal of Solid State Chemistry Volume: 171 Issue: 1-2 Pages: 391-395 Published: Feb 15 2003, Times Cited: 79

(7) Hydrothermal synthesis and luminescence behavior of lanthanide-doped GdF_3 nanoparticles, By: Fan, X P; Pi, D B; Wang, F; et al., IEEE Transactions on Nanotechnology Volume: 5 Issue: 2 Pages: 123-128 Published: Mar 2006, Times Cited: 25

(8) Energy transfer and frequency upconversion involving triads of Pr^{3+} ions in (Pr^{3+}, Gd^{3+}) doped fluoroindate glass, By: Rativa, D J; de Araujo, C B; Messaddeq, Y, Journal of Applied Physics Volume: 99 Issue: 8 Article Number: 083505 Published: Apr 15 2006 Times Cited: 3

(9) Ultraviolet upconversion emissions of Gd^{3+}, By: Cao, Chunyan; Qin, Weiping; Zhang, Jisen; et al., Optics Letters Volume: 33 Issue: 8 Pages: 857-859 Published: Apr 15 2008, Times Cited: 69

(10) Ultraviolet upconversion fluorescence from ^6D_J of Gd^{3+} induced by 980 nm excitation, By: Qin, Weiping; Cao, Chunyan; Wang, Lili; et al., Optics Letters Volume: 33 Issue: 19 Pages: 2167-2169 Published: Oct 1 2008, Times Cited: 57

我们检索的目的在于找到第一个利用 Gd^{3+} 作为激活剂（发光离子）实现上转换发光的工作。但是，在上面的列表中，第 1~7 篇都不是我们要搜索的工作内容。这 7 篇论文有的是利用 Gd^{3+} 和 Eu^{3+} 实现量子裁剪的下转换研究（第 1 篇），有的是利用 Gd 作为发光材料的基质完成了其他离子的上转换发光研究（第 2、5、6、7 篇），还有与 Gd 毫无关系的论文（如第 4 篇，通篇没有涉及 Gd^{3+}）。只有第 8~10 篇论文真正将 Gd^{3+} 作为了敏化剂实现了上转换发光。第 8 篇文章中的激发光是 590nm 的橙红色光，第 9、10 篇（秦伟平教授研究组发表的论文）使用的是 980nm 的近红外光作激发光源。

从上面的分析结果不难看出，在研究 Gd^{3+} 的上转换发光问题中，巴西学者 Rátiva 等完成了一次首创工作（第 8 篇文章）[61]。他们第一次用 590nm 的橙红色光激发 Pr^{3+} 和 Gd^{3+} 共掺杂氟化铟基玻璃，获得了 Gd^{3+} 的上转换发光。而在研究近红外光激发下 Gd^{3+} 的上转换发光问题中，中国学者曹春燕、秦伟平、张继森等人完成了首创工作。

非常有意思的是，巴西学者 Rátiva 等发表在美国《应用物理》期刊上的这篇文章在过去的 11 年里仅仅被引用了 2 次！后续的其他相关研究也鲜有人再使用 590nm 的橙红色光作为激发光源。

这些检索结果表明，当我们只是用"upconversion"和"Gd^{3+}"两个主题词在 Web of Science 上进行检索时，我们检索到了很多不是 Gd^{3+} 上转换发光的研究结果。而我们拟检索的研究结果却都排在了时间序列的后面。出现这种情况可能有如下几个原因。

（1）我们所使用的 Web of Science 目前还不能很好地支持我们提出的创新检索方式。

（2）我们提供的两个主题词涵盖的内容大于我们想要检索的内容（这是主要原因）。我们想检索钆离子的上转换发光研究论文，但是这两个主题词涵盖了用钆元素作为基质研究上转换发光的工作，也涵盖了用钆离子做下转换发光的工作，如果在该工作中提及了上转换发光一词。

（3）巴西学者 Rátiva 等所研究的可见光激发的 Gd^{3+} 的发光上转换发光问题没有给后续研究很大的启发和影响。近些年大家真正关心的上转换研究都是在近红外光激发下实现的，因为近红外光激发的上转换发光材料在医学等领域有着重要的应用前景。

（4）巴西学者 Rátiva 等的论文刊载的期刊影响力不高，没有受到大多数研究人员的关注。

为了能够在第一位检索出巴西学者 Rátiva 等的论文，我们将主题词设置为[of Gd^{3+}]、[upconversion or up-conversion]、[energy transfer]三组，共检索出相关论文 46 篇，SCI 总引次数为 613 次，施引论文 531 篇，46 篇相关论文平均每篇引用 13.13

次。由上面的数据，我们可以计算出巴西学者的论文的创新级别为三级，创新因子为 15.3，TIF = 204.333，TIF/y = 18.576。

按照时间先后顺序，检出的前 10 篇论文列出如下：

（1）Energy transfer and frequency upconversion involving triads of Pr^{3+} ions in （Pr^{3+}，Gd^{3+}）doped fluoroindate glass，By: Rativa，D J; de Araujo，C B; Messaddeq，Y，Journal of Applied Physics Volume: 99 Issue: 8 Article Number: 083505 Published: Apr 15 2006，Times Cited: 3

（2）Ultraviolet upconversion emissions of Gd^{3+}，By: Cao，Chunyan; Qin，Weiping; Zhang，Jisen; et al.，Optics Letters Volume: 33 Issue: 8 Pages: 857-859 Published: Apr 15 2008，Times Cited: 70

（3）Ultraviolet upconversion fluorescence from D-6（J）of Gd^{3+} induced by 980 nm excitation，By: Qin，Weiping; Cao，Chunyan; Wang，Lili; et al.，Optics Letters Volume: 33 Issue: 19 Pages: 2167-2169 Published: Oct 1 2008，Times Cited: 57

（4）Sensitized deep-ultraviolet up-conversion emissions of Gd^{3+} via Tm^{3+} and Yb^{3+} in hexagonal $NaYF_4$ nanorods，By: Zhang，Y Y; Yang，L W; Xu，C F; et al.，Applied Physics B-Lasers and Optics Volume: 98 Issue: 2-3 Pages: 243-247 Published: Feb 2010，Times Cited: 9

（5）Study on ultraviolet upconversion emissions of Gd^{3+} induced by Tm^{3+} under 980 nm excitation，By: Cao，Chun-Yan; Yu，Xiao-Guang; Qin，Wei-Ping; et al.，Guang pu xue yu guang pu fen xi = Guang pu Volume: 30 Issue: 3 Pages: 616-620 Published: 2010-Mar，Times Cited: 0

（6）Study on upconversion luminescence and luminescent dynamics of 20%Yb^{3+}，0.5%Tm^{3+} co-doped YF_3 and GdF_3 nanocrystals，By: Cao，Chunyan; Qin，Weiping; Zhang，Jisen，Journal of Nanoscience and Nanotechnology Volume: 10 Issue: 3 Special Issue: SI Pages: 1900-1903 Published: Mar 2010，Times Cited: 10

（7）Upconversion luminescence properties of Yb^{3+}，Gd^{3+}，and Tm^{3+} co-doped $NaYF_4$ microcrystals synthesized by the hydrothermal method，By: Zheng，Kezhi; Qin，Weiping; Wang，Guofeng; et al.，Journal of Nanoscience and Nanotechnology Volume: 10 Issue: 3 Special Issue: SI Pages: 1920-1923 Published: Mar 2010，Times Cited: 11

（8）Study on ultraviolet upconversion emissions of Gd^{3+} induced by Tm^{3+}under 980nm excitation，By: Cao Chun-yan; Yu Xiao-guang; Qin Wei-ping; et al.，Spectroscopy and Spectral Analysis Volume: 30 Issue: 3 Pages: 616-620 Article Number: 1000-0593（2010）30: 3<616: 9NJFXT>2.0.TX; 2-B Published: Mar 2010，Times Cited: 0

（9）Luminescence in rare earth-doped transparent glass ceramics containing GdF_3 nanocrystals for lighting applications，By：Shan，Zhifa；Chen，Daqin；Yu，Yunlong；et al.，Journal of Materials Science Volume：45 Issue：10 Pages：2775-2779 Published：May 2010，Times Cited：27

（10）Ultraviolet and blue up-conversion fluorescence of $NaY_{0.793-x}Tm_{0.007}Yb_{0.2}Gd_xF_4$ phosphors，By：Cao，Chunyan；Zhang，Xianmin；Chen，Minglun；et al.，Journal of Alloys and Compounds Volume：505 Issue：1 Pages：6-10 Published：Aug 27 2010，Times Cited：8

事实上，真正最早开展 Gd^{3+} 上转换发光研究工作是 2002 年发表在 *Journal of Luminescence* 上的一篇论文（" Two-and three-photon excitation of Gd^{3+} in $CaAl_{12}O_{19}$"）[62]，它是由美籍华人严懋勋教授等通过双光子和三光子过程激发 Gd^{3+} 并观察到了 Gd^{3+} 313nm 紫外发光的研究。这个研究与后来大家普遍开展的利用近红外光激发 Gd^{3+} 的研究有所不同，但是严懋勋教授毕竟是第一个实现了 Gd^{3+} 上转换发光的科学家。然而，同样有趣的是，该论文在发表后的 15 年间也仅仅被引用过 2 次！当我们用[of Gd^{3+}]和[upconversion or up-conversion]两组主题词进行检索时，共检出相关论文 96 篇，总引用为 1890 次，施引文献 1421 篇，按照时间早晚的顺序排在前 10 位检索结果如下：

（1）Two-and three-photon excitation of Gd^{3+} in $CaAl_{12}O_{19}$, By: ter Heerdt，M L H；Basun，S A；Imbusch，G F；et al.，Journal of Luminescence Volume：100 Issue：1-4 Pages：115-124 Article Number：PII S0022-2313（02）00458-1 Published：Dec 2002，Times Cited：2

（2）Hydrothermal synthesis and luminescence behavior of lanthanide-doped GdF_3 nanoparticles，By：Fan，X P；Pi，D B；Wang，F；et al.，IEEE Transactions on Nanotechnology Volume：5 Issue：2 Pages：123-128 Published：Mar 2006，Times Cited：25

（3）Energy transfer and frequency upconversion involving triads of Pr^{3+} ions in（Pr^{3+}, Gd^{3+}）doped fluoroindate glass，By：Rativa，D J；de Araujo，C B；Messaddeq，Y，Journal of Applied Physics Volume：99 Issue：8 Article Number：083505 Published：Apr 15 2006，Times Cited：3

（4）Hydrothermal synthesis and luminescent properties of a new family of organically templated lanthanide fluorides，By：Jayasundera，Anil C A；Finch，Adrian A；Townsend，P D；et al.，Journal of Materials Chemistry Volume：17 Issue：39 Pages：4178-4183 Published：2007，Times Cited：5

（5）Ultraviolet upconversion emissions of Gd^{3+}，By：Cao，Chunyan；Qin，Weiping；Zhang，Jisen；et al.，Optics Letters Volume：33 Issue：8 Pages：857-859

Published: Apr 15 2008, Times Cited: 70

（6）Ultraviolet upconversion fluorescence from D-6（J）of Gd^{3+} induced by 980 nm excitation, By: Qin, Weiping; Cao, Chunyan; Wang, Lili; et al., Optics Letters Volume: 33 Issue: 19 Pages: 2167-2169 Published: Oct 1 2008, Times Cited: 57

（7）Structure and optical spectroscopy of eu-doped glass ceramics containing GdF_3 nanocrystals, By: Chen, Daqin; Wang, Yuansheng; Yu, Yunlong; et al., Journal of Physical Chemistry C Volume: 112 Issue: 48 Pages: 18943-18947 Published: Dec 4 2008, Times Cited: 59

（8）Near vacuum ultraviolet luminescence of Gd^{3+} and Er^{3+} ions generated by super saturation upconversion processes, By: Chen, Guanying; Liang, Huijuan; Liu, Haichun; et al., Optics Express Volume: 17 Issue: 19 Pages: 16366-16371 Published: Sep 14 2009, Times Cited: 30

（9）Sensitized deep-ultraviolet up-conversion emissions of Gd^{3+} via Tm^{3+} and Yb^{3+} in hexagonal $NaYF_4$ nanorods, By: Zhang, Y Y; Yang, L W; Xu, C F; et al., Applied Physics B-Lasers and Optics Volume: 98 Issue: 2-3 Pages: 243-247 Published: Feb 2010, Times Cited: 9

（10）Study on up-conversion emissions of Yb^{3+}/Tm^{3+} co-doped GdF_3 and $NaGdF_4$, By: Cao, Chunyan; Qin, Weiping; Zhang, Jisen, Optics Communications, Volume: 283 Issue: 4 Pages: 547-550 Published: Feb 15 2010, Times Cited: 18

从前 10 篇文章的检索结果来看，这次的检索更加接近我们想要达到的效果。8 篇有关 Gd^{3+} 上转换发光研究的论文分别出现在第 1、3、5～10 位。而只有排在第 2 位和第 4 位的论文不是研究 Gd^{3+} 上转换发光的，这两个研究工作均使用了 Gd 作为基质材料，排在第 4 位的论文原本与上转换发光研究没有关系，但是作者在引言中提到了 up-conversion 一词，因此 Web of Science 在其 Key Words Plus 中给出了 up-conversion 这个主题词。无论如何，这个检索结果还是比较令人满意的，它确切地证明严懋勋教授的这个工作具备二级创新性，其创新因子为 48，创新影响因子 TIF = 945，年均创新影响因子 TIF/y = 63。

但是我们从统计结果中发现，获得引用次数最多的论文是中国科学院福建物质结构研究所陈学元研究员 2010 年发表在 Advanced Materials 上的论文"A strategy to achieve efficient dual-mode luminescence of Eu^{3+} in lanthanides doped multifunctional $NaGdF_4$ nanocrystals"[63]。该论文在 7 年时间中获得了 343 次 SCI 引用。

为了在第一位上检索出陈学元研究员的这篇论文，我们做了各种组合的尝试，最后发现使用"Dual""Mode"和"$NaGdF_4$"三个主题词可以达到这个目的并使得检出论文的数量最多。共检索出 14 篇论文，获得 SCI 引用总数为 724

次（约为首篇检出论文被引次数的 2 倍），施引论文 619 篇，检索出的 14 篇论文平均每篇 SCI 引用 51.71 次。因此，该论文的创新级别也是三级，其创新因子为 4.667，创新影响因子 TIF = 241.333，年均创新影响因子 TIF/y = 21.939。列在前 10 位的论文如下：

（1）A strategy to achieve efficient dual-mode luminescence of Eu^{3+} in lanthanides doped multifunctional $NaGdF_4$ nanocrystals，By：Liu，Yongsheng；Tu，Datao；Zhu，Haomiao；et al.，Advanced Materials Volume：22 Issue：30 Pages：3266 Published：Aug 10 2010，Times Cited：343

（2） Dual phase-controlled synthesis of uniform lanthanide-doped $NaGdF_4$ upconversion nanocrystals via an OA/ionic liquid two-phase system for in vivo dual-modality imaging，By：He，Meng；Huang，Peng；Zhang，Chunlei；et al.，Advanced Functional Materials Volume：21 Issue：23 Pages：4470-4477 Published：Dec 6 2011，Times Cited：145

（3）Bright dual-mode green emission from selective set of dopant ions in beta-Na（Y, Gd）F_4：Yb，Er/beta-$NaGdF_4$：Ce，Tb core/shell nanocrystals，By：Jang，Ho Seong；Woo，Kyoungja；Lim，Kipil，Optics Express Volume：20 Issue：15 Pages：17107-17118 Published：Jul 16 2012，Times Cited：25

（4）Hydrophilic，upconverting，multicolor，lanthanide-doped $NaGdF_4$ nanocrystals as potential multifunctional bioprobes，By：Li，Feifei；Li，Chunguang；Liu，Xiaomin；et al.，Chemistry-A European Journal Volume：18 Issue：37 Pages：11641-11646 Published：Sep 2012，Times Cited：59

（5）Aqueous phase synthesis of upconversion nanocrystals through layer-by-layer epitaxial growth for in vivo X-ray computed tomography，By：Li，Feifei；Li，Chunguang；Liu，Jianhua；et al.，Nanoscale Volume：5 Issue：15 Pages：6950-6959 Published：2013，Times Cited：19

（6）Efficient dual-modal NIR-to-NIR emission of rare earth ions co-doped nanocrystals for biological fluorescence imaging，By：Zhou，Jiajia；Shirahata，Naoto；Sun，Hong-Tao；et al.，Journal of Physical Chemistry Letters Volume：4 Issue：3 Pages：402-408 Published：Feb 7 2013，Times Cited：34

（7）Nd^{3+} sensitized up/down converting dual-mode nanomaterials for efficient in-vitro and in-vivo bioimaging excited at 800 nm，By：Li，Xiaomin；Wang，Rui；Zhang，Fan；et al.，Scientific Reports Volume：3 Article Number：3536 Published：Dec 18 2013，Times Cited：70

（8）Achieving efficient Tb^{3+} dual-mode luminescence via Gd-sublattice-mediated energy migration in a $NaGdF_4$ core-shell nanoarchitecture，By：Ding，Mingye；Chen，

Daqin；Wan，Zhongyi；et al.，Journal of Materials Chemistry C Volume：3 Issue：21 Pages：5372-5376 Published：2015，Times Cited：12

（9）Multifunctional MWCNTs-NaGdF$_4$：Yb^{3+}，Er^{3+}，Eu^{3+} hybrid nanocomposites with potential dual-mode luminescence，magnetism and photothermal properties，By：Liu，Wenjia；Liu，Guixia；Dong，Xiangting；et al.，Physical Chemistry Chemical Physics Volume：17 Issue：35 Pages：22659-22667 Published：2015，Times Cited：5

（10）Magnetic and optical properties of NaGdF$_4$：Nd^{3+}，Yb^{3+}，Tm^{3+}nanocrystals with upconversion/downconversion luminescence from visible to the near-infrared second window，By：Zhang，Xianwen；Zhao，Zhi；Zhang，Xin；et al.，Nano Research Volume：8 Issue：2 Pages：636-648 Published：Feb 2015，Times Cited：9

下面，我们用表 14-1 将这四篇论文的相关数据列出来进行比较。

表 14-1　四篇论文的相关数据比较

发表年	论文题目	影响因子	SCI 引用次数	创新级别	创新因子	创新影响因子	年均创新影响因子
2002	Two-and three-photon excitation of Gd^{3+}in CaAl$_{12}$O$_{19}$	2.693	2	2	48	945	63
2006	Energy transfer and frequency upconversion involving triads of Pr^{3+}ions in（Pr^{3+}，Gd^{3+}）doped fluoroindate glass	2.101	2	3	15.3	204.333	18.576
2008	Ultraviolet upconversion emissions of Gd^{3+}	3.040	70	4	10.75	316.25	35.138
2010	A strategy to achieve efficient dual-mode luminescence of Eu^{3+}in lanthanides doped multifunctional NaGdF$_4$ nanocrystals	18.960	343	3	4.667	241.333	21.939

14.3　创新检索的意义

从上面的论述和列表结果不难看到，创新因子和创新影响因子的计算具有很好的客观性。创新影响因子的计算及其结果基本上不受人为操控因素的影响，能够比较好地反映出一项研究结果（如学术论文）对于后续研究的影响。由于其分母采用了"创新主题词数量"，而确定这个参数的标准是这些主题词能够在创新检索中将该创新事件排在时间序列的第一位。这个要求保证了在时间排序上"原始"的特质。用这些主题词检索到的其他创新事件必然受到了排在第一位的"原始"事件的影响，由此计算出的创新因子和创新影响因子便具有了很好的客观性。因此，这样的创新影响因子也能够很客观地反映出一个创新事件对后续创新事件产生的影响，最大可能地消除了人为操作、引用联盟、弄虚作假等人为不良因素。

但是，我们仍然可以从表 14-1 中看出刊载论文期刊的影响因子对论文的创新影响因子的影响。在目前已经运行了很多年的评价体系下，这种影响是不可避免的。

在目前的评价体系下，一个期刊的编辑人员是否选刊一篇论文的标准之一就是通过审视论文的内容去判断该论文是否能够获得较大的引用次数。这样的判断在很大程度上基于编辑人员的专业知识和预测能力，依然具有非常大的个人主观性。因此造成了即使是影响因子很高的期刊，其编辑人员也常常出现误判的现象。这一点我们不难从 *Science*、*Nature* 等高影响因子期刊中已发表的论文引用次数看出。很多发表在高影响因子期刊上的论文并非如编辑人员预期的那样获得了高引用次数。

如果学术期刊采用创新级别、创新因子和创新影响因子作为其录用论文的判别依据，上述情况必然会有所改变。

一篇论文如要获得高的创新影响因子，它必须具备高的创新级别。这就要求每篇学术论文必须提供一份创新主题词（trungscin subject word，TSW）列表。对这份主题词列表的要求是，使用这份创新主题词列表不能在创新检索中检出任何已经公开发表的论文（或专利以及其他各种形式的公开文献）。这样的检索保证了学术论文所涉及内容的新颖性。同时，一个编辑人员或一个评审人也能够从论文创新主题词的数量很容易地判断出相关研究结果的创新级别：提供的创新主题词越少，其创新级别就越高；提供的创新主题词越多，其创新级别就越低。如果使用论文提供的创新主题词依然能够检索出其他的相关论文，便说明该论文基本上不具备创新性，因而这样的论文也不具有发表的价值。

另外，期刊的编辑人员也可以根据论文提供的创新主题词的内容来判断其潜在学术影响力。如果这些创新主题词具有通用性、普遍性、规律性等特点，说明该论文涉及的内容具有很高的普适性，因此论文发表后获得引用的可能性会较大；如果这些创新主题词包含了一个极其特殊的事物，那么它的结果就很可能局限在一个很小的区域，从而使其研究结果的普适性大大降低，论文发表后获得引用的可能性就会大打折扣。因为一篇学术论文的创新影响因子的大小也取决于其研究结果所涉及的领域的大小。

14.4　如何选择创新主题词

那么，另外一个问题就会出现：如何选择创新主题词？这样的问题首先要提给学术论文的作者，其次要提给期刊的编辑和审稿人。论文作者通过选择创新主题词来确定论文的创新等级；期刊的编辑和审稿人通过审视创新主题词来判断论文研究内容的创新性和潜在价值。合理地选择创新主题词不仅可以显示出研究结果的创新等级、确定其是否具备创新性，还会给读者提供一个重要的参考。

这里所说的创新主题词不同于很多期刊要求的关键词（key word）。一篇论文的关键词可以确定该论文的研究领域、研究方向和分类，但创新主题词的作用在于能够在创新检索中使其排在时间序列的第一位，从而确定其创新性。论文关键词数量的多少与其创新性无关，但是创新主题词数量却明确地给出了论文的创新级别和核心创新内容。

对一个研究人员来说，选择一个正确的研究方向和研究问题无疑是非常重要的。科学研究的目的之一就在于创新，而每一个科研人员都希望自己获得的科研结果具有高的创新性和高的创新价值。对一个科学工作者来说，最悲哀的事情莫过于发现自己辛辛苦苦得到的研究结果已被公开发表。这样的悲剧在信息传输不发达的时代会经常发生；即使在今天互联网遍布全球、信息传输异常迅捷的时代，这样的悲剧也会出现。问题在于，有些悲剧是无意发生的，有些"悲剧"却是故意发生的，并被作者作了刻意的掩盖。毫无疑问，后者涉及的研究结果必定不具有创新性或不具有很高的创新性，当然也不会拥有高的创新因子和创新影响因子。但是，在现行的评价体系下，这样的论文如果发表在了高影响因子期刊上肯定会获得很多的引用。如果采用创新影响因子和创新分级评价体系，该论文获得的引用对其创新影响因子的计算便不会产生很大的作用，反倒是为最原始相关论文的创新影响因子计算作了贡献。例如，A 论文发表了一个研究结果，并且该论文可以通过设置三个主题词在创新检索中排在第一位，表明该论文的研究结果具有三级创新性。在 A 论文发表以后，含有相似研究内容的 B 论文也得以发表（这里我们暂且不讨论 B 论文的作者采用了什么方法来发表这篇论文，但是这样的事例在目前的学术界屡见不鲜），而且很可能发表在了一个具有更高影响因子的期刊上、获得了更多的引用。按照现行的评价体系，虽然 B 论文毫无创新性可言，但它还是被认为优于 A 论文。换句话说，在目前的体制下，用 B 论文去参加评职、争取项目、申报奖项、获取奖金、申报人才称号都会比 A 论文更加有利。这显然是一个非常不合理的结果，然而却在现行评价体制下经常发生。很显然，这样的评价体系为某些人弄虚作假提供了可乘之机。

期刊的影响因子和论文的引用数量无疑是两个相对比较客观的指标，使用这两个指标对研究人员及其研究结果进行管理与评价操作起来比较容易，尤其对非专业的管理人员或不同专业的评价人员来说更是如此。在今天的科学研究领域中，专业划分已经细到了"同行也隔山"的地步，学术评价已经变得异常困难。人们经常使用"大同行"和"小同行"来区分对专业问题可能产生不同认识深度的同行们。更为严重的是，很多学术评价仅仅凭借三个指标：论文数量、影响因子、引用次数。这种评价方式造成了现今学术界的价值取向扭曲，导致许多研究人员只单纯地关注这三个评价指标而忽略了科学研究的根本目的——科技创新。

如何使得学术评价变得客观合理，实际上是一个世界级难题。

因此，由上面的论述可以确定如下选择创新主题词的原则：

（1）创新主题词须是论文标题或摘要中的关键词；

（2）创新主题词圈定的学术区域须是论文的研究核心；

（3）创新主题词应该在论文的摘要和主体段落中多次出现；

（4）创新主题词应该是含有单一语义的实词，即一个主题词或一个词组应该对应一个单一的事物，如 980nm、near infrared、core-shell structure 等；

（5）选用的主题词必须是一些专业词汇，不能使用作者姓名、单位名称、项目资助单位、期刊名称、地址名称等非专业专有名词；

（6）创新主题词最好由论文作者选定；

（7）用连字符 "-" 组成的复合词，如果其词义对应着两个或两个以上的事物，应该首先拆分成一些独立的单词后再计算创新主题词数量。

14.5　应用实例

下面我们以 2000 年 12 月 22 日出版的 *Science* 文章为例，考察在该期（290 卷 5500 期）期刊上发表的 Report 型学术论文的创新级别、创新因子与创新影响因子。*Science* 是世界公认的权威性综合期刊，以超高的影响因子而著名。我们之所以选择 2000 年 290 卷 5500 期的 Report 型学术论文作为考察对象原因如下：

（1）在 *Science* 上发表的论文具有高水平论文的代表性；

（2）290 卷 5500 期是该期刊 2000 年的最后一期，其发表的论文被引用情况可以从 2001 年 1 月 1 日开始计算，其结果便于统计；

（3）Report 型学术论文是比较系统的研究报告，通常具有很好的严肃性和创新性；

（4）2000 年底发表的论文距实施统计时（2017 年 7 月）已经有 16 年半的时间，其论文创新性对领域的影响能够比较客观地体现出来。

我们将检索和统计计算结果列于表 14-2 中。

从表 14-2 不难看出，即使是在 *Science* 的同一期上发表的文章，在经过了 16 年半后其引用也有着巨大的差异。有的文章平均每年引用次数超过 300 次（如第 16、17 篇文章），而有的文章年均引用次数还不到 10 次（如第 4 篇文章）。这样的差别固然与文章涉及的领域和研究方向有关，也必然与编辑的选择判断是否合理有关。

表 14-2　检索和统计计算结果

序号	题目	页码	作者	创新主题词	创新级别	检出文章数	SCI引用次数	年均SCI引用次数	创新总引次数	创新影响因子	年均创新影响因子	创新因子
1	Intersubband electroluminescence from silicon-based quantum cascade structures	2277~2280	Dehlinger, Diehl, Gennser, Sigg, Faist, Ensslin, Grützmacher, Müller	Intersubband, Silicon-Based	2	16	237	13.94	436	218	12.82	8
2	Element-selective single atom imaging	2280~2282	Suenaga, Tencé, Mory, Colliex, Kato, Okazaki, Shinohara, Hirahara, Bandow, Iijima	Element, Selective, Single, Atom, Imaging	5	7	221	13	529	105.8	6.22	1.4
3	A quantum dot single-photon turnstile device	2282~2285	Michler, Kiraz, Becher, Schoenfeld, Petroff, Zhang, Hu, Imamoglu	Quantum, Dot, Single, Photon, Turnstile, Device, Pulse	7	35	1630	95.88	6381	911.57	53.62	5
4	Reconstruction of the amazon basin effective moisture availability over the past 14 000 years	2285~2287	Maslin, Burns	Reconstruction, Amazon, Basin, Moisture	4	13	119	7	385	96.25	5.66	3.25
5	Upwelling intensification as part of the pliocene-pleistocene climate transition	2288~2291	Marlow, Lange, Wefer, Rosell-Melé	Upwelling, Intensification, Pliocene-Pleistocene, Climate, Transition	5	2	202	11.88	252	50.4	2.96	0.4
6	Millennial-scale dynamics of southern amazonian rain forests	2291~2294	Mayle, Burbridge, Killeen	Millennial, Amazonian	2	11	263	15.47	453	226.5	13.32	2.2
7	Transmembrane molecular pump activity of niemann-pick C1 protein	2295~2298	Davies, Chen, Ioannou	Transmembrane, Pump, Activity, Niemann-Pick C1	4	2	200	11.76	232	58	3.41	0.5

续表

序号	页码	题目	作者	创新主题词	创新级别	检出文章数	SCI引用次数	年均SCI引用次数	创新总引次数	创新影响因子	年均创新影响因子	创新因子
8	2298~2301	Identification of HE1 as the second gene of niemann-pick C disease	Naureckiene, Sleat, Lackland, Fensom, Vanier, Wattiaux, Jadot, Lobel	HE1, Niemann-Pick C	2	21	491	28.88	1077	538.5	31.68	10.5
9	2302~2303	Evidence for genetic linkage of alzheimer's disease to chromosome 10q	Bertram, Blacker, Mullin, Keeney, Jones, Basu, Yhu, McInnis, Go, Vekrellis, Selkoe, Saunders, Tanzi	Alzheimer, 10q	2	57	401	23.59	1786	893	52.53	28.5
10	2303~2304	Linkage of plasma A β 42 to a quantitative locus on chromosome 10 in late-onset alzheimer's disease pedigrees	Ertekin-Taner, Graff-Radford, Younkin, Eckman, Baker, Adamson, Ronald, Blangero, Hutton, Younkin	Plasma, Chromosome 10, Alzheimer, Pedigrees	4	11	290	17.06	649	162.25	9.54	2.75
11	2304~2305	Susceptibility locus for alzheimer's disease on chromosome 10	Myers, Holmans, Marshall, Kwon, Meyer, Ramic, Shears, Booth, DeVrieze, Crook, Hamshere, Abraham, Tunstall, Rice, Carty, Lillystone, Kehoe, Rudrasingham, Jones, Lovestone, Perez-Tur, Williams, Owen, Hardy, Goate	Susceptibility, Locus, Alzheimer, Chromosome 10, sibling, two-stage	6	1	305	17.94	305	50.8	2.99	0.167
12	2306~2309	Genome-wide location and function of DNA binding proteins	Ren, Robert, Wyrick, Aparicio, Jennings, Simon, Zeitlinger, Schreiber, Hannett, Kanin, Volker, Wilson, Bell, Young	Genome, Location, DNA, Binding, microarray	5	199	1408	82.82	13640	2728	160.47	39.8
13	2309~2312	Inhibition of eukaryotic DNA replication by geminin binding to Cdt1	Wohlschlegel, Dwyer, Dhar, Cvetic, Walter, Dutta	Eukaryotic, Geminin, Cdt1	3	56	449	26.41	3593	1197.66	70.45	18.67

续表

序号	题目	页码	作者	创新主题词	创新级别	检出文章数	SCI引用次数	年均SCI引用次数	创新总引次数	创新影响因子	年均创新影响因子	创新因子
14	Distinct roles for TBP and TBP-like factor in early embryonic gene transcription in xenopus	2312~2315	Veenstra, Weeks, Wolffe	Roles, TBP, Embryonic, Xenopus	4	9	100	5.88	431	107.75	6.34	2.25
15	Cholinergic enhancement and increased selectivity of perceptual processing during working memory	2315~2319	Furey, Pietrini, Haxby	Cholinergic, Selectivity, Perceptual, Memory	4	5	215	12.65	354	88.5	5.21	1.25
16	A global geometric framework for nonlinear dimensionality reduction	2319~2323	Tenenbaum, de Silva, Langford	Global, Geometric, Nonlinear, Dimensionality	4	74	5343	314.29	6213	1553.25	91.36	18.5
17	Nonlinear dimensionality reduction by locally linear embedding	2323~2326	Roweis, Saul	Nonlinear, Dimensionality, Locally, Embedding	4	372	5850	344.12	10852	2713	159.59	93

　　表 14-2 中的"检出文章数"给出了同一组创新主题词检出的文章数量。因此，"检出文章数"能够比较准确地反映出有多少完全相关的工作受到了首篇论文的直接影响。这个数据在上面的列表中也存在巨大的差异。例如，第 17 篇论文直接影响了 371 篇论文，而第 11 篇论文没有检出完全相关的其他论文。

　　下面，我们根据上表提供的创新级别对所统计的 17 篇 Report 型论文数据重新排列，以观察这些数据之间是否存在相关性，如表 14-3 所示。

表 14-3　按照论文的创新级别排列的各项统计数据

序号	创新级别	检出文章数	SCI引用次数	年均 SCI引用次数	创新总引次数	创新影响因子	年均创新影响因子	创新因子
1	2	16	237	13.94	436	218	12.82	8
2	2	11	263	15.47	453	226.5	13.32	2.2
3	2	21	491	28.88	1077	538.5	31.68	10.5
4	2	57	401	23.59	1786	893	52.53	28.5
5	3	56	449	26.41	3593	1197.66	70.45	18.67
6	4	13	119	7	385	96.25	5.66	3.25
7	4	2	200	11.76	232	58	3.41	0.5
8	4	11	290	17.06	649	162.25	9.54	2.75
9	4	9	100	5.88	431	107.75	6.34	2.25
10	4	5	215	12.65	354	88.5	5.21	1.25
11	4	74	5343	314.29	6213	1553.25	91.36	18.5
12	4	372	5850	344.12	10852	2713	159.59	93
13	5	7	221	13	529	105.8	6.22	1.4
14	5	2	202	11.88	252	50.4	2.96	0.4
15	5	199	1408	82.82	13640	2728	160.47	39.8
16	6	1	305	17.94	305	50.8	2.99	0.167
17	7	35	1630	95.88	6381	911.57	53.62	5

　　我们将表 14-3 中数据制作成图 14-4。

　　图 14-4 中的横坐标代表论文创新级别排序；纵坐标分别表示创新级别、检出文章数、年均 SCI 引用次数、年均创新影响因子、创新因子。除了创新级别外，其他四个数据之间具有很好的相关性。也就是说，如果我们用其中的任何一个参数为参考进行排序都会显示出这些统计数据之间的关联性。例如，当我们按照创新因子由大到小对这些统计数据进行重新排列后，得到图 14-5。

　　图 14-5 比较好地反映出这些统计数据之间的相关性。值得一提的是，年均 SCI 引用次数与创新因子之间没有数学计算上的直接关联，但是统计数据告诉我们，高创新因子论文获得的 SCI 引用次数通常也比较大，说明它们之间存在着内在

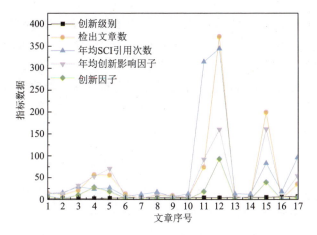

图 14-4 按照创新级别由高到低排列的各项统计数据

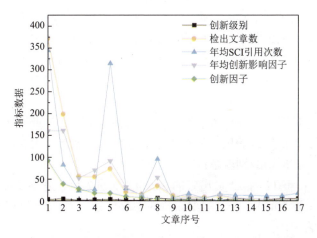

图 14-5 按照创新因子由大到小排列的各项统计数据

的关联。而这种内在的关联有可能是论文创新性和潜在创新价值的体现。同样的规律性也反映在除了创新级别之外的几个参数之间。

事实上，在我们设定的几个参数中，只有创新级别是在论文发表之前可以确定下来的，也是一个不随时间变化的参数。创新级别与 SCI 引用次数、检出文章数之间不存在数学计算上的直接关联，如果我们能够发现它们在统计意义下的内在相关性，就可以证明我们定义的创新级别具有一定的合理性。

为了说明这样的问题，我们需要加大统计的样本数量，并进一步考察创新级别与检出文章数、创新因子、年均 SCI 引用次数、年均创新影响因子等参数之间的关联特征。我们的考察方法如下：将所统计的论文按照某个参数由大到小进行排列，然后观察论文的其他参数（如创新级别）变化与这种排列的关系。由于在计算创新因子和年均创新影响因子时我们使用了创新级别为分母，因此可以预计创新因子和创新影响因子（或年均创新影响因子）必然与创新级别有着非常好的关联。但是，检出文章数和 SCI 引用次数（或年均 SCI 引用次数）与创新级别不存在数学计算上的直接关联，因此下面将主要考察这两个参数与创新级别间的关系。详细论述见第 15 章。

14.6　本　章　小　结

学术论文是公布学术研究内容和结果的一种载体和形式，而其中的学术研究结果可能具有创新性，也可能没有创新性。有创新内容的学术论文一定包含有在迄今已发表了的学术文献中检索不到的内容。

本章针对学术论文定义了学术论文的创新级别、学术论文的创新因子和学术论文的创新影响因子。给出了学术论文创新检索的具体方法，论述了创新主题词的设置原则。用实例说明了创新检索的使用方法，比较了实例中四篇论文的相关数据（SCI 引用次数、创新级别、创新因子、创新影响因子、年均创新影响因子等）。在此基础上，探讨了创新检索的意义，确定创新因子和创新影响因子具有很好的客观性。

一个编辑人员或一个评审人能够从论文创新主题词的数量很容易地判断出相关研究结果的创新级别：提供的创新主题词越少，其创新级别就越高；提供的创新主题词越多，其创新级别就越低。

本章以 2000 年 12 月 22 日出版的 *Science* 文章为例，考察了在该期（290 卷 5500 期）期刊上发表的 Report 型学术论文的创新级别、创新因子与创新影响因子，并揭示了其中的规律性。

第15章 创新检索的合理性分析

我们仍然选取 *Nature*、*Science*、*PRL*、*JACS*、*Cell*、*Lancet*、*APL* 七种期刊，统计计算 2000 年 12 月在这些期刊上发表的 822 篇学术论文的相关数据，统计时间在 2017 年 6 月 20～25 日，具体统计和计算出来的数据见附录。我们统计的项目依然是：创新级别、检出文章数、SCI 引用次数、年均 SCI 引用次数、创新总引次数、创新影响因子、年均创新影响因子、创新因子。由于 SCI 引用次数与年均 SCI 引用次数具有相同的统计意义（只相差了 16.5 倍），因此，我们在下面对统计数据做分析时只针对年均 SCI 引用次数或者只针对 SCI 引用次数；同样的道理，我们也将只分析年均创新影响因子或者只分析创新影响因子。

15.1   相同的统计规律性

首先对某一种期刊的各个参数进行统计。例如，对单月发文数量比较大的 *APL* 论文进行统计，将检出文章数、创新因子、年均 SCI 引用次数、年均创新影响因子四个参数按照由大到小排列，统计数据如图 15-1 所示。

这四个参数的变化显示出几乎一样的规律性。从这些统计曲线我们发现一个非常有趣的规律。与 SCI 引用数量曲线一样，所有的曲线都呈现出一个类似指数衰减的排列趋势。我们同样可以用式（15.1）对检出文章数、创新因子、年均 SCI 引用次数、年均创新影响因子四条统计曲线做出很好的拟合：

$$y = ae^{-\frac{x}{b}} + cx + d \qquad (15.1)$$

式中，y 为统计参数（检出文章数、创新因子、年均 SCI 引用次数、年均创新影响因子）；x 为按照某参数数值由大到小顺序排列的序号；a、b、c、d 为拟合参数。参数 b 表示指数衰减区的衰减速度，b 越小衰减速度越快，超线性引用区相对越小；b 越大衰减得越慢，超线性引用区相对越大。参数 c 代表了线性下降区域的下降速度。c 的绝对值越大，该区域的下降速度越快；c 的绝对值越小，该区域的下降速度越慢。

为了验证这样的规律性是否普遍存在，我们对其他期刊的相关数据分别做了统计，下面仅给出另外一个月发文量比较大的 *JACS* 期刊的统计曲线。图 15-2 列出了 *JACS* 期刊的检出文章数、创新因子、年均 SCI 引用次数、年均创新影响因子、创新总引次数、创新影响因子等六项统计数据的变化曲线，其中，横坐标"文章序号"来自各个统计项数据由大到小的排列顺序。

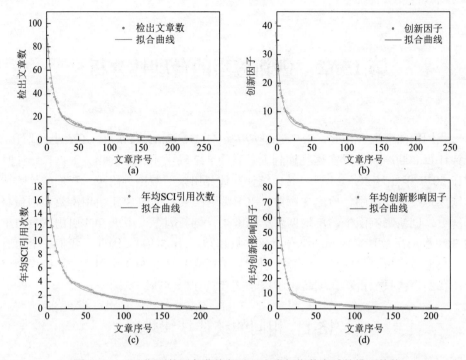

图 15-1　*APL* 期刊的四条曲线都呈现出类似指数衰减的排列趋势

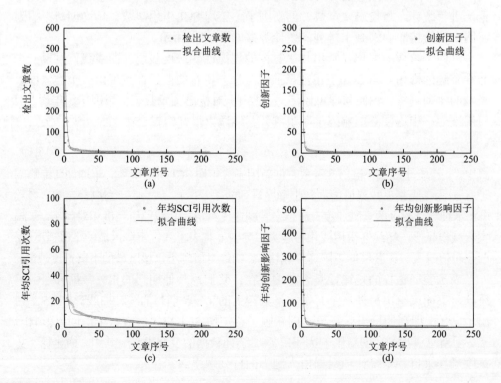

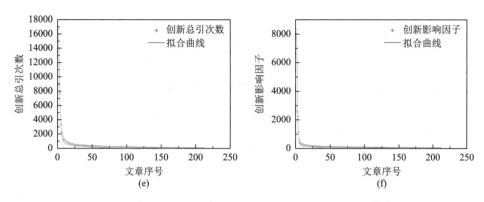

图 15-2　*JACS* 期刊的六条曲线都呈现出类似指数衰减的变化趋势

我们再一次发现，所有的统计数据曲线具有几乎相同的变化趋势。这些曲线也都可以用式（15.1）很好地拟合。这种现象说明这些参数之间确实存在着非常好的内在关联特性。正如我们前面所指出的那样，这些曲线的形状主要是由少数几篇相关参数比较大的论文所决定的，最大值与最小值差距越大曲线的变化越陡峭。在我们统计的这些 *JACS* 文章中，存在着几篇相关参数远大于其他文章的论文。如表 15-1 所示，当我们按照创新因子由大到小进行排序后，排在前面的几篇论文的各项参数都远高于后面的其他文章。例如，排在第一位的文章的创新因子是 256，而排在第九位的文章的创新因子是 8，相差了 31 倍！

表 15-1　按照创新因子由大到小排序的 *JACS* 文章列表

序号	题目	创新级别	检出文章数	SCI引用次数	年均 SCI引用次数	创新总引次数	创新影响因子	年均创新影响因子	创新因子
1	Formation of mixed fibrils demonstrates the generic nature and potential utility of amyloid nanostructures	2	512	126	7.64	16560	8280.00	501.82	256.00
2	Single carbon nanotube membranes：A well-defined model for studying mass transport through nanoporous materials	4	425	197	11.94	8919	2229.75	135.14	106.25
3	Self-assembly of CdSe-ZnS quantum dot bioconjugates using an engineered recombinant protein	3	168	1399	84.79	7671	2557.00	154.97	56.00
4	A catalytic asymmetric suzuki coupling for the synthesis of axially chiral biaryl compounds	3	150	312	18.91	3325	1108.33	67.17	50.00
5	The chemical nature of hydrogen bonding in proteins via NMR：J-couplings，chemical shifts，and AIM theory	6	151	278	16.85	2208	368.00	22.30	25.17

续表

序号	题目	创新级别	检出文章数	SCI引用次数	年均SCI引用次数	创新总引次数	创新影响因子	年均创新影响因子	创新因子
6	Studies on the behavior of mixed-metal oxides and desulfurization: reaction of H_2S and SO_2 with Cr_2O_3 (0001), MgO (100), and $Cr_xMg_{1-x}O$ (100)	4	60	51	3.09	764	191.00	11.58	15.00
7	Mechanism of rapid electron transfer during oxygen activation in the R_2 subunit of escherichia coli ribonucleotide reductase. 1. evidence for a transient tryptophan radical	3	33	115	6.97	1061	353.67	21.43	11.00
8	A theoretical investigation of excited-state acidity of phenol and cyanophenols	2	17	82	4.97	286	143.00	8.67	8.50
9	Protonation of $C_pW(CO)_2(PMe_3)H$: Is the metal or the hydride the kinetic site?	1	8	55	3.33	189	189.00	11.45	8.00

15.2　检出文章数统计

下面按照检出文章数由大到小的顺序将所有的文章进行排序，然后考察其中的创新级别变化规律。图 15-3 为检出文章数与创新级别之间的相关性统计图。图中的统计数据用圆点表示，直线为线性拟合结果，纵坐标表明论文的创新级别，横坐标表明检出文章数由大到小的排序。创新级别的数字越小代表创新级别越高。也就是说，拟合直线的斜率为正时，表明论文的创新级别由高到低排列；拟合直线的斜率为负时，表明论文的创新级别由低到高排列。

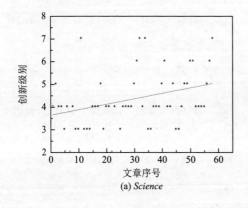
(a) *Science*

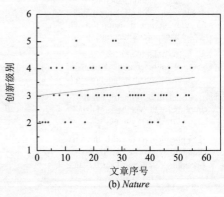
(b) *Nature*

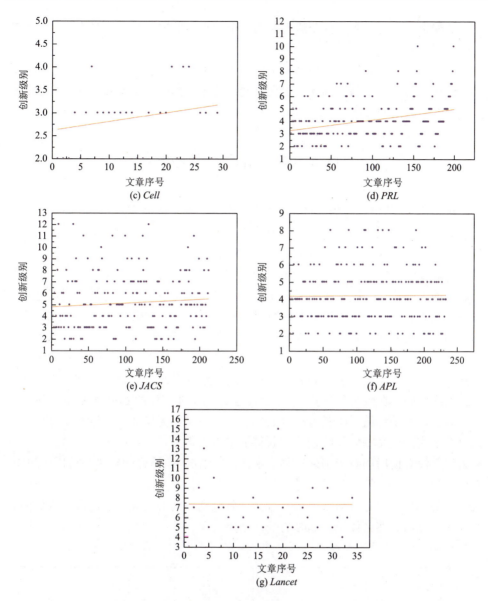

图 15-3　检出文章数与创新级别之间的相关性统计图

从上面的统计数据及其线性拟合结果可以看出，在创新检索中检出文章数与论文的创新级别之间存在着很好的关联关系。随着检出文章数的减少（文章序号的增加），除了 *Lancet*，其他期刊论文的创新级别都呈现下降的趋势，而 *Lancet* 的拟合直线基本上是平的。这个统计结果很好地表明了论文的创新级别与检出文章数的关联关系：高创新等级论文会影响比较多的相关论文。这个统计结论说明，期刊的编辑确实可以利用创新级别作为一个判别标准来审视一篇学术论文是否应该被接收发表。

学术论文的创新级别是由创新主题词数量确定的，它与检出文章数之间没有数学计算上的直接联系。因此，上面呈现出的规律性必然是创新级别与检出文章数之间内在联系的反映。

15.3 SCI 引用次数统计

正如第 13 章所指出的那样，SCI 引用次数受到多种因素的影响，而论文的创新性只是其中的影响因素之一。由于 SCI 引用次数与论文的创新级别之间在统计和计算中不存在数学上的直接关联，因此它们之间的相关关系会很微弱。

下面按照 SCI 引用次数的大小将论文排序，然后考察 SCI 引用次数与创新级别之间的关联特征。统计结果（图 15-4）表明，SCI 引用次数与创新级别之间几乎不存在关联关系。在统计的七种期刊中，三种期刊（*Cell*、*Science*、*APL*）论文的引用次数与创新级别间存在微弱的正相关关系，即创新级别高的论文引用次数也高；三种期刊（*Nature*、*PRL*、*JACS*）论文的引用次数与创新级别间存在微弱的负相关关系，即创新级别高的论文其引用次数反而低；*Lancet* 论文的引用次数与创新级别间存在较强烈的负相关关系。但是由于被统计的 *Cell* 和 *Lancet* 论文数量比较少，其统计结果不具有很好的代表性。但是，无论如何，这些统计结果指向一个事实：论文的创新级别与其获得的引用次数不存在明确的相关关系。在目前人们并没有使用创新级别来评判学术论文的情况下，这样的结果是可以理解的。然而，当人们普遍接受并采用了创新级别的分类标准、创新检索方法以及在此基础之上的创新评价方法后，引用次数与创新级别之间的关联就会出现在人们的心目之中，进而必然会体现在那时的统计结果之中。

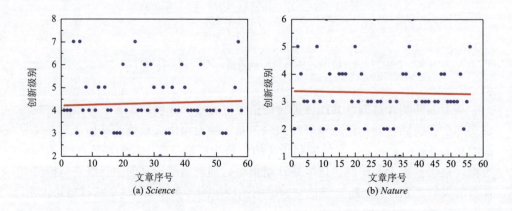

(a) *Science*　　　　　　(b) *Nature*

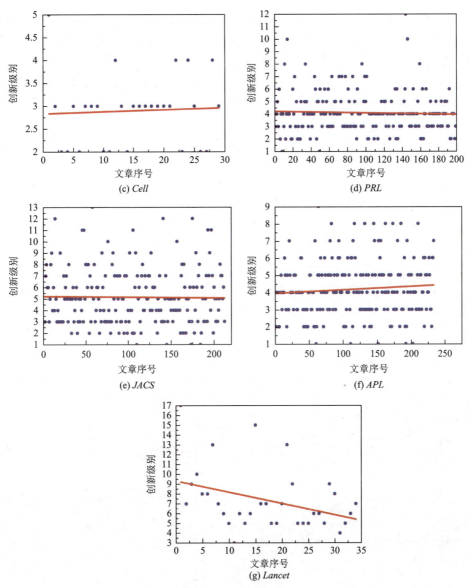

图 15-4　学术论文的创新级别与 SCI 引用次数之间的相关性统计图

上面拟合计算中得到的截距与斜率数据列于表 15-2 中。

表 15-2　在拟合计算中得到的直线的截距与斜率（一）

计算项目	Cell	Science	APL	Nature	PRL	JACS	Lancet
截距	2.83005	4.20508	3.95542	3.37403	4.21588	5.21528	9.33155
斜率	0.00443	0.00357	0.002	−0.00185	−0.00125	−0.0007	−0.11474

另外，SCI 引用受到多种因素的影响，而我们通过创新主题词圈定的范围相对比较固定。创新主题词的数量越多，论文的创新级别越低，论文涉及的核心研究区域越小。然而，创新主题词的数量越多，论文可能涉及的面越广，被引用的可能性反倒越大。这两种相反的特征可能是导致论文创新级别与 SCI 引用次数之间没有相关性的主要原因。

15.4   创新总引次数统计

创新总引次数是检出的全部论文在统计时间内获得的 SCI 引用总次数。由于包含了其他检出文章的统计数据，创新总引次数与创新级别之间应该有比较好的关联。下面按照创新总引次数由大到小的顺序将论文排序，然后考察创新级别的变化规律。图 15-5 为统计数据（圆点），纵坐标表示论文的创新级别，图中直线为线性拟合结果。创新级别的数值越小代表创新级别越高，数值越大代表创新级别越低。

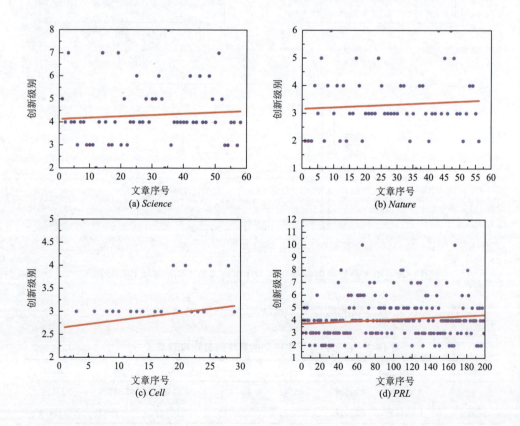

(a) Science

(b) Nature

(c) Cell

(d) PRL

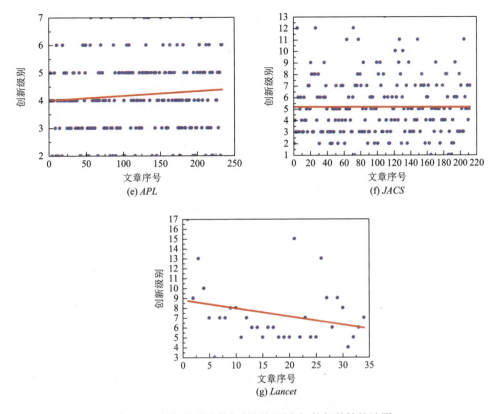

图 15-5　创新总引次数与创新级别之间的相关性统计图

线性拟合数据列于表 15-3。

表 15-3　在拟合计算中得到的直线的截距与斜率（二）

计算项目	Cell	Science	Nature	PRL	APL	JACS	Lancet
截距	2.64532	4.13612	3.17143	3.73784	3.9946	5.1572	8.7861
斜率	0.01675	0.00591	0.00526	0.0035	0.00166	−0.00014	−0.08358

　　从上面的统计数据可以看出，Cell、Science、Nature、PRL、APL 五种期刊论文的创新总引次数与创新级别之间存在着较明显的正相关关系，JACS 期刊论文的创新总引次数与创新级别之间没有显示出相关性，而 Lancet 期刊论文的创新总引次数与创新级别之间存在明显的负相关关系。但是，由于所统计的 Lancet 期刊论文数量过少，这里所显示的负相关关系不能说明其具有规律性。

　　这个统计结果基本上表明了论文的创新级别与创新总引次数间的内在关联：高创新等级论文会获得较多的创新总引次数。

15.5　创新因子统计

下面将七种期刊的创新因子进行统计，统计曲线如图 15-6 所示。这些曲线具有与引用曲线相同的形状和变化趋势。这一特征与我们上面描述的其他统计曲线的走势完全一致，说明我们定义的创新因子具有合理性。图中的曲线是拟合曲线，拟合用的数学公式依然为

$$y = a\mathrm{e}^{-\frac{x}{b}} + cx + d$$

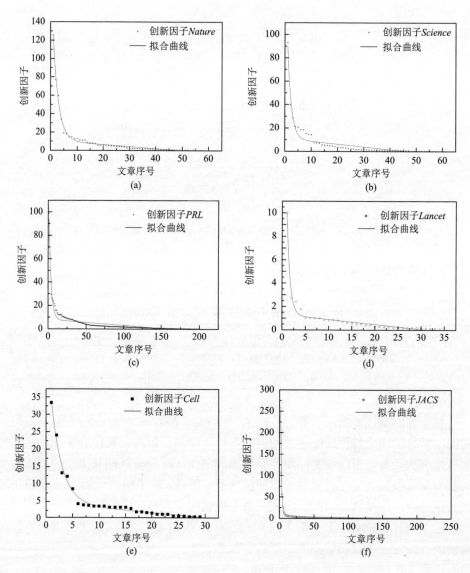

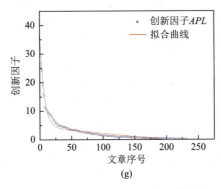

(g)

图 15-6　按照创新因子由大到小排序得到的创新因子曲线

创新因子是检出的全部论文数除以创新级别。由于包含了全部的检出文章数和创新级别两个参数，创新因子与创新级别之间肯定具有非常好的关联性。下面我们按照创新因子由大到小的顺序将所有的文章进行排序，然后考察其中创新级别的变化规律。图 15-7 为统计数据（圆点），纵坐标为论文的创新级别，其中，直线为线性拟合结果。创新级别的数值越小代表创新级别越高，数值越大代表创新级别越低。

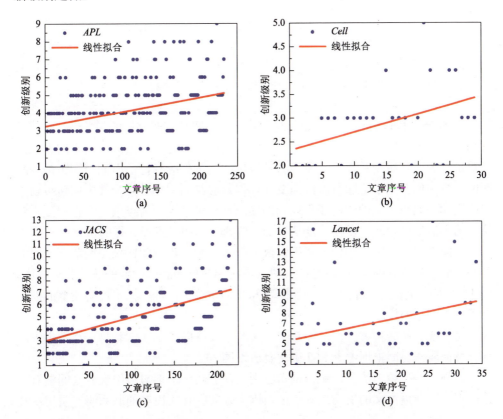

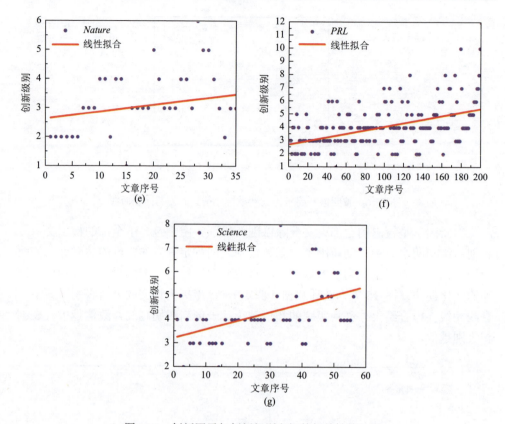

图 15-7　创新因子与创新级别之间的相关性统计图

　　从图 15-7 可以看出，创新级别与创新因子之间具有非常好的相关性。高创新级别论文的创新因子也大。这是一个非常有趣的结论！正如前面所指出的那样，一篇论文的创新级别是在论文发表时就可以确定下来的指标，而创新因子是个时间的函数，创新因子会随着时间而变化，但是最终的变化结果却要由创新级别来定。因此，无论论文的作者还是期刊的编辑都可以采用创新级别这个指标预先对论文的价值作以判断，以便决定从事哪些研究工作和发表什么样的论文。

　　下面考察创新因子与创新总引次数之间的关系。我们同样按照创新因子由大到小的顺序将所有的文章进行排序，然后考察 SCI 创新总引次数的统计变化规律。图 15-8 为统计数据（圆点），纵坐标为 SCI 创新总引次数，横坐标为文章的创新因子由大到小的排序。

　　这些统计数据告诉我们，创新因子大的论文获得的 SCI 创新总引次数也大。这一特征显然与简单地考虑 SCI 引用有所不同。

　　另外，需要指出的是，无论创新级别还是创新因子都与引用次数之间没有关系。那么，一篇论文的引用次数与创新因子之间会存在内在的联系吗？引用次数

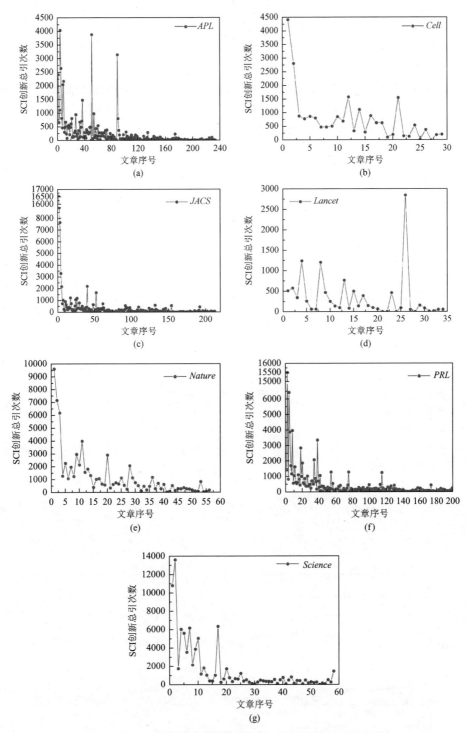

图 15-8　SCI 创新总引次数与创新因子之间的相关性统计图

和创新因子都是在论文发表时无法确定的参数，它们会随着时间而增加，但是它们增长的速度将遵循各自的规律。毫无疑问，一篇论文的创新性会是影响它们数值增长速度的一个因素。

下面考察创新因子与引用次数之间的相关性。我们的考察方法依然是将创新因子由大到小排序，然后观察引用次数变化与这种排序之间的关系。统计和计算数据如图 15-9 所示。其中，直线表示对数据点的线性拟合。

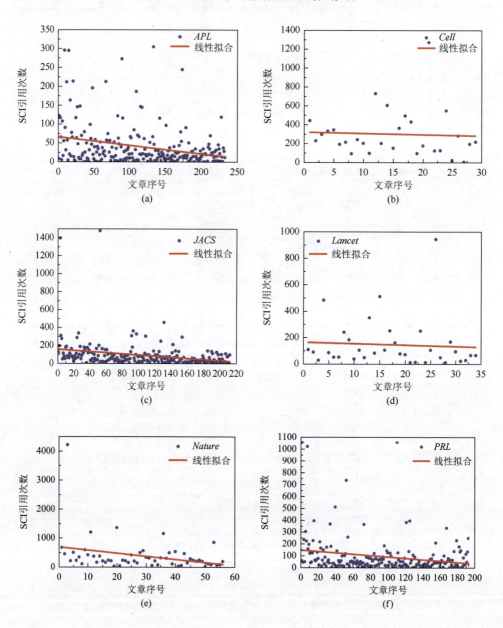

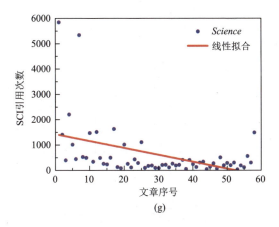

(g)

图 15-9　创新因子与 SCI 引用次数之间的相关性统计

　　通过对所有数据点的线性拟合，全部七种期刊论文的 SCI 引用次数都与创新因子呈正相关关系。也就是从统计上讲，高创新因子论文获得的 SCI 引用次数大。这是一个非常有意义的结论，它说明了创新因子的大小对 SCI 引用次数具有内在的作用。

　　按照我们的定义，创新影响因子中包含了检出全部论文的 SCI 引用次数和创新级别两个参数。设定创新影响因子的目的就在于考察一个创新成果影响其他创新成果产生的能力。下面我们继续用创新因子由大到小对所有统计论文排序，并考察它们的创新影响因子在这种排序下的变化，以观察创新因子与创新影响因子之间的相关关系。统计结果如图 15-10 所示。

　　这些统计结果很好地表明，创新因子与创新影响因子之间的关系。总的来说，创新因子高的论文其创新影响因子也大。

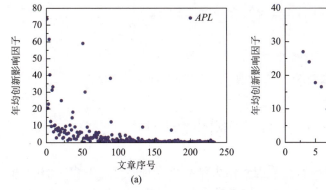

(a)

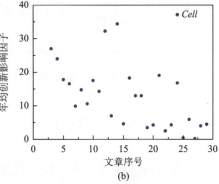

(b)

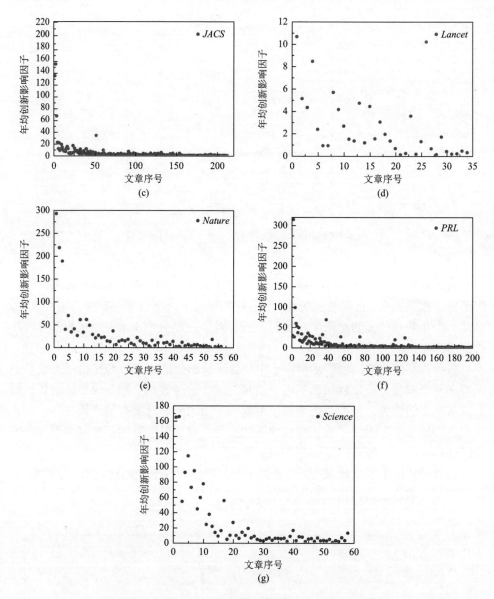

图 15-10 创新因子与年均创新影响因子之间的统计关系

15.6 创新影响因子统计

当我们将每篇文章的创新影响因子由大到小进行排序后，考察它们的 SCI 引用次数与上述排序的关系。按照不同的期刊将每种期刊的统计数据作图，如图 15-11 所示。

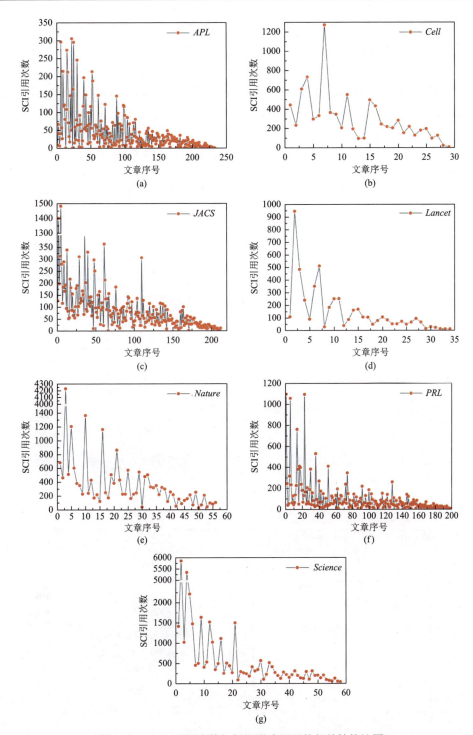

图 15-11　SCI 引用次数与创新影响因子的相关性统计图

图 15-11 的横坐标"文章序号"表示按照创新影响因子由大到小的论文排序，纵坐标为论文获得的 SCI 引用次数。这些统计数据表明，论文的创新影响因子与其获得的 SCI 引用次数具有很好的一致性。即从统计的角度来看，高创新影响因子论文平均获得的 SCI 引用次数也大。这种一致性反映出我们定义的学术论文创新影响因子具有其合理性。

15.7　七种期刊论文的创新级别统计

图 15-12 给出七种期刊所刊论文的数量及其创新级别统计。从统计结果看，

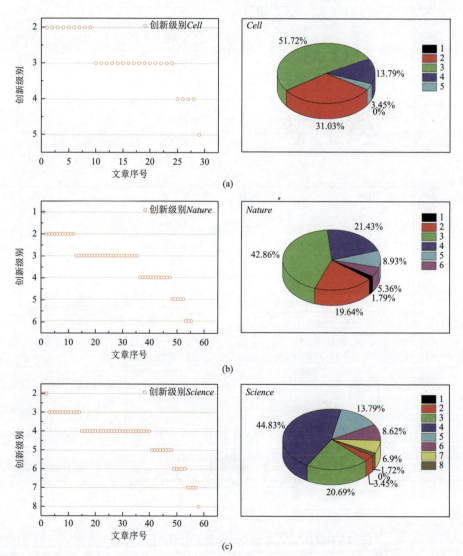

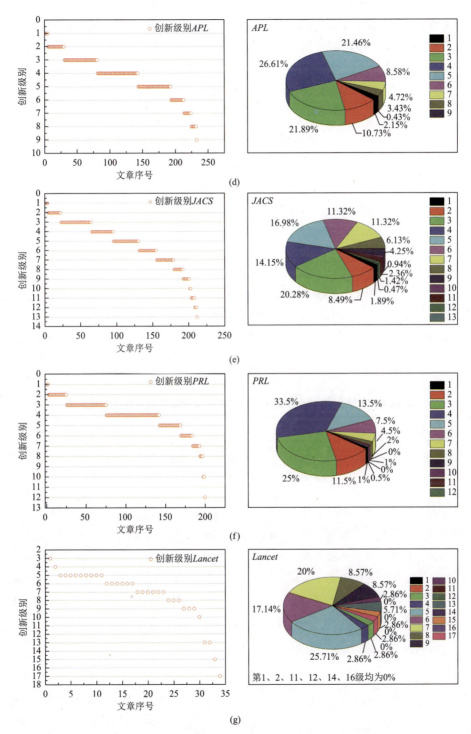

图 15-12　七种期刊所刊论文数量及其创新级别统计图

Cell 和 Nature 的论文具有比较高的创新级别，而 Lancet 的论文创新级别较低。统计结果见表 15-4，按照创新级别的平均值排序。

表 15-4　七种期刊 2000 年 12 月份刊载论文的创新级别分析表

排序	期刊	平均值	最小值	中间值	最大值
1	Cell	2.89655	2	3	5
2	Nature	3.32143	1	3	6
3	PRL	4.09	1	4	12
4	APL	4.18884	1	4	9
5	Science	4.31034	2	4	8
6	JACS	5.14151	1	5	13
7	Lancet	7.32353	3	6.5	17

图 15-12 中的饼状图标示出了各创新级别论文所占比例。其中，右侧彩条代表不同的创新级别。这些统计数据汇总在表 15-5 中，并给出了七种期刊所刊各创新级别论文的数量与比例。按照期刊发表论文的创新级别高低和所占比例的大小由左到右排序。

表 15-5　七种期刊 2000 年 12 月份所刊论文数量及其创新级别统计表

创新级别	Cell		Nature		Science		PRL		APL		Lancet		JACS	
	篇数	比例/%	篇数	比例/%	篇数	比例/%	篇数	比例/%	篇数	比例/%	篇数	比例/%	篇数	比例/%
1	—	—	1	1.79	—	—	2	1	5	2.15	—	—	4	1.89
2	9	31.03	11	19.64	2	3.45	23	11.5	25	10.73	—	—	18	8.49
3	15	51.72	24	42.86	12	20.69	50	25	51	21.89	1	2.86	43	20.28
4	4	13.79	12	21.43	26	44.83	67	33.5	62	26.61	1	2.86	30	14.15
5	1	3.45	5	8.93	8	13.79	27	13.5	50	21.46	9	25.71	36	16.98
6	—	—	3	5.36	5	8.62	15	7.5	20	8.58	6	17.14	24	11.32
7	—	—	—	—	4	6.9	9	4.5	11	4.72	7	20	24	11.32
8	—	—	—	—	1	1.72	4	2	8	3.43	3	8.57	13	6.13
9	—	—	—	—	—	—	—	—	1	0.43	3	8.57	9	4.25
10	—	—	—	—	—	—	2	1	—	—	1	2.86	2	0.94
11	—	—	—	—	—	—	—	—	—	—	—	—	5	2.36

续表

创新级别	Cell		Nature		Science		PRL		APL		Lancet		JACS	
	篇数	比例/%	篇数	比例/%	篇数	比例/%	篇数	比例/%	篇数	比例/%	篇数	比例/%	篇数	比例/%
12	—	—	—	—	—	—	1	0.5	—	—	—	—	3	1.42
13	—	—	—	—	—	—	—	—	—	—	2	5.71	1	0.47
14	—	—	—	—	—	—	—	—	—	—	0	0	—	—
15	—	—	—	—	—	—	—	—	—	—	1	2.86	—	—
16	—	—	—	—	—	—	—	—	—	—	—	—	—	—
17	—	—	—	—	—	—	—	—	—	—	1	2.86	—	—

表 15-5 中的 "—" 表示该期刊在本次统计范围内没有发表对应创新级别的论文，带有下划线的数字表示各期刊发表论文的最大比例创新级别。*Cell*、*Nature* 两种期刊发表最多的是三级论文，占比分别为 51.72% 和 42.86%；*Science*、*PRL*、*APL* 三种期刊发表最多的是四级论文，占比分别为 44.83%、33.5% 和 26.61%；*Lancet*、*JACS* 两种期刊发表最多的是五级论文，占比分别为 25.71% 和 16.98%。

15.8　期刊的创新指数

按照创新指数的定义，我们计算了七种期刊在 2000 年 12 月刊文的创新指数之和，计算方法见式（6.12），计算结果见表 15-6。

表 15-6　七种期刊 2000 年 12 月的创新指数、篇均创新指数统计表

论文级别	APL		PRL		JACS		Nature		Science		Cell		Lancet	
	刊文数量	创新指数	刊文数量	创新指数	刊文数量	创新指数	刊文数量	创新指数	刊文数量	创新指数	刊文数量	创新指数	刊文数量	创新指数
1	5	12500	2	5000	4	10000	1	2500	0	0	0	0	0	0
2	25	9259.26	23	8518.52	18	6666.67	11	4074.07	2	740.74	9	3333.33	0	0
3	51	1992.19	50	1953.13	43	1679.69	24	937.5	12	468.75	15	585.94	1	39.06
4	62	198.4	67	214.4	30	96	12	38.4	26	83.2	4	12.8	1	3.2
5	50	10.72	27	5.79	36	7.72	5	1.07	8	1.72	1	0.21	9	1.92

续表

论文级别	APL 刊文数量	APL 创新指数	PRL 刊文数量	PRL 创新指数	JACS 刊文数量	JACS 创新指数	Nature 刊文数量	Nature 创新指数	Science 刊文数量	Science 创新指数	Cell 刊文数量	Cell 创新指数	Lancet 刊文数量	Lancet 创新指数
6	20	0.24	15	0.18	24	0.29	3	0.04	5	0.06			6	0.07
7	11	0.01	9	0.01	24	0.01			4	2×10^{-3}			7	4×10^{-3}
8	8	2×10^{-4}	4	1×10^{-4}	13	3×10^{-4}			1	3×10^{-5}			3	7×10^{-5}
9	1	1×10^{-6}	0	0	9	9×10^{-6}							3	3×10^{-6}
10			2	7×10^{-8}	2	7×10^{-8}							1	4×10^{-8}
11			0	0	5	6×10^{-9}							0	0
12			1	3×10^{-11}	3	1×10^{-10}							0	0
13					1	9×10^{-13}							2	2×10^{-12}
14													0	0
15													1	5×10^{-16}
16													0	0
17													1	0
合计	233	23960.82	200	15692.03	212	18450.38	56	7551.08	58	1294.47	29	3932.28	35	44.25
篇均创新指数	102.84		78.46		87.03		134.84		22.32		135.59		1.26	
2016年影响因子	3.142		7.645		13.038		38.138		34.661		28.710		44.002	

从表 15-6 所示计算结果来看，期刊的创新指数完全由其刊载的高等级论文的数量所决定，创新等级数大于 7 的论文对期刊创新指数的贡献几乎可以忽略不计。按照创新指数由大到小，将七种期刊排序为 APL（23960.82）、JACS（18450.38）、PRL（15692.03）、Nature（7551.08）、Cell（3932.28）、Science（1294.47）、Lancet（44.25）。

我们还计算了篇均创新指数，如表 15-6 的倒数第二行所示。篇均创新指数代表了期刊所刊载论文的平均创新性，按照篇均创新指数由大到小的排序为 Cell（135.59）、Nature（134.84）、APL（102.84）、JACS（87.03）、PRL（78.46）、Science（22.32）、Lancet（1.26）。

表 15-6 的倒数第一行列出了七种期刊 2016 年的影响因子。从中不难看出，有些期刊的创新指数与影响因子之间出现了较大的偏差，如 Lancet 和 APL。这种偏差说明影响因子完全不能合理地评价期刊所刊载论文的创新性。

15.9　期刊的创新权重指数

由于我们在计算创新指数时给予了高等级创新非常大的权重，因此低等级创新事件对创新指数的贡献几乎可以忽略不计。然而，绝大多数科研成果都来自低等级创新事件。如此必然会造成无法有效地衡量这些低等级成果的作用。这样的问题对普通的学术期刊会更加突出，有可能造成很多普通学术期刊的创新指数几乎为零的结果。

为了弥补上述问题所带来的不便，我们在此设计了一个相对温和的评价指标——期刊创新权重指数，用以衡量期刊所刊载论文的创新性。期刊的创新权重指数定义如下：

$$期刊创新权重指数 = \sum_{i=1}^{\infty} \frac{第 i 级创新论文数量}{i^2} \tag{15.2}$$

式中，i 为论文的创新级别。与期刊创新指数的定义式（6.10）相比，分子没有变化，分母为 i^2 而非 $(i+1)^{i+1}$，也没有 10000 倍的因子相乘。

与期刊创新指数相类似，期刊创新权重指数也能够反映出期刊发表的学术论文的综合创新程度。发表论文的篇数越多、级别越高（i 越小），期刊创新权重指数越大；发表论文的篇数越少、级别越低（i 越大），期刊创新权重指数越小。很明显，期刊创新权重指数能够同时评价期刊发表论文的创新性和刊文数量，可以制约为了提高影响因子而大幅度限制刊文数量的做法。按照上面的定义和计算公式，我们计算出七种期刊的创新权重指数并列于表 15-7 中。按照期刊创新权重指数的大小由左到右排列期刊的名称。

表 15-7　七种期刊 2000 年 12 月所刊论文的创新级别统计与期刊的创新权重指数计算结果

创新级别	APL	PRL	JACS	Nature	Cell	Science	Lancet
1	5	2	4	1	—	—	—
2	6.25	5.75	4.5	2.75	2.25	0.5	—
3	5.66667	5.55556	4.77778	2.66667	1.66667	1.33333	0.11111
4	3.875	4.1875	1.875	0.75	0.25	1.625	0.0625
5	2	1.08	1.44	0.2	0.04	0.32	0.36
6	0.55556	0.41667	0.66667	0.08333	—	0.13889	0.16667
7	0.22449	0.18367	0.4898	—	—	0.08163	0.14286

续表

创新级别	APL	PRL	JACS	Nature	Cell	Science	Lancet
8	0.125	0.0625	0.20313	—	—	0.01563	0.04688
9	0.01235	—	0.11111	—	—	—	0.03704
10	—	0.02	0.02	—	—	—	0.01
11	—	—	0.04132	—	—	—	—
12	—	2	0.02083	—	—	—	—
13	—	—	0.00592	—	—	—	0.01183
14	—	—	—	—	—	—	—
15	—	—	—	—	—	—	0.00444
16	—	—	—	—	—	—	—
17	—	—	—	—	—	—	0.00346
创新权重指数	23.709	21.256	18.152	7.45	4.207	4.014	0.957
发表论文数量	233	200	212	56	29	58	35
篇均创新权重指数	0.102	0.106	0.086	0.133	0.145	0.069	0.027

表 15-7 倒数第三行给出了七种期刊创新权重指数和按照由大到小的排序。可以看出，期刊创新权重指数的大小与期刊的刊文数量有着很大的关系。月刊文数量超过 200 篇的 APL（23.709）、PRL（21.256）、JACS（18.152）的创新权重指数均大于 18，而另外四种影响因子的创新权重指数都小于 10，主要原因是这些期刊的刊文数量相对较少。

表 15-7 的倒数第一行给出了七种期刊的篇均创新权重指数（平均单篇创新权重指数），该指标能很好地反映出期刊发文的平均创新性。可以看出，Cell 的篇均创新权重指数最大（0.145），其次是 Nature（0.133）和 PRL（0.106），再次是 APL（0.102）、JACS（0.086）、Science（0.069），排在最后的是 Lancet（0.027）。这个排序基本与按照篇均创新指数排序一致。

15.10　统计与分析结论

（1）SCI 引用次数、检出文章数、创新因子、创新影响因子、创新总引次数等参数具有相同的统计变化规律，它们的变化都可以用数学公式 $y = ae^{-\frac{x}{b}} + cx + d$ 拟合得到。这些参数曲线的变化趋势的快与慢主要由少数几篇高参数论文所决定。

（2）在创新检索中检出的论文数量与创新级别之间存在着比较好的关联关系：高等级创新论文会衍生出比较多的相关论文。

（3）目前，论文的创新级别与其获得的引用次数之间不存在明确的相关关系。

（4）创新总引次数与创新级别之间存在着较明显的正相关关系。

（5）创新因子与创新级别之间具有非常好的关联关系，高创新级别论文的创新因子也大。

（6）创新因子高的论文获得的 SCI 创新总引次数大。

（7）SCI 引用次数与创新因子之间呈正相关关系；也就是从统计上讲，高创新因子论文获得的 SCI 引用次数大。

（8）创新因子高的论文其创新影响因子也大。

（9）高创新影响因子论文平均获得的 SCI 引用次数也大。

（10）创新检索具有很好的合理性。利用创新级别可以预测一篇学术论文的创新因子、创新影响因子。因此，创新级别是一个判别学术论文创新性的实用指标。

（11）本书建议的期刊创新指数和创新权重指数都能够比较好地反映出期刊刊载的学术论文的创新水平及相关数量；篇均创新指数和篇均创新权重指数能够比较好地反映出期刊所刊载论文的平均创新水平。

（12）由于需要顾及不同种类期刊和不同领域期刊的学术特点，与第 6 章定义的创新指数不同，本章定义的期刊创新权重指数对高创新等级的论文并没有给予十分强烈的强调。创新指数的分母为创新级别 $i+1$ 的 $i+1$ 次方，而创新权重指数的分母为创新级别 i 的平方。

（13）总结概括各参数之间的相关性如表 15-8 所示。

表 15-8 各参数间的统计相关性列表

参数名称	创新级别	检出文章数	SCI 引用次数	创新总引次数	创新影响因子	创新因子
创新级别	—	很好	无	较好	正相关	非常好
检出文章数		—	正相关	正相关	正相关	正相关
SCI 引用次数			—	正相关	正相关	正相关
创新总引次数				—	正相关	正相关
创新影响因子					—	正相关
创新因子						—

15.11 创新衍生因子计算及分析

根据第 6 章的定义，创新衍生因子可以反映出一个创新事件衍生出其他创新事件的能力，具体计算方式见式（6.5）。式（6.5）包含了对衍生创新事件质与量的综合考量。

作为公布创新成果的一种形式，学术论文的创新衍生因子同样可以反映出该学术论文衍生其他创新成果的能力。

下面，我们再次以 2008 年发表在美国《光学快报》（*Optics Letters*）上的论文"Ultraviolet upconversion emissions of Gd^{3+}"[41]为例，计算其创新衍生因子。我们这里仍然使用 4 个创新主题词："Gd^{3+}""ultraviolet or UV""upconversion or upconversion"和"980nm or near infrared or NIR or near-infrared"。本次检索时间为 2018 年 5 月 1 日。创新检索的具体方式见 14.2 节，检索结果如图 15-13 所示，共检出相关论文 60 篇（其中有两篇为同一内容的论文），论文"Ultraviolet upconversion emissions of Gd^{3+}"排在按时间排序的第一位。

为了将 59 篇衍生论文也分别排在时间排序的第一位，我们必须在上述 4 个创新主题词之外为每篇论文再设置 1～3 个新的主题词，详情见表 15-9 中的"创新主题词"一列。

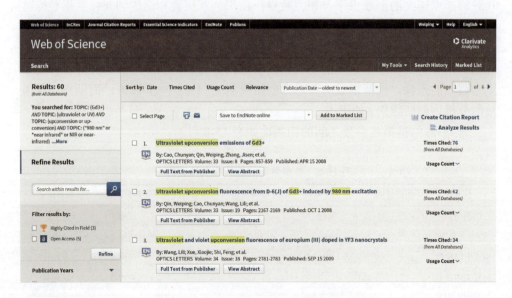

图 15-13　2018 年 5 月 1 日创新检索结果

表 15-9 中，作者基于自己的专业知识为每篇论文额外又提供了 1～3 个创新主题词①，从而使每一篇论文都能够在创新检索中排在时间序列的第一位。例如，

① 必须说明的是，此处提供的创新主题词不一定十分确切。每篇论文的作者原则上能够提供更为确切的创新主题词。

表 15-9　学术论文创新衍生因子的统计与计算结果

序号	论文题目	作者	创新主题词	相关创新级别	检出文章数	相关创新衍生因子	SCI引用次数	期刊名称	卷期页	发表日期
1	Ultraviolet upconversion emissions of Gd^{3+}	Cao, Qin, Zhang, 等	Gd^{3+} ultraviolet or UV upconversion or up-conversion "980nm" or "near infrared" or NIR or near-infrared	4	60	20.266	76	Optics Letters	V.33, P. 857-859	Apr 15 2008
2	Ultraviolet upconversion fluorescence from $^{6}D_J$ of Gd^{3+} induced by 980nm excitation	Qin, Cao, Wang, 等	^{6}D	5	3	0.452	62	Optics Letters	V.33, P. 2167-2169	Oct 1 2008
3	Ultraviolet and violet upconversion fluorescence of europium (III) doped in YF_3 nanocrystals	Wang, Xue, Shi, 等	europium or Eu^{3+}	5	10	1.452	34	Optics Letters	V.34, P. 2781-2783	Sep 15 2009
4	Luminescence tuning of upconversion nanocrystals	Wang, Peng, Li	nanorods or nanorod	5	8	1.167	73	Chemistry-A European Journal	V.16, P. 4923-4931	2010
5	Unusual radiative transitions of Eu^{3+} ions in Yb/Er/Eu tri-doped $NaYF_4$ nanocrystals under infrared excitation	Wang, Xue, Chen, 等	Unusual	5	5	0.738	20	Chemical Physics Letters	V.485, P. 183-186	Jan 18 2010
6	Sensitized deep-ultraviolet up-conversion emissions of Gd^{3+} via Tm^{3+} and Yb^{3+} in hexagonal $NaYF_4$ nanorods	Zhang, Yang, Xu, 等	anti-counterfeiting	5	2	0.310	9	Applied Physics B-Lasers and Optics	V.98, P. 243-247	Feb 2010
7	Study on up-conversion emissions of Yb^{3+}/Tm^{3+} co-doped GdF_3 and $NaGdF_4$	Cao, Qin, Zhang	$NaGdF_4$	5	8	1.167	23	Optics Communications	V.283, P. 547-550	Feb 15 2010
8	Study on upconversion luminescence and luminescent dynamics of $20\%Yb^{3+}$, $0.5\% Tm^{3+}$ Co-Doped YF_3 and GdF_3 nanocrystals	Cao, Qin, Zhang	co-precipitation or coprecipitation	5	2	0.310	10	Journal of Nanoscience and Nanotechnology	V.10, SI P. 1900-1903	Mar 2010
9	Upconversion luminescence properties of Yb^{3+}, Gd^{3+}, and Tm^{3+} Co-doped $NaYF_4$ microcrystals synthesized by the hydrothermal method	Zheng, Qin, Wang, 等	Microcrystals	5	8	1.167	13	Journal of Nanoscience and Nanotechnology	V.10, SI P. 1920-1923	Mar 2010
10	Study on ultraviolet upconversion emissions of Gd^{3+} induced by Tm^{3+} under 980 nm excitation	Cao, Yu, Qin, 等	FE-SEM or FESEM	5	2	0.310	0	Spectroscopy and Spectral Analysis	V.30, P. 616-620	Mar 2010

续表

序号	论文题目	作者	创新主题词	相关创新级别	检出文章数	相关创新衍生因子	SCI引用次数	期刊名称	卷期页	发表日期
11	Recent progress in quantum cutting phosphors	Zhang, Huang	quantum cutting	5	2	0.268	373	*Progress in Materials Science*	V.55, P. 353-427	Jul 2010
12	Spectroscopic properties Eu^{3+} doped and Tm^{3+}/Yb^{3+} codoped oxyfluoride glass ceramics containing Ba_2GdF_7 nanocrystals	Zhao, Xu, Deng, 等	Ba_2GdF_7	5	1	0.167	27	*Chemical Physics Letters*	V.494, P. 202-205	Jul 19 2010
13	A strategy to achieve efficient dual-mode luminescence of Eu^{3+} in lanthanides doped multifunctional $NaGdF_4$ nanocrystals	Liu, Tu, Zhu, 等	Dual-Mode	5	7	1.024	396	*Advanced Materials*	V.22, P. 3266-3271	Aug 10 2010
14	Ultraviolet and blue up-conversion fluorescence of $NaY_{0.793-x}Tm_{0.007}Yb_{0.2}Gd_4F_4$ phosphors	Cao, Zhang, Chen, 等	$NaY_{0.793-x}Tm_{0.007}Yb_{0.2}Gd_4F_4$	5	1	0.167	10	*Journal of Alloys and Compounds*	V.505, P. 6-10	Aug 27 2010
15	Lanthanide activator doped $NaYb_{1-x}Gd_4F_4$ nanocrystals with tunable down-, up-conversion luminescence and paramagnetic properties	Chen, Yu, Huang, 等	down-	5	6	0.881	59	*Journal of Materials Chemistry*	V.21, P. 6186-6192	2011
16	Energy transition between Yb^{3+}-Tm^{3+}-Gd^{3+} in Gd^{3+}, Yb^{3+} and Tm^{3+}Co-doped fluoride nanocrystals	Zhang, Cao, Lu, 等	dynamic analysis	6	2	0.268	2	Conference: 17th International Conference on Dynamical Processes in Excited States of Solids (DPC) Location: Argonne Natl Lab, Argonne, IL		Date: Jun 20-25, 2010
17	Sensitized high-order ultraviolet upconversion emissions of $Gd^{3+}$by Er^{3+}in $NaYF_4$ microcrystals	Zheng, Zhao, Zhang, 等	high-order	5	3	0.452	10	*Journal of Alloys and Compounds*	V.509, P. 5848-5852	May 12 2011
18	Sensitized upconversion emissions of $Tb^{3+}$by Tm^{3+}in YF_3 and $NaYF_4$ nanocrystals	Wang, Zhang, Zhao, 等	Tb^{3+}	5	6	0.881	28	*Journal of Nanoscience and Nanotechnology*	V.11, SI P. 9580-9583	Nov 2011
19	Up-Conversion fluorescence of Tm^{3+} and Gd^{3+} in Yb^{3+}/Tm^{3+}Co-doped Gd_2O_3 nanocrystals	Cao	Gd_2O_3	5	3	0.452	3	*Journal of Nanoscience and Nanotechnology*	V.11, SI P. 9701-9704	Nov 2011
20	Ultraviolet upconversion fluorescence of Er^{3+} in Yb^{3+}/Er^{3+}-codoped Gd_2O_3 nanotubes	Zheng, Zhao, Zhang, 等	Er^{3+} Gd_2O_3 Nanotubes	7	1	0.125	10	*Journal of Nanoscience and Nanotechnology*	V.11, SI P. 9765-9769	Nov 2011

续表

序号	论文题目	作者	创新主题词	相关创新级别	检出文章数	相关创新衍生因子	SCI引用次数	期刊名称	卷期页	发表日期
21	Upconversion emission enhancement of Gd³⁺ions induced by surface plasmon field in Au@NaYF₄ nanostructures codoped with Gd³⁺-Yb³⁺-Tm³⁺ions	Jiang, Liu, Liu, 等	Au	5	1	0.167	28	*Journal of Colloid and Interface Science*	V. 377 P. 81-87	Jul 1 2012
22	Enhancement of upconversion luminescence of YAlO₃: Er³⁺by Gd³⁺doping	Li, Wang, Xing, 等	YAlO₃	5	1	0.167	6	*Chinese Optics Letters*	V. 10, P. 081602	Aug 10 2012
23	Multifunctionality of GdPO₄: Yb³⁺, Tb³⁺ nanocrystals-luminescence and magnetic behaviour	Tomasz, Aleksandra, Wiglusz, 等	GdPO₄	5	2	0.310	48	*Journal of Materials Chemistry*	V. 22, P. 22989-22997	Nov 21 2012
24	Enhanced deep-ultraviolet upconversion emission of Gd³⁺ sensitized by Yb³⁺ and Ho³⁺ in beta-NaLuF₄ microcrystals under 980 nm excitation	Wang, Lan, Liu, 等	NaLuF₄	5	5	0.738	49	*Journal of Materials Chemistry C*	V. 1, P. 2485-2490	2013
25	Temperature sensor based on the UV upconversion luminescence of Gd³⁺ in Yb³⁺-Tm³⁺-Gd³⁺ codoped NaLuF₄ microcrystals	Zheng, Liu, Lv, 等	sensor	5	1	0.167	116	*Journal of Materials Chemistry C*	V. 1, P. 5502-5507	2013
26	A new near infrared photosensitizing nanoplatform containing blue-emitting up-conversion nanoparticles and hypocrellin A for photodynamic therapy of cancer cells	Jin, Zhou, Gu, 等	therapy	5	5	0.738	51	*Nanoscale*	V. 5, P. 11910-11918	2013
27	Probing dual mode emission of Eu³⁺ in garnet phosphor	Singh, Lee, Yi, 等	garnet	5	3	0.452	4	*Journal of Applied Physics*	V. 113, P. 173504	May 7 2013
28	Morphology and upconversion luminescence of NaYbF₄: Tm³⁺ nanocrystals modified by Gd³⁺ions	Chen, Yan, Liu, 等	nanodisks	5	1	0.167	14	*Journal of Alloys and Compounds*	V. 562 P. 99-105	Jun 15 2013
29	Effect of lanthanide doping on crystal phase and near-infrared to near-infrared upconversion emission of Tm³⁺ doped KF-YbF₃ nanocrystals	Li, Yang, Yu, 等	KF	5	1	0.167	6	*Ceramics International*	V. 39, P. 7415-7424	Sep 2013

续表

序号	论文题目	作者	创新主题词	相关创新级别数	检出文章数	相关创新衍生因子	SCI引用次数	期刊名称	卷期页	发表日期
30	Enhanced green upconversion luminescence in Ho^{3+} and Yb^{3+} codoped Y_2O_3 ceramics with Gd^{3+} ions	Yu; Qi; Zhao	Y_2O_3	5	1	0.167	4	Journal of Luminescence	V.143 P. 388-392	Nov 2013
31	Sub-10 nm and monodisperse beta-$NaYF_4$: Yb, Tm, Gd nanocrystals with intense ultraviolet upconversion luminescence	Shi, Zhao	Sub-10 nm	5	1	0.167	31	Journal of Materials Chemistry C	V.2, P. 2198-2203	2014
32	Ultraviolet-enhanced upconversion emission mechanism of Tm^{3+} in YF_3: Yb^{3+}, Tm^{3+} nanocrystals	Zhang, Zhang, Ren, 等	Mechanism matching	6	1	0.143	3	Journal of Nanoscience and Nanotechnology	V.14, P. 3584-3587	May 2014
33	Ultraviolet upconversion emissions of Gd^{3+} in beta-$NaLuF_4$: Yb^{3+}, Tm^{3+}, Gd^{3+} nanocrystals	Song, Guo, He, 等	$NaLuF_4$ decomposition	6	1	0.143	2	Journal of Nanoscience and Nanotechnology	V.14, P. 3722-3725	May 2014
34	Near ultraviolet to near infrared luminescence spectroscopy of Er^{3+} doped K_2GdF_5 crystal	Qin, Wei, Li, 等	K_2GdF_5	5	1	0.167	2	Journal of Luminescence	V.152 P. 58-61	Aug 2014
35	Multi-ion cooperative processes in Yb^{3+} clusters	Qin, Liu, Sin, 等	Multi-ion	5	1	0.167	58	Light-Science & Applications	V.3, P. e193	Aug 2014
36	Rare earth doped $NaYF_4$ nanorods: Synthesis and up-conversion luminescence spanning deep-ultraviolet to near-infrared regions	Zhang, Wang, Peng, 等	spanning stabilizing agent	7	1	0.125	7	Optical Materials	V.40 P. 107-111	Feb 2015
37	NIR to VUV: seven-photon upconversion emissions from Gd^{3+} ions in fluoride nanocrystals	Zheng, Qin, Cao, 等	Seven	5	1	0.167	15	Journal of Physical Chemistry Letters	V.6, P. 556-560	Feb 5 2015
38	Two-photon absorption properties of Eu^{3+}-DPA-triazolyl complexes and the derived silica nanoparticles embedding these complexes	Adumeau, Gaillard, Boyer, 等	DPA	5	1	0.167	1	European Journal of Inorganic Chemistry	7 SI P. 1233-1242	Mar 2015
39	Bifunctional $NaGdF_4$: Yb, Er, Fe nanocrystals with the enhanced upconversion fluorescence	Chuai, Guo, Liu, 等	Bifunctional	5	1	0.167	11	Optical Materials	V.44 P. 13-17	Jun 2015

续表

序号	论文题目	作者	创新主题词	相关创新级别	检出文章数	相关创新衍生因子	SCI引用次数	期刊名称	卷期页	发表日期
40	Photosensitizer-conjugated albumin-polypyrrole nanoparticles for imaging-guided In vivo photodynamic/photothermal therapy	Song, Liang, Gong, 等	Conjugated	5	1	0.167	86	*Small*	V.11, P. 3932-3941	Aug 2015
41	Upconversion emissions from high energy levels of Tb^{3+} under near-infrared laser excitation at 976 nm	Xue, Cheng, Suzuki, 等	$^{5}L_{8}$	5	1	0.167	5	*Optical Materials Express*	V.5, P. 2768-2776	Dec 1 2015
42	Excited state relaxation dynamics and up-conversion phenomena in $Gd_{3}(Al, Ga)_{5}O_{12}$ single crystals co-doped with holmium and ytterbium	Ryba-Romanowski, Komar, Niedzwiedzki, 等	relaxation dynamics	6	2	0.268	9	*Journal of Alloys and Compounds*	V.656 P. 573-580	Jan 25 2016
43	Enhanced UV upconversion emission using plasmonic nanocavities	El Halawany, He, Hodaei, 等	nanocavities	5	1	0.167	4	*Optics Express*	V.24, P. 13999-14009	Jun 27 2016
44	Realizing efficient upconversion and down-shifting dual-mode luminescence in lanthanide-doped $NaGdF_{4}$ core-shell-shell nanoparticles through gadolinium sublattice-mediated energy migration	Huang	down-shifting	5	1	0.143	20	*Dyes and Pigments*	V.130 P. 99-105	Jul 2016
45	Yb^{3+}/Tb^{3+} co-doped $GdPO_{4}$ transparent magnetic glass-ceramics for spectral conversion	Hu, Wei, Qin, 等	$GdPO_{4}$ ceramics	6	1	0.143	10	*Journal of Alloys and Compounds*	V.674 P. 162-167	Jul 25 2016
46	Role of Gd^{3+} ion on downshifting and upconversion emission properties of Pr^{3+}, Yb^{3+} co-doped $YNbO_{4}$ phosphor and sensitization effect of Bi^{3+} ion	Dwivedi, Mishra, Rai	$YNbO_{4}$	5	1	0.167	2	*Journal of Applied Physics*	V.120, P. 043102	Jul 28 2016
47	Ultraviolet upconversion enhancement in triply doped $NaYF_{4}$: Tm^{3+}, Yb^{3+} particles: The role of Nd^{3+} or Gd^{3+} Co-doping	Pokhrel, Valdes, Mao, 等	Nd^{3+}	5	2	0.310	3	*Optical Materials*	V.58 P. 67-75	Aug 2016
48	Dual-mode, tunable color, enhanced upconversion luminescence and magnetism of multifunctional $BaGdF_{5}$: Ln^{3+}($Ln = Yb/Er/Eu$) nanophosphors	Li, Liu, Wang, 等	$BaGdF_{5}$	5	1	0.167	7	*Physical Chemistry Chemical Physics*	V.18, P. 21518-21526	Aug 31 2016

续表

序号	论文题目	作者	创新主题词	相关创新级别	检出文章数	相关创新衍生因子	SCI引用次数	期刊名称	卷期页	发表日期
49	Up-conversion emissions of Tm^{3+} and Gd^{3+} in K-Lu-Gd-Yb-F nano/microcrystals	Cao	K-Lu-Gd-Yb-F	5	1	0.167	3	*Nanoscience and Nanotechnology Letters*	V.8, P.755-759	Sep 2016
50	Excited state relaxation dynamics and up-conversion phenomena in $Gd_3(Al, Ga)_5O_{12}$ single crystals co-doped with erbium and ytterbium	Niedzwiedzki, Ryba-Romanowski, Komar, 等	relaxation dynamics erbium	7	2	0.268	7	*Journal of Luminescence*	V.177 P.219-227	Sep 2016
51	Synthesis and optical properties of Yb^{3+}/Er^{3+}, Yb^{3+}/Tm^{3+}, Eu^{3+} doped $NaLuF_4$, $Na_5Lu_9F_{32}$, KLu_2F_{10}, and KLu_3F_7	Xie, Cao	$Na_5Lu_9F_{32}$	5	2	0.310	1	*Nanoscience and Nanotechnology Letters*	V.9, P.305-309	Mar 2017
52	Simultaneous substitutions of Gd^{3+} and Dy^{3+} in beta-$Ca_3(PO_4)_2$ as a potential multifunctional bio-probe	Meenambal, Kumar, Poojar, 等	$Ca_3(PO_4)_2$	5	1	0.167	4	*Materials & Design*	V.120 P.336-344	Apr 15 2017
53	Cooperative energy transfer up-/down-conversion luminescence in Tb^{3+}/Yb^{3+} Co-doped cubic $Na_5Lu_9F_{32}$ single crystals by Gd^{3+} Co-doping	He, Xia, Tang, 等	Tb^{3+} $Na_5Lu_9F_{32}$	6	1	0.143	0	*Crystal Growth & Design*	V.17, P.3163-3169	Jun 2017
54	Energy migration upconversion in Ce (III) -doped heterogeneous core-shell-shell nanoparticles.	Chen, Jin, Sun, 等	heterogeneous	5	2	0.310	0	*Small（Weinheim an der Bergstrasse, Germany）*	V.13,	2017-Nov (Epub 2017 Jul 19)
55	Energy migration upconversion in Ce (III) -doped heterogeneous core-shell-shell nanoparticles	Chen, Jin, Sun, 等	heterogeneous	5	2	0.310	2	*Small*	V.13, SI P.1701479	Nov 20 2017
56	Investigation of europium concentration dependence on the luminescent properties of borogermanate glasses	Gokce, Senturk, Uslu, 等	borogermanate	5	1	0.167	0	*Journal of Luminescence*	V.192 P.263-268	Dec 2017

续表

序号	论文题目	作者	创新主题词	相关创新级别	检出文章数	相关创新衍生因子	SCI引用次数	期刊名称	卷期页	发表日期
57	Enhancing solar light-driven photocatalytic activity of mesoporous carbon-TiO_2 hybrid films via upconversion coupling	Kwon, Mota, Chung, 等	Photocatalytic	5	1	0.167	0	*Acs Sustainable Chemistry & Engineering*	V. 6, P. 1310-1317	Jan 2018
58	A new near-infrared persistent luminescence nanoparticle as a multifunctional nanoplatform for multimodal imaging and cancer therapy	Shi, Sun, Zheng, 等	multimodal	5	1	0.167	0	*Biomaterials*	V. 152 P. 15-23	Jan 2018
59	Ultraviolet upconversion luminescence in a highly transparent triply-doped Gd^{3+}-Tm^{3+}-Yb^{3+} fluoride-phosphate glasses	Galleani, Santagneli, Ledemi, 等	Fluoride Phosphate	6	1	0.143	0	*Journal of Physical Chemistry C*	V. 122, P. 2275-2284	Feb 1 2018
60	Mechanism of ultraviolet upconversion luminescence of Gd^{3+} ions sensitized by Yb^{3+}-clusters in CaF_2: Yb^{3+}, Gd^{3+}	Sin, Aidilibike, Qin, 等	CaF_2 Mechanism cooperative	7	1	0.125	0	*Journal of Luminescence*	V. 194 P. 72-74	Feb 2018

当使用了上述四个创新主题词[①]和"^{6}D"后，表 15-9 中的第二篇论文[②]在创新检索中排在了时间序列的第一位，并检索到 3 篇论文，说明该论文的创新级别为 5 级，见表 15-9。检出的另外两篇论文的创新级别最高为 6 级，在下面的计算中，我们按 6 级论文处理。需要说明的是，如果我们使用 upconversion or up-conversion 和 ^6D_J 两个创新主题词也可以将该论文排在时间序列的第一位，但是此处我们是为了计算论文 "Ultraviolet upconversion emissions of Gd^{3+}" 的创新衍生因子，因此其余 59 篇衍生论文在创新检索中都必须使用最初的四个创新主题词。在为了计算创新衍生因子时所做的创新检索中，59 篇衍生论文的创新级别不会高于 5 级。同样的道理，我们通过创新检索确定了所有论文的创新级别和检出论文数量。

　　按照式（6.5），我们计算了 59 篇衍生论文的相关创新衍生因子，如表 15-9 所示。之所以在此称其为相关创新衍生因子，是因为它们产生于计算首篇论文创新衍生因子的过程中。而在计算每篇论文自己的创新衍生因子时，我们并不一定要使用最初的四个创新主题词，因而会得到不同的创新级别和检出文章数。同理，表 15-9 中给出的创新级别也表示为相关创新级别，并非是这些论文的真实创新级别。例如，在 14.2 节中，论文 "A strategy to achieve efficient dual-mode luminescence of Eu^{3+} in lanthanides doped multifunctional NaGdF$_4$ nanocrystals" 被确定为 3 级创新，但是在表 15-9 中，其相关创新级别为 5 级。将 59 篇衍生论文的相关创新衍生因子相加得到论文 "Ultraviolet upconversion emissions of Gd^{3+}" 的创新衍生因子：20.266。

　　当我们认真地分析表 15-9 中的统计计算结果后，会得到如下有趣的结论。

　　（1）绝大多数衍生论文的创新级别只比首文低一个级别，即只要多提供一个创新主题词便可在时间排序的第一位检出。

　　（2）当我们用四个创新主题词确定了第一篇论文的主要创新内容后，额外提供的创新主题词可以较确切地给出这些论文的相关创新点。例如，表 15-9 中的第二篇论文研究的是 Gd^{3+} 在近红外光激发下的 ^6D_J 能级上转换发光；第三篇论文研究的是 Eu^{3+} 在近红外光激发下的紫外上转换发光，等等。从表 15-9 的"创新主题词"一列可以很容易确定每篇学术论文首先开展的相关研究内容。

　　（3）当使用额外的创新主题词进行创新检索后，检出文章数可以很好地说明其创新衍生能力。例如，第二篇论文检出了 3 篇相关论文（包括该论文）；第三篇论文检出了 10 篇相关论文（包括该论文），而绝大多数论文都没有检出其他的相

---

　　① 四个创新主题词："Gd^{3+}" "ultraviolet or UV" "upconversion or up-conversion" 和 "980nm or near infrared or NIR or near-infrared"。

　　② Ultraviolet upconversion fluorescence from ^6D_J of Gd^{3+} induced by 980nm excitation。

关论文。检出的相关论文较少或完全没有，意味着由这些创新主题词确定的研究内容，或者因发表的时间较短，或者因其创新衍生能力较弱而没有引起其他研究者的共鸣。例如，在表 15-9 中的有些论文研究了非常特殊的材料，而这些材料并不是很优异的上转换发光材料，因而这些研究结果就不会有其他的研究者进行跟踪性研究。这样的结果意味着，期刊的编辑完全可以凭借着创新主题词确定一篇论文是否值得发表。

15.12　本 章 小 结

在本章中，我们选取了 *Nature*、*Science*、*PRL*、*JACS*、*Cell*、*Lancet*、*APL* 七种期刊发表的 822 篇学术论文作为统计样本，统计了它们的创新级别、检出文章数、SCI 引用次数、年均 SCI 引用次数、创新总引次数、创新影响因子、年均创新影响因子、创新因子等相关数据。

发现所有的统计数据具有相类似的变化规律，均可以用一个指数函数加上一个线性函数进行拟合。曲线的形状主要由少数几篇相关参数比较大的论文所决定，说明这些参数之间确实存在着非常好的内在关联特性。

统计计算结果表明，创新因子与创新级别之间具有非常好的关联性。

SCI 创新总引次数呈现出与创新因子间的关联特征。

SCI 引用次数与创新因子呈正相关关系。

创新因子与年均创新影响因子之间存在着非常好的内在关联特性。

SCI 引用次数与创新影响因子之间存在着非常好的内在关联特性。

统计了七种期刊所发表的学术论文的创新级别及其分布。

计算了七种期刊在 2000 年 12 月的创新指数和篇均创新指数。

定义了期刊创新权重指数和篇均创新权重指数（平均单篇创新权重指数）。

举例计算了学术论文的创新衍生因子并阐述了其中的意义。

第16章 创新理论在创新教育中的应用

针对教育的创新可划分为两个方面：①创新教育；②教育创新。

创新教育的宗旨就是培养创新型人才，为建设创新型国家奠定人才基础。

教育创新的目的就是，利用当前的科学技术手段、围绕创新人才的培养，对教育理念、模式、方法进行创新；优化和改革现今的教育体制，使其适应当前社会高速发展的人才需求。

因此，针对教育的创新要解决的问题也有两个：

（1）如何进行创新教育？

（2）教育如何创新？

16.1 创新教育的目的

"我们自古以来，就有埋头苦干的人，有拼命硬干的人，有为民请命的人，有舍身求法的人……虽是等于为帝王将相作家谱的所谓'正史'，也往往掩不住他们的光耀，这就是中国的脊梁。"——鲁迅①《中国人失掉自信力了吗》②[64]

当今中国正处于中华民族伟大复兴的变革时代，迫切需要涌现出一大批勇于开拓进取、勇于为民族复兴大业担当重任与无私奉献、脚踏实地为民族进步而奋斗的民族脊梁。

中国的教育应该解决的是如何培养民族脊梁型的创新人才、如何培养国家创新体系的建设者、如何培养创新型劳动者大军等问题，以使我国早日进入创新型国家的行列。

《中华人民共和国教育法》明确规定，教育必须为社会主义现代化建设服务，必须与生产劳动相结合，培养德、智、体等方面全面发展的社会主义事业的建设者和接班人。

在中华人民共和国成立后的传统教育中，学校讲给学生最多的是如何全心全意地为人民服务、如何为国家服务、如何为实现共产主义做贡献、学雷锋、做又红又专的共产主义接班人。那时中国的教育中很少有自我利益教育。

---

① 鲁迅（1881～1936年），原名周樟寿，后改名周树人，中国著名文学家、思想家，五四新文化运动的重要参与者，中国现代文学的奠基人。

② 《中国人失掉自信力了吗》是鲁迅在民国时期所著的一篇杂文，最早于1934年刊发，后编入《且介亭杂文》。

2005 年，著名科学家钱学森①就曾经感慨道："现在中国没有完全发展起来，一个重要原因是没有一所大学能够按照培养科学技术发明创造人才的模式去办学，没有自己独特的创新的东西，老是'冒'不出杰出人才。为什么我们的学校总是培养不出杰出的人才呢？"这就是著名的钱学森之问。

钱学森之问包括两个方面的问题：一是学校培养创新型人才的模式问题；二是培养的创新人才是否杰出的问题。

16.2 创新人才及其应具备的素质和能力

要做好创新教育，首先要弄清楚什么是创新型人才、如何培养创新型人才。

翻开相关书籍或打开互联网，我们很容易找到对创新人才的各种解读。这些解读的一个共同特征是把一系列的与创新相关的品质因素堆积在"创新人才"的头上，然后去定义创新人才。

例如，百度百科的解释是[65]：所谓创新人才，就是具有创新意识、创新精神、创新思维、创新知识、创新能力并具有良好的创新人格，能够通过自己的创造性劳动取得创新成果，在某一领域、某一行业、某一工作上为社会发展和人类进步作出了创新贡献的人。仅有创新意识和创新能力还不能算是创新人才，创新人才首先是全面发展的人才；个性的自由独立发展是创新人才成长与发展的前提，作为工具的人、模式化的人和被套以种种条条框框的人不可能成为创新性人才；当代社会的创新人才，是立足于现实而又面向未来的创新人才。

同样，人们对创造型人才也有种种类似的解释[66, 67]。

（1）所谓创造型人才，是指富于独创性，具有创造能力，能够提出、解决问题，开创事业新局面，对社会物质文明和精神文明建设作出创造性贡献的人。这种人才，一般是基础理论扎实、科学知识丰富、治学方法严谨，勇于探索未知领域；同时，具有为真理献身的精神和良好的科学道德。他们是人类优秀文化遗产的继承者，是最新科学成果的创造者和传播者，是未来科学家的培育者。

（2）创新型人才，是指具有创造精神和创造能力的人。创新型人才是相对于不思创造、缺乏创造能力的比较保守的人而言的，这个概念与理论型、应用型、技艺型等人才类型的划分不是并列的。实际上，无论哪种类型的人才，皆必须具有创造性。

（3）创造型人才的主要素质是：有大无畏的进取精神和开拓精神；有较强的

---

① 钱学森（1911~2009 年），中国空气动力学家，中国载人航天奠基人，中国科学院及中国工程院院士，中国两弹一星功勋奖章获得者，被誉为"中国航天之父""中国导弹之父""中国自动化控制之父"和"火箭之王"，著有《工程控制论》《论系统工程》《星际航行概论》等著作。

永不满足的求知欲和永无止境的创造欲望；有强烈的竞争意识和较强的创造才能；同时应具备独立完整的个性品质和高尚情感等。

无论对创新人才的解读还是对创造型人才的解释，上面的几种说法都存在逻辑循环错误，都使用了"创新"或"创造"去解释创新型人才或创造型人才。

其实，用本书给出的创新定义去完成这样的解释很简单：创新人才就是能够产出新知识的人才。

因此，"什么是创新人才"的命题就转变成了"什么样的人能产生出新知识"的命题。那么，什么样的人能够产生出新的知识呢？

我们在第 9 章中谈到，新知识一定产生于三个空间的比较之中，一定产生在万维空间已知区域的边界上，一定要通过人的心理过程或行为过程去实现。

将这样的理论用于创新人才的培养理念中，便会得到创新教育的清晰答案，即创新人才需要具备如下的素质和能力：

（1）具有比较三个空间异同的能力；

（2）其知识储备达到了万维空间已知区域的边界；

（3）具备良好的心理过程与行为过程执行能力。

16.2.1　比较三个空间异同的能力

早在 19 世纪，俄国教育家乌申斯基①就曾经说过，比较是一切理解和一切思维的基础，我们正是通过比较来了解世界上的一切。

在本书中我们提出：创新来自于三个空间（外在空间、人类空间、个体空间）的相互比较。这种比较是由具体的人来完成的，因此要完成这样的比较需要这个具体的人具有比较三个空间异同的能力。

无论比较外在空间和人类空间的异同、比较人类空间和个体空间的异同、比较外在空间与个体空间的异同，还是比较不同个体空间之间的异同，执行比较的主体都是具体的人。当然，在比较的过程中人们可以借助于各种各样的工具和仪器设备，如照相机、望远镜、显微镜、计算机、网络、数据库、测距仪、血压计、X 光机等。

在三个空间之间进行比较与比较任何两个事物的情况一样，都需要执行比较的人对所比较的事物有所了解和认识，需要比较者具有比较两个事物的能力。

了解和认识比较对象是能够开展比较的前提，具有比较两个事物的能力是完成比较的保障，二者缺一不可。

---

① 乌申斯基（1824～1871 年），19 世纪俄国教育家、教育心理学奠基人，代表作有《论公共教育的民族性》《人是教育的对象》。

　　当比较两个事物时，我们都会首先运用自己的感知觉去观察事物、从各个方位测量事物的特征参数，然后通过分析和判断找出两个事物之间的异同。

　　由于万维空间的复杂性，在比较三个空间的异同时，人们往往很难做到对它们进行全方位、全部内容的比较，而通常是对它们的某个特征或某个具体部位进行比较。即使是要开展全方位的或较大范围的比较，人们也必须对它们的特征逐一进行比较。

　　深刻、精细的比较需要人们对比较对象有非常清晰的了解和透彻的认识。对比较对象的任何模糊认识都会产生错误的比较结果，这一点毋庸置疑。因此，构成比较能力的基础来自比较者的感知觉能力。具体地说，比较能力是由人的感知能力（观察力或洞察力）、记忆力、想象力、思维能力、注意力和逻辑分析能力共同构成的；而其中的观察能力是指人们运用视觉、触觉、听觉、味觉、嗅觉器官进行测量和分析的能力。观察是人脑调动各种感知觉器官并对所观察对象进行分析、想象（联想）、测量、理解、记忆的多重心理过程，观察是最基本的、也是最高级别的感知觉活动。

　　事实上，人们借助于各种现代化仪器可以极大地提升上面所谈到的各种感知觉能力、记忆力和逻辑分析能力。因此，我们这里谈到的创新人才所应具备的"三空间比较能力"理应包括运用现代化手段的能力。具有高度的观察力可以让人更加睿智和严谨，可以发现常人不能发现的事物或事物特征；当人们能够恰当地运用现代化手段后，可以大幅度地提高他们的观察能力以及分析比较、判断能力。

　　那么，不同空间之间的比较过程是怎样发生的呢？

　　任何两个空间之间的比较都首先要在比较者的大脑中形成两个被比较事物的图像，比较是在对比大脑中的两个图像中完成的。个体空间原本就储存于大脑之中，人类空间储存在各种媒介之上，而外在空间的特征需要人们利用自己的感知觉或借助于仪器去观察和测量。当这些来自不同空间的信息（含图像信息）一起被映射在人的大脑之中后，人们便可以通过分析和比较找出它们的异同。因此，是否能够准确地抓住事物的特征和本质是产生不同比较结果的一个关键。

　　绝大多数比较是在不同的子空间之间的比较。适当地抽象出合理的子空间也是完成比较的一个关键。由于万维空间的复杂性，人们总是习惯于将其某个特殊的部分独立出来形成自己能够掌控的子空间。进行同类子空间之间的比较可以使比较过程变得清晰，也可以大大地简化比较的难度。

　　归纳起来，"三空间比较能力"由下面三个要素构成：

　　（1）对比较对象有清晰的了解和透彻的认识，这一点取决于比较者是否在不同的、足够多的维度上对观察对象进行了认真仔细的测量；

　　（2）比较者的感知能力（观察力或洞察力）、记忆力、想象力、思维能力、注意力和逻辑分析能力；

（3）比较者运用现代化仪器的能力。

因此，对"三空间比较能力"的培养就可以归结为对上述三种能力的培养。如何来培养上述三种能力正是创新教育应该解决的问题。

16.2.2 抵近万维空间已知区域的边缘

正如前面所论述的那样，创新产生在内在空间或外在空间已知区域的边界上，产生在这些已知区域的边界被有效地突破之时。再结合 16.2.1 节的论述，那么创新一定产生于不同空间已知区域边界的比较之中。要完成这样的比较并从事创新，那么比较者的知识储备必须抵近这个已知区域的边界。换言之，创新人才必须有最接近研究前沿的知识储备，这也是创新人才的必备条件之一。如果一个人的知识储备没有接近已知区域的边界，那么他的个体空间的任何扩展还会落在已知区域之内，因此也就无从产出新的知识，不可能实现创新。

空间的已知边界就是未知区域的边缘，这个边缘的特征就是由问号（？）组成，如图 16-1 所示。当一个个问号被有效地解答后，新的知识就诞生了。

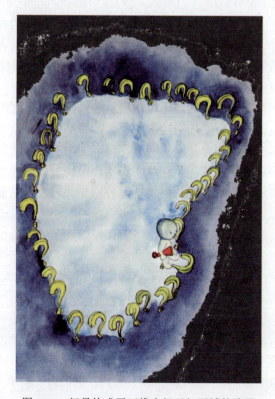

图 16-1　问号构成了万维空间已知区域的边界

国际研究前沿最接近知识的未知区域，那里充满了问号。对这些研究前沿的任何突破都可能意味着创新事件的发生。

那么，如何才能抵近万维空间已知区域的边界呢？下面我们从培养创新型人才的最常见模式谈起。

从目前能够开展科学研究的基本要求来看，中国的大学本科教育依然属于基础知识教育，而研究生教育，尤其是博士研究生教育才是"抵近万维空间已知区域边界"的教育。在本科教育阶段，学生学习的知识通常都是被实践证明为比较可靠、准确、系统的知识，其中尚存的问号已经不多。从硕士研究生开始，学生逐步地接触到专门化的技能训练和更加专业的知识，接触相关研究领域的最新研究成果和最新研究问题。到了博士学习阶段，学生在导师的指导下开始介入最新问题的研究，开始学会并能够提出和思考研究领域的前沿问题。他们的知识储备和观察思考能力使得他们能够看到排列在已知空间和未知空间交界上的问号。当一个人能够自主地看到排列在已知空间和未知空间交界上的问号时，那么他的知识储备就抵达到了万维空间已知区域的边界上。当然，这一点并不局限于本科、硕士、博士、博士后这样单一的人才培养模式，任何一个人在看到了排列在已知空间和未知空间交界上的问号时，都说明他的知识储备已经抵达或接近这个边界。这样的抵近与知识的深度和广度都有关系。

除了上述的常见模式外，创新人才的知识储备条件也可以通过其他的方式达到。下面我们用一个发生在中国农村的故事来说明这一点。虽然在这个故事中使用了"创新"二字，但是由于专业知识的限制，我们无从判断故事中的创新是否具有产生新知识的特征，因此下面的故事不可作为作者对其创新性做肯定的证据，更不可以理解为一种广告宣传。

这个故事的主人公叫张志清，是河南省安阳市的一位普通农民。他因为搞农机改造而获得了"感动安阳·2009 年度人物"称号。

2010 年 10 月 30 日，河南省安阳高新区生产力促进中心的李安民撰写了一篇稿子，题目为《一位农民的创新经历》[68]，首先报道了张志清的事迹。后来，这篇稿子又被《中国高新技术产业导报》以及一些网站编辑转载[69]。

这个故事的梗概如下：

（1）张志清贷款 6 万多元买了全村第一台东方红牌收割机，但却发现了收割机漏粮严重的问题；

（2）决心解决这个问题；

（3）缺少理论知识、机械设计知识和机械加工设备；

（4）有一股钻研的干劲和面对困难不服输的精神；

（5）不懂理论，从实践开始；

（6）每天在地里跟着收割机看，仔细琢磨收割机的每一步动作；

（7）走访收割机能手，查阅资料，研究收获清选理论，结合几十年来的农村打麦、扬场的经验，从土方法到洋方法；

（8）进行了无数次试验，从夏天到冬天试验一直没有间断；

（9）领儿子们做实验，做风向实验，做振动实验，做分离实验，每一个细节都要做，根据试验结果对收割机进行了改装；

（10）反复进行试验，制定多套方案进行改装，经多方案的反复比较，终于发现有一套方案实施后收割 50 米不漏粮，但收割 80 米后又开始漏粮；

（11）把收割机开回家继续改进，终于摸索出收割机不漏粮的规律；

（12）发动全家人数一斤小麦的颗粒数，最后得出一斤小麦颗粒数平均在一万一千六百粒左右；数一平方米麦地里的麦芽数，算出一亩地漏粮的颗粒数，计算出小麦损失率在千分之五以下；

（13）获得中国新型专利授权[70]。

在这个故事中，主人公首先发现了生产过程中的一个问题"收割机漏粮严重"，这个发现构成了整个故事的起点。然而，他决心去解决这个问题才是整个故事发展下去的关键。可以肯定地说，"收割机漏粮严重"绝不会是张志清首先发现的，想解决这个问题的人也必定大有人在，但是张志清要解决问题的决心和韧劲儿可能比许多人都强烈得多。张志清是一名普通的农民而非专业农业技师，很显然他当时的知识储备不足以认清和解决这样的技术问题。但是，"无知者无畏"，张志清不仅没有被问题吓倒，反倒是信心百倍地要解决这个专业农技师们都束手无策的难题。后来的故事情节表明，张志清为他"无畏"的决定付出了代价、吃尽了苦头。与具有专业知识的专业人员相比，张志清在发现问题时不可能预判出他将走过的道路及其结果；也许相关的农机专业人员早就尝试过去解决"收割机漏粮严重"的问题，但是其中的难度超出了这些专业人员的能力或水平。如果张志清也具备一定的农机知识和科研经验，也许这个难题会直接把他吓倒，因此也就不会发生后面《一位农民的创新经历》的故事。但是无论如何，张志清在发现问题时他的知识储备远远没有到达"万维空间已知区域的边界"。换句话说，张志清在外在空间中发现了问号（？）、抵达到了外在空间已知区域的边界，但是那时他个体空间的知识储备却没有抵近这样的边界，因此也不足以解决他发现的问题。为了弥补这样的不足，张志清采用了理论学习和反复实践两条腿走路的前进方式。

张志清采用了反复观察、认真研究的态度去认识拟改造的对象，通过反复地做着各种实验去尝试解决问题的方法，制定多套方案进行改装，经多方案的反复比较，最终摸索出收割机不漏粮的规律并申报了中国专利。

很显然，张志清是在实践中反复尝试着突破"万维空间已知区域的边界"。他所走过的道路与科班出身的博士或硕士不同，他是带着问题去抵近并最后突破"万维空间已知区域的边界”的。事实上，带着问题去学习和研究是一种高效的抵近"万维空间已知区域的边界"的方法。这种方法的高效性对科班出身的博士和硕士们依然成立。

类似于张志清搞发明创造的农民、工人、学生、军人、职员等非专业人员有很多，他们的故事大同小异，都是在兴趣、好奇、决心、钻研和坚韧中完成了发现问题、解决问题的过程，实现了让自己的（理论或实践）知识抵近"万维空间已知区域的边界"。

事实上，发现不同的问题对于抵近"万维空间已知区域的边界"的知识要求是不一样的。虽然一些类似于"收割机漏粮"的问题相对简单，只要有决心、有毅力、方法得当，一位农民也能在短短的几年中取得突破性成绩。但是，很多前沿科学与技术问题可能需要学生学习二十年，甚至三十年才能够抵近这样的边界。当然，有些更为复杂的问题可能穷尽一个人的一生也无法抵达"万维空间已知区域的边界"。

英国神经学博士、AlphaGo[①]之父哈萨比斯[②]在剑桥大学讲演时说过："当今世界面临的一个巨大挑战就是过量的信息和复杂的系统。我们怎么才能找到其中的规律和结构？从疾病到气候，我们需要解决不同领域的问题。这些领域十分复杂，对于这些问题，即使是最聪明的人类也无法解决。"

这段话陈述了这样一个现实，随着人类知识的不断积累，知识信息量高速增长所带来的结果便是，人类个体已经很难把所需要的知识都存储在自己的大脑之中。很多问题的复杂性已经超越了人类个体认知能力的极限。因此，在某些领域，个体人类要使自己的知识抵近万维空间已知区域的边缘变得越来越困难。

毫无疑问，AlphaGo 程序战胜多位围棋世界冠军是人类历史上的大事件。其意义在于，人工智能（artificial intelligence，AI）在某些方面被证明可能强于人类的个体；更加有意义的是，第一次证明机器通过深度学习[③]可以创新。这就意味着，在未来的社会里，AI 会成为人类从事创新活动的一种重要方式。

AI 的优势在于对大数据的高速处理、大容量信息的准确记忆、不会出现职业倦怠和体力与精神的疲劳。因此，在 AlphaGo 项目中 AI 完成了超越人类个体能力的创新。人类借助于 AI 进行创新，不仅在自然科学领域可以产生新的发现、发

---

① AlphaGo（阿尔法围棋）是第一个击败人类职业围棋选手、第一个战胜围棋世界冠军的人工智能程序，由谷歌（Google）旗下 DeepMind 公司哈萨比斯领衔的团队开发。其主要工作原理是"深度学习"。

② 哈萨比斯，1976 年 7 月 27 日生于伦敦，DeepMind 公司创始人、神经学家、人工智能专家，1997 年获剑桥大学计算机科学学士学位，2009 年获伦敦大学学院（UCL）认知神经科学博士学位。

③ 英文 deep learning。具有结构深度并可无限堆叠的多层次机器学习方法。人工神经网络研究领域的概念，属于基于学习数据表示的机器学习方法的一部分，也称为"深度结构化学习"（deep structured learning）或"分层学习"（hierarchical learning），是一种试图使用包含复杂结构或由多重非线性变换构成的多个处理层对数据进行高层抽象的算法。

明和创造，而且还会在文学、艺术、法律、管理、军事、经济等社会科学领域产生有价值的创新。

围棋是起源于中国的古老游戏，距今已有 4000 多年的历史。先秦典籍《世本》①中就有"尧造围棋丹朱善之"的说法。

围棋的棋具很简单，只有一块由 19×19 条直线纵横交叉 361 个点的棋盘和黑白二色圆形棋子组成；围棋的规则也很简单：对弈双方轮流落子、无气死、多围胜。但是，围棋的变化可谓无穷，从围棋出现到现在，没有任何两盘棋是相同的。历经了几千年，人们已经总结出大量的围棋定式②。然而，AlphaGo Zero 通过 40 天的深度学习，不仅把人类几千年来总结出的定式全部找到了，而且发现和创造了一些人类根本不知道的新定式！在许多围棋专家看来，AlphaGo 的很多下法都是创新。

AlphaGo 和 AlphaGo Zero 都是哈萨比斯博士领导的人工智能团队编写的程序。也许我们会说，与其说是 AlphaGo 战胜了围棋世界冠军柯洁和李世石，倒不如说是哈萨比斯博士领导的科研团队战胜了这些世界冠军。但是，如果真的把哈萨比斯博士的整个团队成员拉出来与柯洁或李世石对战，其结果会毫无悬念地是柯洁或李世石获胜。然而，哈萨比斯博士的团队借助于超级计算机就可以完胜这些世界冠军。这样的事实说明，一方面机器可以提升人的能力，AI 是人类智慧的延伸和倍增器，另一方面人可以借助于机器创新。AlphaGo 之所以能够取得胜利，关键在于超级计算机不仅有高速运算能力、超强的数据存储能力以及对大数据准确的分析和检索能力，还在于它在深度学习中自我完成的几百万次的对弈和针对对弈结果的总结。所有这些都超出了一个人类个体的能力。如果一个人一天下 30 盘棋，几百万盘棋要下几百年。事实上，即使是快棋比赛，一盘围棋也要下 2 个半小时左右，因此一个人一天通常不大可能下完 30 盘棋。而超级计算机可以在短短的几天时间里就完成几百万次的对弈。这是人类与超级计算机的差距。

然而，无论如何，AlphaGo 的运算模式和程序执行路线都是人类为其设定的。按照这种设定好的方式，AlphaGo 用大量的迭代运算不断地优化自己的数据库，寻找并存储了各种情况的最佳弈法。也就是说，按照目前 AI 的发展水平，类似于 AlphaGo 的 AI 还只能够完成递推创新、组合创新、递进创新、类比创新、模仿创新，而不可能产生维度创新。因为维度创新需要有新概念（维度或素轴）的产生，而 AI 中的所有概念都来自于编程者。因此，若使 AI 能够产生维度创新，人类必须首先赋予 AI 可以产生新概念的数学和物理机制。我们暂且将可以产生新维度的

---

① 作者不详，成书年代"始于黄帝（公元前 2717～前 2599 年），止于春秋"。

② 经过前人实战总结的局部对弈的最佳弈法。按照定式下棋，双方在这个局部都不吃亏；谁不按照定式下棋，谁就会在这个局部吃亏。

人工智能称为维度人工智能（dimentional AI，DAI）。当 DAI 实现时，那时的机器就可以自己编制全新的游戏了。

AlphaGo 程序战胜多位围棋世界冠军的历史事实告诉我们，人类对学习知识的认识需要改变了。教育的目标不再是仅仅把知识装入个体空间，而应该是把操控知识的技能装入个体空间[①]。这就像我们在使用图书馆时一样，我们不需要把所有图书资料的内容和细节都记忆在大脑之中，而只需掌握图书的检索方式和方法。当我们清楚了某个领域的基础知识及其框架结构后，我们可以去图书馆检索到相关内容的细节并加以运用。

事实上，计算机就是这样工作的。在计算机的中央处理器（CPU）存储单元中，并不是用于计算的所有数据都存储在那里。计算机会把一些数据存储在一级、二级缓存、内存或硬盘中，只有在使用这些数据时才会把它们依次调入内存、缓存和运算单元里，如图 16-2 所示。

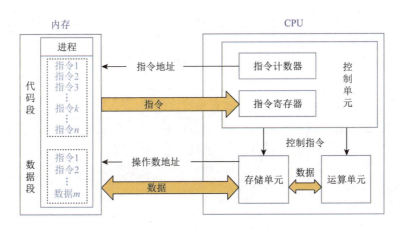

图 16-2　计算机工作原理图

AI 强调的是机器模仿人的思维；在创新教育中，人类应该借鉴计算机的工作方式。

更加重要的是，今天人类拥有的网络功能之强大，足以让每个坐在计算机旁或拿着智能手机的人拥有自己的网络图书馆，且其信息检索功能和快捷程度是传统图书馆无法比拟的。

毫无疑问，开展知识操控教育是一个全新的课题。它不再以掌握知识本身为目的，而是强调对知识控制与运用的方式、方法和能力的学习；强调对不同维度空间中知识的把握，而不再强调对知识内容的细节记忆。在"网络畅通天下"的

---

① 详细论述见第 17 章。

今天，一个坐在计算机旁或手持智能手机的普通人很可能瞬间变成某个领域的专家。因此，从可以掌控的知识本身来说，抵近万维空间已知区域的边缘完全可以借助于网络信息来实现。这样也就产生了两个问题：

（1）如何用最有效的方式抵近万维空间已知区域的边缘？

（2）网络所蕴藏的信息是否足够丰富、足够精确、检索足够快捷？

要回答第一个问题就是要在教育中贯彻知识操控教育的理念，具体见 16.4 节和第 17 章。第二个问题涉及信息化网络的建设问题，具体见第 18 章。

16.2.3　心理过程的运行能力

心理过程通常包括认知过程、情绪情感过程和意志过程三个方面。对于一个正常的人来说，这三个过程都会存在强弱之分。虽然认知、情绪情感和意志有各自发生发展的特征，其强弱表现不一，但三者之间并不是相互独立的，而是统一心理过程中的不同方面。因此，认知、情绪情感和意志能力中的任何一个增强都有可能带动另外两个共同增强。

人的感知、记忆、思维能力都可以通过训练得到加强。增强后的认知能力可以更好地帮助人去掌控认知过程。因此，对这些能力的训练应该贯穿于人的整个教育过程，尤其是要在初等和中等教育中得以强化。

情绪情感可以严重地左右人的思维和行为，因此具备对情绪和情感的操控能力，也是能够正常运行心理过程和行为过程的一个关键。不健全的情绪和情感可能会导致严重的心理疾病，如抑郁或狂躁，会严重地影响一个人的学习、工作和生活，妨碍一个人正常的心理过程和行为过程的运行。

对情绪和情感的控制能力包括如下几个方面：能够正确地了解和认识自我情绪，能够很好地管理自己的情绪，具有调控自己情绪和情感的技巧，具有自我激励的有效方法，能够准确地把握他人的情绪，具有影响和调控他人情绪和情感的技巧等。

对情绪和情感的控制能力是高情商[①]的主要体现。研究表明，情商发展遵循的规律也是"人之初，性本善。性相近，习相远"[②]。也就是说，一个人情商的形成，开始于幼儿期，善变于儿童期，成长于少年期，定型于青年期，成熟于中年期，臻化于老年期。因此，从幼儿到青年时期对孩子们进行情商教育就显得尤为重要。

---

① 情商（emotional quotient）通常是指情绪商数，简称 EQ，主要是指人在情绪、意志、耐受挫折等方面的品质。它是近年来心理学家们提出的与智商相对应的概念。从最简单的层次上下定义，提高情商是把不能控制情绪的部分变为可以控制情绪，从而增强理解他人及与他人相处的能力。

② 来自《三字经》，大意为：人生下来的时候性情都是好的、一样的，但是在成长过程中后天的学习环境不一样，导致了人的性情有了好与坏的差别。这里借用这几句话说明情商的发展变化也遵循类似的规律。

有人说，决定成功的因素中有一多半源于情商，而源于智商的成分只占了其中的一小部分，当然还有一部分源于人的机遇。然而，中国目前的教育体系中能够体现出情商教育的内容还很少。

作为一种心理过程，意志体现出的是人们选择人生目标的初衷、欲达到某种目的的决心和在达到目的过程中表现出的坚韧程度。人的意志品质主要包括自觉性（独立性）、果断性、自制性和坚持性（坚韧性）。在《心理咨询师（基础知识)》[71]一书中对自觉性、果断性、自制性和坚持性阐述如下。

自觉性：指是否对行动目的有明确的认识，尤其是认识到行动的社会意义，主动以目的调节和支配行动方面的意志品质。自觉性是意志的首要品质，贯穿于意志行动的始终。

果断性：指一个人是否善于明辨是非，迅速而合理地做出决定和执行决定方面的意志品质。

自制性：指能否善于控制和支配自己行动方面的意志品质。

坚持性：指在意志行动中能否坚持决定，百折不挠地克服困难和障碍，完成既定目标方面的意志品质。

上述意志品质都存在各自截然不同的两种极端表现。

自觉性的两种极端表现：易受暗示性、独断性。

果断性的两种极端表现：优柔寡断、草率决定。

自制性的两种极端表现：任性、怯懦。

坚持性的两种极端表现:顽固执拗、见异思迁。

下面，我们用一张图来概括这四种意志品质（图 16-3）。

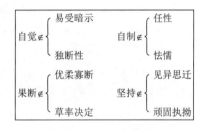

图 16-3　四种意志品质

图 16-3 中的符号 "∉" 表示 "不属于"。从图 16-3 不难看出，每种意志品质都存在两种截然相反的意志品质。人们提倡的是自觉、果断、自制、坚持，与它们相反的品质是易受暗示、优柔寡断、任性、见异思迁；当自觉、果断、自制、坚持表现得过于强烈时就会走向独断、草率、怯懦、顽固执拗等各自的极端。因此，自觉、果断、自制、坚持是理性认识下的合理抉择。事实上，理性认识下的合理抉择也可以产生出其他的优秀品质，如勇敢。

下面讲述一个苏格拉底[①]与人辩论勇气的故事，从中我们可以看出 "勇气" 也是 "理性认识下的合理抉择" 的一种表现形式。

苏格拉底是古希腊的思想家和哲学家，平生最喜爱的是整天到处找人谈话、

---

① 苏格拉底（公元前 469～前 399 年），古希腊著名的思想家、哲学家、教育家、公民陪审员。

辩论和讨论问题，探求对人最有用的真理和智慧。因此他一生的大部分时间都是在室外度过的。他喜欢在市场、运动场、街头等公众场合与各方面的人谈论各种各样的问题。有一次，一位著名的政治家在演讲，讲演的内容是如何爱国。讲到最后这位政治家却大谈勇气、大谈为国献身的光荣，并告诉年轻人应该爱国并为国献身。他讲了一大堆的道理，但是在场的人完全弄不清楚他到底在讲什么。这时苏格拉底走上前去问他：

"这位先生，请原谅我打断您的讲话。请问，您说的勇气究竟是指什么呢？"

"勇气就是要在危机的时刻坚守自己的岗位"，那人简短地回答。

"但是，正确的战略要求你撤退呢？"苏格拉底又问道。

"那……那就是另一回事了。当然，在这种情况下你不应该坚守岗位了。"

"这么说，勇气既不是坚守岗位又不是撤退了？那么，您说的勇气到底是什么呢？"

这个演说家皱起了眉头说："你赢了，说实话，我也不太清楚。"

"我也不清楚"，苏格拉底说，"不过，我觉得勇气是做合理的事情，不管是否危险。"

"这话说得不错"，人群中有人喊道。

这时，苏格拉底又继续说："勇气就是在危险的时刻保持头脑的清醒、镇定而沉着。从这一意义说，它的反面就是感情的过度冲动而失去了理智。"

听到这话，那位著名的政治家惊叹道："先生，您说得太好了！"

从《心理咨询师（基础知识）》中论述的自觉、果断、自制、坚持，到上面故事中苏格拉底概括的勇气，我们都可以看到"理性认识下的合理抉择"。例如，我们可以将"自觉"归纳为：在对行动的目的及其社会意义有明确认识的情况下，主动调节和支配行动、独立自主地确立合乎实际的目标。或者说：自觉是通过理性地认识行动目的及其社会意义、独立自主地确立合理目标、主动调节和支配行动的意志品质。类似地，我们也可以将其他的意志品质概括如下。

果断：通过对是非的理性认识，迅速而合理地做出决定和执行决定的意志品质。

自制：通过对行动（目的及意义）的理性认识，合理地控制和支配自己行动的意志品质。

坚持：通过对行动（目的及意义）的理性认识，在行动中坚持决定、百折不挠地克服困难和障碍、完成既定目标的意志品质。

勇气：通过对行动（目的及意义）的理性认识，在危险的时刻保持理智。

这样的概括告诉我们，不管是自觉、果断、自制、坚持还是勇气，都源于"理性认识下的合理抉择"，都是"理性认识下的合理抉择"在不同侧面的反映。"自觉"侧重的是独立自主；"果断"侧重的是速度；"自制"侧重的是自我控制；"坚持"侧重的是持之以恒和百折不挠;"勇气"侧重的是保持理智。当它们所侧重的特征缺乏"理性认识"的条件时就会转化为它们的反面或极端。

这里需要强调的是"果断"所侧重的速度。这个速度由两个因素所决定,一个是"理性认识"的速度,另外一个是"合理抉择"的速度。很显然,这两个速度都会与一个人的思维品质和知识储备有关系。思维速度快、知识储备充分,决策就快;相反,思维速度慢、知识储备不够,就无从果断。当然,思维是否缜密是决定决策是否正确的一个关键。

很多时候,人们对事物"理性认识"的结果是概率性的,因此"合理抉择"的后果必然会产生概率事件。很多事物的发生与发展都具有或然性(不确定性),如果"理性认识"能够得出大概率的结果,那么"合理抉择"会相对容易;如果"理性认识"得出的结果是等概率事件,那么就不存在"合理抉择"的问题。在后面这种情况下,任何抉择都变成一种博弈行为,也许这样的抉择是体现"勇气"或"勇敢"的最佳时刻。

总之,上面谈到的心理过程的核心就是"理性认识"和"合理抉择",而其基础就是知识储备以及建立在知识储备之上的各种能力(或称智慧)。因此,决定一个人心理过程运行能力的关键就是他的知识储备以及建立在知识储备之上的智慧。

16.2.4　行为过程的运行能力

在 9.3.4 节我们论述了行为能力在创新过程中的作用。从讨论的内容可以看到,无论肢体的运动能力、对仪器设备的操作能力,还是领导能力或理财能力都会在创新过程中发挥出重要的作用。因此,在创新人才的培养过程中,培养创新人才的行为运行能力也是非常重要的。

很多创新产生的过程都需要行为能力的参与,常常是思维过程和行为过程共同来发挥作用产生创新。在体现行为能力的时候,很重要的一点是心理过程或思维过程对行为过程的控制和操作。一个人可能有非常发达的肌肉和骨骼,但是如果他的神经系统不能对他的四肢有很好的控制,那么他的行为能力也是没有办法正常执行思维的指令。因此,对行为能力的锻炼,除了对肢体的运动技巧和能力进行锻炼之外,还有对心理过程的锻炼,即对思维过程的锻炼和强化。这种锻炼是实现思想对肢体和肌肉进行精准控制的一个重要过程。

精准而强大的行为运行能力也是创新人才所应该具备的素质和能力之一。

行为能力的强弱与身体的先天素质和后天训练都有关系。这两个因素共同决定了一个人的行为能力。先天遗传性的行为运行能力是其基本保障,后天的锻炼和训练可以使其行为能力不断地提高并最终符合对创新人才的要求。

与心理运行能力不同，很多行为执行能力和运行能力都是要在实践中不断地培养和训练才能得到提高。单单靠思考过程不足以造就出强大的行为能力。因此，若要拥有一种良好的行为运行能力，必须在实践中去学习和提高。例如，很多科学仪器的操作就是一种心理运行能力和行为运行能力的综合体现。培养仪器的操作能力要在对仪器的操作过程中不断的熟练、强化和提高。这里面有具体的肢体的运动、动作和技巧以及与之相配合的思维过程，如此才能够把一些科学仪器真正熟练地用起来，才能让这些科学仪器发挥出作用，使操作者的能力得以延伸和放大。

创新人才的领导能力和理财能力也都是其行为能力非常重要的组成部分。领导能力可以使团队中其他人的能力相加在一起组成一个强大的团队能力，共同来完成整个团队的创新事业。

创新人才的理财能力是一个创新项目得以正常运行的基本保障。一个创新人才能够获得足够的经费支持并合理地使用经费才能够保证整个项目的完成。获取经费和合理使用经费都是创新人才理财能力的重要体现。

检验行为能力的一个很重要的标准就是：一个人想到的事情是否能够通过他的肢体运动与动作去做到。例如，你想在 100 米的赛跑中跑到 11 秒或 10 秒以内。很显然，这是一个非常高水平的百米赛跑要求。然而，虽然你想到了这样一个高水平的赛跑，但实际上你和很多人一样，拥有的肢体不具有这样的运动能力，即你的生物学基础并不能支持你的想法。又如，你想去操作一台仪器。而操作仪器的过程可能需要你的动作不仅要灵活而且还需要完成一连串不同动作的衔接。也许在进行具体操作之前，你已经花费了很多时间在头脑中反反复复地设想过整个操作过程的动作与衔接。但是，当你真正地开始操作这台仪器时，你会发现自己的手和脚并不能很流畅地完成这些动作。很多时候在没有经过很充分训练的情况下，顺利而流畅地完成一些复杂的操作是不大可能的。因为行为能力往往需要通过在实践过程中反复地进行训练才能有所提高。有的时候，你的思维过程知道怎么去做，但是你的肢体发挥主要作用的行为过程未必能够完完全全地去执行思维过程所下达的指令。学游泳就是一个很好的例子。大家在下水前尽管已经被反反复复地告知怎么呼吸、怎么划水、怎么用上下肢合作，但是下水后你却发现，各动作的配合并不像你想象的那么容易，你完全不能很好地把大脑中记忆的动作执行下来。其原因就在于，虽然我们已经在思维过程中把整套动作想得很明白了，但是行为过程并不能确切精准地执行思维指令。要想保证这些思维指令得到很精确的执行，人们必须要在实践过程中反复地锻炼肢体，让肢体记住每一个动作和动作之间的衔接，经过这样反复的肢体训练后，人们才能够掌握游泳的技巧。并且，当你掌握了游泳的技巧后，你会发现自己在游泳时并不需要思维过程的刻意参与。这也是行为过程运行的一个典型特征。

总结我们上面的讨论可以看出，行为运行能力实际上决定于两种因素：一种因素是大脑对肢体运动下达指令的准确程度，它是思维能力的体现；另一种因素是肢体执行思维指令的准确程度。

只有当大脑给肢体下达了准确的指令而肢体又能够准确地执行时，我们才有可能让一个行为过程很好地运行。

行为能力的建立和提高都必须在实践过程中反反复复地进行。训练行为能力的过程不仅是训练肢体的运动能力和肢体对思维指令的执行能力，同时是训练大脑对肢体的控制能力。

正像我们在前面所讨论的那样，作为一种思维的输出形式，行为具有并行式输出的特征。如果思维给肢体下达了串行输出指令，那么思维对肢体动作的控制会出现很多不匹配的地方，因此很多行为过程在运行时就会发生障碍和衔接困难的问题。

行为能力的提高需要反复的训练从而形成一种思维与行动相互匹配的习惯。这种习惯来自于肢体将串行式思维指令顺利而流畅地演变成并行式行为输出。那么，在行为过程中，肢体是如何做到这一点的呢？在反反复复地对肢体训练后，串行式思维指令已经演变成一个简短的指令包（失去了串行输出特征）；当大脑发出该指令包后，肢体将按照训练中体验到的并行输出方式进行执行。

以蛙泳为例，它的基本动作要领大致有 12 条[72]。但是，任何一位学会了蛙泳的人都不会按照这 12 条逐条去下达游蛙泳的思维指令。如果某人真的那样做了，他一定会被溺死，因为串行式指令必然要导致串行式动作输出，泳者一定会沉入水底。实际上，任何一位会游蛙泳的泳者都只要给自己下达"蛙泳"指令包就可以正常地并行输出蛙泳动作了。

这就是为什么我们在学习一些动作或者操作技能时要进行反复的训练，以使我们的肢体对大脑下达的每一条指令都能够从不同的方面、不同的角度、不同的层次对其进行翻译、理解和准确执行，最终将串行式思维指令变成可以顺利执行的指令包。

16.3　创　新　教　育

教育是一门科学，是一门关于人的科学，是一门关于如何塑造人的科学。按照我们前面讲述的三个空间划分的理论，教育的本质就是帮助人类个体建立一个合理的内在子空间。创新教育就是在创新理论的指导下培养创新型人才的教育；具体地说，创新教育就是培养能够产生出新知识的人才教育，就是培养善于产生新知识的人才教育，其目的就是培养出善于从事并完成高等级创新的人才。

马克思曾经说过[73]："人的本质不是单个人所固有的抽象物，在其现实性上，它是一切社会关系的总和。"因此,创新教育也要在"一切社会关系的总和"中去寻找合理建造个体空间的答案。

人是由物质性的肉体和非物质性的意识共同构成的。物质性的肉体承载着非物质性的意识,二者共同构成了一个完整的人。马克思谈到的"一切社会关系的总和"讲的是概念化的人的社会性,正是这一社会关系复杂结构的总和确定着现实社会中任何一个人的本质。因此,对创新人才的培养也离不开这样的宗旨。

那么,对一个人类个体来说,物质性的肉体和非物质性的个体空间是其组成要素。物质性的肉体承载着非物质性的个体空间,二者共同构成了有血、有肉、有思想的个体人类。因此,教育的真正对象有两个:一是人的肉体;二是肉体内的个体空间。依据马克思对人的本质的定义,那么,人的个体空间就是一切社会关系的总和的体现;换句话说,一个人的个体空间的发展变化是由他所处的社会环境和他所拥有的一切社会关系共同决定的。因此,教育的实质就是通过设置和调节一个人生活的社会环境和社会关系去影响其成长的社会事业。

教育肉体的课程有很多,如体育课(各种球类运动、田径运动、游泳、滑冰、举重等)、体操课、形体训练课等。这些课程的目的在于增强人体的机能,使其获得一些专门的训练,使人体某些部位的肌肉更加灵活、强壮、发达。通过训练和学习,使得人体的某些部位通过形体记忆记住一些特殊的技能。

训练人体的同时也训练着人的大脑。事实上,人体训练课从婴儿诞生就开始了。父母教孩子如何抓东西、如何翻身、如何吃饭、如何站立、如何走路、如何骑自行车……,这样的训练会贯穿人的一生。正如 9.3 节所论述的那样:"强健的体魄是心理过程和行为过程正常运行的保障,也是从事并顺利开展创新活动的保障。有了强健的体魄才可能有足够的精力去思考和行动。"

教育的第二个对象是个体的内在子空间,其目的是为人类个体建立一个合理的知识体系。这也是目前中国教育的主要任务。要建立一个合理的个体内在子空间就必须解决如下问题。

(1)建立什么样的个体内在子空间?如何设置个体子空间的维度?如何设置个体子空间的知识结构?其宽广程度、精细程度如何?个体子空间装填哪些内容?

(2)让受教育人拥有哪些品质因素:智力因素和非智力因素?

(3)建立个体子空间的顺序是否符合成长、发育的规律与节奏,是否符合个性发展的特征?

16.3.1　建立什么样的个体空间

与外在空间和人类空间相比,个体空间的维度要少很多,是典型的子空间。

每个人的个体空间都具有自己的鲜明特色，且人与人的个体空间之间互不相同。这些不同主要体现在维度、维度数量、维度的清晰度、盛装的事物、盛装事物的清晰度等各个方面，它们构成了衡量个体空间品质的重要指标。人与人个体空间的不同产生于人们成长和受教育的过程中，产生于不同思维品质间的差异，产生于不同经历间的差异，产生于不同的习惯、志向、兴趣和引导。

细致的观察、缜密的思考、良好的记忆会构造出一个相对完整而清晰的个体子空间；而粗略的观察、不加思考、模糊的记忆必然会形成一个不完整、图像失真、似是而非的个体子空间。毫无疑问，前者更加有利于进行不同空间之间相同或相似部分的比较，因此也就有利于基于三个空间相互比较中产生的创新。

个体空间存在共性，表现为每个人都普遍具有的一般性知识基本相同。例如，人们赖以生存的基本知识大致相同。

每个人的个体空间也都会有其个性，这些个性构成了人与人之间知识结构和个体空间中内容的区别。例如，大学里不同专业所学专业知识的区别。实际上，这种知识结构的不同选择很多从儿童时期就开始了。父母为孩子选择学数学、舞蹈、钢琴、滑冰或绘画等不同的课程，使孩子加强某方面的学习或朝着某些特定的方向发展。这些选择无疑为孩子建立不同的子空间奠定了最初的雏形。

总而言之，个体子空间的特征与人的成长经历和成长过程中所处的文化氛围密切相关。

一个人的生命是有限的，学习的时间和精力也是有限的。任何一个人在其一生中都只能够建立一个特定的个体子空间，而不可能把外在空间或人类空间的内容全部存储在大脑之中。因此，用有限的时间和精力去建造一个什么样的个体空间就成了创新教育的关键。

子空间的宽广度和精细度是相互制约的。由于受到时间和精力的限制，原则上讲，宽广（维度多、内容多）的子空间一定不会具有高的精细度（内容清晰、条理清楚）；而高度精细的子空间也一定不会具有很多的维度和内容。上述两种极端情况对应着现实生活中的两种典型人物。前者只有子空间的宽广度而缺乏精细度，俗称"万事通"（know-all）[①]；后者只有子空间的精细度而缺乏宽广度，很可能是某个领域的专业人士，如图 16-4 所示，也可能是孤陋寡闻的书呆子[②]。

如果一个人把很多时间都花在了"家长里短"和"八卦新闻"[③]上，那么他的个体空间的维度和内容都会很多，但是无论如何他都很难成为某个领域的专家，

---

① 用来形容那些什么都知道却没有任何专长的人。
② 旧时泛指死读书、不谙世故的人。此处指那些个体空间畸形的人，即他们的个体空间在个别维度上非常精细，但却缺失必要的维度和内容，从而限制和制约了他们的发展。
③ 指非正式的小道消息或者新闻，通常是指关于某个明星或名人的隐私传言等。

图 16-4　万事通与专业人士之间的不同

因为他的个体空间很难建造得很精细。如果把这种情况放到学生时代，这个人就会成为学生中的"万事通"。可以肯定地说，他的学习成绩不会很好，因为他的大量精力都花在功课之外的事情上了。换言之，一个人若要把自己的个体空间建得精细，他必须有意识地摒弃很多不相关的维度和不相关的信息（知识）内容，只有这样，才能够保证他拿出更多的时间和精力去建好预先设计好的子空间。

　　人们建造个体空间的过程就是对接触到的事物和知识的识记过程。识和记都属于人的认知范畴，其有效性和效率都会因人而异。虽然人的记忆存在好坏之分，但是每个人的识记能力都是有限的[①]。过多杂乱无章的内容会形成强烈的干扰信号，导致有用信息和有用知识的模糊或丢失，妨碍了个体空间维度的精细化。

　　相反地，如果一个人把自己的精力和时间都花费在了很少的维度建设中而忽视了其他必要维度的建设，那么他的个体子空间必然会呈现维度缺失的畸形发展之态。缺失维度的畸形个体空间必然会影响一个人的整体发展。这是在建造子空间的过程中存在的另外一种极端，即严重缺少维度或个别维度过于精细而导致其他维度要么缺失要么模糊不清。这种极端是中国目前初中和高中教育中普遍存在的问题。具体表现在，为了提高升学率和考入一所好学校，学校、老师、家长以及学生采取一致的行动，弱化甚至放弃与升学考试无关的课程教学和学习，集中时间和精力针对升学考试反反复复地做练习题[②]。这种"刷题"式教学现象的存在，说明中国现行的教育思想和教育体制已经不适应于新时代创新教育的要求[③]。其恶

---

① 虽然理论上人的记忆能力是无限的，但是没有得到实践的证明。

② 特指学生在中学时期大量做各种测试题和模拟考试题。

③ 关于此问题，我们将在 16.4 节教育创新中论述。

果是，不仅造成了学生个体空间的严重畸形，也会导致学生的人格缺失、情感脆弱、意志品质低下、急功近利和普遍厌学等严重问题。

上面的讨论告诉我们，建立一个合理的个体子空间需要从幼年开始规划，需要家长、老师和学校有一个明确的建设目标，需要有一个切合实际的构建方案，因材施教、量力而行，需要一个适合于个性发展的环境和文化氛围，需要有选择、有步骤地为孩子教授知识。一方面切忌贪多嚼不烂，切忌教授的知识含混不清、构建不出精细的个体子空间；另一方面要避免只在少数几门课程上花费大量的时间去建造一个过分精细、畸形的个体子空间。

在建立个体子空间的过程中，孩子在不同的成长时期的接受能力、理解能力、记忆能力都是不同的，因此尊重孩子的成长规律至关重要。在现行中国的教育中，许多家长希望孩子早日成才的心情过于迫切，经常是过早、过多地让孩子去学习一些超过他们接受能力的知识。当这种情况发生时，孩子花费了很多的力气才能够学会这些知识或是仅仅能够掌握这些知识的皮毛。然而，当孩子成长到一定的年龄后，他们的大脑发展到了适合的阶段，再去学习这些知识就会轻而易举。这里存在着教育理念的差别。很多人把教育完全等同于对孩子认知过程的教育，然而对孩子行为过程的教育同样重要。

幼儿和青少年时期的行为过程教育，无论从成长规律上讲还是从人的整体发展上讲，都是非常重要的。因为行为过程通常要伴随肢体记忆，从中获得的经历和经验会在记忆中保持得更加长久和准确。而很多通过认知过程获取的知识会随着孩子的成长迅速地被遗忘。例如，许多家长都会在孩子幼年时期教孩子背诵中国古代诗词，但是也都会发现，如果中断一段时间后，孩子很快就会把所背诵的诗词忘记。然而，如果在孩子幼年时期学会了游泳，这种伴随有肢体记忆的技能终生都不会忘记。事实上，许多的行为过程教育蕴藏在孩子们的户外游戏之中，从中领悟到的行为技能会使孩子终身受益。

也许上面论述的行为过程教育的重要性大家都知道，但是现行的教育体制逼迫着家长、学校和老师不得不弱化行为过程教育，而把更多的时间和精力放到认知过程的教育中。因为中国的高考毕竟主要考察认知过程的教育结果。

总而言之，要培养一名合格的创新人才，结构精细并且内容清晰的个体子空间比结构宽广、内容模糊的个体子空间更加重要；但是，只有个别维度过分精细而其他维度或者缺失或者模糊的个体子空间也会影响人才创新能力的发展。就创新人才培养来说，上面两种情况都属于个体子空间的畸形发展。

个体子空间由维度、结构和内容三个因素所构成。个体子空间的维度代表了一个人知识储备中的基本概念，有数量多少和准确性高低之分；个体子空间的结构代表了一个人知识储备的构成比例、系统性以及精细度，有构成比例是否合理与系统性和精细程度的高低之分；个体子空间的内容指的是存储于人脑中的具体知识，有数量多少和清晰度高低之分。很显然，个体子空间的维度、结构和内容之间密切关联、相互影响，是一个人的知识储备在不同侧面的反映。下面我们用表 16-1 来概括和总结个体子空间的品质因素。

表 16-1　个体空间的品质因素及其两级分类

维度				结构						内容			
数量		准确性		构成比例		系统性		精细度		数量		清晰度	
多	少	高	低	合理	不合理	高	低	高	低	多	少	高	低
A_{11}	A_{12}	A_{21}	A_{22}	B_{11}	B_{12}	B_{21}	B_{22}	B_{31}	B_{32}	C_{11}	C_{12}	C_{21}	C_{22}

为了简化问题，我们首先把个体空间品质只做简单的划分，分别用多少、高低、合理与不合理两种极端划分。在表 16-1 中，我们用带有下角标的大写英文字母来表示不同的个体空间品质。例如，A_{11} 代表"维度数量多"，C_{22} 代表"内容清晰度低"。用这些符号，我们可以表示出不同的个体空间品质，如 $A_{11} A_{22} B_{12} B_{22} B_{32}$ $C_{11} C_{22}$ 表示"维度数量多但准确性低""子空间结构不合理、系统性差、精细度低""子空间中的内容多但清晰度低"。

最佳的子空间应该是：$A_{11} A_{21} B_{11} B_{21} B_{31} C_{11} C_{21}$，即"维度数量多且准确性高""子空间结构合理、系统性高、精细度高""子空间中的内容多且清晰度高"。我们把这种组合方式称为"全一组合"或"71 组合"，即下角标的第二位数字全部是 1，共有 7 个。很显然，要建造这样的子空间具有非常大的难度，不仅要求一个人对各种知识涉猎广泛，而且要求他所涉猎的知识具有系统性和准确性，要求他具有超强的学习效率、超强的理解力和记忆力、超强的抗干扰能力。这是普通人很难达到的高度。

一个可行的组合应该是：$A_{12} A_{21} B_{11} B_{21} B_{31} C_{12} C_{21}$，即"维度数量少但准确性高""子空间结构合理、系统性高、精细度高""子空间中的内容少但清晰度高"。这种组合的要点在于通过减少维度数量和内容数量实现空间结构合理和知识内容准确而清晰。我们将这种组合称为"5122 组合"，即这种组合的下角标第二位数字中有五个 1 和两个 2。

类似地，我们可以对上面表格中各种个体空间品质因素进行组合，一共会产生 128 种不同的组合方式。

当然，我们也可以将维度数量、维度准确性、结构构成比例、结构系统性、结构精细度、内容数量、内容清晰度都划分成高、中、低三个层次，见表 16-2。那么，个体空间品质因素就会有 2187 种不同的组合方式。在这样的分类下，"全一组合"$A_{11} A_{21} B_{11} B_{21} B_{31} C_{11} C_{21}$ 依然是品质最佳的子空间；而品质最差的子空间是：$A_{13} A_{23} B_{13} B_{23} B_{33} C_{13} C_{23}$。我们把这种品质最低的组合方式称为"全 3 组合"

或"73 组合"，即下角标的第二位数字全部是 3。而在现实生活中大多数人的个体子空间品质因素都居于中等层次，即"72 组合"：$A_{12}\ A_{22}\ B_{12}\ B_{22}\ B_{32}\ C_{12}\ C_{22}$。

表 16-2　个体空间的品质因素及其三级分类

维度						结构									内容					
数量			准确性			构成比例			系统性			精细度			数量			清晰度		
高	中	低	高	中	低	高	中	低	高	中	低	高	中	低	高	中	低	高	中	低
A_{11}	A_{12}	A_{13}	A_{21}	A_{22}	A_{23}	B_{11}	B_{12}	B_{13}	B_{21}	B_{22}	B_{23}	B_{31}	B_{32}	B_{33}	C_{11}	C_{12}	C_{13}	C_{21}	C_{22}	C_{23}

总而言之，要建造一个合理的个体空间，首先需要解决好如下三个问题：

（1）如何设置个体子空间的维度？

（2）如何设置个体子空间的知识结构？

（3）个体子空间装填哪些内容？

关于个体空间的建设问题可参见第 17 章。

16.3.2　个体空间是如何建立起来的？

在 4.6 节论述个体空间性质时我们谈到，个体空间的建立是从婴儿时期就开始的。通过感知觉、学习和思考等过程，人们逐步地建立起属于自己的知识体系、形成属于自己的个体空间。

构建个体空间的知识来源有三个，一是外在空间，二是人类空间，三是通过思考过程由个体空间自己产生出来的知识。

人们通过观察和思考，从自然界和生活在其中的人类社会获取信息，并经过归纳、概括、抽象、分析等过程形成自己的认识后存储在大脑之中。由这些认识形成的知识是直接来自于外在空间的知识。

然而，在现代生活中，人们更多的知识来自于整个人类的知识储备，来自于人类的内在空间。也就是说，人类空间是个体空间形成过程中知识的主要来源。人们把这样的知识传承过程称为学习过程。

将人类空间中的知识导入个体空间有多种方式，其中最主要的方式有：经过老师的讲授、读书或从各种媒体读取信息。前者称为听课，后者称为自学。自学就是自己给自己当老师，是唯一能够贯穿人一生的学习方式，因此也是最重要和最主要的知识获取方式。

在听其他人讲授知识时，听讲人是被动地接受知识；而在自学的过程中，自学者是主动地获取知识。从自觉性与获取知识效率的关系上讲，自学是一种高效获取知识的方式。自学者可以根据自己的特点和实际情况去学习知识，可以合理地安排自己的时间和精力，从而获得较高的学习效率。

听老师讲课最大的好处是，老师通常能够从比较高的角度讲述知识内容（即人们常说的高屋建瓴），学生不需要动太多的脑筋就能够理解这些知识。在自学的过程中，每个问题和难点都需要自学者自己去琢磨、思考，因此在获取知识时就会经常遇到困难、花费较多的时间。但是，由于自学过程伴随着大量的思考和解决问题的体验，不仅获取的知识记忆比较牢固，也在较高的思考强度下锻炼了思维能力、解决问题的能力、自学能力和意志品质。因此，培养一个人的自学习惯和自学能力是教育工作的首要任务。中国有句老话："师傅领进门，修行在个人。"这句话点出了知识传授与学习中两个重要的特征：教师的作用在于引导学生、为学生指点迷津；而自学应该是获取知识的主要方式。然而，在时下的中国教育中，人们经常忘记上述两个重要原则，教师非常辛苦而又效率低下地充当着搬运知识的"快递员"，而学生在被动地接受知识传承中养成了坐享其成的惰性习惯。在这种教育模式下，绝大多数的中国学生没有提出问题的习惯，没有积极思考的习惯，更加没有批判的精神和勇气。

无论听课还是自学都存在获取知识效率高和低的问题。决定获取知识效率的因素有两个：一是学习开关；二是有序积累。掌握好这两个关键因素就能够做到高效获取知识和高效传授知识。

什么是学习开关？学习开关就是控制一个人是否处于"接受知识"状态的心理开关。如图 16-5 所示，如果一个人处于接受知识的状态，那么他的注意力就会聚焦在所学的知识上，也就是聚焦在老师讲述的内容上或聚焦在所读书籍的内容

图 16-5　学习开关控制一个人是否处于"接受知识"的状态

上。此时，他的大脑在接收、思考、理解、记忆着这些知识内容。相反，如果一个人的学习开关处于关闭状态，即没有处于接受知识的状态，那么他的注意力就会处于散焦状态或聚焦在其他的事情上。此时，他的大脑并没有接收、思考、理解、记忆正在学习的知识内容，他看到、听到、读到的任何信息都如"过眼烟云"瞬间飘散。

在学习开关中，最重要的是接收开关。只有在接收信息的开关处于开启状态时，人们才可能去思考、理解和记忆正在学习的知识内容。当然，思考、理解和记忆也是"接受知识"状态正常开启的必要条件，任何一项缺失都会导致学习开关关闭。

事实上，人们经常会处于学习开关部分开启的状态。当接收、思考、理解、记忆中的任何一项处于部分开启状态时，或思考、理解、记忆中的任何一项处于关闭状态时，都属于学习开关部分开启状态。学习开关部分开启状态是一个不稳定的状态，它会很快地退变到学习开关关闭状态。当一个人的学习开关处于部分开启时，他对听到或看到的知识内容越来越不能理解，很快就会关闭自己的学习开关。因此，让一个人的学习开关长时间地保持在开启状态是相对较难的事情，对于一个坐在课堂上被动地听着老师讲课的学生尤其如此。

当知识内容不是很深奥而又比较有趣时，学习开关比较容易保持在开启状态；当知识内容很深奥而又比较枯燥时，学习开关比较容易进入关闭状态。在一段时间里，当老师讲述的知识都是学生已经掌握了的内容时，学生的学习开关也会切换到关闭状态。因为熟悉的知识内容不需要开启学习开关，当这种"不需要"延续了一段时间后，学生就会选择将其关闭或切换到其他的事情上。

保持学习开关处于开启状态是要花费精力的，长时间处于学习开关开启状态会导致一个人疲劳和困倦。

只有在学习开关开启时，一个人才有可能心无旁骛地听课、专心致志地读书。当一个人的学习开关处于关闭状态时，他就会表现出心不在焉的状态。此时无论老师讲的是什么或书上写的是什么都不会在他的大脑中留下痕迹，人们常把这种情况称为"左耳朵听，右耳朵冒"或"视而不见"。

在不考虑具体学习内容的条件下，一个人的非智力因素是决定和影响其"接受知识"状态开与关的关键。需求与兴趣在其中发挥着最为重要的作用。当一个人对所学的知识内容有兴趣或有需求时，他可能变得不知疲倦。当一个人对所学的知识内容既没有兴趣也没有需求时，要维持学习开关一直保持在开启状态就需要很强的自制力。用自制力和毅力去保持学习开关处于开启状态会让人产生疲劳和倦怠。

很显然，如果一个人的学习开关处于关闭状态，那么他就不可能接受任何知识。因此，用兴趣和需求开启学习开关是获取知识的最佳方式。

　　无论作为学生还是作为教师，我们都会经常发现自己或其他人的学习开关处于关闭状态。在课堂上精神溜号是一种普遍的现象，教师总是希望通过在课程中加入一些具有吸引力的有趣话题来开启学生的学习开关或保持学生的学习开关一直处于开启状态。即使是这样，在课堂上关闭了学习开关的学生依然大有人在。

　　然而，在自觉的自学过程中，一个人的学习开关通常都会保持在开启状态。因为自觉的自学是有明确目的的自我教育过程，是发自自学者内心深处需求的外现。自学者以此明确的目的保持着学习开关始终处于开启状态。

　　什么是有序积累？有序积累就是按照知识由浅入深、由简到繁的顺序进行学习和记忆的知识积累方式（图 16-6）。其关键在于，深繁知识的掌握必须有浅简知识做基础；浅简知识的任何疏漏和模糊都必然导致深繁知识的不解。有序积累方式的有效性是由知识构成的特点和人们对知识的识记特征共同决定的。

图 16-6　有序积累

　　知识是由概念以及概念之间的相互关系、相互作用共同构成的。如果我们把基本概念视作万维空间的素轴，那么由这些素轴的组合就会产生出许许多多的复轴。所谓的知识就是对这些素轴、复轴以及它们之间关系和它们共同组成的子空间区域性质的描述。知识构成的这种特点就要求学习者要在弄清基本概念（素轴）的基础上去学习复杂的概念（复轴），在掌握了概念（素轴＋复轴）的基础上去把握它们之间的关系，然后才可能弄清由这些概念共同组成的事物（子空间）的性质。由于理解是记忆的基础，有序积累的有效性就是建立在对简单概念、复杂概念、概念间的关系、概念间的相互作用的顺序理解的基础之上。在这样的顺序中，任何一个环节的缺失或模糊都会造成不理解或错误理解现象的发生，并导致学习者不能记忆、模糊记忆甚至错误记忆的后果。通过有序积累获得的知识具有条理清晰、结构清晰的特征，表现出很好的系统性。

条理和结构清晰的系统性知识有利于长时记忆。这样的知识中的任何一个概念或概念间的关系都可能成为一个线索牵出记忆中完整的知识链条。有关什么是系统性知识的讨论参见 17.4 节。

遗忘是大脑的一种属性，随着时间的推移，人们建立起来的个体子空间会由于遗忘而变形。具体表现为维度、维度之间的关系以及空间内容的丢失、模糊或张冠李戴。因此，时常对个体子空间进行检修和维护是非常必要的，也是建立好一个结构精细、内容完整的个体子空间必不可少的重要步骤。当发生个体子空间信息丢失或模糊化后，有序积累的知识获取模式就会被破坏，在进一步学习相关知识时就会产生不能理解或错误理解的后果，从而导致相关知识不能被准确地记忆。因此，有序积累一定要伴随有复习、巩固和夯实已学知识的"个体空间检修和维护"的过程。

16.3.3　智力因素、非智力因素与个体空间的关系

无论躯体的品质（或称身体素质）还是个体空间的品质都是由一个人的先天遗传因素和后天获得因素共同决定的。后天的学习和锻炼是提高身体素质和个体空间品质的主要途径，由学习和锻炼而得到或增强的身体素质与个体空间品质都属于后天获得性的。并且，身体素质和个体空间的品质之间会相互影响。

正如 16.3.1 节所论述的那样，个体空间的维度、维度数量、维度的清晰度、盛装的事物、盛装事物的清晰度是衡量个体空间品质的重要指标。除此之外，个体子空间在装载知识的同时也改造着其拥有者的智力品质和非智力品质。这种改造一方面体现在个体空间拥有者的知识增长上，另一方面体现在知识增长的过程中智力因素和非智力因素所受的影响上。换句话说，知识的增长不仅会影响人的注意力、观察力、理解力、记忆力、想象力、思维能力（分析能力、判断能力、归纳能力、抽象思维能力、形象思维能力、逻辑思维能力）、语言能力等各个方面，也会影响到人的情感、意志、兴趣、性格、需要、动机、目标、抱负、信念、世界观、个人魅力、亲和力、自制力、心态、入定能力、禅定能力、抗干扰能力、专注度、信仰等各个方面。这种由于个体空间装载知识时对智力因素和非智力因素产生的影响都属于后天获得性的。

按照上面的讨论，我们将智力因素和非智力因素分类如下：

智力因素 $\begin{cases} \text{遗传性智力因素} \\ \text{后天获得性智力因素} \end{cases}$

或

$$\text{intelligence factor}\begin{cases}\text{genetic intelligence factor (GIF)}\\\text{acquired intelligence factor (AIF)}\end{cases}$$

$$\text{非智力因素}\begin{cases}\text{遗传性非智力因素}\\\text{后天获得性非智力因素}\end{cases}$$

或

$$\text{nonintelligence factor}\begin{cases}\text{genetic nonintelligence factor (GNIF)}\\\text{acquired nonintelligence factor (ANIF)}\end{cases}$$

从上面的分类可以看出，后天获得性智力因素（AIF）和后天获得性非智力因素（ANIF）是个体空间品质在不同侧面的反映；个体空间中的知识和拥有者的智力因素共同决定了他的智力品质；个体空间中的知识和拥有者的非智力因素共同决定了他的非智力品质。也就是说，个体空间中的知识及其拥有者的智力因素和非智力因素共同决定了个体空间的品质。同时，这三种因素相互影响、共生共存、共同进退。它们的关系如下所示：

$$\left.\begin{array}{l}\text{知识储备}\\\text{智力因素}\end{array}\right\}=\text{智力品质}$$

$$\left.\begin{array}{l}\text{知识储备}\\\text{非智力因素}\end{array}\right\}=\text{非智力品质}$$

$$\left.\begin{array}{l}\text{知识储备}\\\text{智力因素}\\\text{非智力因素}\end{array}\right\}=\text{个体空间品质}$$

那么，知识储备、智力因素、非智力因素谁是首要的呢？

前面我们论述了个体空间的建立过程，阐述了个体空间中的知识主要来自于人类空间的观点；指出了人类空间向个体空间传递知识时开启个体空间的学习开关是必要前提；在不考虑具体学习内容的条件下，一个人的非智力因素是决定和影响其"接受知识"状态开与关的关键。因此，在上述三个因素中，非智力因素是最重要的；如何提高受教育人的非智力品质是教育应该给予高度重视的问题之一。

孔子[①]曰："三军可夺帅也，匹夫不可夺志也。"（《论语[②]·子罕篇》）、"知之者

---

① 孔子（公元前 551～前 479 年），姓孔，名丘，字仲尼，中国著名的大思想家、大教育家，开创了私人讲学的教育方式，是中国儒家学派创始人，提出了"因材施教""有教无类"等教育思想，晚年整理了《诗》《书》《礼》《易》《乐》《春秋》六部古籍著作，后人称为"六经"。

② 《论语》由孔子弟子及再传弟子编写而成，至汉代成书。主要记录孔子及其弟子的言行，较为集中地反映了孔子的思想，是儒家学派的经典著作之一。以语录体为主，叙事体为辅，集中体现了孔子的政治主张、伦理思想、道德观念及教育原则等。

不如好之者，好之者不如乐之者。"（《论语·雍也篇》）。孔子的这些论断很明显地涉及了动机、意志、兴趣、情感等非智力因素，也很准确地道出了非智力因素的重要性。

我国著名的数学家张广厚[①]在小学、中学读书时智力水平并不出众，他的成功与良好的非智力因素有关。他曾说："搞数学不需太聪明，中等天分就可以，主要是毅力和钻劲。"

达尔文也曾说过："我之所以能在科学上成功，最重要的一点就是我对科学的热爱，对长期探索的坚韧，对观察的执着，加上对事业的勤奋。"

从心理学上讲，情感、意志、兴趣、性格、需要、目标、抱负、世界观等是智力发展的内在因素。大量成功的实例一再证明，志向、兴趣、毅力、性格等非智力因素是决定一个人一生作为的关键。

16.4　教　育　创　新

16.4.1　教育创新要解决的主要问题

自从 1977 年恢复高考以后，中国的教育体系已经为国家培养了大批人才。中国今天的高速发展显然与改革开放以来中国教育的发展密切相关。不可否认，中国的教育体系在过去 40 年的改革开放中功不可没。

然而，随着社会的进步和国家的发展，人们也深深地感受到了中国教育中存在的问题。这些问题的集中体现就是以高考为重心的现行教育体制。

以高考为重心的思想已经在全民的心目中生根发芽，它带来的很多弊端正在逐步地显现。中小学的目标是高考，家长的目标是高考，甚至幼儿园的目标也是高考。学生为了能够在高考中取得好成绩，夜以继日地在题海中沉浮，疲惫地坚持在各种补习班之中。然而，上了大学后，很多学生已经厌倦了学习新知识。为了高考，一些学校和中学老师不顾学生成长发育的规律、无视教育部的教学大纲、不管学生是否能够消化、忽略教学效果、专注应试能力，将三年的高中课程压缩到两年甚至一年。高考不仅让中学生和他们的家长背负了沉重的负担，而且带来了非常严重的副作用。

从这些现象不难看出，中国教育的核心问题在于如何办好大学教育。

要论述如何办好大学教育的问题，我们必须首先弄清楚如下几个问题：百姓

---

① 张广厚（1937～1987 年），中国著名数学家，主要学术成果有《整函数与亚纯函数的亏值、渐近值和茹利雅方向的关系的研究》《整函数和亚纯函数的渐近值》等。

接受教育的目的是什么？学生学习的动机是什么？教师从事教育工作的动力是什么？国家办教育的目的是什么？

针对这些问题会有各种答案：拿到一张大学文凭，获得赖以谋生的凭证，拿到一张有价值的（名牌学校）大学文凭，培养人才，培养创新型人才，培养创新型劳动者大军，培养国家创新体系的建设者，培养民族脊梁型的创新人才。

改革开放以来，很多普通家庭的孩子都是通过高考这条独木桥改变了人生，不仅走出了穷山沟、乡镇小城市，来到了大城市生活，很多大学毕业生还走上了领导岗位，或成为了企业家、教授。高考变身效应一再地告诉国人，这是一条改变人生的捷径，可行的捷径。因此，全中国的父母都盯住了这条道路，他们不遗余力、不惜血本地驱赶着自己的孩子朝着这条独木桥前行。到头来产生的恶果是学生普遍产生厌学心理，并影响着高等教育的质量。因此，对教育进行深层次改革、解决目前存在的问题是"中国进入创新型国家行列"的保障与前提。

这些问题的症结还是出在了以高考为重心的受教育理念上。高考几乎决定了大多数人的人生。考上名牌大学的和考上二流或三流院校的，他们的终生命运几乎就在一锤声响之后被定音了。那么，考上名牌大学的人就一定比考上二三流院校的人强吗？事实告诉我们，答案是不一定的。很多二三流院校毕业的学生在后来的工作中也都做出了一流的成绩，这样的事例比比皆是、不胜枚举。

为什么会出现这种情况呢？

人在不同年龄阶段的成长速度存在着个体之间的差异。有些人中学阶段表现出色考上了名牌大学，有些人在大学期间显示出超强的学习能力，有些人到了工作岗位后才展露出才华。然而，以高考为重心的现行教育体制很可能将后两种人才给埋没了，使得他们终生都不会有展示才华的机会。

人也是万维空间中的事物之一，因此每个人都具有自己的态函数（见 4.7 节）。正如 4.7 节中所论述的那样，事物存在的状态由内因、外因和惯性轨迹三个因素所决定。高考的本质就是，通过一次性地考察某个人的内因而决定其可以得到的外因和发展惯性方向。很显然，这种方式缺乏合理性。首先，内因是变化着的，一次性考察并不能够准确地确定一个人的全部内涵；其次，"外因是变化的条件"[74]，没有获得良好教育条件的人很可能永远失去了展露才华的机会；最后，高考的结果不仅具有很强的社会选择意义，也会对考生产生巨大的心理暗示，从而改变了他们的人生惯性方向。

因此，改革以高考为重心的现行教育体制就是要首先改变现行的"一次性考察"机制，为莘莘学子开辟出多条通往成才的通道，摒弃现行的大学文凭简单分类，采用更加合理的多重分类模式；另外，采用现代化、信息化手段全面提高高等教育的教学质量。

16.4.2　改变现行的"一次性考察"机制

美国教育家斯金纳[①]认为，强化作用是塑造行为的基础。

建立国家教育题库，采用分级式考试制度。设置不同的试题级别，不同试题级别的难度具有明显的差异。取消简单的毕业证书和肄业证书两级划分。例如，每门课程都设置 1~8 级八个难度的试卷考题。1 级试卷的考题难度级别最低，8 级试卷的考题难度级别最高。每次考试成绩所得分数大于或等于 90 分为通过（满分为 100 分），低于 90 分为不通过[②]。只有通过了难度考试的学生才可获得对应的难度得分。每份考卷的试题由题库系统自动生成，考生在考试前自己选择考题的难度。毕业时，学生获得的证书按照其参加并通过的考试难度级别加权计算。计算方式如下：

$$证书级别 = \frac{\alpha}{n} \sum_{i=1}^{n} A_i + \frac{\beta}{m} \sum_{j=1}^{m} B_j \qquad (16.1)$$

式中，A_i 为通过的第 i 门必修课程的试卷难度；n 为参加必修课程考试的门数；$0 < \alpha \leqslant 1$ 为必修课权重指数；B_j 为通过的第 j 门选修课程的试卷难度；m 为参加选修课程考试的门数；$0 \leqslant \beta < 1$ 为选修课权重指数；且 $\alpha + \beta = 1$。

可采用两种方式确定证书的级别。

（1）在计算证书级别时只取整数部分，舍弃小数部分。如果整数部分为 0，则授予零级学业证书。

（2）在计算证书级别时采用四舍五入的方法处理小数部分，然后取其整数作为证书的级别。如果经过四舍五入后整数部分仍然为 0，则授予零级学业证书。

考试采用机考和机器阅卷的方式，减轻任课教师的个人责任，避免任何透题、修改成绩的可能性。最大可能地保证考试的客观性和真实性。

所有级别的学业证书都由教育部统一颁发，学业证书不再带有不同院校的名称。教育部为每门课程成立专门的委员会，委员会的职责就是确定试卷的难度设置方案。

教育部设置专门机构，确定各专业的必修课和选修课，确定教学大纲，确定必修课与选修课在计算学业证书级别时的权重指数 α 和 β。宗旨就是，必修课要精，选修课要广。

除大学校园外，可以设置社会考场，迎接非在读人员的考试。全社会的任何人都可以按照教育部设置的培养方案和上述公式获得所对应的学业级别证书。用这种方式替代目前的自学自考模式。

---

① 斯金纳（Skinner，1904~1990 年），美国心理学家、教育学家，新行为主义学习理论的创始人和主要代表，操作性条件反射理论的奠基者。

② 采用高分通过的标准在于保证个体空间相关内容的高清晰度。

16.4.3　用现代化、信息化手段全面提高高等教育的教学质量

由于资源分配的不平衡，目前的中国高校教学质量存在着很大的差异。这种差异不仅反映在教师水平、学生基础、教学环境和教学设施等方面，也体现在不同高校的教师和学生的心理期望和自信程度方面。

中国现有的高考制度在很大程度上给学生的一生做了定位；这种定位不仅仅是针对他们的社会位置，往往还固化了他们对未来的心理期望。而心理期望和自信方面的差别所导致的教学质量的差距可能更加严重。学生往往会认同高考所给出的定位，二三流大学的学生会坚信自己的学校从教师水平到教学环境和教学设施都不可能培养出一流的学生。因此，很多学生采取了认命和放任的成长态度。事实上，采用现代化教学手段可以在很大程度上弥补二三流大学在教师水平、教学环境和教学设施等方面的不足。这些手段包括网络教学、电视教学、授课机器人教学等。

由于全国各高校的教学水平存在差异，绝大多数院校可以采用电视教学、机器人教学、网络教学的方式讲授课程，使大学生能够切实地听到最好的授课内容。

事实上，自 2012 年教育部就大力推动中国的慕课①建设，积极开展在线开放课程的建设与应用工作。在过去的 6 年里，中国高校和有关机构自主建成 10 余个慕课平台，如学堂在线、爱课程网已居国际领先行列。460 余所高校建设的 3200 余门慕课线上课程，5500 万人次高校学生和社会学习者选学这些课程，实现了大范围的优质资源共享。2018 年 1 月，教育部首次正式推出 490 门"国家精品在线开放课程"，很多精品课程都来自于清华大学、北京大学、复旦大学、武汉大学、吉林大学、哈尔滨工业大学、南京大学、同济大学、浙江大学、山东大学等著名高校。

总而言之，采用现代化的教学手段可以缩小不同学校在教学质量方面的差距。

16.4.4　改革后可能解决的问题

大学文凭是受过高等教育的证明，简单的毕业和肄业两级划分不能准确地体现出在接受高等教育的过程中的表现和受教育的成效。采用九级（0～8 级）划分后，在很大程度上解决了这个问题。

文凭是找工作、就业、提干、提职等很多人生转折点的钥匙和凭证。目前，在中国各大高校拿到这把钥匙都很容易。实际上，是否能够拿到这把钥匙的关键

---

① massive open online course 首字母缩写 MOOC 的中文音译，英文直译"大规模开放的在线课程"，是近年出现的一种在线课程开发模式。

并不在大学阶段，在很大的程度上是高考决定了其结果。这种现状必然会导致中国的学生轻视大学中的学习，且极端地重视中学中的学习成绩。

单从知识的量来说，学生们在大学时能够接触到的知识量远远大于中学时，其难度更是不可同日而语。如果我们把中学时代比作树立个体空间的坐标轴时期，那么大学时代是为个体空间大幅度扩充坐标轴和装填内容的时期。我们不能说哪个时期更加重要，但是毫无疑问，大学时期是个体空间高速成长的时期，其成长速度应该远远大于中学时期。因此，低质量的高等教育不可能孕育出高质量的创新人才。

当两级划分的证书变成为九级划分的证书后，为用人单位和机构提供了更加准确的参考。抛弃了证书上的院校属性，弱化了名牌和非名牌大学在就业中的区别，强化了个人能力与学习付出的证明。为各类人员提供了平等的竞争机会。

由于任课教师不再参与出考试题和阅卷工作，学生也就不会在期末时围着老师询问考什么的问题，也不会通过各种关系要求老师透露试题和修改成绩。因此，这种方式规避了任课教师违反教学纪律的风险，减轻了教师的压力。

消除了某些学生滥竽充数的侥幸心理，用证书的等级去体现学生的聪明才智和辛勤汗水。如此可以养成学生学习的自觉性，而不再把学习成绩的好坏看成是家长和老师的事情。每个学生都可以根据自己的能力和精力去完成学业，想拿到高等级证书的学生自然会努力，不想拿高等级证书的学生也会在最终的学业证书上体现出来。而学生在大学期间是否努力都会在今后的就业与个人发展中体现出来。如此也可以很好地体现出公平、公正的教育原则。

在高考这条独木桥的旁边架起了多条通往彼岸的桥梁。给没有考上大学的、没有考上理想大学的人提供充分发展的机会。真正践行"不拘一格降人才"[①]的理念。

学业证书分级制可以解决目前大学里普遍存在的知识不扎实的问题，促进学生建立结构精细和内容精准的个体空间，落实培养创新型人才的指导思想。

16.5　本　章　小　结

针对教育的创新可划分为两个方面：①创新教育；②教育创新。

创新教育的宗旨就是培养创新型人才，为建设创新型国家奠定人才基础。

教育创新的目的就是，利用当前的科学技术、围绕创新人才的培养，对教育理念、模式、方法进行创新；优化和改革现今的教育体制，使其适应当前社会高速发展的人才需求。

---

① 龚自珍（1792～1841 年）的诗句：九州生气恃风雷，万马齐喑究可哀。我劝天公重抖擞，不拘一格降人才。

中国的创新教育应该解决的是如何培养民族脊梁型的创新人才的问题。

当一个社会把"利益"等同于"立志"时，说明它的教育出了大问题！

本章重新定义了创新人才：能够产出新知识的人才。在此基础上，讨论了创新人才需要具备的素质和能力：①具有比较三个空间异同的能力；②其知识储备达到了万维空间已知区域的边界；③具备良好的心理过程与行为过程执行能力。

按照三个空间的理论，教育的本质就是帮助人类个体建立一个合理的内在子空间。创新教育就是在创新理论的指导下培养创新型人才的教育；具体地说，创新教育就是培养能够产生出新知识的人才教育，就是培养善于产生新知识的人才教育，其目的就是培养出善于从事并完成高等级创新的人才。

本章论述了建立一个合理的个体空间需要解决的问题，以及建立什么样的个体空间的问题。

本章提出，构建个体空间的三个知识来源：外在空间，人类空间，通过思考过程由个体空间自己产生出来的知识。

论述了智力因素、非智力因素与个体空间的关系。

定义了学习开关：控制一个人是否处于"接受知识"状态的心理开关。

定义了有序积累：按照知识由浅入深、由简到繁的顺序进行学习和记忆的知识积累方式。

用先天遗传性和后天获得性对智力因素和非智力因素进行了分类，明确了智力品质、非智力品质和个体空间品质的构成因素以及它们之间的关系。

中国创新教育面临的最大问题是以高考为重心的教育理念问题。

本章建议，在高等教育中取消现行的毕业和肄业两级划分制度，采用分级式考试和分级式学业证书制度。所有级别（本章建议划分为九个级别）的学业证书都由教育部统一颁发，学业证书不再带有不同院校的名称。

论述了教育改革后可能解决的问题。

本章建议，用现代化、信息化手段全面提高高等教育的教学质量。

第 17 章　知识操控教育

在 16.2 节中，我们论述了创新型人才所应具备的素质和能力，论述了在网络时代，创新不仅仅是一个人知识积累的结果，而很多情况下可能是一个人操控知识的产物，如图 17-1 所示。因此，教育也要从知识积累教育转变为知识操控教育。概括来讲，知识操控教育就是以知识操控的理念培养受教育人知识操控能力的教育。

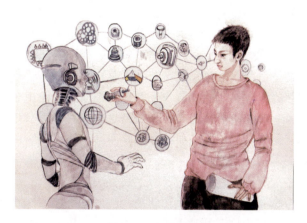

图 17-1　知识操控

17.1　知识操控教育的提出

在第 16 章中我们讨论 AlphaGo 程序战胜多位围棋世界冠军的事件时指出：教育的目标不再是仅仅把知识装入个体空间，更加重要的是把操控知识的理念和技能装入个体空间；在创新教育中，我们应该借鉴计算机的工作方式。

编制 AlphaGo 程序的哈萨比斯团队成员无一是围棋高手，他们头脑中掌握的围棋知识和拥有的围棋技能距离围棋世界冠军相差甚远。但是，他们却借助于超级计算机很好地操控了围棋，不仅弥补了围棋知识与技能方面的差距，还发现了新的定式、战胜了多位围棋世界冠军，展示了让人耳目一新的创新能力。

柯洁和李世石是知识积累型教育[①]下产生的围棋世界冠军，而 AlphaGo 战胜柯洁和李世石等世界冠军是知识操控的结果。

---

① 以增加受教育人知识积累为目的的教育。

第 4 章和第 9 章分别阐述了产生创新的"三个空间"和"两个过程"。我们认为创新是在三个空间的比较过程中产生的；也就是说，在个体空间与人类空间、外在空间进行比较的过程中，只有当人类的个体空间所含的知识接近于人类空间已知区域的边界时，人类个体才可能实现创新。

这里的关键问题就在于，人类所掌握的科技手段在很大程度上可以辅助上述的比较过程、弥补人类个体空间的缺失与不足之处、帮助人们快速抵达人类空间已知区域的边界。

一个人只要坐在一台连接到网络的计算机前，学会利用计算机和互联网，他可能马上成为解决某一方面问题的"专家"。此时，他不仅仅可以利用自己头脑中记忆的知识，还可以利用从网络上检索到的相关知识。

例如，在日常生活中我们经常会遇到一些并不熟悉的软件使用问题。凭借着头脑中记忆的知识和技能，我们对这些问题会感到束手无策；但是，只要到网络上搜索一下，我们很可能就会找到解决这些问题的详细方法并顺利地把这些问题解决掉。一个"菜鸟"在网络信息的帮助下迅速转身变成了"专家"。

在没有互联网的年代，人们要解决一个自己不懂的问题相对来说比较困难。你或者请教老师，或者翻阅书籍去查找相关信息，或者去图书馆查找资料，或者打电话、写信询问知情的人。首先要找到解决问题的线索，然后追踪线索再去查找解决问题的详细方法。无论如何，在没有互联网的时代，都需要花费很多的时间和精力去查找这些资料，然后才能谈得上去解决问题。

在当今互联网高度发达的情况下，解决一些原本不懂的问题不仅成为可能，而且往往变得非常容易。只需敲几下键盘或点击几下鼠标，就可能找到解决问题的答案。

上面"菜鸟"变"专家"的事例告诉我们如下几点：

（1）之所以为"菜鸟"是因为"菜鸟"的头脑中没有存储足够的相关知识；

（2）之所以能够变成"专家"是因为"菜鸟"找到并合理地操控了相关的知识和信息；

（3）之所以"菜鸟"能够找到并合理操控了相关的知识和信息，是因为"菜鸟"的记忆中一定包含有找到相关知识和信息的线索；

（4）在网络时代，记忆相关知识的线索和记忆相关知识同等重要，但是前者更加容易；

（5）在花费同样时间和精力的条件下，记忆知识线索比记忆知识的具体内容有更加宽广的知识范围和更加高的学习效率。

正是基于上面的种种原因，我们在本书中提出要在教育中贯彻知识操控的理念。

知识操控，或称操控知识，指将人类空间的知识作为对象进行驾驭的知识运用方式。

知识操控有如下特征：

（1）可操控的知识的来源不限于个体空间中存储记忆的内容，更加强调操控能够在人类空间中找到的知识；

（2）操控知识的方式不限于人类个体对知识的运用能力，更加强调利用现代化手段去检索、整合、控制、运用和驾驭人类空间的知识。

17.2　知识操控教育的必要性

作为万物之灵的人类来到这个世界上，我们不仅可以认识和感受这个世界，还可以改造这个世界，即通过人类的创造性劳动去改变这个世界，让世界变得更加美好和适于人类生存。无论认识世界还是改造世界，人们面临的任务就是不断地解决生存与发展过程中遇到的问题。

通常情况下，当需要解决一个问题时，我们会首先查看自己的个体空间中的相关知识储备是否充分到可以解决这个问题；如果个体空间中的相关知识储备不够充分，我们便会搜索人类空间中是否有相关的解决问题方法。此时，我们会去图书馆查找相关资料，或者利用计算机和互联网进行相关资料的检索，再结合个体空间的知识储备，通过对检索到知识的分析和整合去解决问题。

上面的事实告诉我们，在互联网时代，合理有效地借助于人类空间中的知识可以让我们在短时间内变成某一方面的"专家"。事实上，当离开网络后，我们可能很快又从"专家"变回了"菜鸟"。

这种"菜鸟"＋网络＝"专家"的变换过程就是对知识的操控过程。操控知识就是用从人类空间搜索到的专家们才可能拥有的知识去解决实际工作、学习和生活中的问题，而绝不是像闭卷考试那样搜肠刮肚、冥思苦想地凭借着个人头脑中存储的知识去解决问题。

然而，在我们现行的教学效果检验中，绝大多数都采用闭卷考试的方式。这同我们在现实工作中解决问题时的情形有很大的不同。闭卷考试考察的是应试者对知识的记忆、理解、运用和熟练程度，而现实中人们可以借助于图书资料和网络信息轻而易举地获取大量的相关知识。人们从图书资料和网络获取的信息通常都会很全面、准确，不会存在模糊记忆、错误记忆或遗忘造成的错误。这是仅凭借记忆往往达不到的高度。

从上述对实际情况的分析可以看出，在运用知识的时候，人们通常都要借助于对知识的检索、分析、比较、整合等方式和方法，即借助于对知识的操控去解决问题。因此，在实际中解决问题强调的是对知识的操控，而不仅仅是对记忆知识的运用。

另外，在很多需要使用大量高深知识的创新中，抵近万维空间已知区域边缘已经变得越来越困难。现在的情况是，很多进入科学研究领域的人通常都需要接受 20 年以上的教育和学习才能够抵达专业领域的门槛。随着科学研究的进一步发展，这种学习过程必然会越来越长，抵近万维空间已知区域边缘就会更加困难。换言之，未来创新型人才将是知识操控型人才而非知识积累型人才。

因此，贯彻知识操控教育的理念不仅是必要的而且是迫切的。人类需要尽快变传统的知识积累型教育为知识操控型教育，这是未来各个国家进行创新型人才培养的战略制高点。

17.3　开展知识操控教育的原则和方法

知识操控强调的是对人类空间中知识的驾驭与运用，而非对个体空间中知识记忆质量的测试与检验。

开展知识操控教育的原则如下：

（1）以人类空间中的知识为操控对象；

（2）掌握知识操控所必需的知识线索；

（3）搭建知识体系的框架结构；

（4）掌握知识操控所必需的现代化工具；

（5）培养操控知识的能力。

体现上述原则的教育方式就称为知识操控教育。

开展知识操控教育的方法如下：

（1）从战略高度认识和把握知识操控教育的理念；

（2）从国家层面大力推行知识操控教育；

（3）从体制、政策、教材、教师、教法、校验、设施等多个角度着手知识操控教育的创建与发展工作；

（4）以点带面逐步展开、循序渐进；

（5）不断地总结和积累经验、不断地完善具体实施方法。

要贯彻好知识操控教育的理念，教育工作者必须熟知人的认识过程发展的各个阶段。对不同年龄阶段的学生的认识能力、接受能力、理解能力要有基本的判断。只有这样，我们才能在课程设计中真正贯彻知识操控的理念。哪些东西需要进行详细讲解，让学生牢牢掌握其中的基本概念；哪些东西只需泛泛讲解，让学生的知识扩充到一个较大的范围，需要掌握好一定的比例尺度，达到知识细节与知识范围的平衡。在课程中如何贯彻这样的想法，具体怎么做，确实需要进行不断地摸索，找到可行的方法。作为新生事物，知识操控教育对我们来说还几乎是空白。如何开展好知识操控教育需要在实践中不断地探索与改进。

例如，给中学生讲授心理学，不是说从培养心理学专业人员的角度去讲授，不会像在大学里的心理学专业开设的心理学课程那样进行系统、详细的讲述。我们可以用另外一种方式去讲，告诉中学生什么是心理学，它有哪些分支，它的基本原理是什么，它有哪些应用，使学生在头脑中形成较为清晰的粗线条心理学思维导图。

　　如果采用了这样的方式，我们便可以把很多课程都引入小学、中学和大学，那么学生接触的知识面会变得很宽广。虽然学习的内容不是很深，但是他们的个体空间维度数量会明显地增加，他们对知识的掌握和控制能力也会明显地增强。在遇到实际问题或是在学习其他知识时，学生会有更加宽广的思路。他们的个体空间不仅包含数学、物理、化学、外语、政治、生物、地理，而且包含天文、考古、美学、心理学、哲学、军事、管理、中西医学、逻辑、经济、金融等宽广的知识。而后面这些课程完全可以用很少的课时做介绍性讲解。当学生知道了这些课程的基本内容后，在需要用到这些知识时，他们可以从网络上或从图书馆里去检索找到相关知识的细节。但是，如果他们头脑中从来就没有接触过这些知识，没有对这些知识的基本了解和把握，他们在实际中就无从谈起使用这些知识。从这一点，我们不难看出知识操控教育与知识积累教育之间的不同。

　　那么，是否有足够的教学时间把天文、考古、美学、心理学等课程加入到中小学的教学计划中去呢？当我们用知识操控的理念去编写教学大纲和教材后，当我们用知识操控的理念去检查教学效果和设置高考模式后，当把不必要的刷题时间压缩后，完全可以把这些课程引入中小学课堂。当然，要解决这个问题需要一系列的教育改革措施与之配套[①]。

　　我们所说的"知识操控"和高等教育体系中的图书情报学有着明显的不同，因此开展知识操控教育的方法也不同于对图书情报的管理方法。这种不同主要体现在如下几个方面。

　　第一，二者的内涵不同："知识操控"是指对知识的广域检索、操作、控制、使用、驾驭和以此为基础的创新；图书情报学是对各类信息的管理，是对文献信息的归类、存储、检索、咨询和服务。

　　第二，二者的要求不同：知识操控者需要初步掌握知识的线索，对相关知识内容有基本的了解和把握；图书情报专业人员原则上不需要掌握知识内容本身，只需要知道知识的分类和检索方式。

　　第三，二者的目的不同："知识操控"不仅需要知道知识的所属类别，更重要的是知道知识的使用方法，并以此驾驭知识去解决问题和实现创新；图书情报只是管理信息以提供给他人使用。

---

① 详见 16.4 节。

17.4　在知识操控教育中把握知识积累

在贯彻知识操控教育的理念中会产生一个非常重要的问题，就是在知识操控教育中要如何去体现知识积累的特征。这种特征是传统教育理念的精髓，即强调受教育者尽最大可能去记忆所学的知识及其细节，强调对所学知识的深入理解和熟练应用，强调在没有任何提示下从记忆中调取知识并加以利用。毫无疑问，传统教育理念中所强调的这些知识积累特征有利于形成"结构精细而内容清晰"的个体空间[①]，但是传统的教育理念中没有借助于现代化工具操控知识的理念，也忽略了大力度拓展个体空间宽广度的重要性。

很显然，我们提倡知识操控教育并不是说知识积累不重要。知识积累是从细节上把握知识的获取效果，而知识操控是从广度上驾驭知识的运用。在知识操控教育中，我们需要去平衡"知识细节的精准度"和"知识覆盖的宽广度"二者之间的关系。没有知识操控教育的知识积累教育已经不适应时代的发展，片面强调知识操控教育、忽略对知识细节的把握会导致个体空间臃肿、维度不清晰、内容混乱，最终会使受教育者丧失操控知识的能力。因为操控知识的能力不仅由个体空间的宽广度所决定，也由个体空间的精细度所决定。没有对知识的基本了解就谈不上对知识的操控。因此，我们需要用一种科学的态度去平衡知识积累和知识操控的关系，这是知识操控教育中务必重视的一个根本性问题。

如何平衡知识积累和知识操控各自所占的比重，即如何平衡知识积累教育中所强调的知识细节和深度与知识操控教育中所强调的知识广度之间的比例关系？针对这个问题，我们在第16章中有较为详细的论述。下面我们用一个更为形象的例子来进一步地加以说明。

我们经常把培养一个人比作建造一所房屋，把基础教育阶段比作建造房屋的第一步——打地基阶段。

建造房屋存在多种不同的形式，典型的有砖混结构[②]和钢筋混凝土框架结构[③]（图17-2）。不同的建筑形式、建筑要求、建筑高度对应不同形式的地基。因此，基础教育在很大程度上决定了受教育者未来的发展空间。

---

① 详见 16.3.1 节。

② 指建筑物中竖向承重墙采用砖块砌筑，构造柱以及横向承重的梁、楼板、屋面板等采用钢筋混凝土结构，适合开间进深较小，房间面积小，多层或低层的建筑，承重墙体不能改动。砖混结构建筑是中华人民共和国成立后城镇建设的主要方式。

③ 指用由钢筋混凝土制成的梁和柱共同构成承重体系的建筑结构。在该种建筑结构中，所有的梁和柱以钢筋相连接，构成一个整体，承重的主要构件是用钢筋混凝土建造的，钢筋承受拉力，混凝土承受压力，具有坚固、耐久、防火性能好、建造速度快等优点。钢筋混凝土框架结构的建筑方式适合大规模工业化施工，效率较高，工程质量较好，是中国目前城市建设中采用的主要方式。

　　用砖混结构建筑方式建造房屋首先要打地基，其次是在地基上用水泥和砖块砌成墙壁，然后再在砌好的墙壁上放置楼板或屋顶。这样房屋的主体是由一块块砖堆砌而成的。上面的砖必须以下面的砖为基础才能堆砌成功，没有任何一块砖可以凭空悬在那里。

图 17-2　砖混结构和钢筋混凝土框架结构

　　传统的知识积累型教育非常像砖混结构建筑方式，知识积累的过程犹如使用砖头盖房子。每个知识点都似一块砖头，一块砖头摞在另外一块砖头之上，逐渐建立起一个完整的知识体系（房屋）。在这种教育理念下，我们设置的课程通常都非常系统，知识点一环扣一环，环环相连，而每一个环节都可能成为闭卷考试的内容。这就迫使学生必须清晰地记忆课程每个环节的详细内容，否则就不可能在考试中取得好成绩。每个做过学生的人都会有过这样的感受，老师出的考题经常会走偏门，偏偏会考你没有认真复习的那些内容。

　　我们不妨用一门具体课程的教与学的体验去分析一下知识积累型教育的效果。非常巧，本书的第一作者就刚好有一门这样的课程——量子力学，既当过学生又做过老师。下面以第一人称讲述作者的体验。

　　量子力学可能是所有本科专业课程中最难学的一门课程。它之所以难，在于其中的许多概念偏离现实生活的体验很远，在于其中运用的数学方法多、数学推导过程繁冗。往往是一个艰难的数学推导之后才会得出一个清晰的物理含义或物理描述。而艰难的数学推导往往又会冲淡学生对物理含义和物理描述的理解和记忆。

　　我在清华大学工程物理系读书时就学了量子力学，自认为它是我在本科阶段受益最多的一门功课，也是我考试成绩最差的一门功课。量子力学教会了我用希尔伯特空间和态函数去思考问题和解决问题。

当成为大学教师并讲授量子力学后[①]，我发现很少有同学能够真正地弄懂这门功课，更为严重的是绝大多数同学都会在课程结束后迅速地忘掉课程的基本内容，更不用说其中烦冗的数学推导。那么，学生从这门功课中学到了什么呢？对我来说，这个问题至今都是个谜团。

从第一次接触量子力学到如今已经过去了 35 年，而在科研工作中[②]我真正用到其中的数学公式只有两三次[46, 47, 75][③]。即使是这两三次的使用我也翻阅了不同版本的书籍去反复查看公式的具体形式，而绝不是凭借记忆去使用它们。

上面的事例说明，我们学习过的许多课程的细节对绝大多数人是没有机会直接使用的，而当真正需要使用某些知识的细节时，通常也要重新认真地查阅它们。可见，记忆一门课程的细节不应该是学习这门课程的目的，掌握其中的基本概念、方法、原理和知识框架体系更加重要。从某种意义上讲，这样的学习方式与使用钢筋混凝土框架结构建造房屋相类似。

钢筋混凝土框架结构强调的是：首先构筑梁、柱、楼板相连的整体承重体系，而墙壁本身只是起到分割不同空间的作用。当该建筑结构的主体框架建成后，人们可以沿着预制好的楼梯和楼板抵达建筑物内部的任何地方；当需要启用该建筑物时，施工人员可以随时用泡沫砖或其他建筑材料砌起墙壁、隔出房间。原则上讲，人们需要启用哪个房间都可以随时把这个房间砌出来。很显然，这种建筑模式与砖混结构的建筑模式完全不同，它更加强调建筑物的整体架构，强调建筑物向更高更广的空间去发展。而这种发展潜力源于用钢筋水泥构成的梁、柱、楼板组成了建筑物的主体框架。在建造砖混结构的房屋时，一楼的房屋没有建好就不可能建造二楼的房屋，因为一楼的房屋是二楼房屋的承重基座。而框架结构式建筑不再以墙壁为承重支撑物，因此从整体上也就不再依赖于一块砖一块砖的堆砌。一楼的房屋是否建好并不影响在二楼搭建房屋，因为搭建好的整体框架支持在任何一个楼层的任何位置搭建房屋。

如果我们把框架结构的建筑理念类比到教育中，就是本书提出的知识操控型教育欲达到的教学效果。与知识积累型教育不同的是，知识操控型教育强调对更多维、更宽泛知识的运用，强调对地基类和梁柱类承重型的知识进行强化，而弱化用于隔开房间的砖块类知识细节。所谓地基、梁柱类承重型知识是指构成知识体系的主体框架，即由基本概念、定理、定义、原理和应用构成的主要知识体系；所谓砖块类知识指的是除知识体系主体框架之外的知识细节，如各种变形的练习

---

① 在吉林大学电子科学与工程学院为本科生讲授量子力学。

② 在本科和研究生教学工作中，本书第一作者经常使用量子力学。此处强调的是在科研工作中使用量子力学。

③ 注：第三个工作在 Cholnam Sin（申哲南，朝鲜留学生，2012 年 9 月～2015 年 6 月在吉林大学攻读物理电子学博士学位，导师：秦伟平）博士毕业前就已经完成了，最后一位作者 Chol-Jun Yu 是 Cholnam Sin 回国后发文章时加上的，我并不知情。事实上，Chol-Jun Yu 并没有参与过本项研究工作。

题、特定条件下的推论等。缺失前者，不能构成完整的知识体系；缺失后者，知识体系的完整性不会受到影响，并且按照知识体系的脉络可以较容易地将缺失部分补全。也就是说，知识操控型教育可能会牺牲对具体知识的详细记忆和熟练应用等特征，但是对知识的详细记忆和熟练应用问题完全可以依靠互联网、计算机、机器人、人工智能、图书馆等工具得到解决。

总而言之，强化"地基类"和"梁柱类"知识是在知识操控教育中把握知识积累的关键。

17.5　知识操控教育可能达到的效果

现在的中学生尤其是临近高考的高三学生，大部分时间都在做模拟考试题，反反复复地刷题。为了牢固地掌握一个公式，学生会在不同的题型中反复地应用这个公式或公式的不同形式。这样做就是为了把这个公式用得非常熟练，确保在任何情况下都不会做错题，以便在未来的高考中取得高分。问题是，这样的训练和付出的得失是什么？这样做有必要吗？有没有更合理的方式呢？

不可否认，通过这样的刷题和高强度练习，中小学生强化了备战升学考试的知识积累，并在某种程度上培养了他们的认真、仔细、坚持、刻苦等意志品质，强化了他们逻辑分析和解决问题的能力。然而，学生花了大量的时间去做语文、数学、外语、物理、化学、生物的练习题，在提高了相关知识精准度的同时，他们失去的是对知识宽广度的了解和把握，失去了对行为过程的培养和锻炼机会，失去了个性成长的机会。更为严重的是，反反复复地刷题滋生了学生强烈的厌学心理。

很显然，中国目前这种知识积累型教育是有代价的，其代价就是偏离了创新型人才的成长规律。

从创新人才培养的角度讲，我们不需要、也不应该让学生花费大量的时间去针对升学考试，只做与考试相关的知识积累；我们更应该强调拓展学生的知识面，去培养学生的知识操控能力和情感操控能力[①]。既要重视学生对基础知识的把握程度，同时更要培养学生对不同领域知识的掌控能力和驾驭能力，以及在不同领域知识之间建立关联的能力。

在知识操控型教育的理念下，我们完全可以把心理学、美学、天文学、量子力学等内容高深的课程移植到中学。在现在的教育体制中，这些内容只有在大学阶段的某些专业才能够接触到。如果把这些知识移植到中学，就可以让中学生更多、更广地接触到不同学科的知识，构建出更加合理的知识框架，为其今后的发展预留出广阔的空间。

---

① 本书没有针对此话题做详细的论述。

如此必然在中学生的头脑中形成更广的知识范围，使他们对世界有更加全面的认识，而不像目前这样中学生都闷在几个公式、几个概念之中，由于反复地做着类似的模拟题而产生厌学心理。因此，实行知识操控教育有可能解决中学生中大面积产生厌学心理的问题。

按照培养知识操控型人才的理念去对高中的课程进行改革，就会从根本上改变目前这种枯燥、重复、单调、机械的学习局面。学生每天都会涉猎不同知识领域、不同学科的新知识，每天都会为学生打开一扇新知识的大门，让他们的学习生活不再是反反复复地刷题，而是成体系地建立知识的主体架构。由于将更多学科的知识体系加入到了中小学课堂中，必然会引发不同学生对不同学科的兴趣，为学生的个性发展和潜力发挥预留出各种可能的途径。

总而言之，开展知识操控教育可能会产生如下效果：

（1）消除目前学生普遍存在的厌学心理；

（2）引发不同学生对不同学科的兴趣；

（3）为学生的个性发展拓展广阔的空间；

（4）在中小学阶段为学生建立知识的主体架构；

（5）重点夯实地基类和梁柱类知识；

（6）培养学生操控知识的理念和技能。

17.6　检验知识操控教育效果的方法

与现有的考试方法不同，知识操控教育的效果需要检验如下几项内容：

（1）知识的宽广度；

（2）各学科知识的整体性和系统性；

（3）各学科地基类和梁柱类知识的扎实程度；

（4）对知识细节的查找与使用能力；

（5）跨不同学科、不同领域知识的综合运用能力；

（6）自学能力。

当将知识操控理念贯彻到教育中时，课怎么讲，用什么样的方式去检查衡量教学成果，用什么样的模式去进行升学考试、去选拔创新型人才，都是我们即将要面临的新课题。

显然我们不能再只用闭卷方式去考查学生记忆中的内容，我们还要考查学生对整个知识体系的操控能力。在这样的指导思想下，很多考试就应该允许学生使用计算机、手机、参考书和参考资料，允许他们使用网络去查找一切可供他们使用和操控的知识和信息。这样的考试会更加注重考查学生运用知识、操控知识、解决问题的能力。

　　但是此时教师应该怎样出题，用什么类型的问题去考查上述六项内容，确实是摆在所有教师面前的一个重大课题。

　　应该指出的是，开展知识操控教育并不意味着要彻底抛弃闭卷考试的形式。在上述建议的六项考查中，对第（2）项和第（3）项的考察应该采用闭卷考试的形式。这两项内容是知识操控的基础，就像框架结构建筑中的地基和梁、柱、楼板共同构成的承重体系一样，必须扎实、稳固。

17.7　本 章 小 结

　　知识操控指将人类空间的知识作为对象进行驾驭的知识运用方式。

　　知识操控教育：以知识操控的理念培养受教育人知识操控能力的教育。

　　在网络时代，记忆相关知识的线索和记忆相关知识同等重要，但是前者更加容易。在花费同样时间和精力的条件下，记忆知识线索比记忆知识的具体内容有更加宽广的知识范围和更加高的学习效率。

　　知识操控有如下特征：

　　（1）可操控的知识的来源不限于个体空间中存储记忆的内容，更加强调操控能够在人类空间中找到的知识；

　　（2）操控知识的方式不限于人类个体对知识的运用能力，更加强调利用现代化手段去检索、整合、控制、运用和驾驭人类空间的知识。

　　在很多需要使用大量高深知识的创新中，抵近万维空间已知区域边缘已经变得越来越困难。今后很多创新型人才将是知识操控型的人才而非知识积累型的人才。

　　人类需要尽快变传统的知识积累型教育为知识操控型教育，这是未来各个国家进行创新型人才培养的战略制高点。

　　本章论述了开展知识操控教育的原则和方法，论述了知识操控与知识积累之间的关系，强调在知识操控教育中把握知识积累，平衡"知识覆盖的宽广度"和"知识细节的精准度"二者之间的关系。

　　用建筑的砖混结构和钢筋混凝土框架结构类比了知识积累教育和知识操控教育。与砖混结构的建筑模式不同，钢筋混凝土框架结构更加强调建筑物的整体架构，强调建筑物向更高更广的空间去发展的潜力。

　　强化"地基类"和"梁柱类"知识是在知识操控教育中把握知识积累的关键。

　　论述了开展知识操控教育可能产生的教学效果。

　　讨论了检验知识操控教育效果的方法。

第18章 人类空间计划与中国脑工程

第16、17章论述了建立个体空间的问题。本章将探讨建立人类空间网络映像的问题。

18.1 人类空间的网络映像

人类空间是人类知识的总积累，是从成千上万个个体空间升华出来的知识的概括与总结。人们通过比较三个空间的异同产生创新思想，而人类可以产生的创新事件的质量与数量归根结底决定于人类知识的总积累，即决定于人类空间内容的丰富程度和准确程度。

然而，正如 4.6.2 节所论述的那样，到目前为止人类空间还只是一个概念，它由存储于图书馆、资料室、档案馆、博物馆、专利局、教案、课件、网络云端、个体空间之中的各种知识组成。也就是说，我们现在还没有一个明确的人类空间，甚至没有明确哪些信息内容属于人类空间，而哪些信息内容不属于人类空间。

在论述创新的产生过程时，我们已经指出了人类空间在其中发挥的重要作用；另外，在个体空间形成的过程中人类空间也是其知识的主要来源。因此，明确什么是人类空间、如何创建人类空间的网络映像无疑是非常重要的，也是中国进入新时代应该首先解决的问题之一。

在以往学习、工作和生活中，当需要使用人类空间的知识时，人们或者翻阅书籍，或者请教老师，或者去图书馆、资料室、博物馆查找资料，或者打开互联网搜索想要的信息。总而言之，过去的人类空间并没有一个整合在一起的统一形式。

进入网络时代，人们把各种各样的知识、信息、数据、事件、言论、图片、影像等存储在了网络云端上[①]。人们的工作、学习和生活越来越依赖于网络信息。虽然目前网络信息包含大量的知识，但它却不能等同于人类空间。

正如在前面章节给出的知识定义——知识是人类对事物理性认识的结晶，是

---

① 云存储是在云计算（cloud computing）概念上延伸和发展出来的一个新的概念，指通过集群应用、网络技术或分布式文件系统，将网络中大量各种不同类型的存储设备通过应用软件集合起来协同工作，共同对外提供数据存储和业务访问功能。

人类认识世界和改造世界经验的大成。从这个知识定义我们不难看出，很多网络信息不具有知识的特征，不属于人类空间。因此，为了构建一个良好的创新环境，我们有必要在网络上建造一个人类空间的映像。

　　人类空间计划（图 18-1）就是将人类现已掌握的知识在最大可能的情况下汇集在网络平台之上，构成一个可供全人类检索使用的人类空间网络映像。

图 18-1　人类空间计划

　　虽然，国内外很多公司、机构、组织（如百度、腾讯、网易、Google、Wikipedia、Yahoo!等）在打造信息化网络中做出了艰辛的努力和重大贡献，但是目前的网络还不完全具有人类空间的特质。这一点我们可以从下面的论述中看到。

　　在中国打开互联网，无论用国内的任何搜索工具你都常常会受到打击。因为你经常检索不到你想要的信息，即使检索到了相关内容你也不敢相信其准确性，甚至很多检索到的内容自相矛盾。铺天盖地的广告和虚假信息充斥在中国的互联网之上，任何一次点击鼠标都有可能掉入陷阱。

　　例如，你想查 CPU（中央处理器）这个缩写是什么意思，并将 CPU 三个大写字母输入某款检索工具。你会发现检索到的前面几十项全部都是广告。又如，你想在网上下载某个软件，如下载 MathType（数学公式编辑器）。你用检索工具找到了这款软件，网页上也有"高速下载"的点击按钮。如果你点击安装了，就会发现安装的是另外一款软件。在有些软件的下载页上，这样的陷阱按钮到处都是，唯独找不到你想下载的软件所对应的按钮。

　　更为严重的是，我们检索到的一些内容可能相当不严谨、不准确、不专业，甚至可能是错误的。

　　例如，当使用百度检索专业词汇"上转换发光"时，你会发现找不到"上转换发光"的解释词条。仔细查找之后，你能在百度百科的"上转换发光材料"中找到对这个词汇的解释[76]，现抄录如下。

"上转换发光，即反斯托克斯发光（anti-Stokes），由斯托克斯定律而来。斯托克斯定律认为材料只能受到高能量的光激发，发出低能量的光，换句话说，就是波长短的频率高的激发出波长长的频率低的光。比如紫外线激发发出可见光，或者蓝光激发出黄色光，或者可见光激发出红外线。但是后来人们发现，其实有些材料可以实现与上述定律正好相反的发光效果，于是我们称其为反斯托克斯发光，又称上转换发光。"

这个解释相当不专业、不准确。

专业的解释应该如下[①]：

"上转换发光是光频上转换发光的简称，来自英文 optical frequency upconversion luminescence，特指发光频率高于激发光频率的发光现象。由于与激发光频率相比，发射光的频率发生了向高频方向的转换，因此人们称其为上转换。另外，与激发光的频率相比，人们通常将频率变小的发光称为斯托克斯发光，将频率变大的发光称为反斯托克斯发光。因此，上转换发光是一种反斯托克斯发光。"

另外，在百度百科上对上转换过程及其机理的解释也存在着严重的错误，现摘录如下[77]：

"其原理有激发态吸收（ESA）、能量传递上转换（ETU）和光子雪崩（PA）三种。"

事实上，除了上面解释中提到的三种上转换布居过程之外，还有合作敏化发光、合作发光、双光子吸收、多光子吸收、两步吸收、倍频、拉曼过程、声子辅助过程等其他几种上转换布居过程[77]。在该段不确切的解释中不仅对"过程""机理"和"原理"三个词汇的使用混淆不清，同时所列出的三个上转换布居过程也并不全面。

可想而知，如果一名初学者按照上述网络的解释开始上转换发光的研究，他不知要走多少弯路才能将上面这些概念弄清楚。

事实上，网络中的这些混乱现象不仅在中文网络中存在，在英文网络中也同样存在。

例如，我们用维基百科（Wikipedia）检索 upconversion（上转换）一词时，就会出现 photon upconversion 这样的词条[78]。维基百科对其解释为：Photon upconversion（UC）is a process in which the sequential absorption of two or more photons leads to the emission of light at shorter wavelength than the excitation wavelength[②][79]。

---

① 该解释由本书作者编写。

② 原文摘自参考文献[49]。

对照上面说的"upconversion"源自"optical frequency upconversion luminescence"的历史事实,我们就会知道上转换是指光频上转换,并不存在光子上转换（photon upconversion）的说法。photon upconversion 是一种物理概念不清的说法。这种说法第一次出现在 2000 年发表的一篇论文[80]的题目上。该论文除了在题目中使用了 new photon upconversion processes 外,通篇都围绕着"optical frequency upconversion luminescence"讨论问题。也就是说,该论文不恰当地造了一个词。此后的几年里,发表该论文的研究组在其发表的论文中多次使用"photon upconversion"这个词汇。后来,有些学者也跟着使用,并没有深究这个词是否准确。

需要说明的是,"near-infrared to visible photon upconversion"（红外光子到紫外光子的上转换）、"three-photon upconversion luminescence"（三光子上转换）等用法是正确的,因为其中的物理含义是清楚的。

上述这些混乱现象的存在令网络使用者苦恼不已,饱受其害。

据说一条广告在互联网上只值几毛钱,而这少得可怜的广告费却大大降低了中国互联网本该拥有的功能。人们不得不花费大量的时间苦苦地寻找自己想要的东西、甄别自己找到的东西是否可信。即使这样,受骗上当、中了木马、被莫名地安装了无用软件、被欺骗进入了很多莫名其妙的网页而最终一无所获等现象时刻在发生着。很显然,目前的互联网状态并不符合中国成为创新型国家的时代要求。

在 16.2.2 节提出了知识操控的观点。提出该观点主要基于:

（1）人类社会正处于知识信息高速增长时期,在很多情况下,人类个体凭借记忆的知识去解决问题变得越来越困难;

（2）人类从事生产实践和创新活动所需要的跨领域知识越来越多,多领域知识的综合运用已经成为创新的一种重要方式;

（3）达到创新要求的必要条件"抵近万维空间已知区域的边缘"变得更加困难;

（4）信息类工具在很大的程度上可以替代人类的记忆、计算、检索、重复性操作、精确性操作、疲劳性操作;

（5）信息网络变得越来越强大,并已经走入了寻常百姓人家。

综合上述五个因素,我们自然会得出如下结论:人类应该从知识积累时代步入知识操控时代。

知识操控时代不仅需要人们彻底转变对待知识和教育的理念,变知识记忆为知识操控,变知识积累型教育为知识操控型教育;还需要与之配合的技术保障,即建设内容丰富、准确、专业、权威的多功能、高速度、信息化网络检索平台。

18.2　中国脑工程

在这里，我们把以中文为主要检索语言的信息化网络检索平台称为中国脑，将建设中国脑的工程称为中国脑工程（图18-2）。很显然，中国脑工程是人类空间计划的一部分，是中国版的人类空间计划。

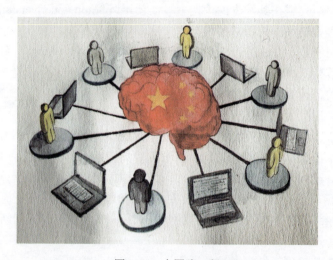

图18-2　中国脑工程

中国脑必须具备内容丰富、准确、专业、权威的特征，并具有多功能、高速度、自由开放的特征。

简单地说，中国脑就是中国人的电子网络大脑，是全中国人的超级大脑，是中国人大脑的云端外延，是全世界任何人都不可能单独拥有的超级智力平台，是人类空间的中国版网络映像。它有绝顶的记忆，有涉猎广泛、准确而专业的内容，有快速的检索功能，有强大的学习与更新功能，有受到黑客攻击时强大的自我保护功能，有让每一位中国人、华人和懂中文的外国人都能够自由使用的权限。中国脑的建设必须是非商业性质的，它不以营利为目的，但是它的存在必定会产生巨大的社会效益。

上面的要求应该体现在如下三个方面：

（1）中国脑的内容必须由各个学科领域组织各自的专家和专业人员组成的专业委员会编写、整理和录入；

（2）网络设施和组织管理必须保持其先进性和安全可靠性；

（3）国家设定自由开放检索和不以商业营利为目的的使用政策。

在中国建立功能强大的互联网、加入准确而丰富的知识信息、构建完整的人类知识宝库，是中国政府面临的紧迫任务，且责无旁贷。这样的任务不能指望某个利益集团能够为政府完全代劳，也不能指望某个公司会为政府办好一切。中国脑的建设工作必须由政府主导、监督并制定相应的政策和发展战略。中国脑的社会公益性是其最大的价值。准确完整的信息、强大的检索功能是保证中国创新人员发挥作用的根本。中国的社会主义制度必将在人类空间计划和中国脑工程中发挥出不同凡响的作用，那将是许多西方国家无法企及的高度。

只有由各领域组织专业委员会负责编写、整理和录入才能保证内容准确、专业和权威的特征。这一特征将区别于目前在网络上运行的其他检索引擎。使得人们从中国脑获取的信息更加可靠和准确，因此也就更具权威性。有了这样的权威性，就会明显减少人们用于判断内容是否正确和准确的时间，也不需要反复地查找资料去比较哪种说法更加可靠。人们在很多情况下都可以直接依靠中国脑的权威性，从而提高基于中国脑的学习、检索、论证、决策和创新等工作的效率。

中国脑工程是中国走向创新型国家的一个重要步骤。因此，国家应该从未来发展的战略高度建设该工程，必须对该工程进行大力投入，制定相关政策，组织和鼓励专业人员参与建设，对中国脑进行管理和维护，对为中国脑工程作出贡献的人员给予奖励，掀起各行各业专业人员积极投身于中国脑的建设热潮。只有这样，我们才能在尽量短的时间里在互联网上建立起适宜中国人使用的人类空间网络映像；只有这样，才能从根本上改变目前的网络信息状况，使中国脑工程成为一项公益事业，成为中国人扩充智慧的高效平台。为了体现建设中国脑的宗旨，国家可以立法要求国内的所有检索引擎必须将由中国脑检索到的内容排在第一位。如此，可以在很大的程度上减少目前网络检索混乱的局面。

18.3　中国脑的主要功能

中国脑具有内容丰富、准确、专业、权威的特征，同时具有多功能、高速度、自由开放、非营利的特征。这些特征都要求中国脑具备如下主要功能。

（1）中国脑是一部网络版的在线百科全书。它应该包含一切门类的知识，是汇集了各种知识的网络检索工具。在中国脑中应收录各学科的专业名词、术语、定理、定义、假设、公式，并将它们分列条目详细解说、注明出处。中国脑收录的知识不仅应该具有很好的系统性还应具有很好的完备性。另外，在设置中国脑内容时也要遵从独立主体、客观形成、单一主题、准确性、通用性、名词性、简要性等原则。具有百科全书功能的中国脑必将为中国人民提高科学与文化素养、营造良好的创新氛围发挥出巨大的作用。

事实上，国内外许多名人都是通过阅读百科全书终身受益的。

中国现代著名的出版家王云五、著名作家钱钟书、美国著名编辑及作家艾尔·雅各布斯、微软公司联合创始人比尔·盖茨等很多人都是通过阅读百科全书开启了各自事业的航程。

王云五 20 岁时用按揭的方式买了一套《大英百科全书》。他每日阅读两三个小时，用了三年的时间把全书通读了一遍，被著名学者胡适称为"有脚的百科全书"。盖茨将百科全书看作自己一生的知识伴侣和智慧的指路明灯，他甚至宣称"《大英百科全书》让我获得了一切有用的知识"。

（2）学习与内容更新功能。中国脑应该具有学习与更新的功能；同时，还要有质疑和修订的功能。学习的功能可以通过网络搜索找到一些新的词条和解释，然后由专家对找到的内容进行甄别和修改，使其符合中国脑的专业标准。

质疑的功能可以实现由网络的使用者随时提出质疑，并由专家来判断质疑的正确性，然后由专家们来进行修改。通过学习和质疑可以让网络上的知识得到及时有效的更新。目前，如百度百科和维基百科也都有对词条的质疑功能。因此中国脑的建设可以向百度百科和维基百科进行学习，采用由网络使用者提出质疑的方式对其内容进行及时、有效的更新，使广大的使用者成为中国脑建设过程中的有效监督者。

由于通过网络搜索和深度学习获得的内容并不一定具有很高的准确性，因此没有经过专家整理和修改的学习内容可以设在另外一个档次上，使使用者明确地知道哪些内容是由专家修订过的，哪些内容是经过网络搜索和深入学习得到的，这样就可以保证学习者明确地知道哪些内容是准确的，哪些内容不一定是准确的。

（3）文献检索功能。目前国际上有很多专业的文献检索网站，如 Web of Science、Google 学术、百度学术、中国知网、中文科技期刊数据库、中国专利检索、中国国家自然科学基金委员会提供的学术成果在线等。虽然目前这样的检索工具很多，但是还没有把各种检索功能整合到一起的检索工具。作者个人用得较多的是 Web of Science、Google 学术、百度学术、中国专利检索、中国国家自然科学基金委员会提供的学术成果在线。查找不同的学术文献需要使用不同的检索工具。例如，使用 Web of Science 等国外检索工具很难检索到一些中文的内容，而使用国内的检索工具又很难检索到国外期刊发表的内容。更大的问题还在于，除了中文和英文的文献外，受语言使用能力的限制，作者几乎没有查找过其他语言的文献。如果能够把检索各种语言文献的功能整合在一起供网络使用者使用，那将会非常便利。但是，由于很多图书情报资料有版权，这是需要在建设中国脑检索功能时认真考虑和解决的一个问题。

下面介绍几种主要的科技文献检索工具。

①美国《科学引文索引》的英文全称为 Science Citation Index，其缩写即著名的 SCI，创刊于 1961 年。它是根据现代情报学家 Garfield 于 1953 年提出的引文

思想而创立的。SCI 由 ISI（Institute for Scientific Information Inc.，美国科学信息研究所）出版。现为双月刊。ISI 除了出版 SCI 外，还有联机型 SCISEARCH。ISTP（Index to Scientific &Technical Proceeding）也由其出版。SCI 是一部国际性索引，包括自然科学、生物、医学、农业、工程技术和行为科学等，主要侧重基础科学。所选用的刊物来源于 94 个类、40 多个国家、50 多种文字，这些国家主要有美国、英国、荷兰、德国、俄罗斯、法国、日本、加拿大等，也收录一定数量的中国刊物。

②EI 创刊于 1884 年，是美国工程信息公司（Engineering Information Inc.）出版的著名工程技术类综合性检索工具。收录文献几乎涉及工程技术各个领域。如动力、电工、电子、自动控制、矿冶、金属工艺、机械制造、土建、水利等。

③ISTP 创刊于 1978 年，由美国科学信息研究所编辑出版。该索引收录生命科学、物理与化学科学、农业、生物和环境科学、工程技术和应用科学等学科的会议文献，包括一般性会议、座谈会、研究会、讨论会、发表会等。其中工程技术与应用科学类文献约占 35%，其他涉及学科基本与 SCI 相同。

④中国知网，是国家知识基础设施（National Knowledge Infrastructure，NKI）的概念，由世界银行于 1998 年提出。CNKI 工程是以实现全社会知识资源传播共享与增值利用为目标的信息化建设项目，由清华大学、清华同方发起，始建于 1999 年 6 月。

⑤维普网建立于 2000 年，其所依赖的《中文科技期刊数据库》，是中国最大的数字期刊数据库。

⑥Google 学术即 Google 学术搜索，是一个可以免费搜索学术文章的 Google 网络应用。2004 年 11 月，Google 第一次发布了 Google 学术搜索的试用版。该项索引包括了世界上绝大部分出版的学术期刊，可广泛搜索学术文献。人们使用 Google 学术可以从一个位置搜索众多学科和资料来源：来自学术著作出版商、专业性社团、预印本、各大学及其他学术组织的经同行评论的论文、图书、摘要和文章。Google 学术搜索可帮助使用者在整个学术领域中确定相关性最强的研究。

⑦百度学术全称为百度学术搜索，是百度旗下的提供海量中英文文献检索的学术资源搜索平台，2014 年 6 月初上线。涵盖了各类学术期刊、会议论文，旨在为国内外学者提供最好的科研体验。百度学术搜索可检索到收费和免费的学术论文，并通过时间筛选、标题、关键字、摘要、作者、出版物、文献类型、被引用次数等细化指标提高检索的精准性。百度学术搜索频道还是一个无广告的频道，页面简洁大方。

其他检索工具不在此一一列举。

（4）创新检索功能。如果中国脑能够提供创新检索的功能那将是别具一格的。

所谓的创新检索，我们在前面的章节里面已经详细地讲述了它的功能。目前所有的网站和网上检索工具都不完全支持创新检索功能。如果中国脑能够建成这样一种功能，它将是独一无二的，对于广大的科学技术人员从事高等级创新研究将会提供巨大的帮助，对于科研管理部门评价成果的创新性也会提供重要的参考依据。

（5）专业数据库与专业图谱库。所谓的专业数据就是每个专业所用到的一些科学与技术数据，必须由专业人员来提供。这些数据通常应该是已经发表的学术论文上的一些重要的数据，而且具有很典型的特征。专业数据会对其他的专业人员或者从事相关专业工作的人员有很大帮助。

专业图谱库的建设也是一个非常重要的工作。通过建设专业图谱库可以把一些专业的图谱放到网络上供使用者搜索和查找。这样的一些图谱原则上讲应该是发表的学术论文中的一些内容，是得到大家认可的一些内容，是准确的、有参考价值的一些内容。

把专业数据和专业图谱库分门别类地放到中国脑之中，对中国的创新发展具有极大的价值。

（6）专业技能库。在中国脑中建立专业技能库。专业技能库中应该包含有每一个专业的实验技能。这些技能是专业人员进行仪器操作或实验操作时可能用到的操作步骤、操作内容、操作注意事项以及操作技巧等。

现在的网络中有很多课件和精品课录像，很多网络课程已经非常健全。但是，无论网络课程还是网络课件，要查到具体知识的细节你必须把课程打开或把课件打开一步一步地去看才能够找到你所关心的内容。但是，中国脑支持对单个词汇、单个技术动作、单个操作技巧一对一的查找和检索。这就要求我们的专业技术人员或专家把所熟悉的一些专业知识放到中国脑之中，分门别类地供使用者去查找和检索。

毫无疑问，要在网络上建造如此强大的功能需要大量的专业技术人员进行多年的艰苦努力。因此，要完成这样的浩瀚工程国家必须制定出相应的鼓励政策，以使广大的专家和专业技术人员积极地、斗志昂扬地投入到这项伟大的工程之中。只有这样才能够保证中国脑在较短的时间里建成，并发挥出强大的功能。

由于对学校的评估、对专业的评估、对专业课程的评估的需求，现在很多教授、副教授和讲师都很积极地参与精品课程建设工作，并把自己的课程放到网络上。一旦成为精品课程，所讲授的课件和课程录像能够放到网络上，不仅是教师的光荣，也是教师所在学校的光荣。如果在建设中国脑的过程中也能形成这样一种氛围，那么就会有大量的专家和专业人员积极地投身于中国脑的建设之中。能否形成这样一种气氛的关键还在于国家是否能够制定出合理的发展策略、出台有力度的发展政策。

18.4　如何建设中国脑

单从"在线百科全书"和"包含一切门类的知识"这两个特征看，中国脑与百度百科和维基百科有些相似。但是，中国脑与它们之间还是存在着非常重要的区别——由谁编撰的区别。

无论百度百科还是维基百科，任何注册用户原则上均可参与对其内容的编写。

例如，百度百科就制定了"人人可编辑"的编撰方式："百度百科，以人人可编辑的模式，将碎片化的知识重新组合起来，在不增加人脑负担的同时，建立起人们与各学科之间互通的触点，从而以更简单的方式创造跨界的可能性。人人可编辑，意味着人人都在贡献自己的知识，同时意味着人人都能够轻松从中获取所需。在'百科全书式'人物基本已不可能再出现的情况下，百度百科人人可编辑带来了另一种推动文明发展的方式。"

再以维基百科为例。与以往编撰百科全书的资深学者的年龄跨度不同，参与编撰维基百科的人有大学生、中学生，甚至还有一些小学生。

"人人参与"的策略无疑可以明显提升线上百科全书的建设速度，使得词条的数目迅速增加，但是不专业、不准确的词条解释也会随之泛滥。

为了克服这种现象，百度百科开启了权威编辑项目。百度与各行各业的专业人员和权威机构合作，采用一系列的举措来提高词条的专业质量，力争实现从UGC[①]（用户生产内容）到 PGC[②]（专家生产内容）的转变。例如：

科学百科："为贯彻落实《全民科学素质行动计划纲要实施方案（2011—2015 年）》，中国科协与百度共同进行科普中国百科科学词条编写，向公众提供科学准确的百科词条[81]。在此次发布的科普中国·科学百科专题页中，2 万个科学词条全部由中国科协下属 14 个学会专家权威编辑审核完成，通过全球最大中文百科平台百度百科呈现给亿万网民。科学百科以词条为核心，其中集合了人工智能、转基因技术、核辐射、新能源汽车等网友关心的热门科学内容、中国科协下属的14 个学会信息以及全国各学科领域的顶尖专家学者。"

法院百科："法院百科的项目由最高人民法院发起，由全国各级法院提供内容，在权威性上能够得到最充分的保障。法院百科上线之后，只要在百度上搜索法院名称，就可以进入对应的百科词条，找到中国境内 3496 家法院的最权威、详细、

---

① User Generated Content，指用户创建词条内容。或称 UCC，User-created Content。

② Professionally-generated Content，指由专家或专业人士创建词条内容。或称 PPC（Professionally-produced Content）和 OGC（Occupationally-generated Content），职业生产内容。PGC 往往是出于"爱好"，义务地贡献自己的知识，形成内容；而 OGC 是以职业为前提，其创作内容属于职务行为。

全面的信息，包括具体地址、联系电话、官方网站、机构设置等，联合发布的平台架起沟通的桥梁，开辟了法院在信息化和透明化的新篇章。"

地产百科："地产百科是由百度百科与房教中国在'第二届房教中国地产人年会暨第八届中国房地产策划师年会'上宣布正式合作，双方签署《关于地产百科战略合作协议》，携手打造专门针对地产垂直领域的'地产百科'[82]。百度百科'地产百科'将聘请地产行业专家、学者、地产领域研究者、资深媒体人等共同成立地产百科编委会，对地产专业知识进行权威性注解。并重新设计打造个人词条与企业词条，全面优化提升集聚品牌 DNA 的详情页面，扩大品牌的影响力与公信力。同时，根据用户需要，专业设计项目词条，推出项目多元化、多维度、多角度的全方位展示端口，助力地产项目获得更多流量关注。"

尽管如此，目前百度百科和维基百科采用的主要模式还是以用户编写为主，参与的专业人士和机构也多数是由民间自发组织起来的。

从 18.1 节举出的例子来看，线上百科全书的内容还不尽如人意。很多存在问题的内容也是由一些专业人士编写的。这说明即使是专业人士编写的内容也还会存在不专业的地方。这一点无疑是对百度提出"由 UGC 向 PGC 转变"的挑战和考验。

这些事实无疑告诉我们，建设中国脑不能依靠 UGC，采用 PGC 或 OGC 的方式也没有很高的可靠性。虽然随着时间的推移，通过 PGC 的方式一定能够使得百度百科、维基百科这些线上百科全书得到不断的完善，但那毕竟不知道要花费多少时间、浪费多少精力。在当今科技、经济、社会都处于高速发展的时代，时间和速度可能比任何事情都重要。

提出建设中国脑工程是时代的声音，也是中国继续向前发展、向创新型国家转型的需求。这些正是建设中国脑的必要性和迫切性的根源。由于现在网络上的搜索引擎或各种各样的网络百科都不能够担当人类空间的重任，因此，我们就有必要建设内容详细专业的人类空间。

在网络上建设中国脑比普通的百科全书具有很大的优势。中国脑属于电子百科全书，可以把一些动画、电影和图片很生动地放到中国脑中，使人们可以很形象地看到他们想要的信息，很形象地去理解信息中所含的各种知识以及知识之间的关系。

实施中国脑工程并不是要否定中国网络高速发展和网络信息成倍增长的成就，而是要在此基础上进一步充实中国人可以从网上查找的知识内容，提高网络信息的专业性和准确性，让中国人拥有更具参考价值的知识和信息，让国民拥有更加优越的创新环境。

总而言之，建设中国脑是非常重要的事业，从中国政府到各领域的专业人员都应该积极地投入和参与。要做到这一点，中国政府必须制定相关政策以鼓励参与该工程计划的专业人员。只有这样，我们才能够完成好中国脑工程；只有这样，我们才能为建立创新型国家奠定良好的知识基础和建设优越的文化氛围。

一个可行的方案是各个领域的专业人员选出自己的专家队伍作为各个领域专业知识的提供者、鉴别者和编辑者。由各行各业专家参与建设的中国脑工程自始至终都应该实行责任制，以保证中国脑中的知识高度可信、高度专业化并具有权威性。

如果最终建设中国脑的机制能够在中国很好地形成并持续下去，将对中国未来的发展起到不可估量的促进作用，也会为全人类建设人类空间网络映像起到带头与示范作用。

18.5　本 章 小 结

本章探讨了建立人类空间网络映像的问题。

人们通过比较三个空间的异同产生创新思想，而人类可以产生的创新的质量与数量本质上决定于人类知识的总积累量，即决定于人类空间内容的丰富程度和准确程度。然而，到目前为止，人类空间并没有一个整合在一起的统一形式。虽然目前网络信息包含有大量的知识，但它却不能等同于人类空间。为了构建一个良好的创新环境，我们有必要在网络上建造一个人类空间的映像。

人类空间计划就是将人类现已掌握的知识在最大可能的情况下汇集在网络平台之上，构成一个可供全人类检索使用的人类空间网络映像。

中国脑工程是人类空间计划的一部分，是中国版的人类空间计划。

中国脑的建设工作必须由政府主导、监督并制定相应的政策和发展战略。建设中国脑工程是中国走向创新型国家的一个重要步骤。因此，国家应该从未来发展的战略高度设置和开展该工程计划。

论述了中国脑的主要功能和如何建设中国脑等问题。本书提出一个可行的建设方式是，各个领域的专业人员选出自己的专家队伍作为各个领域专业知识的提供者、鉴别者和编辑者。

参 考 文 献

[1] Schumpeter J，Backhaus U. The Theory of Economic Development. Boston：Springer，2003：61-116.

[2] 熊彼得. 经济发展理论. 何畏，译. 北京：商务印书馆，1990：306.

[3] 百度百科. 创新. https://baike.baidu.com/item/%E5%88%9B%E6%96%B0/6047？fr＝aladdin [2018-1-8].

[4] Wikipedia. Knowledge. https://en.wikipedia.org/wiki/Knowledge[2018-1-8].

[5] 文双春. 被引次数多的论文未必影响力就大. 中国科学报，2017-1-13.

[6] Radicchi F，Weissman A，Bollen J，Quantifying perceived impact of scientific publications. https://arxiv.org/abs/1612.03962[2017-12-8].

[7] Li Y Y，Dong Y H，Aidilibike T，et al. Growth phase diagram and upconversion luminescence properties of NaLuF$_4$：Yb^{3+}/Tm^{3+}/Gd^{3+}nanocrystals. RSC Advances，2017，7（70）：44531-44536.

[8] 李晗冰. "以帽取人""按帽论价"："帽子大战"几时休？. https://mp.weixin.qq.com/s/bHp ArbMKQtJMhFaTR76Epg[2018-5-2].

[9] 李侠. 中国人才市场中的八大铁帽子王. http://blog.sciencenet.cn/blog-829-1042200.html [2018-4-24].

[10] 网易新闻. 中国学者的头衔，可以开一场武林大会. http://news.163.com/18/0422/00/DFV 4R95T000181IU.html[2018-4-25].

[11] 倪乐雄. 触目惊心：学术圈内的阶层分化. 演技派滋生，权力成为学术的主人. http://www. sohu.com/a/115438225_479698[2018-3-12].

[12] Guo J J，Di W H，Aidilibike T，et al. Cooperative energy acceptor of three Yb^{3+} Ions. Journal of Rare Earths，2018，36（5）：461-467.

[13] 周辉，杨海峰. 光刻与微纳制造技术的研究现状及展望. 微纳电子技术，2012，49（9）：613-618.

[14] 百度百科. 仿生学事列. https://baike.baidu.com/item/%E4%BB%BF%E7%94%9F%E5%AD% A6%E4%BA%8B%E5%88%97[2018-4-3].

[15] 斯威尼. 致未来的总裁们. 李众伟，译. 北京：经济管理出版社，1993：29.

[16] Wang N，Tang Z K，Li G D，et al. Materials science-single-walled 4 angstrom carbon nanotube arrays. Nature，2000，408：50-51.

[17] 彭聃龄. 普通心理学. 2 版. 北京：北京师范大学出版社，2001.

[18] 杨治良. 漫谈人类记忆的研究. 心理科学，2011（1）：249-250.

[19] 库恩 D. 心理学导论：思想与行为的认识之路. 13 版. 郑钢，译. 北京：中国轻工业出版社，2014：301.

[20] 刘颖，苏巧玲. 医学心理学. 北京：中国华侨出版社，1997.

[21] Maslow A H. Motivation and Personality. New York：Harper & Brothers，1954：411.

[22] 韦纳. 人类动机：比喻、理论和研究. 孙煜明，译. 杭州：浙江教育出版社，1995：426.

[23] 刘娟娟. 动机理论研究综述. 内蒙古师范大学学报（教育科学版），2004（7）：68-70.

[24] 彭运石. 走向生命的巅峰：马斯洛的人本心理学. 武汉：湖北教育出版社，1999：345.

[25] 弗洛伊德. 精神分析引论. 北京：商务印书馆，1984：377.

[26] 张爱卿. 动机论：迈向 21 世纪的动机心理学研究. 武汉：华中师范大学出版社，1999.

[27] Murray H A. Explorations in Personality. Oxford：Oxford University Press，1938：810.

[28] 郭德俊，黄敏儿，马庆霞. 科技人员创造动机与创造力的研究. 应用心理学，2000，6（2）：8-13.

[29] de Broglie L. Waves and quanta. Nature，1923，112：540.

[30] de Broglie L. Ondes et quanta. Comptes Rendus Mathématique，1923，177：507-510.

[31] de Broglie L. Les quanta，la theorie cinetique des gaz et le principe de Fermat. Comptes Rendus Mathématique，1923，177：630-632.

[32] de Broglie L. Recherches Sur la Théorie Des Quanta（Researches on the Quantum Theory）. Paris：University of Paris，1924.

[33] de Broglie L. Quanta de lumière，diffraction et interferences. Comptes Rendus Mathématique，1923，177：548-550.

[34] Bowden C M，Sung C C. First-and second-order phase transitions in the Dicke model：Relation to optical bistability. Physical Review A，1979，19（6）：2392-2401.

[35] Hehlen M P，Güdel H U，Shu Q，et al. Cooperative bistability in dense，excited atomic systems. Physical Review Letters，1994，73（8）：1103-1106.

[36] Wu C F，Qin W P，Qin G S，et al. Near-infrared-to-visible photon upconversion in Mo-doped rutile titania. Chemical Physics Letters，2002，366（3）：205-210.

[37] Wu C F，Qin W P，Qin G S，et al. Photon avalanche upconversion in TiO_2：Mo. Acta Physica Sinica，2003，52（6）：1540-1544.

[38] 吴长锋，秦伟平，秦冠仕，等. 金红石 TiO_2 基质中$[MoO_4]^{2-}$基团的上转换发光. 无机材料学报，2003，18（3）：681-685.

[39] Qin W P，Wu C F，Qin G S，et al. Highly concentrated $Si_{1-x}C_x$ alloy with an ordered superstructure. Physical Review Letters，2003，90（24）：245503-1-245503-4.

[40] Wang J W，Tanner P A. Upconversion for white light generation by a single compound. Journal of the American Chemical Society，2010，132（3）：947-949.

[41] Cao C Y，Qin W P，Zhang J S，et al. Ultraviolet upconversion emissions of Gd^{3+}. Optics Letters，2008，33（8）：857-859.

[42] Qin W P，Cao C Y，Wang L L，et al. Ultraviolet upconversion fluorescence from ^6D_J of Gd^{3+}induced by 980 nm excitation. Optics Letters，2008，33（19）：2167-2169.

[43] Zheng K Z，Qin W P，Cao C Y，et al. NIR to VUV：Seven-photon upconversion emissions from Gd^{3+} ions in fluoride nanocrystals. The Journal of Physical Chemistry Letters，2015，6（3）：556-560.

[44] Chen G Y，Liang H，Liu H，et al. Near vacuum ultraviolet luminescence of Gd^{3+} and Er^{3+} ions generated by super saturation upconversion processes. Optics Express，2009，17（19）：16366-16371.

[45] Dexter D L. Cooperative optical absorption in solids. Physical Review，1962，126（6）：1962-1967.

[46] Qin W P，Liu Z Y，Sin C N，et al. Multi-ion cooperative processes in Yb^{3+} clusters. Light：Science & Applications，2014，3：e193.

[47] Qin W P，Sin C N，Liu Z Y，et al. Theory on cooperative quantum transitions of three identical lanthanide ions. J. Opt. Soc. Am. B.，2015，32（2）：303-308.

[48] Aidilibike T，Li Y Y，Guo J J，et al. Blue upconversion emission of Cu^{2+} ions sensitized by Yb^{3+}-trimers in CaF_2. Journal of Materials Chemistry C，2016，4（11）：2123-2126.

[49] Aidilibike T，Guo J J，Wang L L，et al. Ultraviolet upconversion emission of Pb^{2+} ions sensitized by Yb^{3+}-trimers in CaF_2. RSC Advances，2017，7（5）：2676-2681.

[50] Aidilibike T，Liu X H，Li Y Y，et al. Structural destruction of cooperative luminescence-A new mechanism of fluorescence quenching. Optical Materials，2017，69：1-7.

[51] Guo J J，Aidilibike T，Di W H，et al. Quenching cooperative transitions by destroying Yb^{3+}-clusters. Physical Chemistry Chemical Physics，2017，19（20）：12637-12641.

[52] Liu X H，Di W H，Qin W P. Cooperative luminescence mediated near infrared photocatalysis of CaF_2：$Yb@BiVO_4$ composites. Applied Catalysis B：Environmental，2017，205：158-164.

[53] Liu X H，Aidilibike T X，Guo J J，et al. Upconversion luminescence of Sm^{2+} ions. RSC Advances，2017，7（23）：14010-14014.

[54] Qin W P，Zhang D S，Zhao D，et al. Near-infrared photocatalysis based on YF_3：Yb^{3+}，Tm^{3+}/TiO_2 core/shell nanoparticles. Chemical Communications，2010，46（13）：2304-2306.

[55] 百度百科. 空中客车 A380. https://baike.baidu.com/item/%E7%A9%BA%E4%B8%AD%E5%AE%A2%E8%BD%A6A380/1537333？fr = aladdin&fromid = 1813088&fromtitle = A380%E5%AE%A2%E6%9C%BA[2018-4-4].

[56] 试小客无悔. A380 在拥有全新设计优势！. http://baijiahao.baidu.com/s？id = 1571058887567687&wfr = spider&for = pc[2018-4-4].

[57] Garfield E. Citation indexes for science. Science，1955，122（3159）：108-111.

[58] Garfield E. Long-term vs. short-term journal impact：Does it matter？. The Scientist，1998，41（3）：113-115.

[59] 文双春. 什么是好论文？境界和眼光决定人才培养高度. http://blog.sciencenet.cn/blog-412323-751895.html[2018-3-3].

[60] 孙学军. 影响因子的重量级对手来了. http://blog.sciencenet.cn/blog-41174-1020926.html[2018-3-3].

[61] Rátiva D J，de Araújo C B，Messaddeq Y. Energy transfer and frequency upconversion involving triads of Pr^{3+} ions in（Pr^{3+}，Gd^{3+}）doped fluoroindate glass. Journal of Applied Physics，2006，99（8）：083505.

[62] ter Heerdt M L H，Basun S A，Yen W M，et al. Two-and three-photon excitation of Gd^{3+} in $CaAl_{12}O_{19}$. Journal of Luminescence，2002，100（1-4）：115-124.

[63] Liu Y，Tu D，Zhu H，et al. A strategy to achieve efficient dual-mode luminescence of Eu^{3+} in lanthanides doped multifunctional $NaGdF_4$ nanocrystals. Advanced Materials，2010，22（30）：3266-3271.

[64] 鲁迅. 且介亭杂文. 北京：人民文学出版社，1973.

[65] 百度百科. 创新人才. https://baike.baidu.com/item/%E5%88%9B%E6%96%B0%E4%BA% BA%E6%89%8D/2788668？fr = aladdin[2018-4-7].

[66] 吴贻谷，刘花元. 论创造型人才的培养. 湖南师范大学社会科学学报，1985（3）：11-16.

[67] 江世英. 论"创新人才"及其管理策略. 人才开发，2007，12：11-12.

[68] 李安民. 一位农民的创新经历. https://wenku.baidu.com/view/7dd8be300b4c2e3f572763c8. html[2018-2-28].

[69] 郭涛. 张志清：让收割机变成节约标兵. http://roll.sohu.com/20110417/n305942628.shtml [2018-2-28].

[70] 张志清，张红军，张红民. 收割机的高速收割装置：中国，200420074553.3，2004.

[71] 中国心理卫生协会. 中国就业培训技术指导中心. 心理咨询师（基础知识）. 北京：民族 出版社，2015.

[72] 百度百科. 蛙泳. https://baike.baidu.com/item/%E8%9B%99%E6%B3%B3/700763？fr =aladdin [2018-4-6].

[73] 马克思，恩格斯. 马克思恩格斯选集（第一卷）. 北京：人民出版社，1995：60.

[74] 毛泽东. 毛泽东选集（第一卷）：矛盾论. 2版. 北京：人民出版社，1991：302.

[75] Sin C N, Aidilibike T, Qin W P, et al. Mechanism of ultraviolet upconversion luminescence of Gd^{3+}ions sensitized by Yb^{3+}-clusters in CaF_2：Yb^{3+}，Gd^{3+}. Journal of Luminescence，2018，194：72-74.

[76] 百度百科. 上转换发光材料. https://baike.baidu.com/item/%E4%B8%8A%E8%BD%AC% E6%8D%A2%E5%8F%91%E5%85%89%E6%9D%90%E6%96%99/4488963 ？fr = aladdin [2018-2-28].

[77] Auzel F. Upconversion and anti-Stokes processes with f and d ions in solids. Chemical Reviews，2004，104（1）：139-174.

[78] 维基百科. Photon upconversion. https://en.wikipedia.org/wiki/Photon_upconversion[2018-2-28].

[79] Zhou B，Shi B Y，Jin D Y，et al. Controlling upconversion nanocrystals for emerging applications. Nature Nanotechnology，2015，10：924.

[80] Valiente R，Wenger O，Güdel H U. New photon upconversion processes in Yb^{3+}doped $CsMnCl_3$ and $RbMnCl_3$. Chemical Physics Letters，2000，320（5-6）：639-644.

[81] 新浪新闻中心. 科学百科上线 百度百科携手中国科协开启智慧科普时代. http://news.sina. com.cn/o/2015-07-21/175432131852.shtml[2018-3-3].

[82] 王洪艳. "地产百科"上线，推动地产知识传播跨界升级. http://www.cctime.com/html/2015-12-31/1123566.htm[2018-2-28].

附　录

Science 2000 年 290 卷（5497～5500 期）统计数据

序号	题目	起始页	作者	创新主题词	创新级别	检出文章数	SCI引用次数	年均SCI引用次数	创新总引次数	创新影响因子	年均创新影响因子	创新因子
1	Self-mode-locking of quantum cascade lasers with giant ultrafast optical nonlinearities	1739	Paiella R, Capasso F, Gmachl C, et al.	Quantum, Cascade, Ultrafastm, Nonlinearities	4	19	131	7.94	301	75.25	4.56	4.75
2	Tunable resistance of a carbon nanotube-graphite interface	1742	Paulson S, Helser A, Nardelli M B, et al.	Tunable, resistance, nanotube, graphite	4	17	85	5.15	661	165.25	10.02	4.25
3	Formation of sphalerite (ZnS) deposits in natural biofilms of sulfate-reducing bacteria	1744	Labrenz M, Druschel G K, Thomsen-Ebert T, et al.	ZnS, Biofilms, bacteria	3	22	343	20.79	1203	401.00	24.30	7.33
4	Tropical climate at the last glacial maximum inferred from glacier mass-balance modeling	1747	Hostetler S W, Clark P U	Tropical, Glacial, Mass, Balance, Carbon-Dioxide	5	5	53	3.21	159	31.80	1.93	1.00
5	The formation of Chondrules at high gas pressures in the solar nebula	1751	Galy A, Young E D, Ash R D, et al.	Formation, Chondrules, Nebula, Pressures, Solar, High, Gas fractionation	8	11	118	7.15	449	56.13	3.40	1.38
6	Support for the lunar cataclysm hypothesis from lunar meteorite impact melt ages	1754	Cohen B A, Swindle T D, Kring D A	Lunar, Cataclysm, Hypothesis, meteorite	4	7	177	10.73	572	143.00	8.67	1.75
7	Nitric acid trihydrate (NAT) in polar stratospheric clouds	1756	Voigt C, Schreiner J, Kohlmann A, et al.	HNO_3, Trihydrate (NAT), Winter, Growth, Depletion, ozone	6	5	145	8.79	485	80.83	4.90	0.83

续表

序号	题目	起始页	作者	创新主题词	创新级别	检出文章数	SCI引用次数	年均SCI引用次数	创新总引用次数	创新影响因子	年均创新影响因子	创新因子
8	Reinterpreting space, time lags, and functional responses in ecological models	1758	Keeling M J, Wilson H B, Pacala S W	Reinterpreting, Functional, Responses, ecological	4	3	70	4.24	129	32.25	1.95	0.75
9	Posttranslational n-myristoylation of BID as a molecular switch for targeting mitochondria and apoptosis	1761	Zha J, Weiler S, Oh K J, et al.	Posttranslational, N-Myristoylation, BID, Mitochondria	4	4	408	24.73	566	141.50	8.58	1.00
10	Requirement of the RNA editing deaminase ADAR1 gene for embryonic erythropoiesis	1765	Wang Q, Khillan J, Gadue P, et al.	RNA, ADAR1, Embryonic, Erythropoiesis	4	5	266	16.12	394	98.50	5.97	1.25
11	Down-regulation of the macrophage lineage through interaction with OX2 (CD200)	1768	Hoek R M, Ruuls S R, Murphy C A, et al.	Down-Regulation, Macrophage, lineage, OX_2 (CD200)	5	1	561	34.00	561	112.20	6.80	0.20
12	Accumulation of dietary cholesterol in sitosterolemia caused by mutations in adjacent ABC transporters	1771	Berge K E, Tian H, Graf G A, et al.	Accumulation, Dietary, Sitosterolemia, ABC	4	14	1017	61.64	1767	441.75	26.77	3.50
13	From marrow to brain: Expression of neuronal phenotypes in adult mice	1775	Brazelton T R, Rossi F M V, Keshet G I, et al.	marrow to, neuronal, phenotypes, plasticity	4	57	1471	89.15	5099	1274.75	77.26	14.25
14	Turning blood into brain: Cells bearing neuronal antigens generated in vivo from bone marrow	1779	Mezey B É, Chandross K J, Harta G, et al.	Blood, Brain, Turning, Antigens, Vivo, Marrow, differentiation	7	1	1492	90.42	1492	213.14	12.92	0.14
15	Coding the location of the arm by sight	1782	Graziano M S A, Cooke D F, Taylor C S R	Coding, Arm, Sight, AREA-5	4	1	305	18.48	305	76.25	4.62	0.25
16	Neurons in monkey prefrontal cortex that track past or predict future performance	1786	Hasegawa R P, Blitz A M, Geller N L, et al.	Neurons, Monkey, Prefrontal, Cortex, Track, Predict, performance	7	6	48	2.91	182	26.00	1.58	0.86

续表

序号	题目	起始页	作者	创新主题词	创新级别	检出文章数	SCI引用次数	年均SCI引用次数	创新总引次数	创新影响因子	年均创新影响因子	创新因子
17	Planar hexacoordinate carbon: A viable possibility	1937	Exner K, Schleyer P V R	Planar, Hexacoordinate, carbon, possibility	4	7	190	11.52	303	75.75	4.59	1.75
18	Geodynamic evidence for a chemically depleted continental tectosphere	1940	Forte A M, Perry H K C	Geodynamic, Evidence, tectosphere	3	5	100	6.06	155	51.67	3.13	1.67
19	Teleconvection: Remotely driven thermal convection in rotating stratified spherical layers	1944	Zhang K, Schubert G	Teleconvection, Remotely, Thermal, stratified	4	1	35	2.12	35	8.75	0.53	0.25
20	Rapid changes in the hydrologic cycle of the tropical atlantic during the last glacial	1947	Peterson L C, Haug G H, Hughen K A, et al.	Rapid, Hydrologic, Tropical, Atlantic, glacial	5	2	508	30.79	526	105.20	6.38	0.40
21	Synchronous radiocarbon and climate shifts during the last deglaciation	1951	Hughen K A, Southon J R, Lehman S J, et al.	Synchronous, Radiocarbon, Climate, Shifts, deglaciation	5	4	275	16.67	464	92.80	5.62	0.80
22	A primitive enantiornithine bird and the origin of feathers	1955	Zhang F, Zhou Z	Primitive, enantiornithine, Bird, skull	4	5	191	11.58	387	96.75	5.86	1.25
23	glucose-dependent insulin release from genetically engineered K cells	1959	Cheung A T, Dayanandan B, Lewis J T, et al.	Insulin, Genetically, K cells, GIP	4	6	211	12.79	314	78.50	4.76	1.50
24	Response to RAG-mediated V(D)J cleavage by NBS1 and γ-H2AX	1962	Chen H T, Bhandoola A, Difilippantonio M J, et al.	RAG, NBS1, H2AX	3	3	247	14.97	812	270.67	16.40	1.00
25	Identification of synergistic signals initiating inner ear development	1965	Ladher R K, Anakwe K U, Gurney A L, et al.	Initiating, Synergistic, Ear, Initiating	4	1	190	11.52	190	47.50	2.88	0.25
26	The contribution of noise to contrast invariance of orientation tuning in cat visual cortex	1968	Anderson J S, Lampl I, Gillespie D C, et al.	Noise, Invariance, Orientation, Cat, cortex	5	17	258	15.64	800	160.00	9.70	3.40

续表

序号	题目	起始页	作者	创新主题词	创新级别	检出文章数	SCI引用次数	年均SCI引用次数	创新总引次数	创新影响因子	年均创新影响因子	创新因子
27	Efficient initiation of HCV RNA replication in cell culture	1972	Blight K J, Kolykhalov A A, Rice C M	HCV, RNA, Initiation, NS4A	4	9	1109	67.21	1263	315.75	19.14	2.25
28	Multigenerational cortical inheritance of the Rax2 protein in orienting polarity and division in yeast	1975	Chen T, Hiroko T, Chaudhuri A, et al.	Sitosterolemia, Mutations, ABC	3	62	1017	61.64	5648	1882.67	114.10	20.67
29	Rescue of photoreceptor degeneration in rhodopsin-Null drosophila mutants by activated rac1	1978	Chang H Y, Ready D F	Rescue, Photoreceptor, Rac1	3	5	90	5.45	115	38.33	2.32	1.67
30	Strange magnetism and the anapole structure of the proton	2117	Hasty R, Allen A M H, Averett T, et al.	Magnetism, Anapole, Proton	3	3	132	8.00	136	45.33	2.75	1.00
31	Molybdenum nanowires by electrodeposition	2120	Zach M P, Ng K H, Penner R M	Molybdenum, Nanowires, Electrodeposition	3	46	529	32.06	2195	731.67	44.34	15.33
32	High-resolution inkjet printing of All-polymer transistor circuits	2123	Sirringhaus H, Kawase T, Friend R H, et al.	Resolution, Inkjet, Polymer, Transistor	4	85	2211	134.00	6073	1518.25	92.02	21.25
33	Ultrahigh-density nanowire arrays grown in self-assembled diblock copolymer templates	2126	Albrecht T T, Schotter J, Kästle G A, Emley N, et al.	Density, Nanowire, Diblock	3	22	1515	91.82	1853	617.67	37.43	7.33
34	Creating long-lived superhydrophobic polymer surfaces through mechanically assembled monolayers	2130	Genzer J, Efimenko K	Superhydrophobic, Mechanically, monolayers	3	9	436	26.42	693	231.00	14.00	3.00
35	External control of 20th century temperature by natural and anthropogenic forcings	2133	Stott P A, Tett S F B, Jones G S, et al.	External, Control, 20th, Temperature, Natural, anthropogenic	6	7	409	24.79	600	100.00	6.06	1.17
36	Extended life-span conferred by cotransporter gene mutations in drosophila	2137	Rogina B, Reenan R A, Nilsen S P, et al.	life, Cotransporter, mutations, Drosophila	4	4	305	18.48	535	133.75	8.11	1.00

续表

序号	题目	起始页	作者	创新主题词	创新级别	检出文章数	SCI引用次数	年均SCI引用次数	创新总引次数	创新影响因子	年均创新影响因子	创新因子
37	Docosahexaenoic acid, a ligand for the retinoid X receptor in mouse brain	2140	Urquiza A M, Liu S, Sjöberg M, et al.	Docosahexaenoic, Retinoid, Receptor, Brain	4	58	496	30.06	3910	977.50	59.24	14.50
38	Global analysis of the genetic network controlling a bacterial cell cycle	2144	Laub M T, McAdams H H, Feldblyum T, et al.	Global, Analysis, Genetic, Controlling, Cycle, Caulobacter, localization	7	7	341	20.67	869	124.14	7.52	1.00
39	The bacterial flagellar cap as the rotary promoter of flagellin self-assembly	2148	Yonekura K, Maki S, Morgan D G, et al.	Flagellar, Rotary, Promoter, flagellin	4	1	121	7.33	121	30.25	1.83	0.25
40	Development of CD8α-positive dendritic cells from a common myeloid progenitor	2152	Traver D, Akashi K, Manz M, et al.	Dendritic, Progenitor, Myeloid, CD8 alpha, Lymphoid, clonogenic	6	2	290	17.58	329	54.83	3.32	0.33
41	Functional requirement for class I MHC in CNS development and plasticity	2155	Huh G S, Boulanger L M, Du H, et al.	Functional, MHC, CNS, Plasticity	4	21	501	30.36	1065	266.25	16.14	5.25
42	Intersubband electroluminescence from silicon-based quantum cascade structures	2277	Dehlinger G, Diehl L, Gennser U, et al.	Intersubband, Silicon-Based	3	16	237	14.36	436	145.33	8.81	5.33
43	Element-selective single atom imaging	2280	Suenaga K, Tencé M, Mory C, et al.	Element, Selective, Single, Atom, Imaging	5	7	221	13.39	529	105.80	6.41	1.40
44	A quantum dot single-photon turnstile device	2282	Michler P, Kiraz A, Becher C, et al.	Quantum, Dot, Single, Photon, Turnstile, Device, pulse	7	35	1630	98.79	6381	911.57	55.25	5.00
45	Reconstruction of the amazon basin effective moisture availability over the past 14 000 years	2285	Maslin M A, Burns S J	Reconstruction, Amazon, Basin, Moisture	4	13	119	7.21	385	96.25	5.83	3.25
46	Upwelling intensification as part of the pliocene-pleistocene climate transition	2288	Marlow J R, Lange C B, Wefer G, et al.	Upwelling, Intensification, Pliocene-Pleistocene, Climate, Transition	6	2	202	12.24	252	42.00	2.55	0.33

续表

序号	题目	起始页	作者	创新主题词	创新级别	检出文章数	SCI引用次数	年均SCI引用次数	创新总引次数	创新影响因子	年均创新影响因子	创新因子
47	Millennial-scale dynamics of southern amazonian rain forests	2291	Mayle F E, Burbridge R, Killeen T J	Millennial, Amazonian	2	11	263	15.94	453	226.50	13.73	5.50
48	Transmembrane molecular pump activity of niemann-pick C1 protein	2295	Davies J P, Chen F W, Ioannou Y A	Transmembrane, Pump, Activity, Niemann-Pick C1	5	2	200	12.12	232	46.40	2.81	0.40
49	Identification of HE1 as the second gene of niemann-pick c disease	2298	Naureckiene S, Sleat D E, Lackland H, et al.	HE1, Niemann-Pick C	3	21	491	29.76	1077	359.00	21.76	7.00
50	Evidence for genetic linkage of alzheimer's disease to chromosome 10q	2302	Bertram L, Blacker D, Mullin K, et al.	Alzheimer, 10q	2	57	401	24.30	1786	893.00	54.12	28.50
51	Linkage of plasma Aβ42 to a quantitative locus on chromosome 10 in late-onset alzheimer's disease pedigrees	2303	Taner N E, Radford N G, Younkin L H, et al.	Plasma, Chromosome 10, Alzheimer, Pedigrees	4	11	290	17.58	649	162.25	9.83	2.75
52	Susceptibility locus for alzheimer's disease on chromosome 10	2304	Myers A, Holmans P, Marshall H, et al.	Susceptibility, Locus, Alzheimer, Chromosome 10, sibling, two-stage	6	1	305	18.48	305	50.83	3.08	0.17
53	Genome-wide location and function of DNA binding proteins	2306	Ren B, Robert F, Wyrick J J, et al.	Genome, Location, DNA, Binding, microarray	5	199	1408	85.33	13640	2728.00	165.33	39.80
54	Inhibition of eukaryotic DNA replication by geminin binding to Cdt1	2309	Wohlschlegel J A, Dwyer B T, Dhar S K, et al.	Eukaryotic, Geminin, Cdt1	3	56	449	27.21	3593	1197.67	72.59	18.67
55	Distinct roles for TBP and TBP-like factor in early embryonic gene transcription in xenopus	2312	Veenstra G J C, Weeks D L, Wolffe A P	Roles, TBP, Embryonic, Xenopus	4	9	100	6.06	431	107.75	6.53	2.25

续表

序号	题目	起始页	作者	创新主题词	创新级别	检出文章数	SCI引用次数	年均SCI引用次数	创新引用总次数	创新影响因子	年均创新影响因子	创新因子
56	Cholinergic enhancement and increased selectivity of perceptual processing during working memory	2315	Furey M L, Pietrini P, Haxby J V	Cholinergic, Selectivity, Perceptual, Memory	4	5	215	13.03	354	88.50	5.36	1.25
57	A global geometric framework for nonlinear dimensionality reduction	2319	Tenenbaum J B, Silva V, Langford J C	Global, Geometric, Nonlinear, Dimensionality	4	74	5343	323.82	6213	1553.25	94.14	18.50
58	Nonlinear dimensionality reduction by locally linear embedding	2323	Roweis S T, Saul L K	Nonlinear, Dimensionality, Locally, Embedding	4	372	5850	354.55	10852	2713.00	164.42	93.00

APL 2000 年 77 卷（23～26 期）统计数据

序号	题目	起始页	作者	创新主题词	创新级别	检出文章数	SCI引用次数	年均SCI引用次数	创新总次数	创新影响因子	年均创新影响因子	创新因子
1	High-speed light modulation using complex refractive-index changes of electro-optic polymers	3683	Harada K, Munakata K, Itoh M, et al.	light, modulator complex, refractive, index polymers	6	14	13	0.79	271	45.17	2.74	2.33
2	Modal competition in implant-apertured index-guided vertical-cavity surface-emitting lasers	3686	Seurin J F P, Liu G, Chuang S L, et al.	Modal, implant, vertical	3	15	8	0.48	72	24.00	1.45	5.00
3	Quasilinear electro-optical response in a polymer-dispersed nematic liquid crystal	3689	Nicoletta F P, Cupelli D, Filpo G D, et al.	Quasilinear, electro	2	19	5	0.30	96	48.00	2.91	9.50
4	Adaptive femtosecond optical pulse combining	3692	Jones R. Nolte D D, Melloch M R	Adaptive, femtosecond, optical, pulse, combining	5	16	4	0.24	557	111.40	6.75	3.20
5	Near-field fluorescence imaging with 32nm resolution based on microfabricated cantilevered probes	3695	Eckert R, Freyland J M, Gersen H, et al.	32 nm, cantilevered, probes	3	3	62	3.76	79	26.33	1.60	1.00
6	Photonic quantum-well structures: Multiple channeled filtering phenomena	3698	Qiao F, Zhang C, Wan J, et al.	Photonic, structures, Multiple, channeled, phenomena	5	18	196	11.88	502	100.40	6.08	3.60
7	Photoinduced processes in Sn-doped silica fiber preforms	3701	Chiodini N, Ghidini S, Paleari A, et al.	Photoinduced, Sn-doped	3	16	12	0.73	261	87.00	5.27	5.33
8	Erbium emission from porous silicon one-dimensional photonic band gap structures	3704	Lopez H A, Fauchet P M	Erbium, porous, one-dimensional	3	8	58	3.52	179	59.67	3.62	2.67
9	Highly efficient 2% Nd: yttrium aluminum garnet ceramic laser	3707	Lu J, Prabhu M, Xu J, et al.	Nd: yttrium, ceramic	2	15	214	12.97	825	412.50	25.00	7.50
10	Near-field aperture fabricated by solid-solid diffusion	3710	Suzuki Y, Fuji H, Tominaga J, et al.	Near-field, aperture, solid, diffusion	4	8	3	0.18	78	19.50	1.18	2.00
11	Optical parametric amplification in composite polymer/ion exchanged planar waveguide	3713	Khalil M A, Vitrant G, Raimond P, et al.	polymer/ion, waveguide, planar, hybrid	4	14	8	0.48	34	8.50	0.52	3.50

续表

序号	题目	起始页	作者	创新主题词	创新级别	检出文章数	SCI引用次数	年均SCI引用次数	创新总引次数	创新影响因子	年均创新影响因子	创新因子
12	Three-terminal bistable twisted nematic liquid crystal displays	3716	Guo J X, Meng Z G, Wong M, et al.	Three, terminal, bistable, nematic	4	6	38	2.30	74	18.50	1.12	1.50
13	Electro-optic effect of periodically poled optical superlattice $LiNbO_3$ and its applications	3719	Lu Y Q, Wan Z L, Wang Q, et al.	$LiNbO_3$, Electro-optic, reciprocal	3	6	122	7.39	139	46.33	2.81	2.00
14	Intersubband absorption at $\lambda\sim1.55\mu m$ in well-and modulation-doped GaN/AlGaN multiple quantum wells with superlattice barriers	3722	Gmachl C, Ng H M, Chu S N G, et al.	GaN/AlGaN, ultranarrow	2	1	245	14.85	245	122.50	7.42	0.50
15	Radio-frequency plasma cleaning for mitigation of high-power microwave-pulse shortening in a coaxial gyrotron	3725	Cohen W E, Gilgenbach R M, Jaynes R L, et al.	Mitigation, gyrotron	2	6	7	0.42	31	15.50	0.94	3.00
16	Thermal and nonthermal ion emission during high-fluence femtosecond laser ablation of metallic targets	3728	Amoruso S, Wang X, Altucci C, et al.	Nonthermal, femtosecond, ablation, metallic	4	10	57	3.45	397	99.25	6.02	2.50
17	Growth of large-scale GaN nanowires and tubes by direct reaction of Ga with NH_3	3731	He M, Minus I, Zhou P, et al.	GaN, nanowires, tubes, reaction	4	40	212	12.85	690	172.50	10.45	10.00
18	Elastic constants of $Pd_{39}Ni_{10}Cu_{30}P_{21}$ bulk metallic glass under high pressure	3734	Wang L M, Sun L L, Wang W H, et al.	$Pd_{39}Ni_{10}Cu_{30}P_{21}$, metallic, pressure	3	10	41	2.48	130	43.33	2.63	3.33
19	Atomic scale characterization of oxygen vacancy segregation at $SrTiO_3$ grain boundaries	3737	Klie R F, Browning N D	Atomic, characterization, oxygen, $SrTiO_3$, boundaries	5	13	55	3.33	383	76.60	4.64	2.60
20	Development of cross-hatch morphology during growth of lattice mismatched layers	3740	Andrews A M, Romanov A E, Speck J S, et al.	Development, cross-hatch, layers	3	10	35	2.12	202	67.33	4.08	3.33
21	Characteristics of free-standing hydride-vapor-phase-epitaxy-grown GaN with very low defect concentration	3743	Visconti P, Jones K M, Reshchikov M A, et al.	Characteristics, hydride, grown, GaN, defect, concentration	6	17	29	1.76	298	49.67	3.01	2.83

续表

序号	起始页	作者	题目	创新主题词	创新级别	检出文章数	SCI引用次数	年均SCI引用次数	创新总引次数	创新影响因子	年均创新影响因子	创新因子
22	3746	Heitz R, Born H, Hoffmann A, et al.	Resonant Raman scattering in self-organized InAs/GaAs quantum dots	InAs/GaAs, Resonant, Raman, organized, TO	5	5	34	2.06	58	11.60	0.70	1.00
23	3749	Bradby J E, Williams J S, Leung J W, et al.	Transmission electron microscopy observation of deformation microstructure under spherical indentation in silicon	Deformation, microstructure, silicon, indentation, spherical, microscopy	6	35	146	8.85	961	160.17	9.71	5.83
24	3752	Kossyrev P A, Crawford G P	Yarn ball polymer microstructures: A structural transition phenomenon induced by an electric field	Yarn, polymer, structural, electric	4	10	4	0.24	64	16.00	0.97	2.50
25	3755	Urbaszek B, Balocchi A, Bradford C, et al.	Excitonic properties of MgS/ZnSe quantum wells	MgS/ZnSe, quantum, magnetic	3	2	14	0.85	24	8.00	0.48	0.67
26	3758	Chen C C, Chuang H W, Chi G C, et al.	Stimulated-emission spectra of high-indium-content InGaN/GaN multiple-quantum-well structures	Multiple, Stimulated, high, indium, exciton	5	9	27	1.64	77	15.40	0.93	1.80
27	3761	Ko H J, Chen Y F, Hong S K, et al.	Ga-doped ZnO films grown on GaN templates by plasma-assisted molecular-beam epitaxy	ZnO, Ga, GaN, Omega	4	37	295	17.88	549	137.25	8.32	9.25
28	3764	Zhang Z J, Wei B Q, Ramanath G, et al.	Substrate-site selective growth of aligned carbon nanotubes	Nanotubes, carbon, Substrate-site	3	4	187	11.33	214	71.33	4.32	1.33
29	3767	Garcia C P, Nardis A D, Pellegrini V, et al.	1.26μm intersubband transitions in $In_{0.3}Ga_{0.7}As$/AlAs quantum wells	1.26μm, $In_{0.3}Ga_{0.7}As$	2	1	16	0.97	16	8.00	0.48	0.50
30	3770	Bhattacharyya S, Saha S K, Chakravorty D	Silver nanowires grown in the pores of a silica gel	Silver, nanowires, pores, silica	4	33	78	4.73	495	123.75	7.50	8.25

续表

序号	题目	起始页	作者	创新主题词	创新级别	检出文章数	SCI引用次数	年均SCI引用次数	创新总引次数	创新影响因子	年均创新影响因子	创新因子
31	Short lifetime photoluminescence of amorphous-SiN$_x$ films	3773	Yamaguchi K, Mizushima K, Sassa K	Lifetime, photoluminescence, SiN$_x$ films	3	46	17	1.03	481	160.33	9.72	15.33
32	Perylene: A promising organic field-effect transistor material	3776	Schön J H, Kloc C, Batlogg B	Perylene, organic, single crystalline	4	46	56	3.39	2065	516.25	31.29	11.50
33	Gap state formation during the initial oxidation of Si (100) -2×1	3779	Bitzer T, Rada T, Richardson N V, et al.	Gap state, formation, initial oxidation, molecular oxygen, Si (100) -2×1	8	5	6	0.36	29	3.63	0.22	0.63
34	Microfour-point probe for studying electronic transport through surface states	3782	Petersen C L, Grey F, Shiraki I, et al.	Microfour, surface states	3	7	53	3.21	145	48.33	2.93	2.33
35	Two mechanisms of the negative-effective-mass instability in p-type quantum well-based ballistic p$^+$pp$^+$-diodes: Simulations with a load	3785	Bashirov R R, Gribnikov Z S, Vagidov N Z, et al.	Mechanisms, negative-effective-mass, p-type, p$^+$pp$^+$-diodes	7	1	13	0.79	13	1.86	0.11	0.14
36	High-dielectric-constant Ta$_2$O$_5$/n-GaN metal-oxide-semiconductor structure	3788	Tu L W, Kuo W C, Lee K H, et al.	Ta$_2$O$_5$, n-GaN	2	4	63	3.82	73	36.50	2.21	2.00
37	Midinfrared photoluminescence of InAsSb quantum dots grown by liquid phase epitaxy	3791	Krier A, Huang X L, and Hammiche A	Midinfrared, InAsSb, grown, liquid, phase	5	4	26	1.58	34	6.80	0.41	0.80
38	Transport properties of GaAs$_{1-x}$N$_x$ thin films grown by metalorganic chemical vapor deposition	3794	Ahrenkiel R K, Johnston S W, Keyes B M, et al.	Transport properties, GaAs$_{1-x}$N$_x$, thin films, metalorganic, vapor deposition	8	3	15	0.91	31	3.88	0.23	0.38
39	Self-capacitance of a Thomas-Fermi nanosphere	3797	Krömer M, Saslow W M, Zangwill A	Capacitance, nanosphere	2	82	9	0.55	2434	1217.00	73.76	41.00
40	High-quality p-n junctions with quaternary AlInGaN/InGaN quantum wells	3800	Chitnis A, Kumar A, Shatalov M, et al.	p-n, AlInGaN/InGaN	2	20	58	3.52	262	131.00	7.94	10.00

续表

序号	题目	起始页	作者	创新主题词	创新级别	检出文章数	SCI引用次数	年均SCI引用次数	创新总引次数	创新影响因子	年均创新影响因子	创新因子
41	Coherent magnetic reversal in half-metallic manganite tunnel junctions	3803	Jo M H, Mathur N D, Evetts J E, et al.	Magnetic, -metallic, manganite, tunnel	4	5	147	8.91	214	53.50	3.24	1.25
42	Antiferromagnetically coupled magnetic media layers for thermally stable high-density recording	3806	Fullerton E E, Margulies D T, Schabes M E, et al.	Antiferromagnetically, high-density, recording	4	11	213	12.91	293	73.25	4.44	2.75
43	Spin-polarized current switching of a Co thin film nanomagnet	3809	Albert F J, Katine J A, Buhrman R A, et al.	Spin-polarized, Co, nanomagnet	4	44	296	17.94	2191	547.75	33.20	11.00
44	Molecular beam epitaxy of MnAs/ZnSe hybrid ferromagnetic/semiconductor heterostructures	3812	Berry J J, Chun S H, Ku K C, et al.	MnAs, ZnSe, ferromagnetic, semiconductor	4	4	20	1.21	71	17.75	1.08	1.00
45	Size dependence of the exchange bias field in NiO/Ni nanostructures	3815	Fraune M, Rüdiger U, Güntherodt G, et al.	Exchange, bias, NiO/Ni, nanostructures	4	65	108	6.55	833	208.25	12.62	16.25
46	Growth and characterization of excimer laser-ablated BaBi$_2$Nb$_2$O$_9$ thin films	3818	Laha A, Krupanidhi S B	Excimer, BaBi$_2$Nb$_2$O$_9$	2	3	21	1.27	41	20.50	1.24	1.50
47	Frequency-induced structure variation in electrorheological fluids	3821	Wen W, Ma H, Tam W Y, et al.	Frequency, induced, electrorheological	3	1	16	0.97	16	5.33	0.32	0.33
48	B-site vacancy as the origin of spontaneous normal-to-relaxor ferroelectric transitions in La-modified PbTiO$_3$	3824	Kim T Y, Jang H M	B-site, spontaneous, La-modified, PbTiO$_3$	4	1	70	4.24	70	17.50	1.06	0.25
49	Large and broadband piezoelectricity in smart polymer-foam space-charge electrets	3827	Neugschwandtner G S, Schwödiauer R, Vieytes M, et al.	Piezoelectricity, polymer-foam	3	75	117	7.09	1135	378.33	22.93	25.00
50	Reversible and irreversible processes in donor-doped Pb (Zr, Ti) O$_3$	3830	Bolten D, Böttger U, Schneller T, et al.	donor-doped, Pb (Zr, Ti) O$_3$	3	11	62	3.76	262	87.33	5.29	3.67

续表

序号	题目	起始页	作者	创新主题词	创新级别	检出文章数	SCI引用次数	年均SCI引用次数	创新总引次数	创新影响因子	年均创新影响因子	创新因子
51	Smooth wet etching by ultraviolet-assisted photoetching and its application to the fabrication of AlGaN/GaN heterostructure field-effect transistors	3833	Maher H, DiSanto D W, Soerensen G, et al.	photoetching, AlGaN/GaN	2	2	16	0.97	27	13.50	0.82	1.00
52	Switch-on transient behavior in low-temperature polycrystalline silicon thin-film transistors	3836	Bavidge N, Boero M, Migliorato P, et al.	Switch-on, low-temperature, polycrystalline	3	3	19	1.15	19	6.33	0.38	1.00
53	Sulfur passivation of GaAs metal-semiconductor field-effect transistor	3839	Dong Y, Ding X M, Hou X Y, et al.	Sulfur, passivation, GaAs, metal, semiconductor field-effect	7	2	48	2.91	54	7.71	0.47	0.29
54	Solid-source molecular-beam epitaxy for monolithic integration of laser emitters and photodetectors on GaAs chips	3842	Postigo P A, Jr C G F., Choi S, et al.	monolithic integration, laser emitters, GaAs	5	7	2	0.12	31	6.20	0.38	1.40
55	Sensitivity of a micromechanical displacement detector based on the radio-frequency single-electron transistor	3845	Blencowe M P, Wybourne M N	Micromechanical, displacement detector, single-electron	5	23	80	4.85	1495	299.00	18.12	4.60
56	Formation and control of two-dimensional deoxyribonucleic acid network	3848	Kanno T, Tanaka H, Miyoshi N, et al.	Formation, two-dimensional, deoxyribonucleic acid, network	5	1	35	2.12	35	7.00	0.42	0.20
57	High-resolution lenses for sub-100 nm X-ray fluorescence microscopy	3851	David C, Kaulich B, Barrett R, et al.	High-resolution, lenses, sub-100 nm, X-ray, fluorescence microscopy	6	18	38	2.30	299	49.83	3.02	3.00
58	Thermal conductivity of skutterudite thin films and superlattices	3854	Song D W, Liu W L, Zeng T, et al.	Thermal conductivity, skutterudite, superlattices	4	14	40	2.42	3903	975.75	59.14	3.50
59	Combined dynamic adhesion and friction measurement with the scanning force microscope	3857	Krotil H U, Stifter T, Marti O	Combined, dynamic adhesion, friction measurement, scanning force microscope	8	4	11	0.67	100	12.50	0.76	0.50
60	Surface effects and high quality factors in ultrathin single-crystal silicon cantilevers	3860	Yang J, Ono T, Esashi M	Surface effects, ultrathin, single-crystal silicon, cantilevers	7	6	116	7.03	165	23.57	1.43	0.86

续表

序号	题目	起始页	作者	创新主题词	创新级别	检出文章数	SCI引用次数	年均SCI引用次数	创新总引次数	创新影响因子	年均创新影响因子	创新因子
61	Supernarrowing mirrorless laser emission in dendrimer-doped polymer waveguides	3881	Otomo A, Yokoyama S, Nakahama T, et al.	Supernarrowing	1	2	48	2.91	53	53.00	3.21	2.00
62	X-ray and optical characterization of multilayer AlGaAs waveguides	3884	Leo G, Caldarella C, Masini G, et al.	X-ray, AlGaAs, multilayer	3	13	8	0.48	105	35.00	2.12	4.33
63	Controlling the noncentrosymmetry of azodye-doped polymers by nonresonant dual-frequency coherent excitation	3887	Si J, Qiu J, Hirao K	azodye-doped, dual-frequency	4	3	9	0.55	14	3.50	0.21	0.75
64	High-speed GaAs-based resonant-cavity-enhanced 1.3μm photodetector	3890	Kimukin I, Ozbay E, Biyikli N, et al.	High-speed, GaAs-based, resonant-cavity-enhanced	7	9	21	1.27	74	10.57	0.64	1.29
65	Intersubband electroluminescence from long-side-cleaved quantum-cascade lasers above threshold: Investigation of phonon bottleneck effects	3893	Colombelli R, Capasso F, Gmachl C, et al.	Electroluminescence, quantum-cascade, bottleneck	4	6	11	0.67	40	10.00	0.61	1.50
66	Observation of terahertz electric pulses generated by nearly filled-gap nonuniform illumination excitation	3896	Lu S H, Li J L, Yu J S, et al.	Terahertz, Nonuniform, illumination	3	6	3	0.18	44	14.67	0.89	2.00
67	Deconvolution of the intrinsic spontaneous spectrum of vertical-cavity surface-emitting devices	3899	Royo P, Stanley R P, Ilegems M, et al.	Deconvolution, surface-emitting	3	6	6	0.36	13	4.33	0.26	2.00
68	Photonic-crystal-based beam splitters	3902	Bayindir M, Temelkuran B, Ozbay E	Photonic-crystal-based, splitters	4	35	164	9.94	582	145.50	8.82	8.75
69	Local degradation of selectively oxidized AlGaAs/AlAs distributed Bragg reflectors in lateral-injection vertical-cavity surface-emitting lasers	3905	Vittorio M D, Vaccaro P O, Giorgi M D, et al.	Degradation, lateral-injection	3	3	2	0.12	22	7.33	0.44	1.00

续表

序号	题目	起始页	作者	创新主题词	创新级别	检出文章数	SCI引用次数	年均SCI引用次数	创新总引次数	创新影响因子	年均创新影响因子	创新因子
70	Superluminescence in InAsSb circular-ring-mode light-emitting diodes for CO gas detection	3908	Sherstnev V V, Monahov A M, Krier A, et al.	Superluminescence, detection	2	9	26	1.58	131	65.50	3.97	4.50
71	Low-loss transmission through tightly bent standard telecommunication fibers	3911	Donlagić D, Culshaw B	tightly, bent, telecommunication	3	2	6	0.36	8	2.67	0.16	0.67
72	Depletion of charge produced during plasma exposure in aluminum oxide by vacuum ultraviolet radiation	3914	Cismaru C, Shohet J L, Lauer J L, et al.	Depletion, plasma, aluminum, ultraviolet	4	10	14	0.85	147	36.75	2.23	2.50
73	Nanoscale selective-area epitaxial growth of Si using an ultrathin SiO2/Si3N4 mask patterned by an atomic force microscope	3917	Yasuda T, Yamasaki S, Gwo S	SiO_2/Si_3N_4	1	3	22	1.33	47	47.00	2.85	3.00
74	Proposed interpretation for possible solid-state amorphization in some Cu-based binary metal systems	3920	Li Z F, Lai W S, Liu B X	Interpretation, solid-state, Cu-based	4	2	12	0.73	30	7.50	0.45	0.50
75	Carrier transport and luminescence in inverted-pyramid quantum structures	3923	Leifer K, Hartmann A, Ducommun Y, et al.	Carrier, luminescence, inverted-pyramid	4	4	19	1.15	29	7.25	0.44	1.00
76	Dynamics of optical nonlinearity of Ge nanocrystals in a silica matrix	3926	Jie Y X, Xiong Y N, Wee A T S, et al.	Dynamics, nonlinearity, Ge, nanocrystals	4	4	21	1.27	174	43.50	2.64	1.00
77	Strain profiles in epitaxial films from X-ray Bragg diffraction phases	3929	Vartanyants I, Ern C, Donner W, et al.	Strain, profiles, epitaxial. films, X-ray, Bragg, diffraction, phases	8	7	21	1.27	84	10.50	0.64	0.88
78	Impurity gettering by vacancy-type defects in high-energy ion-implanted silicon at $R_p/2$	3932	Rehberg R K, Börner F, Redmann F	vacancy-type, high-energy, positron	5	13	26	1.58	80	16.00	0.97	2.60
79	Formation of quasicrystals in $Zr_{46.8}Ti_{8.2}Cu_{7.5}Ni_{10}Be_{27.5}$ bulk glass	3935	Wanderka N, Macht M P, Seidel M. et al.	quasicrystals, $Zr_{46.8}Ti_{8.2}Cu_{7.5}Ni_{10}Be_{27.5}$	2	7	59	3.58	89	44.50	2.70	3.50

续表

序号	题目	起始页	作者	创新主题词	创新级别	检出文章数	SCI引用次数	年均SCI引用次数	创新总引次数	创新影响因子	年均创新影响因子	创新因子
80	Structural templating effects in molecular heterostructures grown by organic molecular-beam deposition	3938	Heutz S, Cloots R, Jones T S	Structural, templating, heterostructures, molecular-beam, deposition	6	49	66	4.00	628	104.67	6.34	8.17
81	Reactivity of curved and planar carbon-nitride structures	3941	Stafström S	Reactivity, curved, carbon-nitride	4	6	67	4.06	325	81.25	4.92	1.50
82	Raman spectroscopy of In (Ga) As/GaAs quantum dots	3944	Chu L, Zrenner A, Bichler M. et al.	Raman, In (Ga) As/GaAs, self-assembled	4	19	23	1.39	500	125.00	7.58	4.75
83	Growth of stress-released GaAs on GaAs/Si structure by metalorganic chemical vapor deposition	3947	Soga T, Jimbo T, Arokiaraj J, et al.	stress-released, GaAs	3	4	6	0.36	35	11.67	0.71	1.33
84	Features of nanometer scale islands on CdSe/ZnSe surfaces	3950	Zhang B P, Manh D D, Wakatsuki K, et al.	Features, nanometer, islands, surfaces, Zinc	5	2	1	0.06	12	2.40	0.15	0.40
85	Vertical correlation of SiGe islands in SiGe/Si superlattices: X-ray diffraction versus transmission electron microscopy	3953	Stangl J, Roch T, Bauer G, et al.	Vertical, correlation, SiGe/Si; statistical	4	1	20	1.21	20	5.00	0.30	0.25
86	Precipitation of nanometer scale Zn crystalline particles in $ZnO-B_2O_3-SiO_2$ glass during electron irradiation	3956	Jiang N, Qiu J, Silcox J	irradiation, crystalline, Irradiation, borosilicate	4	5	20	1.21	40	10.00	0.61	1.25
87	Integration of GaN with Si using a AuGe-mediated wafer bonding technique	3959	Funato M, Fujita S, Fujita S	AuGe-mediated	2	1	18	1.09	18	9.00	0.55	0.50
88	Dependence of substitutional C incorporation on Ge content for $Si_{1-x-y}Ge_xC_y$ crystals grown by ultrahigh vacuum chemical vapor deposition	3962	Kanzawa Y, Nozawa K, Saitoh T, et al.	Dependence, Physics, crystals, incorporation, $Si_{1-x-y}Ge_xC_y$	5	3	26	1.58	51	10.20	0.62	0.60
89	Organic template directed growth of one-and two-dimensional GeX_2/template superstructures (X = S, Se)	3965	Chen L, Klar P J, Heimbrodt W, et al.	Organic, template, growth, superstructures	4	76	6	0.36	2666	666.50	40.39	19.00

续表

序号	题目	起始页	作者	创新主题词	创新级别	检出文章数	SCI引用次数	年均SCI引用次数	创新总引次数	创新影响因子	年均创新影响因子	创新因子
90	Photoluminescence from mesoporous silica: Similarity of properties to porous silicon	3968	Glinka Y D, Lin S H, Hwang L P, et al.	Photoluminescence, mesoporous, Similarity	3	8	53	3.21	300	100.00	6.06	2.67
91	High-resolution transmission electron microscopy study of epitaxial oxide shell on nanoparticles of iron	3971	Kwok Y S, Zhang X X, Qin B, et al.	High-resolution, epitaxial, oxide shell, iron	6	2	21	1.27	23	3.83	0.23	0.33
92	High sensitivity measurement of implanted As in the presence of Ge in Ge_xSi_{1-x}/Si layered alloys using trace element accelerator mass spectrometry	3974	Datar S A, Wu L, Guo B N, et al.	High sensitivity, As, Ge, trace, mass spectrometry	7	13	5	0.30	216	30.86	1.87	1.86
93	Alkaline metal-doped n-type semiconducting nanotubes as quantum dots	3977	Kong J, Zhou C, Yenilmez E, et al.	Alkaline, n-type, nanotube	3	18	117	7.09	303	101.00	6.12	6.00
94	Infrared conductivity mapping for nanoelectronics	3980	Knoll B, Keilmann F	Infrared, mapping, nanoelectronics	3	18	64	3.88	367	122.33	7.41	6.00
95	High-resolution observation of the growth motion of elements on surfaces and at interfaces	3983	Yamanaka T, Shimomura N, Ino S	High-resolution, growth motion, elements	4	17	2	0.12	410	102.50	6.21	4.25
96	Investigation of surface treatments for nonalloyed ohmic contact formation in Ti/Al contacts to n-type GaN	3986	Lin Y J, Lee C T	nonalloyed, ohmic contact, Ti/Al, native	5	3	44	2.67	78	15.60	0.95	0.60
97	Electrical spin injection across air-exposed epitaxially regrown semiconductor interfaces	3989	Park Y D, Jonker B T, Bennett B R, et al.	Electrical spin, air-exposed	4	4	52	3.15	69	17.25	1.05	1.00
98	Scanning-tunneling-microscopy-induced optical spectroscopy of a single GaAs quantum well	3992	Dumas P, Derycke V, Makarenko I V, et al.	Scanning-tunneling-microscopy-induced, single	5	5	7	0.42	68	13.60	0.82	1.00
99	Quantized tunneling current in the metallic nanogaps formed by electrodeposition and etching	3995	Li C Z, He H X, Tao N J	Quantized, tunneling current, electrodeposition	4	2	91	5.52	92	23.00	1.39	0.50

续表

序号	题目	起始页	作者	创新主题词	创新级别	检出文章数	SCI引用次数	年均SCI引用次数	创新总引次数	创新影响因子	年均创新影响因子	创新因子
100	Two-dimensional electron-gas AlN/GaN heterostrucures with extremely thin AlN barriers	3998	Smorchkova I P, Keller S, Heikman S, et al.	Two-dimensional, heterostructures, extremely thin, barriers	5	7	85	5.15	104	20.80	1.26	1.40
101	Atomic-scale study of GaMnAs/GaAs layers	4001	Grandidier B, Nys J P, Delerue C, et al.	Atomic-scale, GaMnAs	3	4	71	4.30	112	37.33	2.26	1.33
102	Doping of 6H-SiC by selective diffusion of boron	4004	Soloviev S I, Gao Y, Sudarshan T S	Doping, 6H-SiC, selective diffusion, boron	5	4	19	1.15	40	8.00	0.48	0.80
103	Electron cloud effect on current injection across a Schottky contact	4007	Nabet B, Cola A, Quaranta F, et al.	Electron cloud, injection, Schottky	4	2	11	0.67	22	5.50	0.33	0.50
104	Gettering of Co in Si by high-energy B ion-implantation and by p/p$^+$ epitaxial Si	4010	Benton J L, Boone T, Jacobson D C, et al.	Gettering, Co, ion-implantation, epitaxial	4	3	2	0.12	8	2.00	0.12	0.75
105	Stability of N-and Ga-polarity GaN surfaces during the growth interruption studied by reflection high-energy electron diffraction	4013	Shen X Q, Ide T, Cho S H, et al.	Stability, growth interruption, reflection high-energy electron diffraction	7	3	29	1.76	57	8.14	0.49	0.43
106	Room-temperature spin glass and its photocontrol in spinel ferrite films	4016	Muraoka Y, Tabata H, Kawai T	Room-temperature spin glass, spinel ferrite films, Al$_2$O$_3$	8	4	18	1.09	40	5.00	0.30	0.50
107	Storage and release of self-field-generated vortices in percolative YBa$_2$Cu$_3$O$_{7-\delta}$ films	4019	Kalbeck A, Terheggen M, Zepezauer E, et al.	self-field-generated vortices, percolative	5	2	0	0.00	0	0.00	0.00	0.40
108	High coercivity in mechanically milled ThMn$_{12}$-type Nd-Fe-Mo nitrides	4022	Zhang X D, Cheng B P, Yang Y C	High coercivity, mechanically milled, Nd-Fe-Mo	5	3	13	0.79	18	3.60	0.22	0.60
109	Spin-lattice interaction in colossal magnetoresistance manganites	4025	Lobad A I, Averitt R D, Kwon C, et al.	Spin-lattice interaction, manganites, spin dynamics, metal-insulator transition	9	2	46	2.79	100	11.11	0.67	0.22

续表

序号	题目	起始页	作者	创新主题词	创新级别	检出文章数	SCI引用次数	年均SCI引用次数	创新总引次数	创新影响因子	年均创新影响因子	创新因子
110	Formation of Y$_2$O$_3$ interface layer in a YMnO$_3$/Si ferroelectric gate structure	4028	Choi J H, Lee J Y, Kim Y T	nanoprecipitate layer, Y$_2$O$_3$	3	2	18	1.09	19	6.33	0.38	0.67
111	Reduction in leakage current density of Si-based metal-oxide-semiconductor structure by use of catalytic activity of a platinum overlayer	4031	Yuasa T, Asuha, Yoneda K, et al.	platinum overlayer, catalytic, SiO$_2$	4	2	1	0.06	20	5.00	0.30	0.50
112	Unique method to electrically characterize a single stacking fault in silicon-on-insulator metal-oxide-semiconductor field-effect transistors	4034	Yang J, Neudeck G W, Denton J P	field-effect transistors, stacking fault, electrical behavior	7	3	15	0.91	19	2.71	0.16	0.43
113	Single-electron transistor made of two crossing multiwalled carbon nanotubes and its noise properties	4037	Ahlskog M, Tarkiainen R, Roschier L, et al.	Single-electron transistor, crossing, carbon	5	10	40	2.42	3155	631.00	38.24	2.00
114	Monolithic arrays of absorber-coupled voltage-biased superconducting bolometers	4040	Gildemeister J M, Lee A T, Richards P L	Monolithic arrays, voltage-biased bolometers	5	2	35	2.12	44	8.80	0.53	0.40
115	Characterization of photoresponse, photovoltage, and photonic gate response in a pseudomorphic p-channel modulation-doped field-effect transistor	4043	Kim D M	pseudomorphic, p-channel modulation-doped, field-effect transistor,	6	6	2	0.12	14	2.33	0.14	1.00
116	Transient characteristics of Al$_x$Ga$_{1-x}$N/GaN heterojunction field-effect transistors	4046	Li J Z, Lin J Y, Jiang H X, et al.	switching speed, heterojunction, transient	4	18	1	0.06	158	39.50	2.39	4.50
117	Label-free probing of the binding state of DNA by time-domain terahertz sensing	4049	Nagel M, Bolivar P H, et al.	Label-free, DNA, Thz	4	8	273	16.55	815	203.75	12.35	2.00
118	Simultaneous dual-color and dual-polarization imaging of single molecules	4052	Cognet L, Harms G S, Blab G A, et al.	dual-polarization, streptavidin	3	11	47	2.85	314	104.67	6.34	3.67

续表

序号	题目	起始页	作者	创新主题词	创新级别	检出文章数	SCI引用次数	年均SCI引用次数	创新总引次数	创新影响因子	年均创新影响因子	创新因子
119	Experimental imaging diagnosis of superconducting tunnel junction X-ray detectors by low-temperature scanning synchrotron microscope	4055	Pressler H, Ohkubo M, Koike M, et al.	imaging diagnosis, superconducting tunnel junction	5	4	21	1.27	103	20.60	1.25	0.80
120	X-ray refractive planar lens with minimized absorption	4058	Aristov V, Grigoriev M, Kuznetsov S, et al.	Photolithography, refractive planar lens	4	3	97	5.88	133	33.25	2.02	0.75
121	Chemical sensing in Fourier space	4061	Thundat T, Finot E, Hu Z, et al.	Fourier space, microcantilevers	3	1	35	2.12	35	11.67	0.71	0.33
122	In-plane anisotropic lasing characteristics of (110)-oriented GaInAsP quantum-well lasers	4083	Oe K, Bhat R, Ueki M	Anisotropic, GaInAsP	2	7	2	0.12	7	3.50	0.21	3.50
123	Second harmonic generation in microcrystallite films of ultrasmall Si nanoparticles	4086	Nayfeh M H, Akcakir O, Belomoin G, et al.	Microcrystallite, ultrasmall	2	1	51	3.09	51	25.50	1.55	0.50
124	Ultrafast all-optical switching in a silicon-based photonic crystal	4089	Haché A, Bourgeois M	Ultrafast, all-optical, silicon-based	4	20	148	8.97	374	93.50	5.67	5.00
125	Photon scanning tunneling optical microscopy with a three-dimensional multiheight imaging mode	4092	Balistreri M L M, Korterik J P, Kuipers L, et al.	three-dimensional, multiheight	3	5	8	0.48	68	22.67	1.37	1.67
126	Many-body optical gain of (10$\bar{1}$0) wurtzite GaN/AlGaN quantum-well laser	4095	Park S H	Many-body, 10$\bar{1}$0	3	15	8	0.48	112	37.33	2.26	5.00
127	Adaptive interferometer using self-induced electro-optic modulation	4098	Kamshilin A A, Päivväsaari K, Klein M, et al.	Interferometer, self-induced, electro-optic	5	5	18	1.09	83	16.60	1.01	1.00
128	Study of gain mechanisms in AlGaN in the temperature range of 30-300 K	4101	Lam J B, Bidnyk S, Gainer G H, et al.	AlGaN, range, 30-300 K	3	10	0	0.00	456	152.00	9.21	3.33

续表

序号	题目	起始页	作者	创新主题词	创新级别	检出文章数	SCI引用次数	年均SCI引用次数	创新总引次数	创新影响因子	年均创新影响因子	创新因子
129	Detection of up to 20 THz with a low-temperature-grown GaAs photoconductive antenna gated with 15 fs light pulses	4104	Kono S, Tani M, Gu P, et al.	20 THz, photoconductive, antenna	3	33	91	5.52	322	107.33	6.51	11.00
130	Distributed Bragg reflectors for visible range applications based on (Zn, Cd, Mg) Se lattice matched to InP	4107	Guo S P, Maksimov O, Tamargo M C, et al.	Distributed, Bragg reflectors, visible, InP	5	22	10	0.61	175	35.00	2.12	4.40
131	Angular distribution of X-ray emission from a copper target irradiated with a femtosecond laser	4110	Hironaka Y, Nakamura K G, Kondo K I	Angular, X-ray, copper, irradiated	4	3	8	0.48	18	4.50	0.27	0.75
132	Production and characterization of a fully ionized He plasma channel	4112	GaulE W, Blanc S P L, Rundquist A R, et al.	He, Production, characterization, ionized	4	4	67	4.06	120	30.00	1.82	1.00
133	Ar_2 excimer emission from a laser-heated plasma in a high-pressure argon gas	4115	Takahashi A, Okada T, Hiyama T, et al.	Ar_2, laser-heated	3	2	3	0.18	8	2.67	0.16	0.67
134	Kinetic of the NO removal by nonthermal plasma in $N_2/NO/C_2H_4$ mixtures	4118	Fresnet F, Baravian G, Magne L, et al.	Nonthermal, $N_2/NO/C_2H_4$	2	11	48	2.91	176	88.00	5.33	5.50
135	Critical layer thickness determination of GaN/InGaN/GaN double heterostructures	4121	Reed M J, Masry N A E, Parker C A, et al.	Thickness, GaN/InGaN/GaN, double, heterostructures	4	13	53	3.21	177	44.25	2.68	3.25
136	Planar degenerate anchoring of liquid crystals obtained by surface memory passivation	4124	Dozov I, Stoenescu D N, Forget S L, et al.	Planar, anchoring, passivation	3	5	30	1.82	67	22.33	1.35	1.67
137	Broad-area optical characterization of well-width homogeneity in $GaN/Al_xGa_{1-x}N$ multiple quantum wells grown on sapphire wafers	4127	Pomarico A, Lomascolo M, Passaseo A, et al.	Broad-area, sapphire	3	14	0	0.00	732	244.00	14.79	4.67

续表

序号	题目	起始页	作者	创新主题词	创新级别	检出文章数	SCI引用次数	年均SCI引用次数	创新总引次数	创新影响因子	年均创新影响因子	创新因子
138	C-MoS$_2$ and C-WS$_2$ nanocomposites	4130	Hsu W K, Zhu Y Q, Kroto H W, et al.	C-WS$_2$, C-MoS$_2$	2	7	26	1.58	993	496.50	30.09	3.50
139	Pressure effects on Al$_{89}$La$_6$Ni$_5$ amorphous alloy crystallization	4133	Zhuang Y X, Jiang J Z, Zhou T J, et al.	Al$_{89}$La$_6$Ni$_5$, high-temperature	2	3	64	3.88	123	61.50	3.73	1.50
140	Size-controlled short nanobells: Growth and formation mechanism	4136	Ma X, Wang E G, Tilley R D, et al.	short, nanobells	2	9	50	3.03	310	155.00	9.39	4.50
141	Long-range ordered lines of self-assembled Ge islands on a flat Si (001) surface	4139	Schmidt O G, Phillipp N Y J, Lange C, et al.	Long-range, Ge, Si, planar	5	6	145	8.79	174	34.80	2.11	1.20
142	Intersubband transitions in bismuth nanowires	4142	Black M R, Padi M, Cronin S B, et al.	Intersubband, bismuth	2	5	39	2.36	118	59.00	3.58	2.50
143	Spectroscopy of competing mechanisms generating stimulated emission in gallium nitride	4145	Herzog W D, Bunea G E, Ünlü M S, et al.	Recombination, Spectroscopy, stimulated, gallium, nitride	5	7	4	0.24	57	11.40	0.69	1.40
144	Influence of dual incorporation of In and N on the luminescence of GaInNAs/GaAs single quantum wells	4148	Sun B Q, Jiang D S, Pan Z, et al.	Luminescence, GaInNAs/GaAs, incorporation	3	32	32	1.94	502	167.33	10.14	10.67
145	Surface morphology of ion-beam-irradiated rutile single crystals	4151	Ishimaru M, Hirotsu Y, Li F, et al.	Morphology, ion-beam-irradiated	4	27	5	0.30	177	44.25	2.68	6.75
146	Observation of the crystal-field splitting related to the Mn-3d bands in spinel-LiMn$_2$O$_4$ films by optical absorption	4154	Kushida K, Kuriyama K	Mn-3d bands, spinel-LiMn$_2$O$_4$	5	1	23	1.39	23	4.60	0.28	0.20
147	Strain-induced diffusion in a strained Si$_{1-x}$Ge$_x$/Si heterostructure	4157	Lim Y S, Lee J Y, Kim H S, et al.	Strain-induced diffusion, Si$_{1-x}$Ge$_x$/Si heterostructure	5	2	15	0.91	21	4.20	0.25	0.40

续表

序号	题目	起始页	作者	创新主题词	创新级别	检出文章数	SCI引用次数	年均SCI引用次数	创新总引次数	创新影响因子	年均创新影响因子	创新因子
148	Magnetic-field-enhanced generation of terahertz radiation in semiconductor surfaces	4160	Weiss C, Wallenstein R, Beigang R	Magnetic-field-enhanced, terahertz radiation	5	10	116	7.03	386	77.20	4.68	2.00
149	Evidence for an isotope effect in the electrical transport of thermally generated mobile charges in amorphous SiO_2	4163	Devine R A B	isotope effect, mobile charges, amorphous SiO_2	6	2	1	0.06	8	1.33	0.08	0.33
150	Deep-ultraviolet transparent conductive β-Ga_2O_3 thin films	4166	Orita M, Ohta H, Hirano M, et al.	Gd_2O_3, Sn-ion	2	2	305	18.48	305	152.50	9.24	1.00
151	Many-particle effects in Ge quantum dots investigated by time-resolved capacitance spectroscopy	4169	Kapteyn C MA, Lion M, Heitz R, et al.	Many-particle effects, Ge quantum dots	6	4	41	2.48	59	9.83	0.60	0.67
152	High-pressure process to produce GaN crystals	4172	Gilbert D R, Novikov A, Patrin N, et al.	High-pressure process, produce GaN crystals	6	10	6	0.36	80	13.33	0.81	1.67
153	Characterizing carrier-trapping phenomena in ultrathin SiO_2 films by using the X-ray photoelectron spectroscopy time-dependent measurements	4175	Hagimoto Y, Fujioka H, Oshima M, et al.	carrier-trapping phenomena, ultrathin SiO_2 films	6	9	22	1.33	172	28.67	1.74	1.50
154	Coherent optical phonon generation by the electric current in quantum wells	4178	Komirenko S M, Kim K W, Kochelap V A, et al.	Coherent optical phonon, electric current, quantum wells	7	8	8	0.48	62	8.86	0.54	1.14
155	Two-photon excited photon echo in CdS	4181	Hillmann F, Voigt J, Redlin H	photon echo, CdS	3	7	4	0.24	28	9.33	0.57	2.33
156	Dimer-flipping-assisted diffusion on a Si (001) surface	4184	Zi J, Min B J, Lu Y, et al.	Dimer-flipping-assist, Si (001) surface	5	1	3	0.18	3	0.60	0.04	0.20
157	Detection of field-dependent antiferromagnetic domains in exchange-biased Fe_3O_4/NiO superlattices	4187	Borchers J A, Ijiri Y, Lind D M, et al.	field-dependent, Fe_3O_4/NiO superlattices	4	1	25	1.52	25	6.25	0.38	0.25

续表

序号	题目	起始页	作者	创新主题词	创新级别	检出文章数	SCI引用次数	年均SCI引用次数	创新总引次数	创新影响因子	年均创新影响因子	创新因子
158	Epitaxial NiMnSb films on GaAs (001)	4190	Roy W V, Boeck J D, Brijs B, et al.	Epitaxial NiMnSb films, GaAs (001)	4	20	70	4.24	688	172.00	10.42	5.00
159	Epitaxy of $HgBa_2CaCu_2O_6$ superconducting films on biaxially textured Ni substrates	4193	Xie Y Y, Aytug T, Wu J Z, et al.	$HgBa_2CaCu_2O_6$, Ni substrates	3	2	15	0.91	16	5.33	0.32	0.67
160	Strong, easy-to-manufacture, transition edge X-ray sensor	4196	Tanaka K, Morooka T, Chinone K, et al.	easy-to-manufacture, X-ray sensor	4	1	20	1.21	20	5.00	0.30	0.25
161	Structural and magnetoresistance characteristics of CoFe/Ag/NiFe/Ag composite discontinuous multilayers	4199	Lee K H, Lee S R, Kim Y K	CoFe/Ag/NiFe/Ag composite	2	1	0	0.00	0	0.00	0.00	0.50
162	Measurements of the absolute value of the penetration depth in high-T_c superconductors using a low-T_c superconductive coating	4202	Prozorov R, Giannetta R W, Carrington A, et al.	high-T_c superconductors, low-T_c superconductive coating	5	5	47	2.85	65	13.00	0.79	1.00
163	Dielectric relaxation in $SrTiO_3$-$SrMg_{1/3}Nb_{2/3}O_3$ and $SrTiO_3$-$SrSc_{1/2}Ta_{1/2}O_3$ solid solutions	4205	Lemanov V V, Smirnova E P, Sotnikov A V, et al.	$SrTiO_3$-$SrMg_{1/3}Nb_{2/3}O_3$	1	7	14	0.85	137	137.00	8.30	7.00
164	Field-induced dielectric properties of laser ablated antiferroelectric $(Pb_{0.99}Nb_{0.02})(Zr_{0.57}Sn_{0.38}Ti_{0.05})_{0.98}O_3$ thin films	4208	Bharadwaja S S N, Krupanidhi S B	antiferroelectric $(Pb_{0.99}Nb_{0.02})(Zr_{0.57}Sn_{0.38}Ti_{0.05})_{0.98}O_3$	1	1	4	0.24	4	4.00	0.24	1.00
165	Improved drive voltages of organic electroluminescent devices with an efficient p-type aromatic diamine hole-injection layer	4211	Ganzorig C, Fujihira M	drive voltages, p-type aromatic diamine	5	1	119	7.21	119	23.80	1.44	0.20
166	Highly efficient unibond silicon-on-insulator blazed grating couplers	4214	Ang T W, Reed G T, Vonsovici A, et al.	silicon-on-insulator, blazed grating couplers	5	24	17	1.03	159	31.80	1.93	4.80
167	Avalanche multiplication and ionization coefficient in AlGaAs/InGaAs p-n-p heterojunction bipolar transistors	4217	Yan B P, Wang H, Ng G I	Avalanche multiplication, AlGaAs/InGaAs p-n-p heterojunction bipolar transistors	6	2	0	0.00	0	0.00	0.00	0.33

续表

序号	起始页	题目	作者	创新主题词	创新级别	检出文章数	SCI引用次数	年均SCI引用次数	创新总引次数	创新影响因子	年均创新影响因子	创新因子
168	4220	Properties of latent interface-trap buildup in irradiated metal-oxide-semiconductor transistors determined by switched bias isothermal annealing experiments	Jaksic A B, Pejovic M M, et al.	metal-oxide-semiconductor transistors, switched bias isothermal annealing	8	2	3	0.18	5	0.63	0.04	0.25
169	4223	Scanning probe energy loss spectroscopy: Angular resolved measurements on silicon and graphite surfaces	Eves B J, Festy F, Svensson K, et al.	Scanning probe energy loss spectroscopy: silicon, graphite surfaces	8	11	33	2.00	137	17.13	1.04	1.38
170	4247	Quasi-phase matched second-harmonic generation in an $Al_xGa_{1-x}As$ asymmetric quantum-well waveguide using ion-implantation-enhanced intermixing	Bouchard J P, Têtu M, Janz S, et al.	Ion-implantation-enhanced	3	26	16	0.97	232	77.33	4.69	8.67
171	4250	Stimulated emission induced by exciton-exciton scattering in ZnO/ZnMgO multiquantum wells up to room temperature	Sun H D, Makino T, Tuan N T, et al.	scattering, ZnO/ZnMgO	2	53	120	7.27	676	338.00	20.48	26.50
172	4253	Optically pumped InGaN/GaN lasers with wet-etched facets	Stocker D A, Schubert E F, Redwing J M	Optically, InGaN/GaN, wet-etched facets	5	2	8	0.48	8	1.60	0.10	0.40
173	4256	Drilled alternating-layer three-dimensional photonic crystals having a full photonic band gap	Notomi M, Tamamura T, Kawashima T, et al.	Drilled, alternating-layer, three-dimensional, lithographic	6	1	29	1.76	29	4.83	0.29	0.17
174	4259	Patterned three-color ZnCdSe/ZnCdMgSe quantum-well structures for integrated full-color and white light emitters	Luo Y, Guo S P, Maksimov O, et al.	three-color, ZnCdSe/ZnCdMgSe	3	1	23	1.39	23	7.67	0.46	0.33
175	4262	Expanded viewing-angle reflection from diffuse holographic-polymer dispersed liquid crystal films	Escuti M J, Kossyrev P, Crawford G P, et al.	viewing-angle, holographic-polymer	4	4	31	1.88	38	9.50	0.58	1.00
176	4265	Feasibility of 5 Gbit/s wavelength division multiplexing using quantum dot lasers	Grundmann M	5 Gbit/s, wavelength, division, multiplexing, quantum, dot, lasers	7	6	14	0.85	128	18.29	1.11	0.86

续表

序号	题目	起始页	作者	创新主题词	创新级别	检出文章数	SCI引用次数	年均SCI引用次数	创新总引次数	创新影响因子	年均创新影响因子	创新因子
177	Fast accurate wavelength switching of an erbium-doped fiber laser with a Fabry-Perot semiconductor filter and fiber Bragg gratings	4268	Li S, Chiang K S, Gambling W A	Fast, accurate, wavelength, switching, erbium-doped	6	6	2	0.12	34	5.67	0.34	1.00
178	Efficient red electroluminescence from devices having multilayers of a europium complex	4271	Hu W, Matsumura M, Wang M, et al.	Electroluminescence, multilayers, europium,	3	8	75	4.55	151	50.33	3.05	2.67
179	Fast-scanning shear-force microscopy using a high-frequency dithering probe	4274	Seo Y, Park J H, Moon J B, et al.	Fast-scanning, shear-force, dithering	5	1	14	0.85	14	2.80	0.17	0.20
180	Grazing-incidence diffraction strain analysis of a laterally-modulated multiquantum well system produced by focused-ion-beam implantation	4277	Grenzer J, Darowski N, Pietsch U, et al.	laterally-modulated, focused-ion-beam	5	2	8	0.48	10	2.00	0.12	0.40
181	Preferential amorphization and defect annihilation at nanocavities in silicon during ion irradiation	4280	Williams J S, Zhu X, Ridgway M C, et al.	amorphization, annihilation, nanocavities	3	2	26	1.58	35	11.67	0.71	0.67
182	Temperature dependence of the surface plasmon resonance of Au/SiO$_2$ nanocomposite films	4283	Dalacu D, Martinu L	Temperature, dependence, Au/SiO$_2$, nanocomposite	4	9	36	2.18	205	51.25	3.11	2.25
183	Atom-scale optical determination of Si-oxide layer thickness during layer-by-layer oxidation: Theoretical study	4286	Nakayama T, Murayama M	Atom-scale, Si-oxide	3	1	20	1.21	20	6.67	0.40	0.33
184	Preparation and single molecule structure of electroactive polysilane end-grafted on a crystalline silicon surface	4289	Furukawa K, Ebata K	polysilane, end-grafted, crystalline	4	1	13	0.79	13	3.25	0.20	0.25
185	Material properties of bulk InGaAs and InAlAs/InGaAs heterostructures grown on (111) B and (111) B misoriented by 1° toward 〈211〉 InP substrates	4292	Yeo W, Dimitrov R, Schaff W J, et al.	bulk, InGaAs, InAlAs/InGaAs, (111) B, InP	5	2	5	0.30	7	1.40	0.08	0.40
186	Scanning thermal microscopy of carbon nanotubes using batch-fabricated probes	4295	Shi L, Plyasunov S, Bachtold A, et al.	thermal, microscopy, batch-fabricated	4	16	99	6.00	335	83.75	5.08	4.00

续表

序号	题目	起始页	作者	创新主题词	创新级别	检出文章数	SCI引用次数	年均SCI引用次数	创新总引次数	创新影响因子	年均创新影响因子	创新因子
187	Atomic force microscopy study of plastic deformation and interfacial sliding in Al thin film: Si substrate systems due to thermal cycling	4298	Chen M W, Dutta I	Atomic, force, microscopy, sliding, Al, Si	6	7	22	1.33	84	14.00	0.85	1.17
188	Optical characterization of relaxation processes in nitrogen-doped ZnSe layers	4301	Worschech L, Ossau W, Nürnberger J, et al.	relaxation, processes, nitrogen-doped, ZnSe, layers	6	2	0	0.00	0	0.00	0.00	0.33
189	Growth of nanocrystalline diamond films by biased enhanced microwave plasma chemical vapor deposition: A different regime of growth	4304	Sharda T, Umeno M, Soga T, et al.	Growth, dynamics, nanocrystalline, methane/hydrogen/air Scaling,	5	1	2	0.12	2	0.40	0.02	0.20
190	Interaction of a Ti-capped Co thin film with Si_3N_4	4307	Li H, Bender H, Conard T, et al.	Ti-capped, Si_3N_4	3	1	3	0.18	3	1.00	0.06	0.33
191	Phase separation in metalorganic vapor-phase epitaxy $Al_xGa_{1-x}N$ films deposited on 6H-SiC	4310	Vennégues P, Lahrèche H	vapor-phase, $Al_xGa_{1-x}N$, 6H-SiC	4	1	28	1.70	28	7.00	0.42	0.25
192	Fabrication of highly ordered porous structures	4313	Meng Q B, Gu Z Z, Sato O, et al.	Fabrication, porous, capillary, forces,	4	97	66	4.00	4064	1016.00	61.58	24.25
193	Strong interface-induced changes on the numerical calculated Raman scattering in Si/3C-SiC superlattices	4316	Bezerra E F, Freire V N, Filho A G S, et al.	interface-induced, Si/3C-SiC	3	2	2	0.12	8	2.67	0.16	0.67
194	Inversion domains triggering recovery of luminescence uniformity in epitaxially lateral overgrown thick GaN film	4319	Kim C, Yi J, Yang M, et al.	Inversion, luminescence, overgrown, GaN	4	1	4	0.24	4	1.00	0.06	0.25
195	Direct evidence for 8-interstitial-controlled nucleation of extended defects in c-Si	4322	Schiettekatte F, Roorda S, Poirier R, et al.	8-interstitial-controlled	2	1	6	0.36	6	3.00	0.18	0.50
196	Grain boundary filtration by selective nucleation and solid phase epitaxy of Ge through planar constrictions	4325	Tanabe H, Chen C M, Atwater H A	filtration, nucleation, epitaxy	3	4	5	0.30	69	23.00	1.39	1.33

续表

序号	题目	起始页	作者	创新主题词	创新级别	检出文章数	SCI引用次数	年均SCI引用次数	创新总引次数	创新影响因子	年均创新影响因子	创新因子
197	Spherical SiGe quantum dots prepared by thermal evaporation	4328	Liao Y C, Lin S Y, Lee S C, et al.	Spherical, SiGe, evaporation	3	5	11	0.67	28	9.33	0.57	1.67
198	Compressive strength of synthetic diamond grits containing metallic nanoparticles	4330	Watson J H P, Li Z, Hyde A M	strength, grits, nanoparticles	3	20	3	0.18	155	51.67	3.13	6.67
199	Amorphization and anisotropic fracture dynamics during nanoindentation of silicon nitride: A multimillion atom molecular dynamics study	4332	Walsh P, Kalia R K, Nakano A, et al.	Amorphization, anisotropic, dynamics, nanoindentation, nitride	5	1	38	2.30	38	7.60	0.46	0.20
200	Magnetoluminescence studies in InGaP alloys	4335	Zeman J, Martinez G, Bajaj K K, et al.	Magnetoluminescence, InGaP	2	1	10	0.61	10	5.00	0.30	0.50
201	Electrical and optical properties of strongly reduced epitaxial $BaTiO_{3-x}$ thin films	4338	Zhao T, Chen Z H, Chen F, et al.	Electrical, optical, epitaxial, $BaTiO_{3-x}$	4	1	32	1.94	32	8.00	0.48	0.25
202	Resonant tunneling diodes made up of stacked self-assembled Ge/Si islands	4341	Schmidt O G, Denker U, berl K, et al.	Resonant Diodes Stacked islands	4	2	28	1.70	41	10.25	0.62	0.50
203	Electric-field-dependent carrier capture and escape in self-assembled InAs/GaAs quantum dots	4344	Fry P W, Finley J J, Wilson L R, et al.	Electric-field-dependent Escape dots	5	3	80	4.85	85	17.00	1.03	0.60
204	Hot carrier recombination model of visible electroluminescence from metal-oxide-silicon tunneling diodes	4347	Liu C W, Chang S T, Liu W T, et al.	Hot Carrier Diodes secondary	4	3	18	1.09	24	6.00	0.36	0.75
205	Correlation between the gate bias dependence of the probability of anode hole injection and breakdown in thin silicon dioxide films	4350	Samanta P, Sarkar C K	Correlation Dependence Probability Hole injection	5	2	3	0.18	13	2.60	0.16	0.40
206	Current transport mechanism of p-GaN Schottky contacts	4353	Shiojima K, Sugahara T, Sakai S	Current Transport Mechanism p-GaN Schottky	5	21	32	1.94	313	62.60	3.79	4.20

续表

序号	题目	起始页	作者	创新主题词	创新级别	检出文章数	SCI引用次数	年均SCI引用次数	创新总引次数	创新影响因子	年均创新影响因子	创新因子
207	Terahertz-frequency electronic coupling in vertically coupled quantum dots	4356	Boucaud P, Williams J B, Gill K S, et al.	Terahertz-frequency, coupling, vertically	4	6	11	0.67	54	13.50	0.82	1.50
208	Free electron density and mobility in high-quality 4H-SiC	4359	Pernot J, Contreras S, Camassel J, et al.	Free electron density, mobility, high-quality 4H-SiC	7	2	35	2.12	40	5.71	0.35	0.29
209	Electronic properties of the diamond films with nitrogen impurities: An X-ray absorption and photoemission spectroscopy study	4362	Chang Y D, Chiu A P, Pong W F, et al.	Electronic properties, diamond films, impurities, absorption, photoemission	7	5	0	0.00	34	4.86	0.29	0.71
210	Thermal dynamics of VO_2 films within the metal-insulator transition: Evidence for chaos near percolation threshold	4365	de Almeida L A L, Deep G S, Lima A M N, et al.	Thermal dynamics, VO_2 films	4	37	21	1.27	472	118.00	7.15	9.25
211	Correlation between the gap energy and size of single InAs quantum dots on GaAs(001) studied by scanning tunneling spectroscopy	4368	Yamauchi T, Matsuba Y, Bolotov L, et al.	Correlation, energy, size, single InAS	5	18	20	1.21	506	101.20	6.13	3.60
212	Temperature and partial oxygen pressure role on the electrical conductivity of $Bi_{12}Ti_{0.7}Ga_{0.3}O_{20}$ single crystal	4371	Lanfredi S, Carvalho J F, and Hernandes A C	$Bi_{12}Ti_{0.7}Ga_{0.3}O_{20}$	1	1	6	0.36	6	6.00	0.36	1.00
213	Impact ionization coefficients of $Al_{0.8}Ga_{0.2}As$	4374	Ng B K, David J P R, Plimmer S A, et al.	Impact ionization, $Al_{0.8}Ga_{0.2}As$	3	10	19	1.15	101	33.67	2.04	3.33
214	Growth and characterization of low-temperature grown GaN with high Fe doping	4377	Akinaga H, Németh S, de Boeck J, et al.	Growth, characterization, low-temperature, GaN, Fe	6	8	67	4.06	122	20.33	1.23	1.33
215	Microscopic carrier dynamics of quantum-well-based light storage cells	4380	Zhang S K, Santos P V, Hey R, et al.	Microscopic, dynamics, quantum-well-based	5	2	10	0.61	16	3.20	0.19	0.40
216	Temperature dependence of surface photovoltage of bulk semiconductors and the effect of surface passivation	4383	Datta S, Gokhale M R, Shah A P, et al.	Temperature, surface photovoltage, bulk semiconductors, passivation	6	5	4	0.24	10	1.67	0.10	0.83

续表

序号	题目	起始页	作者	创新主题词	创新级别	检出文章数	SCI引用次数	年均SCI引用次数	创新总引次数	创新影响因子	年均创新影响因子	创新因子
217	Incorporation of Mg in GaN grown by plasma-assisted molecular beam epiaxy	4386	Namkoong G, Doolittle W A, Brown A S	Incorporation, Mg, plasma-assisted	5	12	13	0.79	98	19.60	1.19	2.40
218	Modeling of steady-state field distributions in blocked impurity band detector	4389	Haegel N M, Jacobs J E, White A M	Modeling, steady-state, Blocked, detectors	5	14	16	0.97	282	56.40	3.42	2.80
219	Decrease in gap states at ultrathin SiO_2/Si interfaces by crown-ether cyanide treatment	4392	Kobayashi H, Asano A. Takahashi M, et al.	Decrease, SiO_2/Si, crown-ether	4	3	30	1.82	68	17.00	1.03	0.75
220	Synthesis and characterization of pure C40 $TiSi_2$	4395	Chen S Y, Shen Z X, Li K, et al.	Synthesis, pure C40	3	7	17	1.03	128	42.67	2.59	2.33
221	Origins of both insulator-metal transition and colossal magnetoresistance in doped manganese perovskites	4398	Yuan S L, Zhao W Y, Zhang G Q, et al.	Origins, transition	3	1	40	2.42	40	13.33	0.81	0.33
222	Spin-angle topography of hexagonal manganites by magnetic second-harmonic generation	4401	Fiebig M, Fröhlich D, Lottermoser T H, et al.	Spin-angle, second-harmonic	4	1	16	0.97	16	4.00	0.24	0.25
223	Magnetic permeability imaging of metals with a scanning near-field microwave microscope	4404	Lee S C, Vlahacos C P, Feenstra B J, et al.	Magnetic permeability imaging, near-field microwave	6	10	33	2.00	226	37.67	2.28	1.67
224	Dual mode cross-slotted filters realized with superconducting films	4407	Cassinese A. Palomba F, Pica G, et al.	Dual mode cross-slotted filters realized, superconducting films	8	6	9	0.55	47	5.88	0.36	0.75
225	Magneto-optic Kerr effect investigation of cobalt and permalloy nanoscale dot arrays: Shape effects on magnetization reversal	4410	Johnson J A, Grimsditch M, Metlushko V, et al.	Magneto-optic, investigation, permalloy	4	12	28	1.70	178	44.50	2.70	3.00

续表

序号	题目	起始页	作者	创新主题词	创新级别	检出文章数	SCI引用次数	年均SCI引用次数	创新总引次数	创新影响因子	年均创新影响因子	创新因子
226	Preisach modeling of ferroelectric pinched loops	4413	Robert G, Damjanovic D, Setter N	Preisach modeling, pinched loops	4	3	38	2.30	39	9.75	0.59	0.75
227	Ferroelectric silver niobate-tantalate thin films	4416	Koh J H, Khartsev S I, Grishin A	Ferroelectric silver niobate-tantalate, films	5	2	30	1.82	33	6.60	0.40	0.40
228	Measurements of discrete electronic states in a gold nanoparticle using tunnel junctions formed from self-assembled monolayers	4419	Petta J R, Salinas D G, Ralph D C	Measurements discrete electronic, gold, tunnel	5	4	13	0.79	80	16.00	0.97	0.80
229	Thermal fluctuation noise in a voltage biased superconducting transition edge thermometer	4422	Hoevers H F C, Bento A C, Bruijn M P, et al.	Thermal fluctuation, voltage, superconducting, thermometer	5	3	55	3.33	60	12.00	0.73	0.60
230	Investigating material and functional properties of static random access memories using cantilevered glass multiple-wire force-sensing thermal probes	4425	Dekhter R, Khachatryan E, Kokotov Y, et al.	Investigating, cantilevered, multiple-wire	4	1	4	0.24	4	1.00	0.06	0.25
231	Band gaps and localization in acoustic propagation in water with air cylinders	4428	Ye Z, Hoskinson E	Band gaps, localization, acoustic, water, air	6	4	24	1.45	39	6.50	0.39	0.67
232	Synthesis of tailored composite nanoparticles in the gas phase	4431	Maisels A, EinarKruis F, Fissan H, et al.	Systhesis, tailored nanoparticles, gas	5	5	11	0.67	67	13.40	0.81	1.00
233	Ultrafast scanning tunneling microscopy with 1 nm resolution	4434	Khusnatdinov N N, Nagle T J, Jr G N.	Ultrafast, microscopy, resolution	5	5	30	1.82	47	9.40	0.57	1.00

JACS 2000 年 122 卷（48～51 期）统计数据

序号	起始页	作者	题目	创新主题词	创新级别	检出文章数	SCI引用次数	年均SCI引用次数	创新总引次数	创新影响因子	年均创新影响因子	创新因子
1	11757	Quesada J S, Ghadiri M R, Bayley H, et al.	Cyclic peptides as molecular adapters for a pore-forming protein	staphylococcal alpha-hemolysin, transmembrane ion channels, membrane damage	7	5	101	6.12	240	34.29	2.08	0.71
2	11767	Kumar A, Gross R A	Candida antarctica lipase b-catalyzed transesterification: New synthetic routes to copolyesters	copolyesters, transesterification, lipase, polyesters	4	18	82	4.97	772	193.00	11.70	4.50
3	11771	Casado A L, Espinet P, Gallego A M	Mechanism of the stille reaction. 2. couplings of aryl triflates with vinyltributyltin. observation of intermediates. a more comprehensive scheme	stille reaction, chlorides, oxidative addition, vinyl	6	8	103	6.24	405	67.50	4.09	1.33
4	11783	Streitwieser A, Kim Y J	Ion pair basicity of some amines in thf: Implications for ion pair acidity scales	carbon acidity, lithium, complexes, ligand	5	3	36	2.18	70	14.00	0.85	0.60
5	11787	Siu T, Yekta S, Yudin A K	New approach to rapid generation and screening of diverse catalytic materials on electrode surfaces	electrochemical copolymerization, complexes, catalyst films	5	3	30	1.82	53	10.60	0.64	0.60
6	11791	Hirai A, Nakamura M, Nakamura E	Mechanism of addition of allylmetal to vinylmetal. dichotomy between metal-ene reaction and metalla-claisen rearrangement	effective core potentials, molecular calculations, open dimer	7	10	86	5.21	245	35.00	2.12	1.43
7	11799	Fürstner A, Grela K, Mathes C, et al.	Novel and flexible entries into prostaglandins and analogues based on ring closing alkyne metathesis or alkyne cross metathesis	triply convergent synthesis, cross metathesis	5	3	98	5.94	208	41.60	2.52	0.60
8	11806	Wang Q, Yu L	Conjugated polymers containing mixec-ligand ruthenium (ii) complexes. synthesis, characterization, and investigation of photoconductive properties	liquid-crystalline polymers, transition-metal complexes, polycondensation	7	4	70	4.24	105	15.00	0.91	0.57
9	11812	Collman J P, Boulatov R	Synthesis and reactivity of porphyrinato-rhodium (ii)-triethylphosphine adducts: The role of pet3 in stabilizing a formal rh (ii) state	porphyrin-catalyzed cyclopropanation, carbonyl ylide formation	6	5	55	3.33	192	32.00	1.94	0.83

续表

序号	题目	起始页	作者	创新主题词	创新级别	检出文章数	SCI引用次数	年均SCI引用次数	创新总引次数	创新影响因子	年均创新影响因子	创新因子
10	Transcyclometalation processes with late transition metals: Caryl—H bond activation via noncovalent C—H···interactions	11822	Albrecht M, Dani P, Lutz M, et al.	ray crystal-structure, oxidative addition-reactions, organoplatinum-amine system	9	2	88	5.33	113	12.56	0.76	0.22
11	Multiporphyrinic rotaxanes: Control of intramolecular electron transfer rate by steering the mutual arrangement of the chromophores	11834	Linke M, Chambron J C, Heitz V, et al.	interlocked macrocyclic ligands, photosynthetic reaction-center, chromophores	7	3	76	4.61	156	22.29	1.35	0.43
12	Molecular design of single-site metal alkoxide catalyst precursors for ring-opening polymerization reactions leading to polyoxygenates. 1. polylactide formation by achiral and chiral magnesium and zinc alkoxides, $(\eta^3\text{-L})$ MOR, where L = trispyrazolyl-and trisindazolylborate ligands	11845	Chisholm M H, Eilerts N W, Huffman J C, et al.	alternating copolymerization, metathesis polymerization, living polymerization	6	19	338	20.48	1216	202.67	12.28	3.17
13	Evidence for antisymmetric exchange in cuboidal[3Fe-4S]+ clusters	11855	Sanakis Y, Macedo A L, Moura I, et al.	Fe_3S_4 cluster, cuboidal, antisymmetric exchange	5	2	33	2.00	33	6.60	0.40	0.40
14	Isotope studies of photocatalysis: Dual mechanisms in the conversion of anisole to phenol	11864	Li X, Jenks W S	aqueous-solution, oh-radicals, TiO_2, pulse-radiolysis, kinetics	8	5	305	18.48	172	21.50	1.30	0.63
15	The role of orbital interactions in determining the interlayer spacing in graphite slabs	11871	Yoshizawa K, Yumura T, Yamabe T, et al.	generalized gradient approximation, carbon nanotubes, intercalation compounds, molecules	8	30	112	6.79	561	70.13	4.25	3.75
16	Multichromophoric cyclodextrins. 8. dynamics of homo-and heterotransfer of excitation energy in inclusion complexes with fluorescent dyes	11876	Santos M N B, Choppinet P, Fedorov A, et al.	light-harvesting arrays, electronic excitation, anisotropy	6	17	54	3.27	821	136.83	8.29	2.83
17	Chemical reactivity within NO/ethanol cluster ions	11887	Shin D N, DeLeon R L, Garvey J F	dry scrubbing process, multiphoton ionization, mass-spectrometry	7	2	6	0.36	8	1.14	0.07	0.29

续表

序号	起始页	作者	题目	创新主题词	创新级别	检出文章数	SCI引用次数	年均SCI引用次数	创新总次数	创新影响因子	年均创新影响因子	创新因子
18	11893	Simons J, Skurski P, Barrios R	Repulsive coulomb barriers in compact stable and metastable multiply charged anions	gas-phase, photoelectron-spectroscopy, carbon clusters, photodetachment, dianions, stability	9	9	55	3.33	147	16.33	0.99	1.00
19	11900	Munzarová M L, Kubáček P, Kaupp M	Mechanisms of EPR hyperfine coupling in transition metal complexes	density-functional theory, electronic-structure, spin polarization, constants, band, metal complexes	11	7	114	6.91	209	19.00	1.15	0.64
20	11914	Sumner J J, Creager S E	Topological effects in bridge-mediated electron transfer between redox molecules and metal electrodes	self-assembled monolayers, room-temperature, energy-transfer	7	9	39	2.36	174	24.86	1.51	1.29
21	11921	Tong Y Y, Rice C, Wieckowski A, et al.	195Pt NMR of platinum electrocatalyst: Friedel-heine invariance and correlations between platinum knight shifts, healing length, and adsorbate electronegativity	catalyst surfaces, knight shifts, electrocatalysts	5	7	22	1.33	271	54.20	3.28	1.40
22	11925	Clerc M I, Davidson P, Davidson A	Existence of a microporous corona around the mesopores of silica-based SBA-15 materials templated by triblock copolymers	lyotropic liquid-crystalline, molecular-sieves, scattering, mesophases	7	3	459	27.82	614	87.71	5.32	0.43
23	11934	Gould I R, Lenhard J R, Muenter A A, et al.	Two-electron sensitization: A new concept for silver halide photography	Two-electron, silver halide, sensitization	5	6	114	6.91	149	29.80	1.81	1.20
24	11944	Yan X, Hsu J T, Regen S L	Selective dampening of the gas permeability of a langmuir-blodgett film using moist permeants	gas permeability, langmuir-blodgett film, separation, helium	7	2	16	0.97	28	4.00	0.24	0.29
25	11948	Forster R J, Loughman P, Keyes T E	Effect of electrode density of states or the heterogeneous electron-transfer dynamics of osmium-containing monolayers	electrode density, electron-transfer, dynamics, osmium	6	4	329	19.94	429	71.50	4.33	0.67
26	11956	Zyss J, Ledoux I, Volkov S, et al.	Through-space charge transfer and nonlinear optical properties of substituted paracyclophane	charge transfer, nonlinear optical properties, paracyclophane, space	7	12	166	10.06	675	96.43	5.84	1.71

续表

序号	起始页	题目	作者	创新主题词	创新级别	检出文章数	SCI引用次数	年均SCI引用次数	创新总次数	创新影响因子	年均创新影响因子	创新因子
27	11963	Glutathione transferase: A first-principles study of the active site	Rignanese G M, Angelis F D, Melchionna S, et al.	Glutathione, catalytic mechanism, exchange, flexibility	5	2	6	0.36	7	1.40	0.08	0.40
28	11971	Tuning solid-state photoluminescence frequencies and efficiencies of oligomers containing one central thiophene-s, s-dioxide unit	Barbarella G, Favaretto L, Sotgiu G, et al.	light-emitting-diodes, organic electroluminescent devices, thiophene-based materials, electronic-properties	11	2	115	6.97	164	14.91	0.90	0.18
29	11979	Mechanistic studies of affinity modulation	Rosen M K, Amos C D, Wandless T J	fk506 binding-protein, secondary structure, drug design, nmr	8	2	7	0.42	76	9.50	0.58	0.25
30	11983	C_2-symmetric ansa-lanthanidocene complexes. theoretical evidence for a symmetric ln···（si···h）β-diagostic interaction	Hieringer W, Eppinger J, Anwander R, et al.	density-functional theory, ab-initio mo, effective core potentials, harmonic vibrational frequencies	11	3	57	3.45	78	7.09	0.43	0.27
31	11995	A novel and expeditious reduction of tertiary amides to aldehydes using cp2zr（h）cl	White J M, Tunoori A R, Georg G I	reagent, tertiary amides, aldehydes, cp2zr（h）cl	5	6	73	4.42	213	42.60	2.58	1.20
32	11997	Mesoscale folding: A physical realization of an, 2d lattice model for molecular folding	Choi I S, Weck M, Jeon N L, et al.	molecular folding, funnels, kinetics, 2d lattice model,	7	2	11	0.67	13	1.86	0.11	0.29
33	11999	One-pot reactions with opposing reagents: Sol-gel entrapped catalyst and base	Gelman F, Blum J, Avnir D	proteins, catalyst, opposing reagents	4	4	87	5.27	223	55.75	3.38	1.00
34	12001	Single-bubble sonophotoluminescence	Ashokkumar M, Grieser F	Single, bubble, sonophotoluminescence	3	6	38	2.30	103	34.33	2.08	2.00
35	12003	A direct catalytic enantioselective aldol reaction via a novel catalyst design	Trost B M, Ito H	methyl ketones, michael-addition asymmetric-synthesis, organic-synthesis	8	6	363	22.00	419	52.38	3.17	0.75
36	12005	Light-driven molecular rotor: Unidirectional rotation controlled by a single stereogenic center	Koumura N, Geertsema E M, Meetsma A, et al.	transition, machines, light, rotor	4	21	116	7.03	454	113.50	6.88	5.25

续表

序号	题目	起始页	作者	创新主题词	创新级别	检出文章数	SCI引用次数	年均SCI引用次数	创新总引次数	创新影响因子	年均创新影响因子	创新因子
37	A ruthenium-catalyzed pyrrolidine and piperidine synthesis	12007	Trost B M, Pinkerton A B, Kremzow D	Oallenes, palladium, cyclization, halides, complexes, alkylation	6	3	43	2.61	72	12.00	0.73	0.50
38	Are β-amino acids γ-turn mimetics? exploring a new design principle for bioactive cyclopeptides	12009	Schumann F, Müller A, Koksch M, et al.	cyclic rgd-peptides, (pentapeptides, helix)	5	2	78	4.73	115	23.00	1.39	0.40
39	Highly selective and practical hydrolic oxidation of organosilanes to silanols catalyzed by a ruthenium complex	12011	Lee M, Ko S, Chang S	alkenylsilanols, conversion, insertion	3	3	97	5.88	164	54.67	3.31	1.00
40	Highly efficient carbopalladation across vinylsilane: dual role of the 2-pymesi group and as a phase tag	12013	Itami K, Mitsudo K, Kamei T, et al.	palladium-catalyzed arylation, silver-nitrate, cleavage	6	2	88	5.33	93	15.50	0.94	0.33
41	Spectral editing of solid-state mas nmr spectra of half-integer quadrupolar nuclei	12015	Caldarelli S, Ziarelli F	half-integer, angle-spinning nmr, mqmas, magnetic-resonance, locking	9	3	11	0.67	37	4.11	0.25	0.33
42	NMR spectroscopic investigation of ψ torsion angle distribution in unfolded ubiquitin from analysis of $^3J(c_\alpha, c_\alpha)$ coupling constants and cross-correlated $\Gamma^C_{H,N,C_\alpha,H_\alpha}$ relaxation rates	12017	Peti W, Hennig M, Smith L J, et al.	amino-acids, conformations, protein, vectors, gamma, lysozyme	7	2	26	1.58	42	6.00	0.36	0.29
43	How much steric crowding is possible in tris（η5-pentamethylcyclopentadienyl）complexes? synthesis and structure of $(c_5me_5)_3$ ucl and $(c_5me_5)_3$uf	12019	Evans W J, Nyce G W, Johnston M A, et al.	organo-metallic compounds, ray crystal-structure, oxidative-addition, reactivity	9	2	62	3.76	67	7.44	0.45	0.22
44	On the mechanism of catalytic, enantioselective allylation of aldehydes with chlorosilanes and chiral lewis bases	12021	Denmark S E, Fu J	highly stereoselective synthesis, asymmetric allylation, homoallylic alcohols, allyltrichlorosilanes	8	5	98	5.94	463	57.88	3.51	0.63

续表

序号	题目	起始页	作者	创新主题词	创新级别	检出文章数	SCI引用次数	年均SCI引用次数	创新总引次数	创新影响因子	年均创新影响因子	创新因子
45	Magnesium ion catalyzed atp hydrolysis	12023	Williams N H	phosphoryl-transfer reactions, transition-state, metal-ions, alkaline-phosphatase, crystal-structures, mechanism	12	10	37	2.24	190	15.83	0.96	0.83
46	Fluorophobic acceleration of diels-alder reactions	12025	Myers K E, Kumar K	Fluorophobic, diels-alder	3	5	43	2.61	95	31.67	1.92	1.67
47	The mechanism of hydrated proton transport in water	12027	Day T J F, Schmitt U W, Voth G A	valence-bond model, excess proton, molecular-dynamics, quantum, simulation, hydrated proton transport	12	25	216	13.09	2227	185.58	11.25	2.08
48	Nonlinear optical properties of molecularly bridged gold nanoparticle arrays	12029	Novak J P, Brousseau L C, Vance F W, et al.	Nonlinear, molecularly, bridged	3	8	134	8.12	329	109.67	6.65	2.67
49	Sum frequency generation on surfactant-coated gold nanoparticles	12031	Kawai T, Neivandt D J, Davies P B	frequency, surfactant-coated, gold	4	4	32	1.94	41	10.25	0.62	1.00
50	Peptide plane torsion angles in proteins through intraresidue ^1h-^{15}n-$^{13}c'$ dipole-csa relaxation interference: Facile discrimination between type-i and type-ii β-turns	12033	Kloiber K, Konrat R	plane, torsion, intraresidue	3	2	9	0.55	12	4.00	0.24	0.67
51	Guanidinoglycosides: A novel family of rna ligands	12035	Luedtke N W, Baker T J, Goodman M, et al.	Guanidinoglycosides, rna, ligands	3	5	87	5.27	118	39.33	2.38	1.67
52	Dynamics and equilibria for oxidation of g, gg, and ggg sequences in dna hairpins	12037	Lewis F D, Liu X, Liu J, et al.	g, gg, dna, hairpins	5	4	94	5.70	202	40.40	2.45	0.80
53	Solvent mediated coupling across 1 nm: Not a π bond in sight	12039	Kaplan R W, Napper A M, Waldeck D H, et al.	photoinduced electron-transfer, matrix-reorganization energy, matrix-elements, temperature, systems, dependence, molecules, coupling	12	2	20	1.21	461	38.42	2.33	0.17

续表

序号	题目	起始页	作者	创新主题词	创新级别	检出文章数	SCI引用次数	年均SCI引用次数	创新总引次数	创新影响因子	年均创新影响因子	创新因子
54	Structure, synthesis, and biological properties of kalkitoxin, a novel neurotoxin from the marine cyanobacterium lyngbya majuscula	12041	Wu M, Okino T, Nogle L.M., et al.	kalkitoxin, neurotoxin	2	10	94	5.70	411	205.50	12.45	5.00
55	A Heck-type reaction involving carbon-heteroatom double bonds. rhodium(i)-catalyzed coupling of aryl halides with n-pyrazyl aldimines	12043	Ishiyama T, Hartwig J	n-pyrazyl, Catalyzed Coupling	3	2	77	4.67	105	35.00	2.12	0.67
56	Separating mechanical and chemical contributions to molecular-level friction	12045	Kim H I, Houston J E	Separating, mechanical, molecular-level, friction	5	4	49	2.97	62	12.40	0.75	0.80
57	Preparation of cyclopropanediol: novel[2+1]cycloaddition reaction of bis (iodozincio) methane with 1,2-diketones	12047	Ukai K, Oshima K, Matsubara S	cycloaddition, bis (iodozincio) methane	2	8	27	1.64	112	56.00	3.39	4.00
58	Palladium (0) -catalyzed ring cleavage of cyclobutanone oximes leading to nitrile via β-carbon elimination	12049	Nishimura T, Uemura S	cyclobutanone, nitriles	2	11	66	4.00	254	127.00	7.70	5.50
59	A Catalytic asymmetric suzuki coupling for the synthesis of axially chiral biaryl compounds	12051	Yin J, Buchwald S L	axially, absolute-configuration	3	150	312	18.91	3325	1108.33	67.17	50.00
60	Magneto-switchable bioelectrocatalysis	12053	Hirsch R, Katz E, Willner I	Magneto-switchable, bioelectrocatalysis	3	6	124	7.52	328	109.33	6.63	2.00
61	Copper-amidophosphine catalyst in asymmetric addition of organozinc to imines	12055	Fujihara H, Nagai K, Tomioka K	Copper amidophosphine	2	1	140	8.48	140	70.00	4.24	0.50
62	Inhibition and acceleration of the bergman cycloaromatization reaction by the pentamethylcyclopentadienyl ruthenium cation	12057	O'Connor J M, Lee L I, Gantzel P, et al.	arene 1,4-diradical formation, ruthenium	4	1	39	2.36	39	9.75	0.59	0.25
63	First synthetic no-heme-thiolate complex relevant to nitric oxide synthase and cytochrome p450 nor	12059	Suzuki N, Higuchi T, Urano Y, et al.	Cytochrome, P450, no-heme-thiolate	5	2	32	1.94	33	6.60	0.40	0.40

续表

序号	题目	起始页	作者	创新主题词	创新级别	检出文章数	SCI引用次数	年均SCI引用次数	创新总引次数	创新影响因子	年均创新影响因子	创新因子
64	Direct synthesis of expanded fluorinated calix[n]pyrroles: Decafluorocalix[5]pyrrole and hexadecafluorocalix[8]pyrrole	12061	Sessler J L, Shriver J A, Jursíková K., et al.	decafluorocalix[5]pyrrole, Expanded Fluorinated	3	2	84	5.09	139	46.33	2.81	0.67
65	Dynamic combinatorial libraries of macrocyclic disulfides in water	12063	Otto S, Furlan R L E, Sanders J K M	diversity, macrocyclic, disulfides	3	23	182	11.03	936	312.00	18.91	7.67
66	A general semisynthetic method for fluorescent saccharide-biosensors based on a lectin	12065	Hamachi I, Nagase T, Shinkai S	saccharide-biosensors, lectin	3	17	86	5.21	468	156.00	9.45	5.67
67	Unconventional origin of metal ion rescue in the hammerhead ribozyme reaction: Mn^{2+} -assisted redox conversion of 2'-mercaptocytidine to cytidine	12069	Hamm M L, Nikolic D, Breemen R B V, et al.	catalysis, spliceosome, mechanism, analog	4	6	11	0.67	142	35.50	2.15	1.50
68	Design, synthesis, and characterization of 4-ester ci2, a model for backbone hydrogen bonding in protein α-helices	12079	Beligere G S, Dawson P E	transition-state, sequences, mutations, complexes, ligation	6	6	50	3.03	132	22.00	1.33	1.00
69	Synthesis and reactivity of a novel, dimeric derivative of octafluoro[2.2]paracyclophane. a new source of trifluoromethyl radicals	12083	Dolbier W R, Duan J X, Abboud K. et al.	octafluoro[2.2]paracyclophane, trifluoromethyl radicals	3	2	22	1.33	23	7.67	0.46	0.67
70	Effects of metal ions on the electronic, redox, and catalytic properties of cofactor ttq of quinoprotein amine dehydrogenases	12087	Itoh S, Taniguchi M, Takada N, et al.	tryptophan tryptophylquinone enzyme, site-directed mutagenesis, methylamine dehydrogenase, monovalent cations	10	5	28	1.70	71	7.10	0.43	0.50
71	Chemistry of syn-o-, o'-dibenzene	12098	Gan H, Homer M G, Hrnjez B J, et al.	dibenzene, dimer, thermolyses	3	2	13	0.79	16	5.33	0.32	0.67
72	A "dendritic effect" in homogeneous catalysis with carbosilane-supported arylnickel (ii) catalysts: observation of active-site proximity effects in atom-transfer radical addition	12112	Kleij A W, Gossage R A, Gebbink R J M K., et al.	dendritic effect, arylnickel (ii)	3	7	180	10.91	537	179.00	10.85	2.33

续表

序号	题目	起始页	作者	创新主题词	创新级别	检出文章数	SCI引用次数	年均SCI引用次数	创新总引用次数	创新影响因子	年均创新影响因子	创新因子
73	Contribution of fluorine to protein-ligand affinity in the binding of fluoroaromatic inhibitors to carbonic anhydrase ii	12125	Kim C Y, Chang J S, Doyon J B, et al.	Contribution, fluoroaromatic, carbonic anhydrase ii	4	2	96	5.82	108	27.00	1.64	0.50
74	Photochromism of 1, 2-bis (2-ethyl-5-phenyl-3-thienyl) perfluorocyclopentene in a single-crystalline phase. conrotatory thermal cycloreversion of the closed-ring isomer	12135	Kobatake S, Shibata K, Uchida K, et al.	1, 2-bis (2-ethyl-5-phenyl-3-thienyl) perfluorocyclopentene, single-crystalline	3	2	82	4.97	91	30.33	1.84	0.67
75	Self-assembly of cdse-zns quantum det bioconjugates using an engineered recombinant protein	12142	Mattoussi H, Mauro J M, Goldman E R, et al.	Self-assembly, cdse-zns	3	168	1399	84.79	7671	2557.00	154.97	56.00
76	Self-assembly of β-glucosidase and d-glucose-tethering zeolite crystals into fibrous aggregates	12151	Lee G S, Lee Y J, Choi S Y, et al.	Self-assembly, d-glucose-tethering	4	2	42	2.55	61	15.25	0.92	0.50
77	Spontaneous formation of inorganic helical fibers and rings	12158	Giraldo O, Marquez M, Brock S L, et al.	Spontaneous, inorganic, helical, fibers	4	1	30	1.82	30	7.50	0.45	0.25
78	Computation of through-space ^{19}F-^{19}F scalar couplings via density functional theory	12164	Arnold W D, Mao J, Sun H, et al.	approximation; energy; through-space; density functional theory; scalar coupling	9	5	44	2.67	107	11.89	0.72	0.56
79	Total synthesis of the rubrolone aglycon	12169	Boger D L, Ichikawa S, Jiang H	rubrolone, aglycon	2	2	42	2.55	47	23.50	1.42	1.00
80	A color-switching molecule: Specific properties of new tetraaza macrocycle zinc complex with a facile hydrogen atom	12174	Ibrahim R, Tsuchiya S, Ogawa S	color-switching, tetraaza, zinc	4	1	28	1.70	28	7.00	0.42	0.25
81	Role of the surface-exposed and copper-coordinating histidine in blue copper proteins: The electron-transfer and redox-coupled ligand binding properties of his117gly azurin	12186	Jeuken L J C, Vliet P V, Verbeet M P, et al.	surface-exposed, copper-coordinating	4	3	61	3.70	90	22.50	1.36	0.75

续表

序号	题目	起始页	作者	创新主题词	创新级别	检出文章数	SCI引用次数	年均SCI引用次数	创新总次数	创新影响因子	年均创新影响因子	创新因子
82	Mechanism of rapid electron transfer during oxygen activation in the r2 subunit of escherichia coli ribonucleotide reductase. 1. evidence for a transient tryptophan radical	12195	Baldwin J, Krebs C, Ley B A. et al.	r2, tryptophan, radical	3	33	115	6.97	1061	353.67	21.43	11.00
83	Mechanism of rapid electron transfer during oxygen activation in the r2 subunit of escherichia coli ribonucleotide reductase. 2. evidence for and consequences of blocked electron transfer in the w48f variant	12207	Krebs C, Chen S, Baldwin J, et al.	blocked, electron. w48f	3	3	65	3.94	138	46.00	2.79	1.00
84	Isolation and crystallographic characterization of ersc29h@c80: An endohedral fullerene which crystallizes with remarkable internal order	12220	Olmstead M M, Dias A D B, Duchamp J C, et al.	metal atoms, complexes; c-60, dimetallofullerenes	6	2	135	8.18	137	22.83	1.38	0.33
85	One-electron reduction product of a biphosphinine derivative and of its $ni^{(0)}$ complex: Crystal structure, epr/endor, and dft investigations on (tmbp) ¯ and[ni (tmbp)2]¯	12227	Choua S, Sidorenkova H, Berclaz T, et al.	Reduction, Product, Biphosphinine	3	1	31	1.88	31	10.33	0.63	0.33
86	Protonation of cpw (co)2 (pme3) h: is the metal or the hydride the kinetic site?	12235	Papish E T, Rix F C, Spetseris N, et al.	cpw (co)2 (pme3) h	1	8	55	3.33	189	189.00	11.45	8.00
87	A theoretical investigation of excited-state acidity of phenol and cyanophenols	12243	Granucci G, Hynes J T, Millié P, et al.	phenol. cyanophenols	2	17	82	4.97	286	143.00	8.67	8.50
88	The deacylation step of acetylcholinesterase: Computer simulation studies	12254	Vagedes P, Rabenstein B, Åqvist J, et al.	deacylation, acetylcholinesterase, photosynthetic	3	1	38	2.30	38	12.67	0.77	0.33
89	Solid-state NMR determination of peptide torsion angles: Applications of H-2-dephased REDOR	12263	Sack I, Balazs Y S, Rahimipour S, et al.	H-2-dephased. REDOR	2	2	24	1.45	32	16.00	0.97	1.00

续表

序号	题目	起始页	作者	创新主题词	创新级别	检出文章数	SCI引用次数	年均SCI引用次数	创新总引次数	创新影响因子	年均创新影响因子	创新因子
90	QM-fe calculations of aliphatic hydrogen ion in citrate synthase and in solution: Reproduction of the effect of enzyme catalysis and demonstration that an enolate rather than an enol is formed	12270	Donini O, Darden T, Kollman P A	reproduction, effect, enzyme, catalysis	4	4	31	1.88	60	15.00	0.91	1.00
91	Deuterium isotope effects on rotation of methyl hydrogens. a study of the dimethyl ether radical cation by esr spectroscopy and ab initio and density functional theory	12281	Shiotani M, Isamoto N, Hayashi M, et al.	molecular-orbital methods, electron-spin-resonance, gaussian-basis sets, correlation-energy	11	4	12	0.73	54	4.91	0.30	0.36
92	Raman spectroscopy and atomic force microscopy of the reaction of sulfuric acid with sodium chloride	12289	Zangmeister C D, Pemberton J E	phase-transitions, surface-reaction, particles, water, nacl	7	2	10	0.61	68	9.71	0.59	0.29
93	Vibrational stark spectroscopy of no bound to heme: effects of protein electrostatic fields on the no stretch frequency	12297	Park E S, Thomas M R, Boxer S G	human myoglobin, binding, expression, mutants, pocket, probe	7	2	64	3.88	79	11.29	0.68	0.29
94	Electron propagator theory of guanine and its cations: tautomerism and photoelectron spectra	12304	Dolgounitcheva O, Zakrzewski V G, Ortiz J V	Electron, propagator, theory, guanine	4	17	63	3.82	268	67.00	4.06	4.25
95	Direct experimental measurement of donation/back-donation in unsaturated hydrocarbon bonding to metals	12310	Triguero L, Föhlisch A, Väterlein P, et al.	Direct, measurement, donation/back-donation, hydrocarbon, bonding	7	2	36	2.18	37	5.29	0.32	0.29
96	Methane-to-methanol conversion by first-row transition-metal oxide ions: ScO+, TiO+, VO+, CrO+, MnO+, FeO+, CoO+, NiO+, and CuO+	12317	Shiota Y, Yoshizawa K	Methane-to-methanol, conversion, transition-metal, oxide	6	9	164	9.94	344	57.33	3.47	1.50
97	Conformational and thermal phase behavior of oligomethylene chains constrained by carbohydrate hydrogen-bond networks	12327	Masuda M, Vill V, Shimizu T	Conformational, thermal, oligomethylene	3	1	53	3.21	53	17.67	1.07	0.33
98	Functionalization of diamond (100) by cycloaddition of butadiene: First-principles theory	12334	Fitzgerald D R, Doren D J	Functionalization, diamond (100), cycloaddition, butadiene	4	5	44	2.67	79	19.75	1.20	1.25

续表

序号	题目	起始页	作者	创新主题词	创新级别	检出文章数	SCI引用次数	年均SCI引用次数	创新总引次数	创新影响因子	年均创新影响因子	创新因子
99	Single carbon nanotube membranes: A well-defined model for studying mass transport through nanoporous materials	12340	Sun L, Crooks R M	mass, transport, nanoporous, materials	4	425	197	11.94	8919	2229.75	135.14	106.25
100	Driving force dependence of electron transfer dynamics in synthetic DNA hairpins	12346	Lewis F D, Kalgutkar R S, Wu Y, et al.	electron, transfer, dna, porphyrin-quinone	5	7	154	9.33	753	150.60	9.13	1.40
101	Superconductivity in expanded fcc C_{60}^{3-} fullerides	12352	Dahlke P, Denning M S, Henry P F, et al.	Superconductivity, fcc, fullerides, METAL-DOPED, C_{60}	6	4	22	1.33	90	15.00	0.91	0.67
102	Studies on the behavior of mixed-metal oxides and desulfurization: Reaction of H_2S and SO_2 with $Cr_2O_3(0001)$, $MgO(100)$, and $Cr_xMg_{1-x}O(100)$	12362	Rodriguez J A, Jirsak T, Pérez M, et al.	H_2S, SO_2, density-functional	4	60	51	3.09	764	191.00	11.58	15.00
103	IR-visible sfg investigations of interfacial water structure upon polyelectrolyte adsorption at the solid/liquid interface	12371	Kim J, Cremer P S	IR-visible, sfg, interfacial	3	12	82	4.97	236	78.67	4.77	4.00
104	Novel photoisomerization of azoferrocene with a low-energy mlct band and significant change of the redox behavior between the cis-and trans-isomers	12373	Kurihara M, Matsuda T, Hirooka A, et al.	photoisomerization, azoferrocene, low-energy, mlct, band	5	2	50	3.03	54	10.80	0.65	0.40
105	Solid polyrotaxanes of polyethylene glycol and cyclodextrins: The single crystal X-ray structure of peg-β-cyclodextrin	12375	Udachin K A, Wilson L D, Ripmeester J A	Solid, polyrotaxanes, polyethylene, glycol	4	11	90	5.45	329	82.25	4.98	2.75
106	Metal-ion enhanced helicity in the gas phase	12377	Kohtani M, Kinnear B S, Jarrold M F	Metal-ion, alanine-based	4	5	52	3.15	85	21.25	1.29	1.25
107	Synthesis, characterization, and ethylene oligomerization action of$[(C_6H_5)_2PC_6H_4C$ (O–B$(C_6F_5)_3)$ O–κ^2P; O]Ni $(\eta 3$-$CH_2C_6H_5)$	12379	Komon Z J A, Bu X, Bazan G C	Synthesis, characterization, ethylene, oligomerization action	5	2	121	7.33	127	25.40	1.54	0.40

续表

序号	题目	起始页	作者	创新主题词	创新级别	检出文章数	SCI引用次数	年均SCI引用次数	创新总引次数	创新影响因子	年均创新影响因子	创新因子
108	PHIP detection of a transient rhodium dihydride intermediate in the homogeneous hydrogenation of dehydroamino acids	12381	Giernoth R, Heinrich H, Adams N J, et al.	PHIP, dehydroamino	2	4	53	3.21	68	34.00	2.06	2.00
109	A catalytic-assembly solvothermal route to multiwall carbon nanotubes at a moderate temperature	12383	Jiang Y, Wu Y, Zhang S, et al.	catalytic-assembly, nanotubes	3	7	151	9.15	288	96.00	5.82	2.33
110	Dendrimer-containing light-emitting diodes: Toward site-isolation of chromophore	12385	Freeman A W, Koene S C, Malenfant P R L, et al.	Dendrimer-containing, diodes	3	5	201	12.18	247	82.33	4.99	1.67
111	Photochemically tunable colloidal crystals	12387	Gu Z Z, Fujishima A, Sato O	Photochemically, crystals spheres	3	10	69	4.18	274	91.33	5.54	3.33
112	Signal amplification of a "turn-on" sensor: harvesting the light captured by a conjugated polymer	12389	McQuade D T, Hegedus A H, Swager T M	turn-on, harvesting, polymer	3	20	191	11.58	687	229.00	13.88	6.67
113	Nitric oxide s a nitrogen atom from an osmium nitrido complex to give nitrous oxide	12391	McCarthy M R, Crevier T J, Bennett B, et al.	nitrogen, osmium, nitrous	3	3	35	2.12	62	20.67	1.25	1.00
114	Transition-metal-mediated[2 + 2 + 2]cycloaddition reactions with ethyne-containing porphyrin templates: new routes to cofacial porphyrin structures and facially-functionalized (porphinato) metal species	12393	Fletcher J T, Therien M J	Transition-Metal-Mediated, Cycloaddition, cross-coupling, reactions	7	4	51	3.09	182	26.00	1.58	0.57
115	Hydroxymethylcyclopropane on oxygen-covered mo (110): A radical clock on a surface	12395	Kretzschmar I, Levinson J A, Friend C M	Hydroxymethylcyclopropane, mo (110)	2	2	10	0.61	18	9.00	0.55	1.00
116	Engineering a hybrid sugar biosynthetic pathway: Production of l-rhamnose and its implication on dihydrostreptose biosynthesis	12397	Yamase H, Zhao L, Liu H W	sugar, dihydrostreptose	2	8	56	3.39	119	59.50	3.61	4.00

续表

序号	题目	起始页	作者	创新主题词	创新级别	检出文章数	SCI引用次数	年均SCI引用次数	创新总引次数	创新影响因子	年均创新影响因子	创新因子
117	Highly zinc-selective fluorescent sensor molecules suitable for biological applications	12399	Hirano T, Kikuchi K, Urano Y, et al.	zinc-selective, fluorescent, sensor	4	14	288	17.45	1104	276.00	16.73	3.50
118	DFT computation of the intrinsic barrier to co germinate recombination with heme compounds	12401	Harvey J N	intrinsic, barrier, recombination	3	3	89	5.39	151	50.33	3.05	1.00
119	Mechanistic studies on the vitamin b_{12}-catalyzed dechlorination of chlorinated alkenes	12403	Shey J, Donk W A V D	vitamin b_{12}-catalyzed, dechlorination	3	7	0	0.00	147	49.00	2.97	2.33
120	Bis (azafulvene) as a versatile building block for giant cyclopolypyrroles: X-ray crystal structure of [64]hexadecaphyrin (1.0.1.0.1.0.1.0.1.0.1.0.1.0.1.0)	12405	Setsune J I, Maeda S	Bis (azafulvene), cyclopolypyrroles	2	2	71	4.30	75	37.50	2.27	1.00
121	Half-sandwich metallocene embedded in a spherically extended π-conjugate system. synthesis, structure, and electrochemistry of rh $(\eta^5\text{-}C_{60}Me_5)$ $(CO)_2$	12407	Sawamura M, Kuminobu Y, Nakamura E	Half-sandwich, metallocene, embedded	4	2	58	3.52	58	14.50	0.88	0.50
122	$Ge_2ZrO_6F_2$: (H_2DAB) H_2O: ^{1} A4-Connected microporous material with "bow tie" building units and an exceptional proportion of 3-rings	12409	Li H, Eddaoudi M, Plévert J, et al	microporous, 3-rings	2	11	64	3.88	294	147.00	8.91	5.50
123	Selective side chain introduction onto small peptides mediated by samarium diiodide: A potential route to peptide libraries	12413	Ricci M, Blakskjær P, Skrydstrup T	Selective, Side Chain, Small Peptides, Samarium Diiodide	7	1	53	3.21	53	7.57	0.46	0.14
124	Use of oligodeoxyribonucleotides with conformationally constrained abasic sugar targets to probe the mechanism of base flipping by hhai DNA (Cytosine C5) -methyltransferase	12422	Wang P, Brank A S, Banavali N K, et al.	Oligodeoxyribonucleotides, Abasic Sugar, Base Flipping, (Cytosine C5) -methyltransferase	7	1	48	2.91	48	6.86	0.42	0.14
125	Alkyne metathesis with simple catalyst systems: efficient synthesis of conjugated polymers containing vinyl groups in main or side chain	12435	Brizius G, Pschirer N G, Steffen W, et al.	Alkyne Metathesis, Catalyst Systems, Conjugated Polymers, Vinyl Groups	8	1	103	6.24	103	12.88	0.78	0.13

续表

序号	题目	起始页	作者	创新主题词	创新级别	检出文章数	SCI引用次数	年均SCI引用次数	创新总引次数	创新影响因子	年均创新影响因子	创新因子
126	Physical organic chemistry of transition metal carbene complexes. 21.[1] kinetics and mechanism of hydrolysis of $(CO)_5M=C$ (Sr) Ar (M=Cr and W; R=CH_3 and CH_3CH_2CH_3; Ar=C_6H_5 and 3-ClC_6H_4) in aqueous acetonitrile. important differences relative to complexes with alkoxy leaving groups	12441	Bernasconi C F, Perez G S	Carbene Complexes, Alkoxy Leaving Groups	5	1	13	0.79	13	2.60	0.16	0.20
127	Chiral configurations of cyclophosphazenes	12447	Davies D B, Clayton T A, Eaton R E, et al.	Chiral Configuration, Cyclophosphazene, Tetracoordinated phosphorus atoms	6	1	44	2.67	44	7.33	0.44	0.17
128	1, 3-Stereoinduction in radical reactions: Radical additions to dialkyl 2-Alkyl-4-methyleneglutarates	12458	Hayen A, Koch R, Saak W, et al.	2-Alkyl-4-methyleneglutarates	1	1	22	1.33	22	22.00	1.33	1.00
129	Inelastic neutron scattering and magnetic susceptibilities of the single-molecule magnets $[Mn_4O_3X (OAc)_3(dbm)_3]$ (X = Br, Cl, OAc, and F): variation of the anisotropy along the series	12469	Andres H, Basler R, Güdel H U, et al.	Inelastic Neutron Scattering, Magnetic Susceptibilities, Single-Molecule Magnets, rhombic anisotropy parameter, quantum tunneling	13	1	100	6.06	100	7.69	0.47	0.08
130	Heme/hydrogen peroxide reactivity: Formation of paramagnetic iron oxophlorin isomers by treatment of iron porphyrins with hydrogen peroxide	12478	Kalish H R, Grażyński L L, Balch A L	Heme/Hydrogen Peroxide, Iron Oxophlorin Isomers	6	1	25	1.52	25	4.17	0.25	0.17
131	Bis 2, 6-difluorophenoxide dimeric complexes of zinc and cadmium and their phosphine adducts: Lessons learned relative to carbon dioxide/cyclohexene oxide alternating copolymerization processes catalyzed by zinc phenoxides	12487	Darensbourg D J, Wildeson J R, Yarbrough J C, et al.	Dimeric Zinc, Cadmium Complexes, Phenoxides	5	2	212	12.85	255	51.00	3.09	0.40
132	Conversion of 3Fe-4S to 4Fe-4S clusters in native pyruvate formate-lyase activating enzyme: Mössbauer characterization and implications for mechanism	12497	Krebs C, Henshaw T F, Cheek J, et al.	Native Pyruvate Formate-Lyase Activating Enzyme, Mössbauer Characterization	8	1	53	3.21	53	6.63	0.40	0.13

续表

序号	题目	起始页	作者	创新主题词	创新级别	检出文章数	SCI引用次数	年均SCI引用次数	创新总引次数	创新影响因子	年均创新影响因子	创新因子
133	Phospha[3]radialenes. syntheses, structures, strain energies, and reactions	12507	Komen C M D, Horan C J, Krill S, et al.	Phospha[3]radialenes	1	2	15	0.91	25	25.00	1.52	2.00
134	Catalytic enantioselective friedel-crafts reactions of aromatic compounds with glyoxylate: A simple procedure for the synthesis of optically active aromatic mandelic acid esters	12517	Gathergood N, Zhuang W, Jorgensen K A	nantioselective Friedel Crafts Reactions, Aromatic Compounds, Glyoxylate	7	10	155	9.39	343	49.00	2.97	1.43
135	Two-dimensional order in β-sheet peptide monolayers	12523	Rapaport H, Kjaer K, Jensen T R, et al.	Two-Dimensional Order, Beta-Sheet Peptide Monolayers	5	12	117	7.09	276	55.20	3.35	2.40
136	Transferred ^{13}C T_1 relaxation at natural isotopic abundance: A practical method for determining site-specific changes in ligand flexibility upon binding to a macromolecule	12530	LaPlante S R, Aubry N, Deziel R, et al.	natural Isotopic Abundance, Ligand Flexibility	1	1	23	1.39	23	4.60	0.28	0.20
137	NMR spectroscopic detection of interactions between a hiv protein sequence and a highly anti-hiv active curdlan sulfate	12536	Jeon K J, Katsuraya K, Inazu T, et al.	NMR Spectroscopic Detection, HIV Protein Sequence, Curdlan Sulfate	8	1	16	0.97	16	2.00	0.12	0.13
138	Mechanistic variations due to the solvation state in the reaction of meli in dimer and trimer aggregates with formaldehyde	12542	Sun C, Williard P G	Mechanistic Variations, Dimer, Trimer Aggregates	5	1	28	1.70	28	5.60	0.34	0.20
139	The thermodynamics, kinetics, and molecular mechanism of intramolecular electron transfer in human ceruloplasmin	12547	Machonkin T E, Solomon E I	intramolecular electron transfer, human ceruloplasmin	7	3	55	3.33	261	37.29	2.26	0.43
140	NMR and theoretical study of acidity probes on sulfated zirconia catalysts	12561	Haw J F, Zhang J, Shimizu K, et al.	NMR, theoretical study, acidity probes, sulfated zirconia catalysts	10	1	84	5.09	84	8.40	0.51	0.10
141	Adsorption of cyclic ketones on the external and internal surfaces of a faujasite zeolite (CaX): a solid-state ^2H NMR, ^{13}C NMR, FT-IR, and EPR investigation	12571	Turro N J, Lei X, Li W, et al.	cyclic ketones, external, internal surfaces, faujasite zeolite	7	1	7	0.42	7	1.00	0.06	0.14

续表

序号	题目	起始页	作者	创新主题词	创新级别	检出文章数	SCI引用次数	年均SCI引用次数	创新总引次数	创新影响因子	年均创新影响因子	创新因子
142	A solution-phase approach to the synthesis of uniform nanowires of crystalline selenium with lateral dimensions in the range of 10-30 nm	12582	Gates B, Yin Y, Xia Y	solution-phase approach, uniform crystalline selenium nanowires, lateral dimensions	9	3	296	17.94	580	64.44	3.91	0.33
143	Fabricating homochiral facets on Cu (001) with l-lysine	12584	Zhao X	homochiral facets	2	4	102	6.18	235	117.50	7.12	2.00
144	Chiral distortion of the binding site in a ferroelectric liquid crystal induced by an atropisomeric biphenyl dopant	12586	Lazar C, Wand M D, Lemieux R P	binding site chiral distortion, ferroelectric liquid crystal	7	3	13	0.79	61	8.71	0.53	0.43
145	New dendritic caged compounds: Synthesis, mass spectrometric characterization, and photochemical properties of dendrimers with α-carboxy-2-nitrobenzyl caged compounds at their periphery	12588	Watanabe S, Sato M, Sakamoto S, et al.	dendritic caged compounds, alpha-carboxy-2-nitrobenzyl caged Compounds	8	1	26	1.58	26	3.25	0.20	0.13
146	Charge-induced partial ordering of boron around structure directing agents in zeolites observed by $^{13}C\{^{11}B\}$ rotational echo double resonance NMR	12590	Fild C, Eckert H, Koller H	Charge-induced partial ordering, zeolites	5	1	9	0.55	9	1.80	0.11	0.20
147	The first redox switchable ceramic membrane	12592	Farrusseng D, Julbe A, Guizard C	redox switchable, ceramic membrane	4	1	8	0.48	8	2.00	0.12	0.25
148	Homogeneous catalysis with inexpensive metals: Ionic hydrogenation of ketones with molybdenum and tungsten catalysts	12594	Bullock R M, Voges M H	Homogeneous catalysis, inexpensive metals, ionic hydrogenation	6	3	96	5.82	367	61.17	3.71	0.50
149	Oligopeptide-mediated stabilization of the α-helix of a prion protein peptide	12596	Kuroda Y, Maeda Y, Nakagawa T	Oligopeptide-mediated stabilization, α-helix, prion protein peptide	6	2	10	0.61	10	1.67	0.10	0.33
150	Homoleptic gold thiolate catenanes	12598	Wiseman M R, Marsh P A, Bishop P T, et al.	gold thiolate catenanes	3	2	63	3.82	64	21.33	1.29	0.67
151	Designing stable β-hairpins: Energetic contributions from cross-strand residues	12600	Russell S J, Cochran A G	Beta-hairpins, energetic contributions, cross-strand residues	7	3	78	4.73	183	26.14	1.58	0.43

续表

序号	题目	起始页	作者	创新主题词	创新级别	检出文章数	SCI引用次数	年均SCI引用次数	创新总引次数	创新影响因子	年均创新影响因子	创新因子
152	Superparamagnetic behavior in an alkoxo-bridged iron (II) cube	12602	Oshio H, Hoshino N, Ito T	Superparamagnetic, alkoxo-bridged iron (II) cube	5	1	142	8.61	142	28.40	1.72	0.20
153	The first metalladiene of group 14 elements with a silole-type structure with Si=Ge and C=C double bonds	12604	Lee V Y, Ichinohe M, Sekiguchi A	first metalladiene	2	4	58	3.52	92	46.00	2.79	2.00
154	Identification of the quinol metabolite "sorbicillinol", a key intermediate postulated in bisorbicillinoid biosynthesis	12606	Abe N, Sugimoto O, Tanji K I, et al.	Identification, sorbicillinol, intermediate postulated, bisorbicillinoid biosynthesis	6	1	1	0.06	44	7.33	0.44	0.17
155	The role of hydrophobic substituents in the biological activity of glycopeptide antibiotics	12608	Kerns R, Dong S D, Fukuzawa S, et al.	hydrophobic substituents, biological activity, glycopeptide antibiotics	6	5	95	5.76	208	34.67	2.10	0.83
156	Synthesis of cyclooctenones using intramolecular hydroacylation	12610	Aloise A D, Layton M E, Shair M D	cyclooctenones, intramolecular hydroacylation	3	1	70	4.24	70	23.33	1.41	0.33
157	Axial ligation states of five-coordinate heme oxygenase proximal histidine mutants, as revealed by EPR and resonance raman spectroscopy	12612	Chu G C, Couture M, Yoshida T, et al.	Axial ligation states, five-coordinate heme oxygenase, EPR, resonance raman spectroscopy	11	1	11	0.67	11	1.00	0.06	0.09
158	Characterization of the transition-state structures and mechanisms for the isomerization and cleavage reactions of uridine 3'-m-nitrobenzyl phosphate	12615	Gerratana B, Sowa G A, Cleland W W	uridine 3'-m-nitrobenzyl phosphate	3	2	37	2.24	62	20.67	1.25	0.67
159	Oxaluric acid as the major product of singlet oxygen-mediated oxidation of 8-oxo-7,8-dihydroguanine in DNA	12622	Duarte V, Gasparutto D, Yamaguchi L F, et al.	Oxaluric acid 8-oxo-7,8-dihydroguanine	3	9	101	6.12	391	130.33	7.90	3.00
160	Methyl group-induced helicity in 1,4-dimethylbenzo[c]phenanthrene and its metabolites: Synthesis, physical, and biological properties	12629	Lakshman M K, Kole P L, Chaturvedi S, et al.	1,4-dimethylbenzo	1	2	36	2.18	41	41.00	2.48	2.00

续表

序号	题目	起始页	作者	创新主题词	创新级别	检出文章数	SCI引用次数	年均SCI引用次数	创新总引次数	创新影响因子	年均创新影响因子	创新因子
161	Up to six units of charge and twist-boat benzene moieties: Alkali metal reduction of phenyl-perisubstituted benzenes[1]	12637	Eshdat L, Ayalon A, Beust R, et al.	six units twist-boat benzene moieties	6	2	20	1.21	18	3.00	0.18	0.33
162	Control of chirality of an azobenzene liquid crystalline polymer with circularly polarized light	12646	Iftime G, Labarthet F L, Natansohn A, et al.	chirality azobenzene liquid crystalline polymer circularly polarized light	8	17	149	9.03	467	58.38	3.54	2.13
163	Factors influencing the thermodynamics of zinc alkoxide formation by alcoholysis of the terminal hydroxide complex, [Tp^{But,Me}]ZnOH: An experimental and theoretical study relevant to the mechanism of action of liver alcohol dehydrogenase	12651	Bergquist C, Storrie H, Koutcher L, et al.	thermodynamics zinc alkoxide formation alcoholysis	5	1	34	2.06	33	6.60	0.40	0.20
164	Diphosphine oxide-brønsted acid complexes as novel hydrogen-bonded self-assembled molecules	12659	Matsukawa S, Imamoto T	diphosphine hydrogen-bonded self-assembled	5	4	8	0.48	63	12.60	0.76	0.80
165	Ru$_3$(CO)$_{12}$-catalyzed intermolecular cyclocoupling of ketones, alkenes or alkynes, and carbon monoxide:[2 + 2 + 1]cycloaddition strategy for the synthesis of functionalized γ-butyrolactones	12663	Tobisu M, Chatani N, Asaumi T, et al.	intermolecular cyclocoupling	2	2	26	1.58	92	46.00	2.79	1.00
166	Heterogeneous enantioselective hydrogenation of ethyl pyruvate catalyzed by cinchona-modified pt catalysts: Effect of modifier structure	12675	Blaser H U, Jalett H P, Lottenbach W, et al.	heterogeneous enantioselective hydrogenation ethyl pyruvate catalyzed cinchona-modified Pt	9	7	183	11.09	359	39.89	2.42	0.78
167	Diiron complexes of 1,8-naphthyridine-based dinucleating ligands as models for hemerythrin	12683	He C, Barrios A M, Lee D, et al.	1,8-naphthyridine-based dinucleating ligands hemerythrin	5	2	33	2.00	38	7.60	0.46	0.40
168	Fabrication of topologically complex three-dimensional microstructures: Metallic microknots	12691	Wu H, Brittain S, Anderson J, et al.	metallic microknots	2	1	20	1.21	20	10.00	0.61	0.50

续表

序号	题目	起始页	作者	创新主题词	创新级别	检出文章数	SCI引用次数	年均SCI引用次数	创新总引次数	创新影响因子	年均创新影响因子	创新因子
169	Synthesis of soluble and processable rod-, arrow-, teardrop-, and tetrapod-shaped CdSe nanocrystals	12700	Manna L, Scher E C, Alivisatos A P	soluble processable CdSe	3	5	1481	89.76	1681	560.33	33.96	1.67
170	Formation of mixed fibrils demonstrates the generic nature and potential utility of amyloid nanostructures	12707	MacPhee C E, Dobson C M	amyloid nanostructures	2	512	126	7.64	16560	8280.00	501.82	256.00
171	Large-scale computational modeling of [Rh (DuPHOS)]⁺-catalyzed hydrogenation of prochiral enamides: Reaction pathways and the origin of c	12714	Feldgus S, Landis C R	Rh (DuPHOS) prochiral enamides enantioselection	4	2	134.	8.12	200	50.00	3.03	0.50
172	NMR spectroscopic determination of angles α and ζ in RNA from CH-dipolar coupling, P-CSA cross-correlated relaxation	12728	Richter C, Reif B, Griesinger C, et al.	NMR RNA CH-dipolar coupling	4	3	29	1.76	69	17.25	1.05	0.75
173	Dimeric solution structure of two cyclic octamers: four-stranded dna structures stabilized by A: T: A: T and G: C: G: C tetrads	12732	Escaja N, Pedroso E, Rico M, et al.	dimeric two cyclic octamers	4	1	28	1.70	28	7.00	0.42	0.25
174	The N-H···S hydrogen bond in $(TACN)_2Fe_2S_6$ (TACN = triazacyclononane) and in model systems involving the persulfido moiety: An ab initio and DFT study	12743	François S, Rohmer M M, Bénard M, et al.	TACN model systems DFT	4	1	20	1.21	20	5.00	0.30	0.25
175	Modeling the nitrogenase FeMo cofactor	12751	Rod T H, Nørskov J K	nitrogenase FeMo cofactor gradual hydrogenation	5	1	68	4.12	68	13.60	0.82	0.20
176	Ligand substituent, anion, and solvation effects on ion pair structure, thermodynamic stability, and structural mobility in "constrained geometry" olefin polymerization catalysts: An ab initio quantum chemical investigation	12764	Lanza G, Fragalà I L, Marks T J	ligand substituent thermodynamic Stability Structural Mobility	6	1	127	7.70	128	21.33	1.29	0.17

续表

序号	题目	起始页	作者	创新主题词	创新级别	检出文章数	SCI引用次数	年均SCI引用次数	创新总引次数	创新影响因子	年均创新影响因子	创新因子
177	Theoretical studies of the possible origin of intrinsic static bends in double helical DNA	12778	Mazur A K	theoretical studies origin intrinsic static bends double helical DNA	9	1	19	1.15	18	2.00	0.12	0.11
178	Unimolecular chemistry of Li+ -and Na+ -coordinated polyglycol radicals, a new class of distonic radical cations	12786	Wu J, Polce M J, Wesdemiotis C	unimolecular chemistry polyglycol radicals, new class	6	1	17	1.03	17	2.83	0.17	0.17
179	Quantum yield for ClOO formation following photolysis of aqueous OClO	12795	Thomsen C L, Reid P J, Keiding S R	quantum yield ClOO	3	5	22	1.33	66	22.00	1.33	1.67
180	The photoorientation movement of a c chromophore	12802	Ishitobi H, Sekkat Z, Irie M, et al.	photoorientation diarylethene-type	3	1	17	1.03	17	5.67	0.34	0.33
181	Alkyl-substituted allylic lithium compounds: Structure and dynamic behavior	12806	Fraenkel G, Qiu F	alkyl-substituted allylic lithium compounds	5	3	14	0.85	51	10.20	0.62	0.60
182	Double-rydberg arions: Predictions on NH$_3$AH$_n$- and OH$_2$AH$_n$-structures	12813	Hopper H, Lococo M, Dolgounitcheva O, et al.	double-rydberg predictions	3	7	9	0.55	195	65.00	3.94	2.33
183	^{7}Li-^{31}P NMR Studies of lithiated arylacetonitriles in THF-HMPA solution: Characterization of HMPA-solvated monomers, dimers, and separated ion pairs	12819	Carlier P R, Lo C W S	NMR lithiated arylacetonitriles THF-HMPA	5	1	40	2.42	40	8.00	0.48	0.20
184	DNA photoionization and alkylation patterns in the interior of guanine runs	12824	Zhu Q, LeBreton P R	DNA photoionization alkylation patterns	4	1	45	2.73	45	11.25	0.68	0.25
185	The chemical nature of hydrogen bonding in proteins via NMR: j-couplings, chemical shifts, and AIM theory	12835	Arnold W D, Oldfield E	chemical hydrogen bonding NMR AIM theory	6	151	278	16.85	2208	368.00	22.30	25.17
186	Stepwise dealumination of zeolite βeta at c observed with ^{27}Al MAS and ^{27}Al MQ MAS NMR	12842	Bokhoven J A V, Koningsberger D C, Kunkeler P, et al.	dealumination specific t-sites	3	7	177	10.73	389	129.67	7.86	2.33

续表

序号	题目	起始页	作者	创新主题词	创新级别	检出文章数	SCI引用次数	年均SCI引用次数	创新总引次数	创新影响因子	年均创新影响因子	创新因子
187	Modeling cytochrome oxidase: A quantum chemical study of the O—O bond cleavage mechanism	12848	Blomberg M R A, Siegbahn P E M, Babcock G T, et al.	modeling cytochrome oxidase quantum chemical study O—O bond	8	4	79	4.79	164	20.50	1.24	0.50
188	Identification of $H_2O \cdot HO$ in argon matrices	12859	Langford V S, McKinley A J, Quickenden T I	identification $H_2O \cdot HO$ argon matrices	5	4	55	3.33	90	18.00	1.09	0.80
189	Spontaneous formation of periodically patterned deposits by chemical vapor deposition	12864	Tsapatsis M, Vlachos D G, Kim S, et al.	spontaneous formation periodically patterned deposits	5	1	10	0.61	10	2.00	0.12	0.20
190	Non-Enzymatic transcription of an IsoG·IsoC base pair	12866	Chaput J C, Switzer C	non-enzymatic transcription IsoG·IsoC	3	1	14	0.85	14	4.67	0.28	0.33
191	Steric and chelate directing effects in aromatic borylation	12868	Cho J Y, Iverson C N, Smith M R	steric chelate aromatic borylation	4	2	250	15.15	254	63.50	3.85	0.50
192	Direct observation of a picosecond alkane C—H bond activation reaction at iridium	12870	Asbury J B, Hang K, Yeston J S, et al.	picosecond alkane C—H bond	4	6	23	1.39	98	24.50	1.48	1.50
193	Tandem catalysis: three mechanistically distinct reactions from a single ruthenium complex	12872	Bielawski C W, Louie J, Grubbs R H	tandem catalysis single ruthenium complex	5	23	165	10.00	1263	252.60	15.31	4.60
194	β, β'-and α, β, β'-Annulation reactions of cyclic enamines: enantioselective synthesis of bicyclo [3.n.1]alkenones (n=2, 3) and tricyclo [3.3.0.0^{2,8}] octanes from fischer alkenyl carbene complexes	12874	Barluenga J, Ballesteros A, Santamaria J, et al.	cyclic enamines enantioselective synthesis fischer alkenyl carbene complexes	8	1	26	1.58	26	3.25	0.20	0.13
195	Straightforward method for synthesis of highly alkyl-substituted naphtacene and pentacene derivatives by homologation	12876	Takahashi T, Kitamura M, Shen B, et al.	straightforward method homologation	3	7	119	7.21	196	65.33	3.96	2.33

续表

序号	题目	起始页	作者	创新主题词	创新级别	检出文章数	SCI引用次数	年均SCI引用次数	创新总引用次数	创新影响因子	年均创新影响因子	创新因子
196	Hydrogen/deuterium-isotope effects on NMR chemical shifts and symmetry of homoconj-ugated hydrogen-bonded ions in polar solution	12878	Mohammedi P S, Shenderovich I G, Detering C, et al.	homoconjugated hydrogen-bonded polar solution	5	2	68	4.12	86	17.20	1.04	0.40
197	The first diarsaallene ArAs=C=AsAr (Ar=2, 4,6-Tri-tert-butylphenyl)	12880	Bouslikhane M, Gornitzka H, Escudié J, et al.	diarsaallene 2, 4, 6-Tri-tert-butylphenyl	2	3	15	0.91	42	21.00	1.27	1.50
198	Carbonylation at sp^3 C—H bonds adjacent to a nitrogen atom in alkylamines catalyzed by rhodium complexes	12882	Chatani N, Asaumi T, Ikeda T, et al.	carbonylation alkylamines catalyzed rhodium complexes	5	4	133	8.06	254	50.80	3.08	0.80
199	Calicheamicin-homeodomain conjugate as an efficient, sequence-specific DNA cleavage and mapping tool	12884	Wu M, Stoermer D, Tullius T D, et al.	calicheamicin-homeodomain conjugate	3	1	13	0.79	13	4.33	0.26	0.33
200	Preparation and characterization of dendrimer-encapsulated CDS semiconductor quantum dots	12886	Lemon B I, Crooks R M	dendrimer-encapsulated CdS	3	9	189	11.45	385	128.33	7.78	3.00
201	An ion conductor derived from spermine and cholic acid	12888	Bandyopadhyay P, Janout V, Zhang L H, et al.	ion conductor derived. spermine cholic acid	6	3	44	2.67	80	13.33	0.81	0.50
202	Improved synthesis of small (dCORE≈1.5 nm) phosphine-stabilized gold nanoparticles	12890	Weare W W, Reed S M, Warner M G, et al.	small phosphine-stabilized gold nanoparticles	5	4	309	18.73	587	117.40	7.12	0.80
203	Medium polarization and hydrogen bonding effects on compound i of cytochrome P450: what kind of a radical is it really?	12892	Ogliaro F, Cohen S, Visser S P D, et al.	medium polarization hydrogen bonding P450	5	2	142	8.61	337	67.40	4.08	0.40
204	Total synthesis of leucascandrolide a	12894	Hornberger K R, Hamblett C L, Leighton J L	total synthesis, leucascandrolide, alkoxy-carbonylation	5	1	137	8.30	137	27.40	1.66	0.20

续表

序号	题目	起始页	作者	创新主题词	创新级别	检出文章数	SCI引用次数	年均SCI引用次数	创新总引次数	创新影响因子	年均创新影响因子	创新因子
205	Nitrogen isotope effects as probes of the mechanism of d-amino acid oxidase	12896	Kurtz K A, Rishavy M A, Cleland W W, et al.	nitrogen isotope effects, probes, d-amino acid oxidase	7	2	49	2.97	49	7.00	0.42	0.29
206	Validation of a model for the complex of HIV-1 reverse transcriptase with sustiva through computation of resistance profiles	12898	Rizzo R C, Wang D P, Rives J T, et al.	validation sustiva resistance profiles	4	1	40	2.42	40	10.00	0.61	0.25
207	Formation of supported lipid bilayer composition arrays by controlled mixing and surface capture	12901	Kam L, Boxer S G	supported lipid bilayer composition arrays controlled mixing surface capture	9	1	79	4.79	79	8.78	0.53	0.11
208	Long-chain n-acyl amino acid antibiotics isolated from heterologously expressed environmental DNA	12903	Brady S F, Clardy J	long-chain heterologously expressed environmental DNA	6	1	101	6.12	101	16.83	1.02	0.17
209	Endohedral alkali metal fullerene complexes	12905	Stevenson C D, Noyes J R, Reiter R C	endohedral alkali metal fullerene complexes superconductivity	6	3	15	0.91	18	3.00	0.18	0.50
210	A High-yield, general method for the catalytic formation of oxygen heterocycles	12907	Torraca K E, Kuwabe S I, Buchwald S L	high-yield general method, catalytic formation oxygen aeterocycles	8	1	112	6.79	112	14.00	0.85	0.13
211	Structural characterization of zirconium cations derived from a living ziegler-natta polymerization system: New insights regarding propagation and termination pathways for homogeneous catalysts	12909	Keaton R J, Jayaratne K C, Fettinger J C, et al.	structural characterization, living ziegler-natta polymerization system	7	3	66	4.00	142	20.29	1.23	0.43
212	New fluorinated 9-borafluorene lewis acids	12911	Chase P A, Piers W E, Patrick B O	new 9-borafluorene lewis acids	4	4	78	4.73	241	60.25	3.65	1.00

Cell 2000 年 103 卷 (6~7 期) 统计数据

序号	题目	起始页	作者	创新主题词	创新级别	检出文章数	SCI引用次数	年均SCI引用次数	创新总引次数	创新影响因子	年均创新影响因子	创新因子
1	Signaling cell fate in plant meristems: Three clubs on one tousle	835	Waites R, Simon R	Signaling, tousled, stem cell	4	2	23	1.394	26	6.500	0.394	0.500
2	Cofactor dynamics and sufficiency in estrogen receptor-regulated transcription	843	Shang Y, Hu X, DiRenzo J, et al.	cofactor, dynamics, regulated, transcription, estrogen	5	5	1273	77.152	1566	313.200	18.982	1.000
3	Synergism with the coactivator OBF-1(OCA-B, BOB-1) is mediated by a specific POU dimer configuration	853	Tomilin A, Reményi A, Lins K, et al.	OBF-1, dimer	2	7	95	5.758	484	242.000	14.667	3.500
4	Positive or negative MARE-dependent transcriptional regulation is determined by the abundance of small maf proteins	865	Motohashi H, Katsuoka F, Shavit J A, et al.	transcriptional, maf, abundance	3	10	99	6.000	703	234.333	14.202	3.333
5	Transfer RNA-mediated editing in threonyl-tRNA synthesis: The class II solution to the double discrimination problem	877	Bregeon A C D, Sankaranarayanan R, Romby P, et al.	class II, discrimination, valine, Zinc	4	4	126	7.636	160	40.000	2.424	1.000
6	Crystal structure of a β-catenin/Tcf complex	885	Graham T A, Weaver C, Mao F, et al.	crystal, beta-catenin, TcF_3, complex	4	2	284	17.212	389	97.250	5.894	0.500
7	The mammalian UV response: c-jun induction is required for exit from p53-imposed growth arrest	897	Shaulian E, Schreiber M, Piu F, et al.	mammalian, protooncogene, c-Jun	3	1	219	13.273	219	73.000	4.424	0.333
8	RETRACTED: DNA-Pkcs is required for activation of innate immunity by immunostimulatory DNA	909	Chu W M, Gong X, Li Z W, et al.	DNA, PKcs, activation, immunity	4	12	154	9.333	300	75.000	4.545	3.000
9	PIKE: A nuclear gtpase that enhances PI_3Kinase activity and is regulated by protein-4.1n	919	Ye K, Hurt K J, Wu F Y, et al.	PIKE, PI_3Kinase	2	2	129	7.818	140	70.000	4.242	1.000
10	Crystal structure and functional analysis of ras binding to its effector phosphoinositide 3-kinase γ	931	Pacold M E, Suire S, Perisic O, et al.	crystal, functional, PI3K	3	25	347	21.030	875	291.667	17.677	8.333

续表

序号	题目	起始页	作者	创新主题词	创新级别	检出文章数	SCI引用次数	年均SCI引用次数	创新总引次数	创新影响因子	年均创新影响因子	创新因子
11	EphB receptors interact with NMDA receptors and regulate excitatory synapse formation	945	Dalva M B, Takasu M A, Lin M Z, et al.	EphB, NMDA	2	67	444	26.909	4430	2215.000	134.242	33.500
12	A notch-independent activity of suppressor of hairless is required for normal mechanoreceptor physiology	957	Barolo S, Walker R G, Polyanovsky A D, et al.	suppressor, mechanoreceptor	2	3	98	5.939	113	56.500	3.424	1.500
13	Dpp gradient formation in the drosophila wing imaginal disc	971	Teleman A A, Cohen S M	Dpp, pMAD	2	26	298	18.061	889	444.500	26.939	13.000
14	Gradient formation of the TGF-β homolog dpp	981	Entchev E V, Schwabedissen A, Gaitan M G	gradient, TGF-beta, trafficking	3	5	432	26.182	639	213.000	12.909	1.667
15	Waiting for anaphase: Mad2 and the spindle assembly checkpoint	997	Shah J V, Cleveland D W	waiting, anaphase	2	48	232	14.061	2819	1409.500	85.424	24.000
16	Excitation at the synapse: eph receptors team up with NMDA receptors	1005	Drescher U	excitation, synapse, eph	3	1	7	0.424	7	2.333	0.141	0.333
17	Mop3 Is an essential component of the master circadian pacemaker in mammals	1009	Bunger M K, Wilsbacher L D, Moran S M. et al.	mop3, circadian, pacemaker	3	9	732	44.364	1593	531.000	32.182	3.000
18	Short-range and long-range guidance by slit and its robo receptors: a combinatorial code of robo receptors controls lateral position	1019	Simpson J H, Bland K S, Fetter R D, et al.	combinatorial, code, robo	3	9	204	12.364	343	114.333	6.929	3.000
19	Selecting a longitudinal pathway: Robo receptors specify the lateral position of axons in the drosophila CNS	1033	Rajagopalan S, Vivancos V, Nicolas E, et al.	selecting, robo, axons	3	11	217	13.152	485	161.667	9.798	3.667
20	Regulation of invasive cell behavior by taiman, a drosophila protein related to A_1B_1, a steroid receptor coactivator amplified in breast cancer	1047	Bai J, Uehara Y, Montell D J	taiman, drosophila, A_1B_1	3	4	180	10.909	209	69.667	4.222	1.333

续表

序号	题目	起始页	作者	创新主题词	创新级别	检出文章数	SCI引用次数	年均SCI引用次数	创新总引次数	创新影响因子	年均创新影响因子	创新因子
21	An inactivating point mutation in the inhibitory wedge of CD45 causes lymphoproliferation and autoimmunity	1059	Majeti R, Xu Z, Parslow T G, et al.	inactivating, CD45, lymphoproliferation	3	1	196	11.879	196	65.333	3.960	0.333
22	TNF-α induction by LPS is regulated posttranscriptionally via a Tpl2/ERK-dependent pathway	1071	Dumitru C D, Ceci J D, Tsatsanis C, et al.	posttranscriptionally, Tpl2/ERK	2	1	550	33.333	550	275.000	16.667	0.500
23	Negative regulation of BMP/smad signaling by tob in osteoblasts	1085	Yoshida Y, Tanaka S, Umemori H, et al.	regulation, tob, osteoblasts	3	10	244	14.788	519	173.000	10.485	3.333
24	Dedifferentiation of mammalian myotubes induced by msx1	1099	Odelberg S J, Kollhoff A, Keating MT	dedifferentiation, msx1	2	24	333	20.182	791	395.500	23.970	12.000
25	Arabidopsis MAP kinase 4 negatively regulates systemic acquired resistance	1111	Petersen M, Brodersen P, Naested H, et al.	MPK4, NahG	2	6	608	36.848	1132	566.000	34.303	3.000
26	Human upf proteins target an mRNA for nonsense-mediated decay when bound downstream of a termination cocon	1121	Andersen J L, Shu MD, Steitz J A	human, upf, downstream	3	8	365	22.121	898	299.333	18.141	2.667
27	Generation of superhelical torsion by ATP-dependent chromatin remodeling activities	1133	Havas K, Flaus A, Phelan M, et al.	superhelical, torsion, remodeling	3	12	194	11.758	815	271.667	16.465	4.000
28	The structural basis for the action of the antibiotics tetracycline, pactamycin, and hygromycin B on the 30S ribosomal subunit	1143	Brodersen D E, Jr W M C, Carter A P, et al.	tetracycline, pactamycin, 30S	3	5	495	30.000	639	213.000	12.909	1.667
29	Functional genomics identifies monopolin: A kinetochore protein required for segregation of homologs during meiosis i	1155	Tóth A, Rabitsch K P, Gálová M, et al.	monopolin, kinetochore, homologs	3	10	205	12.424	862	287.333	17.414	3.333

Lancet 2000年356卷（9245～9248期）统计数据①

序号	起始页	题目	作者	创新主题词	创新级别	检出文章数	SCI引用次数	年均SCI引用次数	创新总引次数	创新影响因子	年均创新影响因子	创新因子
1	1871	Effects of pravastatin in 3260 patients with unstable angina: Results from the LIPID study	Tonkin A M, Colquhoun D, Emberson J, et al.	pravastatin, cox's proportional hazards model	5	4	49	2.97	110	22.00	1.33	0.80
2	1876	Tamoxifen and risk of contralateral breast cancer in BRCA1 and BRCA2 mutation carriers: A case-control study	Narod S A, Brunet J S, Ghadirian P, et al.	tamoxifen, contralateral breast cancer, BRCA1, BRCA2 mutation, case-control study	10	7	351	21.27	780	78.00	4.73	0.70
3	1882	Pain expression and stimulus localisation in individuals with Down's syndrome	Hennequin M, Morin C, Feine J S	pain expression, stimulus localization, Down's syndrome	6	1	49	2.97	64	10.67	0.65	0.17
4	1888	Atovaquone-proguanil versus chloroquine-proguanil for malaria prophylaxis in non-immune travellers: A randomised, double-blind study	Høgh B, Clarke P D, Camus D, et al.	atovaquone, chloroquine, proguanil, malaria prophylaxis, immune traveller	7	7	86	5.21	273	39.00	2.36	1.00
5	1899	An outbreak of asthma in a modern detergent factory	Cullinan P, Harris J M, Taylor A J N, et al.	asthma, detergent factory, airborne enzyme	5	3	83	5.03	97	19.40	1.18	0.60
6	1900	Detection of house-dust-mite allergen in amniotic fluid and umbilical-cord blood	Holloway J A, Warner J O, Vance G H S, et al.	allergen, umbilical-cord blood, amniotic fluid	6	3	106	6.42	152	25.33	1.54	0.50
7	1902	Can measurements of IGF-1 and IGFBP-3 improve the sensitivity of prostate-cancer screening?	Wolk A, Andersson S O, Mantzoros C S, et al.	prostate-cancer screening, IGF-1, IGFBP-3	5	12	29	1.76	357	71.40	4.33	2.40
8	1903	False positives in universal neonatal screening for permanent childhood hearing impairment	Kennedy C, Kimm L, Thornton R, et al.	false positive, permanent childhood hearing impairment, neonatal screening, criteria	9	1	29	1.76	29	3.22	0.20	0.11

① 只统计了 article 和 research letter 两类研究型论文。

续表

序号	题目	起始页	作者	创新主题词	创新级别	检出文章数	SCI引用次数	年均SCI引用次数	创新总引次数	创新影响因子	年均创新影响因子	创新因子
9	Health outcomes associated with calcium antagonists compared with other first-line antihypertensive therapies: A meta-analysis of randomised controlled trials	1949	Pahor M, Psaty B M, Alderman M H, et al.	calcium antagonist, channel blockade, hypertension, cardiovascular mortality, atherosclerosis	8	4	252	15.27	399	49.88	3.02	0.50
10	Effects of ACE inhibitors, calcium antagonists, and other blood-pressure-lowering drugs: Results of prospectively designed overviews of randomised trials	1955	Collaboration B P L T T	calcium antagonist, blood-pressure-lowering drug, angiotensin-converting enzyme inhibitor, major cardiovascular morbidity, different drug class, overview	17	3	944	57.21	2857	168.06	10.19	0.18
11	Cost effectiveness of initial endoscopy for dyspepsia in patients over age 50 years: A randomised controlled trial in primary care	1965	Delaney B C, Wilson S, Roalfe A.	cost effectiveness, initial endoscopy, patients over age 50 year, dyspepsia, randomised controlled tria, primary care	15	2	94	5.70	99	6.60	0.40	0.13
12	Hypoglycaemic counter-regulation at normal blood glucose concentrations in patients with well controlled type-2 diabetes	1970	Spyer G, Hattersley A T, MacDonald I A, et al.	hypoglycaemic counter-regulation, well controlled type-2 diabetes	7	2	72	4.36	76	10.86	0.66	0.29
13	Ep-CAM overexpression in breast cancer as a predictor of survival	1981	Gastl G, Spizzo G, Obrist P, et al.	Ep-CAM overexpression, breast cancer, predictor survival	7	6	183	11.09	480	68.57	4.16	0.86
14	Disturbance of venous flow patterns in patients with transient global amnesia	1982	Sander D, Winbeck K, Etgen T, et al.	disturbance, venous flow pattern, transient global amnesia	7	19	90	5.45	592	84.57	5.13	2.71
15	Increased ciprofloxacin resistance in gonococci isolated in Scotland	1984	Forsyth A, Moyes A, Young H	increased ciprofloxacin resistance, gonococci, Scotland	5	1	13	0.79	13	2.60	0.16	0.20
16	Spontaneous regression of CIN and delayed-type hypersensitivity to HPV-16 oncoprotein E7	1985	Höpfl R, Heim K, Christensen N, et al.	spontaneous regression, delayed-type hypersensitivity, cervical intraepithelial neoplasia, human papillomavirus, HPV-16 E7 oncoprotein peptide	13	1	66	4.00	66	5.08	0.31	0.08

续表

序号	题目	起始页	作者	创新主题词	创新级别	检出文章数	SCI引用次数	年均SCI引用次数	创新总引次数	创新影响因子	年均创新影响因子	创新因子
17	Efficacy of rivastigmine in dementia with Lewy bodies: A randomised, double-blind, placebo-controlled international study	2031	McKeith I, Ser T D, Spano P, et al.	delayed-type hypersensitivity, HPV-16 oncoprotein E7, cervical intraepithelial neoplasia	9	1	66	4.00	66	7.33	0.44	0.11
18	Novel dosing regimen of eptifibatide in planned coronary stent implantation (ESPRIT): A randomised, placebo-controlled trial	2037	The ESPRIT Investigators	planned coronary stent implantation, dosing regimen, eptifibatide	7	4	511	30.97	512	73.14	4.43	0.57
19	Obtaining informed consent to neonatal randomised controlled trials: Interviews with parents and clinicians in the Euricon study	2045	Mason S A, Allmark P J, for the Group E S	informed consent, Euricon study, neonatal	5	1	106	6.42	106	21.20	1.28	0.20
20	Effect of dofetilide in patients with recent myocardial infarction and left-ventricular dysfunction: A randomised trial	2052	Kober L, Thomsen P E B, Moller M, et al.	morbidity, dofetilide, recent myocardial infarction	5	2	160	9.70	160	32.00	1.94	0.40
21	Production of low-avidity antibody by infants after infection with serogroup B meningococci	2065	Pollard A J, Levin M	low-avidity antibody, serogroup B meningococci, infant	6	1	12	0.73	12	2.00	0.12	0.17
22	Birth dimensions of offspring, premature birth, and the mortality of mothers	2066	Smith G D, Whitley E, Gissler M, et al.	birth dimensions, offspring, premature birth	5	2	78	4.73	110	22.00	1.33	0.40
23	Psychiatric consultation and quality of decision making in euthanasia	2067	Bannink M, Gool A R V, Heide A V D, et al.	quality, Psychiatric consultation, euthanasia	4	1	15	0.91	15	3.75	0.23	0.25
24	Increased risk of stroke in patients with the A12308G polymorphism in mitochondria	2068	Pulkes T, Sweeney M G, Hanna M G	A12308G polymorphism, stroke, mutations, mitochondrial DNA	6	5	39	2.36	263	43.83	2.66	0.83
25	Methadone, ciprofloxacin, and adverse drug reactions	2069	Hertlin K, Segerdahl M, Gustafsson L L, et al.	methadone, ciprofloxacin, adverse drug reaction	5	5	52	3.15	75	15.00	0.91	1.00
26	Effect of sibutramine on weight maintenance after weight loss: A randomised trial	2119	James W P T, Astrup A, Finer N, et al.	methadone, ciprofloxacin, adverse drug reaction	5	5	52	3.15	75	15.00	0.91	1.00

续表

序号	题目	起始页	作者	创新主题词	创新级别	检出文章数	SCI引用次数	年均SCI引用次数	创新总引次数	创新影响因子	年均创新影响因子	创新因子
27	Non-invasive pressure support ventilation versus conventional oxygen therapy in acute cardiogenic pulmonary oedema: A randomised trial	2126	Masip J, Betbesé A J, Páez J, et al.	non-invasive pressure support ventilation, oxygen therapy, acute cardiogenic pulmonary oedema, randomised trial	13	13	240	14.55	1218	93.69	5.68	1.00
28	Persistence of DNA from Mycobacterium tuberculosis in superficially normal Lung tissue during latent infection	2133	Pando R H, Jeyanathan M, Mengistu G, et al.	Mycobacterium tuberculosis, superficially normal lung tissue, latent infection	8	2	251	15.21	472	59.00	3.58	0.25
29	Low-dose dopamine in patients with early renal dysfunction: A placebo-controlled randomised trial	2139	Australian, New Society Z I C (ANZICS) Group CT	early renal dysfunction, Low-dose dopamine, randomised controlled trial	9	16	484	29.33	1254	139.33	8.44	1.78
30	Chimeric cells of maternal origin in juvenile idiopathic inflammatory myopathies	2155	Artlett C M, Ramos R, Jiminez S A, et al.	maternal microchimerism, juvenile idiopathic inflammatory myopathy	6	5	105	6.36	148	24.67	1.49	0.83
31	Chimerism in children with juvenile dermatomyositis	2156	Reed A M, Picornell Y J, Harwood A, et al.	chimerism, juvenile dermatomyositis	3	30	109	6.61	527	175.67	10.65	10.00
32	Cytogenetics of myelodysplasia and acute myeloid leukaemia in aircrew and people treated with radiotherapy	2158	Gundestrup M, Andersen M K, Sveinbjornsdottir E, et al.	cytogenetics, acute myeloid leukaemia, loss, chromosome 7, myelodysplasia	7	2	12	0.73	12	1.71	0.10	0.29
33	Serogroup W135 meningococcal disease in Hajj pilgrims	2159	Taha M K, Achtman M, Alonso J M, et al.	W135 meningococcal disease, isolate, England, France	6	1	168	10.18	168	28.00	1.70	0.17
34	Outlook in oral and cutaneous Kaposi's sarcoma	2160	Rohmus B, Greber E M T, Bogner J R, et al.	outlook, HIV, oral Kaposi's sarcoma, cutaneous Kaposi's sarcoma	8	1	23	1.39	23	2.88	0.17	0.13

Nature 2000 年 408 卷（6813～6815 期）统计数据①

序号	题目	起始页	作者	创新主题词	创新级别	检出文章数	SCI引用次数	年均SCI引用次数	创新总引次数	创新影响因子	年均创新影响因子	创新因子
1	Fossiliferous Lana'i deposits formed by multiple events rather than a single giant tsunami	675	Rubin K H, Fletcher C H, Sherman C	Fossiliferous, Lana'i	2	3	39	2.36	54	27	1.64	1.5
2	Crystal structure of Rac1 in complex with the guanine nucleotide exchange region of Tiam1	682	Worthylake D K, Rossman K L, Sondek J	Rac1, Tiam1, structural	3	22	244	14.79	1095	365	22.12	7.33
3	An optical counterpart to the anomalous X-ray pulsar 4U0142+61	689	Hulleman F, Kerkwijk M H V and Kulkami S R	4U0142+61, colour	2	1	131	7.94	131	65.5	3.97	0.5
4	Direct observation of growth and collapse of a Bose-Einstein condensate with attractive interactions	692	Gerton J M, Strekalov D, Prodan I, et al.	Bose-Einstein, direct, attractive, growth	4	17	215	13.03	591	147.75	8.95	4.25
5	Direct observation of molecular cooperativity near the glass transition	695	Russell E V, Israeloff N E	direct, molecular cooperativity, glass, supercool	5	3	210	12.73	281	56.2	3.41	0.6
6	Evidence for decoupling of atmospheric CO_2 and global climate during the Phanerozoic eon	698	Veizer J, Godderis Y, François L M	evidence, CO_2, eon	3	15	223	13.52	783	261	15.82	5
7	Evidence from Sardinian basalt geochemistry for recycling of plume heads into the Earth's mantle	701	Gasperini D, Toft J B, Bosch D, et al.	evidence, Sardinian, basalt	3	6	67	4.06	158	52.67	3.19	2
8	The smallest known non-avian theropod dinosaur	705	Xu X, Zhou Z, Wang X	zhaoianus	1	8	215	13.03	430	430	26.06	8
9	Mitochondrial genome variation and the origin of modern humans	708	Ingman M, Kaessmann H, Pääbo S. et al.	age, genom, Xq13.3	3	1	863	52.3	863	287.67	17.43	0.33

① 只统计了 article 和 letter 两种类型的论文。

续表

序号	题目	起始页	作者	创新主题词	创新级别	检出文章数	SCI引用次数	年均SCI引用次数	创新总引次数	创新影响因子	年均创新影响因子	创新因子
10	The HIC signalling pathway links CO_2 perception to stomatal development	713	Gray J E, Holroyd G H, Lee F M V D, et al.	HIC, perception, stomatal	3	2	253	15.33	308	102.67	6.22	0.67
11	The ELF3 zeitnehmer regulates light signalling to the circadian clock	716	McWatters H G, Bastow R M, Hall A, et al.	ELF3, zeitnehmer	2	4	223	13.52	510	255	15.45	2
12	μ-Opioid receptor desensitization by β-arrestin-2 determines morphine tolerance but not dependence	720	Bohn L M, Gainetdinov R R, Lin F T, et al.	beta-arrestin-2, prevent, dependence	3	3	475	28.79	550	183.33	11.11	1
13	Tyrosine-kinase-dependent recruitment of RGS12 to the N-type calcium channel	723	Schiff M L, Siderovski D P, Jordan D J, et al.	tyrosine-kinase-dependent, RGS12	4	1	100	6.06	100	25	1.52	0.25
14	Adherens junctions and β-catenin-mediated cell signalling in a non-metazoan organism	727	Grimson M J, Coates J C, Reynolds J P, et al.	Adherens, beta-catenin-mediated, organism	4	2	94	5.7	105	26.25	1.59	0.5
15	IRSp53 is an essential intermediate between Rac and WAVE in the regulation of membrane ruffling	732	Miki H, Yamaguchi H, Suetsugu S, et al.	IRSp53, wave	2	22	378	22.91	1595	797.5	48.33	11
16	$InsP_4$ facilitates store-operated calcium influx by inhibition of $InsP_3$ 5-phosphatase	735	Hermosura M C, Takeuchi H, Fleig A, et al.	InsP4, influx, 5-phosphatase	3	1	78	4.73	78	26	1.58	0.33
17	A Toll-like receptor recognizes bacterial DNA	740	Hemmi H, Takeuchi O, Kawai T, et al.	Toll-like, self-DNA	2	119	4225	256.06	6214	3107	188.3	59.5
18	Structure of the bacteriophage φ29 DNA packaging motor	745	Simpson A A, Tao Y, Leiman P G, et al.	structure, motor, prohead RNA	4	35	381	23.09	1340	335	20.3	8.75

续表

序号	题目	起始页	作者	创新主题词	创新级别	检出文章数	SCI引用次数	年均SCI引用次数	创新总引用次数	创新影响因子	年均创新影响因子	创新因子
19	Geomagnetic intensity variations over the past 780 kyr obtained from near-seafloor magnetic anomalies	827	Gee J S, Cande S C, Hildebrand J A, et al.	Geomagnetic, near-seafloor	3	4	66	4	112	37.33	2.26	1.33
20	Symmetry-induced formation of antivortices in mesoscopic superconductors	833	Chibotaru L F, Ceulemans A, Bru-yndoncx V, et al.	antivortices, mesoscopic	2	68	224	13.58	1299	649.5	39.36	34
21	Flexible filaments in a flowing soap film as a model for one-dimensional flags in a two-dimensional wind	835	Zhang J, Childress S, Libchaber A, et al.	filaments, flags, wind	3	17	222	13.45	681	227	13.76	5.67
22	Observation of five-fold local symmetry in liquid lead	839	Reichert H, Klein O, Dosch H, et al.	observation, five-fold, lead, symmetry	4	3	213	12.91	388	97	5.88	0.75
23	Role of sea surface temperature and soil-moisture feedback in the 1998 Oklahoma-Texas drought	842	Hong S Y, Kalnay E	sea, Oklahoma-Texas	3	6	84	5.09	217	72.33	4.38	2
24	Possible presence of high-pressure ice in cold subducting slabs	844	Bina C R, Navrotsky A	high-pressure, ice, slab	4	22	49	2.97	382	95.5	5.79	5.5
25	Analysis of an evolutionary species-area relationship	847	Losos J B, Schluter D	evolutionary, species-area, lizard	4	9	319	19.33	552	138	8.36	2.25
26	Fluorescent pigments in corals are photoprotective	850	Salih A, Larkum A, Cox G, et al.	fluorescent, corals, photoprotective	3	6	328	19.88	500	166.67	10.1	2
27	Conservation and elaboration of Hox gene regulation during evolution of the vertebrate head	854	Manzanares M, Wada H, Itasaki N, et al.	hox gene, elaboration, evolution, head	5	3	24	1.45	193	38.6	2.34	0.6
28	Performance monitoring by the supplementary eye field	857	Stuphorn V, Taylor T L, Schall J D	consequences, monitoring, context, eye, neurons	6	5	248	15.03	304	50.67	3.07	0.83

续表

序号	题目	起始页	作者	创新主题词	创新级别	检出文章数	SCI引用次数	年均SCI引用次数	创新总引次数	创新影响因子	年均创新影响因子	创新因子
29	High constitutive activity of native H_3 receptors regulates histamine neurons in brain	860	Morisset S, Rouleau A, Ligneau X, et al.	constitutive, H_3, neurons	3	45	347	21.03	1993	664.33	40.26	15
30	Attenuation of FGF signalling in mouse β-cells leads to diabetes	864	Hart A W, Baeza N, Apelqvist Å, et al.	Attenuation, diabetes, FGF	3	3	155	9.39	176	58.67	3.56	1
31	Phosphoglycerate kinase acts in tumour angiogenesis as a disulphide reductase	869	Lay A J, Jiang X M, Kisker O, et al.	phosphoglycerate, disulphide, reductase	3	24	170	10.3	1049	349.67	21.19	8
32	Rapid exchange of histone H1.1 on chromatin in living human cells	873	Lever M A, Th'ng J P H, Sun X, et al.	exchange, H1.1, rapid	3	3	296	17.94	318	106	6.42	1
33	Dynamic binding of histone H1 to chromatin in living cells	877	Misteli T, Gunjan A, Hock R, et al.	dynamic, chromatin, H1, photobleaching	4	50	425	25.76	2165	541.25	32.8	12.5
34	Metal-ion coordination by U6 small nuclear RNA contributes to catalysis in the spliceosome	881	Yean S L, Wuenschell G, Termini J, et al.	metal-ion, U6, spliceosome	4	44	169	10.24	1845	461.25	27.95	11
35	The cosmic microwave background radiation temperature at a redshift of 2.34	931	Srianand R, Petitjean P, Ledoux C	microwave, redshift, 2.34	3	5	116	7.03	316	105.33	6.38	1.67
36	Stargazin regulates synaptic targeting of AMPA receptors by two distinct mechanisms	936	Chen L, Chetkovich D M, Petralia R S, et al.	stargazin, AMPA	2	251	681	41.27	9643	4821.5	292.21	125.5
37	Electric-field control of ferromagnetism	944	Ohno H, Chiba D, Matsukura F, et al.	electric-field, control, ferromagnetism, hole	5	28	1365	82.73	2938	587.6	35.61	5.6
38	Mesoscopic fast ion conduction in nanometre-scale planar heterostructures	946	Sata N, Eberman K, Eberl K, et al.	mesoscopic, ion, conduction, heterostructure	4	7	502	30.42	730	182.5	11.06	1.75

续表

序号	题目	起始页	作者	创新主题词	创新级别	检出文章数	SCI引用次数	年均SCI引用次数	创新总引次数	创新影响因子	年均创新影响因子	创新因子
39	Pairing of isolated nucleic-acid bases in the absence of the DNA backbone	949	Nir E, Kleinermanns K, Vries M S D	pairing, isolated, backbone, absence, DNA, complex	6	1	204	12.36	204	34	2.06	0.17
40	The influence of rivers on marine boron isotopes and implications for reconstructing past ocean pH	951	Lemarchand D, Gaillardet J, Lewin É, et al.	river, reconstruct, pH	3	44	118	7.15	1266	422	25.58	14.67
41	Evidence from episodic seamount volcanism for pulsing of the Iceland plume in the past 70 Myr	954	O'Connor J M, Stoffers P, Wijbrans J R, et al.	pulsing, seamount, plume	3	17	37	2.24	611	203.67	12.34	5.67
42	Subduction and collision processes in the Central Andes constrained by converted seismic phases	958	Yuan X, Sobolev S V, Kind R, et al.	Andes, convert, phase	3	16	241	14.61	647	215.67	13.07	5.33
43	Disturbance and diversity in experimental microcosms	961	Buckling A, Kassen R, Bell G, et al.	disturbance, microcosms, fluorescens	3	12	150	9.09	282	94	5.7	4
44	Altruism and social cheating in the social amoeba Dictyostelium discoideum	965	Strassmann J E, Zhu Y, Queller D C	altruism. amoeba	2	36	237	14.36	1106	553	33.52	18
45	Asymmetric leaves1 mediates leaf patterning and stem cell function in Arabidopsis	967	Byrne M E, Barley R, Curtis M, et al.	leaves1, stem	2	38	509	30.85	2289	1144.5	69.36	19
46	Neuronal switching of sensorimotor transformations for antisaccades	971	Zhang M, Barash S	neuronal, sensorimotor, antisaccade	3	14	161	9.76	688	229.33	13.9	4.67
47	A learning deficit related to age and-amyloid plaques in a mouse model of Alzheimer's disease	975	Chen G, Chen K S, Knox J, et al.	deficit, model, plaques, water-maze, relate	6	23	504	30.55	2095	349.17	21.16	3.83
48	Aβ peptide immunization reduces behavioural impairment and plaques in a model of Alzheimer's disease	979	Janus C, Pearson J, McLaurin J, et al.	immunization, behavioural, plaque	3	6	1161	70.36	1198	399.33	24.2	2

续表

序号	题目	起始页	作者	创新主题词	创新级别	检出文章数	SCI引用次数	年均SCI引用次数	创新总引次数	创新影响因子	年均创新影响因子	创新因子
49	Aβ peptide vaccination prevents memory loss in an animal model of Alzheimer's disease	982	Morgan D, Diamond D M, Gottschall P E, et al.	vaccination, prevent, memory, Alzheimer	4	45	1205	73.03	4017	1004.25	60.86	11.25
50	Induction of vanilloid receptor channel activity by protein kinase C	985	Premkumar L S, Ahern G P	induction, vanilloid, channel, activity, kinase	5	14	569	34.48	1164	232.8	14.11	2.8
51	Co-assembly of polycystin-1 and -2 produces unique cation-permeable currents	990	Hanaoka K, Qian F, Boletta A, et al.	Co, polycystin-1, permeable	3	5	542	32.85	646	215.33	13.05	1.67
52	Hypoinsulinaemia, glucose intolerance and diminished-cell size in S6K1-deficient mice	994	Pende M, Kozma S C, Jaquet M, et al.	hypoinsulinaemia, S6K1	2	4	315	19.09	317	158.5	9.61	2
53	Controlled growth factor release from synthetic extracellular matrices	998	Lee K Y, Peters M C, Anderson K W, et al.	matrices, control, release, synthetic, signalling	5	14	345	20.91	783	156.6	9.49	2.8
54	A role for Saccharomyces cerevisiae histone H_2A in DNA repair	1001	Downs J A, Lowndes N F, Jackson S P	cerevisiae, repair, H_2A, role	4	18	427	25.88	1150	287.5	17.42	4.5
55	Structural basis for binding of Smac/DIABLO to the XIAP BIR3 domain	1004	Liu Z, Sun C, Olejniczak E T, et al.	Smac, domain	2	154	459	27.82	7195	3597.5	218.03	77
56	Structural basis of IAP recognition by Smac/DIABLO	1008	Wu G, Chai J, Suber T L, et al.	Smac, IAP, basis	3	38	600	36.36	2997	999	60.55	12.67

PRL 2000 年 85 卷（23～26 期）统计数据

序号	题目	起始页	作者	创新主题词	创新级别	检出文章数	SCI引用次数	年均SCI引用次数	创新总引次数	创新影响因子	年均创新影响因子	创新因子
1	Quantum-mechanical nonperturbative response of driven chaotic mesoscopic systems	4839	Cohen D. Kottos T	quantum-mechanical, nonperturbative, driven, mesoscopic	5	2	41	2.48	95	19	1.15	0.4
2	Second order theory of excitations in trapped bose condensates at finite temperatures	4844	Rusch M. Morgan S A, Hutchinson D A W, et al.	second order theory, trapped bose condensates, finite temperatures, thermal cloud	10	3	27	1.64	44	4.4	0.27	0.3
3	Discretized diffusion processes	4848	Ciliberti S, Caldarelli G, Rios P DL, et al.	discretized diffusion processes, rigid Laplacian	5	1	8	0.48	8	1.6	0.1	0.2
4	Continuous quantum measurement and the emergence of classical chaos	4852	Bhattacharya T, Habib S. Jacobs K	quantum, continuous, chaos, emergence	4	8	81	4.91	187	46.75	2.83	2
5	Measurement of direct photon emission in $K^+ \to \pi^+\pi^+\gamma$ decay	4856	Adler S. Aoki M, Ardebili M. et al.	direct photon emission, gamma, decay, $K^+ \to \pi^+\pi^+$, inner bremsstrahlung	8	8	21	1.27	28	3.5	0.21	1
6	Search for direct CP violation in nonleptonic decays of charged ξ and λ hyperons	4860	Luk K B, Diehl H T, Duryea J, et al.	xi, CP violation, lambda hyperons, nonleptonic	6	10	23	1.39	67	11.17	0.68	1.67
7	Transverse momentum distributions and their forward-backward correlations in the percolating color string approach	4864	Braun M A, Pajares C	distributions, forward-backward, transverse, string	5	14	58	3.52	204	40.8	2.47	2.8
8	Semi-inclusive λ and κ_s production in p-Au collisions at 17.5 GeV/c	4868	Chemakin I, Cianciolo V, Cole B A, et al.	semi-inclusive, Au	3	11	14	0.85	213	71	4.3	3.67
9	Vacuum-stimulated raman scattering based on adiabatic passage in a high-finesse optical cavity	4872	Hennrich M, Legero T, Kuhn A. et al.	vacuum-stimulated	2	16	179	10.85	736	368	22.3	8

续表

序号	题目	作者	起始页	创新主题词	创新级别	检出文章数	SCI引用次数	年均SCI引用次数	创新总引次数	创新影响因子	年均创新影响因子	创新因子
10	Dissociation dynamics of H_2^+ in intense laser fields: investigation of photofragments from single vibrational levels	Sändig K, Figger H, Hänsch T W	4876	dynamics, H_2^+, photofragments, levels	4	14	123	7.45	271	67.75	4.11	3.5
11	Classical stark mixing at ultralow collision energies	Vrinceanu D, Flannery M R	4880	ultralow, Classical, stark	3	6	16	0.97	54	18	1.09	2
12	Ripple formation through an interface instability from moving growth and erosion sources	Friedrich R, Radons G, Ditzinger T, et al.	4884	instability, erosion, interface, moving	4	12	27	1.64	152	38	2.3	3
13	Eliminating the transverse instabilities of kerr solitons	Anastassiou C, Soljačić M, Segev M, et al.	4888	eliminatng, transverse, kerr	3	8	61	3.7	91	30.33	1.84	2.67
14	Nondiffusive transport in tokamaks: Three-dimensional structure of bursts and the role of zonal flows	Beyer P, Benkadda S, Garbet X, et al.	4892	nondiffusive, tokamaks	2	24	129	7.82	643	321.5	19.48	12
15	Ba-IV-Type incommensurate crystal structure in group-V metals	McMahon M I, Degtyareva O, Nelmes R J	4896	Ba-IV-Type	1	4	103	6.24	121	121	7.33	4
16	Out-diffusion and precipitation of copper in silicon: an electrostatic model	Flink C, Feick H, McHugo S A, et al.	4900	out-diffusion, mobile, interstitial copper	4	5	55	3.33	328	82	4.97	1.25
17	Instabilities in diamond under high shear stress	Chacham H, Kleinman L	4904	instabilities, diamond, graphitelike	3	1	77	4.67	78	26	1.58	0.33
18	Frost Heave in argon	Zhu D M, Vilches O E, Dash J G, et al.	4908	heave, argon	2	10	18	1.09	72	36	2.18	5
19	Glass transition and relaxation following photoperturbation in thin polymeric films	Cristofolini L, Arisi S, Fontana M P	4912	photoperturbation, polymeric	2	3	33	2	45	22.5	1.36	1.5
20	Low-temperature structure of indium quantum chains on silicon	Kumpf C, Bunk O, Zeysing J H, et al.	4916	indium, low-temperature, quasi-one-dimensional	3	30	81	4.91	614	204.67	12.4	10

续表

序号	题目	起始页	作者	创新主题词	创新级别	检出文章数	SCI引用次数	年均SCI引用次数	创新总引次数	创新影响因子	年均创新影响因子	创新因子
21	Bloch electron in a magnetic field and the ising model	4920	Krasovsky I V	bloch electron, Lyapunov exponents	4	4	11	0.67	36	9	0.55	1
22	New classes of quasicrystals and marginal critical states	4924	Fujita N, Niizeki K	quasicrystals, local-derivability	3	9	9	0.55	41	13.67	0.83	3
23	Coulomb drag between one-dimensional conductors	4928	Ponomarenko V V, Averin D V	coulomb drag, conductors	3	29	25	1.52	544	181.33	10.99	9.67
24	Low-frequency crossover of the fractional power-law conductivity in SrRuO$_3$	4932	Dodge J S, Weber C P, Corson J, et al.	low-frequency, conductivity, SrRuO$_3$	4	8	60	3.64	161	40.25	2.44	2
25	Controlled modification of individual adsorbate electronic structure	4936	Kliewer J, Berndt R, Crampin S	modification, individual, adsorbate	3	19	39	2.36	3381	1127	68.3	6.33
26	Quantum phase transitions in d-wave superconductors	4940	Vojta M, Zhang Y, Sachdev S	quantum phase transitions, d-wave, superconductors, zero momentum	7	1	120	7.27	120	17.14	1.04	0.14
27	Quasiparticle localization in disordered d-wave superconductors	4944	Zhu J X, Sheng D N, Ting C S	quasiparticl, disordered, unitary limit	4	6	14	0.85	42	10.5	0.64	1.5
28	Theory of plastic vortex creep	4948	Kierfeld J, Nordborg H, Vinokur V M	plastic vortex, Theory, type-II	4	19	48	2.91	266	66.5	4.03	4.75
29	Ultrahigh-resolution photoemission spectroscopy of Ni borocarbides: Direct observation of the superconducting gap and a change in gap anisotropy by impurity	4952	Yokoya T, Kiss T, Watanabe T, et al.	ultrahigh-resolution, Ni	3	13	61	3.7	138	46	2.79	4.33
30	Exact and numerical results for a dimerized coupled spin-1/2 chain	4956	Martins M J, Nienhuis B	spin-1/2, chain, numerical results, lattice, dimerized	6	10	18	1.09	209	34.83	2.11	1.67
31	Spin-driven jahn-teller distortion in a pyrochlore system	4960	Yamashita Y, Ueda K	jahn-teller, distortion, pyrochlore	3	20	186	11.27	692	230.67	13.98	6.67

续表

序号	题目	起始页	作者	创源主题词	创新级别	检出文章数	SCI引用次数	年均SCI引用次数	创新总引次数	创新影响因子	年均创新影响因子	创新因子
32	Quantification of magnetic domain disorder and correlations in antiferromagnetically coupled multilayers by neutron reflectometry	4964	Langridge S, Schmalian J, Marrows C H, et al.	quantification, antiferromagnetically	2	5	55	3.33	116	58	3.52	2.5
33	Nanoparticle ejection from Au induced by single Xe ion impacts	4968	Birtcher R C, Donnelly S E, Schlutig S	nanoparticle, Xe	2	80	49	2.97	854	427	25.88	40
34	Local distinguishability of multipartite orthogonal quantum states	4972	Walgate J, Short A J, Hardy L, et al.	distinguishability, multipartite	2	47	231	14	1196	598	36.24	23.5
35	Like-charge attraction and hydrodynamic interaction	4976	Squires T M, Brenner M P	like-charge, attraction, hydrodynamic, interaction	5	5	143	8.67	231	46.2	2.8	1
36	Sol-gel transition of concentrated colloidal suspensions	4980	Romer S, Scheffold F, Schurtenberger P	sol-gel, diffusing-wave, concentrated	4	9	92	5.58	240	60	3.64	2.25
37	Random replicators with high-order interactions	4984	Oliveira V M D, Fontanari J F	random, replicators, high-order	4	3	23	1.39	32	8	0.48	0.75
38	Why is the DNA denaturation transition first order?	4988	Kafri Y, Mukamel D, Peliti L	why, DNA, denaturation, transition, first order	6	3	217	13.15	252	42	2.55	0.5
39	Absence of dc-conductivity in λ-DNA	4992	Pablo P J D, Herrero F M, Colchero J, et al.	absence, dc-conductivity, DNA	4	4	409	24.79	446	111.5	6.76	1
40	Instabilities due to charge-density-curvature coupling in charged membranes	4996	Kumaran V	instabilities, charge-density-curvature	4	1	27	1.64	27	6.75	0.41	0.25
41	Frustrations in polymer conformation in gels and their minimization through molecular imprinting	5000	Enoki T, Tanaka K, Watanabe T, et al.	frustrations, polymer conformation, gels, minimization, molecular imprinting	7	1	51	3.09	51	7.29	0.44	0.14

续表

序号	题目	起始页	作者	创新主题词	创新级别	检出文章数	SCI引用次数	年均SCI引用次数	创新总引次数	创新影响因子	年均创新影响因子	创新因子
42	Low cloud properties influenced by cosmic rays	5004	Marsh N D, Svensmark H	low cloud properties influenced, cosmic rays, solar variability, climate, microphysical	10	1	257	15.58	257	25.7	1.56	0.1
43	Experimental demonstration of three mutually orthogonal polarization states of entangled photons	5013	Tsegaye T, Söderholm J, Atatüre M, et al.	demonstration, three, orthogonal, photons	4	2	48	2.91	55	13.75	0.83	0.5
44	Proposal for measurement of harmonic oscillator berry phase in ion traps	5018	Guridi I F, Bose S, Vedral V	oscillator, berry, ion traps	4	3	29	1.76	49	12.25	0.74	0.75
45	Time evolution of quantum fractals	5022	Wójcik D, Birula I B and Życzkowski K	quantum fractals, box-counting	4	10	35	2.12	81	20.25	1.23	2.5
46	Generating entangled atom-photon pairs from bose-einstein condensates	5026	Moore M G, Meystre P	entanglement, atom-photon pairs, condensates	5	11	35	2.12	163	32.6	1.98	2.2
47	Eliminating the mean-field shift in two-component bose-einstein condensates	5030	Goldstein E V, Moore M G, Pu H, et al.	eliminating, mean-field, condensates	5	8	21	1.27	86	17.2	1.04	1.6
48	Edwards' measures for powders and glasses	5034	Barrat A, Kurchan J, Loreto V, et al.	Edwards, powders, 3D	3	5	148	8.97	171	57	3.45	1.67
49	Limit on lorentz and CPT violation of the neutron using a two-species noble-gas maser	5038	Bear D, Stoner R E, Walsworth R L, et al.	neutron, noble-gas, electrodynamics	4	1	237	14.36	237	59.25	3.59	0.25
50	Hawking radiation as tunneling	5042	Parikh M K, Wilczek F	hawking radiation, tunneling, self-interaction	5	107	1056	64	4001	800.2	48.5	21.4
51	First search for gravitational wave bursts with a network of detectors	5046	Allen Z A, Astone P, Baggio L, et al.	network, bursts, nautilus	3	6	81	4.91	221	73.67	4.46	2

续表

序号	题目	起始页	作者	创新主题词	创新级别	检出文章数	SCI引用次数	年均SCI引用次数	创新总次数	创新影响因子	年均创新影响因子	创新因子
52	Chiral symmetry, quark mass, and scaling of the overlap fermions	5051	Dong S J, Lee F X, Liu K F, et al.	pseudoscalar masses, topological charge, fermions	5	14	51	3.09	378	75.6	4.58	2.8
53	CPT-Odd resonances in neutrino oscillations	5055	Barger V, Pakvasa S, Weiler T J, et al.	CPT-Odd, kamiokande	2	2	112	6.79	154	77	4.67	1
54	First direct measurement of the parity-violating coupling of the z^0 to the s quark	5059	Abe K, Abe K, Abe T, et al.	parity-violating, strange, detector, sld	5	1	13	0.79	13	2.6	0.16	0.2
55	Enhanced electric dipole moment of the muon in the presence of large neutrino mixing	5064	Babu K S, Dutta B, Mohapatra R N	neutrino mixing, electric dipole moment, parity, supergravity	7	11	51	3.09	230	32.86	1.99	1.57
56	Cross section for b-Jet production in $\bar{p}p$ collisions at $\sqrt{s}=1.8\text{TeV}$	5068	Abbott B, Abolins M, Abramov V, et al.	b-Jet, $\bar{p}p$ collisions, QCD, E+E annihilation, quark	7	4	81	4.91	158	22.57	1.37	0.57
57	Sudden interchannel interaction in the Tl 6p ionization above the 5d threshold	5074	Prümper G, Zimmermann B, Langer B, et al.	interchannel, Tl	2	2	6	0.36	8	4	0.24	1
58	Observation of inner electron ionization from radial rydberg wave packets in two-electron atoms	5078	Maeda H, Li W, Gallagher T F	rydberg wave, electron ionization, pulses, helium	6	15	7	0.42	269	44.83	2.72	2.5
59	High harmonic generation beyond the electric dipole approximation	5082	Walser M W, Keitel C H, Scrinzi A, et al.	harmonic, dipole, rare-gases, femtosecond	5	5	93	5.64	178	35.6	2.16	1
60	Boundary-free propagation with the time-dependent schrödinger equation	5086	Sidky E Y, Esry B D	boundary-free, schrödinger	3	2	29	1.76	34	11.33	0.69	0.67
61	X-Ray emission following low-energy charge exchange collisions of highly charged ions	5090	Beiersdorfer P, Olson R E, Brown G V, et al.	X-Ray, tokamak, electron-capture	4	7	76	4.61	138	34.5	2.09	1.75

续表

序号	题目	起始页	作者	创新主题词	创新级别	检出文章数	SCI引用次数	年均SCI引用次数	创新总引次数	创新影响因子	年均创新影响因子	创新因子
62	Order $\alpha^7\ln(1/\alpha)$ contribution to positronium hyperfine splitting	5094	Kniehl B A, Penin A A	$\alpha^7\ln(1/\alpha)$, positronium, QCD	3	1	63	3.82	63	21	1.27	0.33
63	Optimal states and almost optimal adaptive measurements for quantum interferometry	5098	Berry D W, Wiseman H M	interferometry, shot phase, optimal states	5	18	106	6.42	125	25	1.52	3.6
64	Segregation transitions in wet granular matter	5102	Samadani A, Kudrolli A	segregation transitions, size segregation, matter granular	6	29	62	3.76	383	63.83	3.87	4.83
65	Stability of water bells generated by jet impacts on a disk	5106	Clanet C	jet impacts, bells	3	20	7	0.42	207	69	4.18	6.67
66	Stable laser-pulse propagation in plasma channels for GeV electron acceleration	5110	Sprangle P, Hafizi B, Peñano J R, et al.	laser-pulse, raman, group-velocity, partially stripped plasmas	8	4	53	3.21	144	18	1.09	0.5
67	Ion heating in the field-reversed configuration by rotating magnetic fields near the ion-cyclotron resonance	5114	Cohen S A, Glasser A H	field-reversed, ion-cyclotron resonance	5	3	16	0.97	33	6.6	0.4	0.6
68	Diffusion-reorganized aggregates: Attractors in diffusion processes?	5118	Filoche M, Sapoval B	diffusion-reorganized	2	2	7	0.42	11	5.5	0.33	1
69	Structural properties of lanthanide and actinide compounds within the plane wave pseudopotential approach	5122	Winkler B, Chen R K, et al.	pseudopotential, lanthanide, actinide	3	26	67	4.06	1050	350	21.21	8.67
70	Picometer accuracy in measuring lattice displacements across planar faults by interferometry in coherent electron diffraction	5126	Wu L, Zhu Y, Tafto J	picometer, lattice displacements	3	6	22	1.33	79	26.33	1.6	2
71	Phonon anomaly in high-pressure Zn	5130	Li Z and Tse J S	high-pressure Zn, CD, neutron-scattering	6	1	34	2.06	34	5.67	0.34	0.17
72	Angular structure of lacunarity, and the renormalization group	5134	Ball R C, Caldarelli G, Flammini A	lacunarity, renormalization, angular	3	1	3	0.18	3	1	0.06	0.33

续表

序号	题目	起始页	作者	创新主题词	创新级别	检出文章数	SCI引用次数	年均SCI引用次数	创新总引次数	创新影响因子	年均创新影响因子	创新因子
73	Freezing by monte carlo phase switch	5138	Wilding N B, Bruce A D	freezing, monte carlo, phase switch, coexistence	5	9	75	4.55	165	33	2	1.8
74	Slippage of nonsuperfluid helium films	5142	Hieda M, Nishino T, Suzuki M, et al.	slippage, porous vycor, He-3	4	1	22	1.33	22	5.5	0.33	0.25
75	Low-temperature magnetization of submonolayer ^{3}He adsorbed on HD preplated graphite	5146	Ikegami H, Masutomi R, Obara K, et al.	submonolayer, HD, heat-capacity	4	3	16	0.97	20	5	0.3	0.75
76	New phase and surface melting of Si (111) at high temperature above the (7×7) - (1×1) phase transition	5150	Fukaya Y, Shigeta Y	Si (111), melting, transition, matrix	4	8	26	1.58	207	51.75	3.14	2
77	X-Ray waveguiding studies of ordering phenomena in confined fluids	5154	Zwanenburg M J, Bongaerts J H H, Peters J F, et al.	X-Ray waveguiding, fluids	2	3	45	2.73	91	45.5	2.76	1.5
78	Role of the metal/semiconductor interface in quantum size effects: Pb/Si (111)	5158	Yeh V, Bautista L B, Wang C Z, et al.	metal-films, Pb/Si (111)	3	47	126	7.64	1644	548	33.21	15.67
79	d-Wave superconductivity and pomeranchuk instability in the two-dimensional hubbard model	5162	Halboth C J, Metzner W	pomeranchuk, hubbard	2	49	314	19.03	1721	860.5	52.15	24.5
80	Magnetic stress as a driving force of structural distortions: The case of CrN	5166	Filippetti A, Hill N A	magnetic stress, CrN	3	36	66	4	477	159	9.64	12
81	Observation of charge stripes in cupric oxide	5170	Zheng X G, Xu C N, Tomokiyo Y, et al.	stripes, cupric	2	17	155	9.39	410	205	12.42	8.5
82	Photoemission spectra of LaMnO$_3$ controlled by orbital excitations	5174	Brink J V D, Horsch P, Oleś A M	LaMnO$_3$, LDA	2	25	50	3.03	569	284.5	17.24	12.5

续表

序号	题目	起始页	作者	创新主题词	创新级别	检出文章数	SCI引用次数	年均SCI引用次数	创新总引次数	创新影响因子	年均创新影响因子	创新因子
83	Franck-condon-broadened angle-resolved photoemission spectra predicted in $LaMnO_3$	5178	Perebeinos V, Allen P B	$LaMnO_3$, Franck-condon-broadened	4	2	45	2.73	49	12.25	0.74	0.5
84	Negative spin-polarization of $SrRuO_3$	5182	Worledge D C, Geballe T H	spin-polarization, $SrRuO_3$, electronic-structure	5	10	68	4.12	305	61	3.7	2
85	Intertube coupling in ropes of single-wall carbon nanotubes	5186	Stahl H, Appenzeller J, Martel R, et al.	intertube coupling, transport	3	27	171	10.36	412	137.33	8.32	9
86	Topological phases in graphitic cones	5190	Lammert P E, Crespi V H	topological phases, graphitic	3	25	93	5.64	515	171.67	10.4	8.33
87	Fermi surface, surface states, and surface reconstruction in Sr_2RuO_4	5194	Damascelli A, Lu D H, Shen K M, et al.	fermi, Sr_2RuO_4, reconstruction	3	16	146	8.85	396	132	8	5.33
88	Evidence for large gap anisotropy in superconducting Pb from phonon imaging	5198	Short J D, Wolfe J P	Pb, phonon Imaging	3	27	15	0.91	401	133.67	8.1	9
89	Gd (0001): A semi-Infinite three-dimensional Heisenberg ferromagnet with ordinary surface transition	5202	Arnold C S, Pappas D P	Gd (0001), Heisenberg	2	4	36	2.18	63	31.5	1.91	2
90	Macroscopic quantum coherence in a magnetic nanoparticle above the surface of a superconductor	5206	Chudnovsky E M, Friedman J R	superconductor, quantum coherence, nanoparticle	4	2	14	0.85	14	3.5	0.21	0.5
91	Neutral-ionic phase separation and one-dimensional ferroelectricity in organic relaxors	5210	Horiuchi S, Kumai R, Okimoto Y, et al.	neutral-ionic, ferroelectricity, separation	4	2	43	2.61	101	25.25	1.53	0.5
92	Double resonant raman scattering in graphite	5214	Thomsen C, Reich S	double, graphite, Raman, superlattices	4	6	1094	66.3	1271	317.75	19.26	1.5
93	High harmonic generation of soft X-Rays by carbon nanotubes	5218	Alon O E, Averbukh V, Moiseyev N	carbon nanotubes, harmonic, X-Rays	4	30	69	4.18	537	134.25	8.14	7.5

续表

序号	题目	起始页	作者	创新主题词	创新级别	检出文章数	SCI引用次数	年均SCI引用次数	创新总引次数	创新影响因子	年均创新影响因子	创新因子
94	Phonon density of states of single-wall carbon nanotubes	5222	Rols S, Benes Z, Anglaret E, et al.	examples, paradoxical, brownian ratchets	4	6	131	7.94	285	71.25	4.32	1.5
95	New paradoxical games based on brownian ratchets	5226	Parrondo J M R, Harmer G P, Abbott D	paradoxical brownian ratchets, counterintuitive	3	5	131	7.94	204	68	4.12	1.67
96	Optimal strategies for sending information through a quantum channel	5230	Bagan E, Baig M, Brey A, et al.	channel, strategies, ensembles, encoding	4	10	44	2.67	471	117.75	7.14	2.5
97	Topology of evolving networks: Local events and universality	5234	Albert R, Barabási A L	Topology, universality, internet	3	10	761	46.12	1301	433.67	26.28	3.33
98	Scaling law of resistance fluctuations in stationary random resistor networks	5238	Pennetta C, Trefán G, Reggiani L	law, resistor, metal-films	4	3	37	2.24	45	11.25	0.68	0.75
99	Multiple-sequence information provides protection against mis-specified potential energy functions in the lattice model of proteins	5242	Cui Y, Wong W H	multiple-sequence, mis-specified	4	1	5	0.3	5	1.25	0.08	0.25
100	Elasticity of the rod-shaped gram-negative eubacteria	5246	Boulbitch A, Quinn B, Pink D	elasticity, rod-shaped, sacculus	4	4	31	1.88	149	37.25	2.26	1
101	Hierarchy of local minimum solutions of heisenberg's uncertainty principle	5263	Hoffman D K, Kouri D J	hierarchy, propagator, path-integrals	4	5	10	0.61	14	3.5	0.21	1.25
102	Primordial galactic magnetic fields from domain walls at the QCD phase transition	5268	Forbes M M, Zhitnitsky A	galactic magnetic, QCD	3	16	30	1.82	343	114.33	6.93	5.33
103	Making classical and quantum canonical general relativity computable through a power series expansion in the inverse cosmological constant	5272	Gambini R, Pullin J	relativity, series expansion	3	2	10	0.61	66	22	1.33	0.67
104	Solving the coincidence problem: Tracking oscillating energy	5276	Dodelson S, Kaplinghat M, Stewart E	coincidence, tracking, oscillating energy	4	6	129	7.82	157	39.25	2.38	1.5

续表

序号	题目	起始页	作者	创新主题词	创新级别	检出文章数	SCI引用次数	年均SCI引用次数	创新总引次数	创新影响因子	年均创新影响因子	创新因子
105	A class of 6D conformal field theories: Relation to to 4D superconformal Yang-Mills theories?	5280	Henningson M	4D superconformal, p-branes, dimensions	4	1	8	0.48	31	7.75	0.47	0.25
106	Using kaon regeneration to probe the quark mixing parameter cos2β in B→ψK decays	5284	Quinn H R, Schietinger T, Silva J P, Snyder A E	amplitude, violation, kaon regeneration	4	8	18	1.09	128	32	1.94	2
107	Strong coupling constant from scaling violations in fragmentation functions	5288	Kniehl B A, Kramer G, Pötter B	coupling constant, parton densities, fragmentation functions	6	7	33	2	274	45.67	2.77	1.17
108	Improved experimental limits on the production of magnetic monopoles	5292	Kalbfleisch G R, Milton K A, Strauss M G, et al.	improved experimental limits, magnetic monopoles	5	4	28	1.7	65	13	0.79	0.8
109	Neutron radii in nuclei and the neutron equation of state	5296	Brown B A	root-mean-square, skyrme Hartree-Fock	6	32	529	32.06	1077	179.5	10.88	5.33
110	Double-octupole states in ^{208}Pb	5300	Brown B A	double-octupole, shell-model	4	2	29	1.76	31	7.75	0.47	0.5
111	Analytical derivation of interference dips in molecular absorption spectra: Molecular properties and relationships to Fano's antiresonance	5304	Neuhauser D, Park T J, Zink J I	Fano's antiresonance	2	5	31	1.88	48	24	1.45	2.5
112	High-accuracy measurement of the magnetic moment anomaly of the electron bound in hydrogenlike carbon	5308	Häffner H, Beier T, Hermanspahn N, et al.	magnetic moment anomaly, hydrogenlike carbon	5	1	184	11.15	184	36.8	2.23	0.2
113	Influencing the angular emission of a single molecule	5312	Gersen H. Parajó M F G, Novotny L, et al.	angular emission, single molecule, fluorescence lifetimes	6	9	103	6.24	254	42.33	2.57	1.5
114	From classical mobility to hopping conductivity: Charge hopping in an ultracold gas	5316	Côté R	charge hopping, ultracold gas	4	28	43	2.61	2094	523.5	31.73	7

续表

序号	题目	起始页	作者	创新主题词	创新级别	检出文章数	SCI引用次数	年均SCI引用次数	创新总引次数	创新影响因子	年均创新影响因子	创新因子
115	Monitor-outside-a-monitor effect and self-similar fractal structure in the eigenmodes of unstable optical resonators	5320	Courtial J, Padgett M J	monitor-outside-a-monitor	3	2	22	1.33	30	10	0.61	0.67
116	Geometry of lagrangian dispersion in turbulence	5324	Pumir A, Shraiman B I, Chertkov M	lagrangian, self-similar distribution, Geometry, pair dispersion	7	3	66	4	97	13.86	0.84	0.43
117	Linear stability of scroll waves	5328	Henry H, Hakim V	linear stability, scroll waves	4	13	34	2.06	212	53	3.21	3.25
118	Theoretical analysis of a dripping faucet	5332	Ambravaneswaran B, Phillips S D, Basaran O A	theoretical, analysis, dripping faucet	4	7	72	4.36	170	42.5	2.58	1.75
119	Generation and stability of zonal flows in ion-temperature-gradient mode turbulence	5336	Rogers B N, Dorland W, Kotschenreuther M	tokamak turbulence, zonal row	4	1	144	8.73	144	36	2.18	0.25
120	Angular distributions of fast electrons, ions, and bremsstrahlung X/γ-rays in intense laser interaction with solid targets	5340	Sheng Z M, Sentoku Y, Mima K, et al.	oblique-incidence, X/γ-rays, angular distributions	6	3	115	6.97	274	45.67	2.77	0.5
121	Ferromagnetic hcp chromium in Cr/Ru (0001) superlattices	5344	Albrecht M, Maret M, Köhler J, et al.	Cr/Ru (0001)	2	16	19	1.15	280	140	8.48	8
122	Damping mechanism in dynamic force microscopy	5348	Gauthier M, Tsukada M	atomic-resolution, resonant frequency	4	25	39	2.36	728	182	11.03	6.25
123	Neutron investigation of collective excitations in liquid K-Cs alloys: The role of the electron density	5352	Bove L E, Sacchetti F, Petrillo C, et al.	K-Cs alloys, electron density	4	3	34	2.06	54	13.5	0.82	0.75
124	Saddles in the energy landscape probed by supercooled liquids	5356	Angelani L, Leonardo R D, Ruocco G, et al.	saddles, energy landscape, liquids, lennard-jones mixture	7	12	192	11.64	489	69.86	4.23	1.71

续表

序号	题目	起始页	作者	创源主题词	创新级别	检出文章数	SCI引用次数	年均SCI引用次数	创新总引次数	创新影响因子	年均创新影响因子	创新因子
125	Energy landscape of a Lennard-Jones liquid: Statistics of stationary points	5360	Broderix K, Bhattacharya K K, Cavagna A, et al.	energy landscape, Lennard-Jones liquid, Stillinger-Weber method	8	1	140	8.48	140	17.5	1.06	0.13
126	Electrical and mechanical properties of C_{70} fullerene and graphite under high pressures studied using designer diamond anvils	5364	Patterson J R, Catledge S A, Vohra Y K, et al.	C_{70} fullerene, graphite, high pressures, diamond anvils	7	2	68	4.12	71	10.14	0.61	0.29
127	Transverse thermal depinning and nonlinear sliding friction of an adsorbed monolayer	5368	Granato E, Ying S C	monolayer, transverse, depinning	3	4	21	1.27	79	26.33	1.6	1.33
128	Inducing desorption of organic molecules with a scanning tunneling microscope: Theory and experiments	5372	Alavi S, Rousseau R, Patitsas S N, et al.	first principles, Inducing desorption, transient ionization	6	1	88	5.33	88	14.67	0.89	0.17
129	Bulk terminated NaCl (111) on aluminum: A polar surface of an ionic crystal?	5376	Hebenstreit W, Schmid M, Redinger J, et al.	NaCl (111), aluminum, ionic crystal	4	3	54	3.27	149	37.25	2.26	0.75
130	Creation of "quantum platelets" via strain-controlled self-organization at steps	5380	Li A, Liu F, Petrovykh D Y, et al.	quantum platelets, strain-controlled	4	2	41	2.48	42	10.5	0.64	0.5
131	One-dimensional metallofullerene crystal generated inside single-walled carbon nanotubes	5384	Hirahara K, Suenaga K, Bandow S, et al.	Gd@Cp-82	1	1	397	24.06	397	397	24.06	1
132	Critical behavior of metal-insulator transition in $La_{1-x}Sr_xVO_3$	5388	Miyasaka S, Okuda T, Tokura Y	$La_{1-x}Sr_xVO_3$, electronic-properties	3	6	84	5.09	161	53.67	3.25	2
133	Quantum correlations in the nonperturbative regime of semiconductor microcavities	5392	Ell C, Brick P, Hübner M, et al.	quantum correlations, nonperturbative, single-beam transmission	6	1	28	1.7	28	4.67	0.28	0.17
134	Spontaneous breakdown of translational symmetry in quantum hall systems: Crystalline order in high landau levels	5396	Haldane F D M, Rezayi E H, Yang K	symmetry, quantum hall, crystalline order	5	58	61	3.7	2877	575.4	34.87	11.6

续表

序号	题目	起始页	作者	创新主题词	创新级别	检出文章数	SCI引用次数	年均SCI引用次数	创新总引次数	创新影响因子	年均创新影响因子	创新因子
135	Resonant mechanisms of inelastic light scattering by low-dimensional electron gases	5400	Jusserand B, Vijayaraghavan M N, Laruelle F, et al.	resonant mechanisms, raman-scattering, quantum-wells	6	23	19	1.15	334	55.67	3.37	3.83
136	Universal distribution of transparencies in highly conductive Nb/AlOx/Nb junctions	5404	Naveh Y, Patel V, Averin D V, et al.	Nb/AlOx/Nb, transparencies, dirty interfaces	4	2	46	2.79	62	15.5	0.94	0.5
137	Fractional quantum hall effect in infinite-layer systems	5408	Naud J D, Pryadko L P, Sondhi S L	infinite-layer, chiral surface-states	5	2	8	0.48	11	2.2	0.13	0.4
138	Polarized-neutron scattering study of the cooper-pair moment in Sr_2RuO_4	5412	Duffy J A, Hayden S M, Maeno Y, et al.	Sr_2RuO_4, cooper-pair, polarized-neutron	5	1	139	8.42	139	27.8	1.68	0.2
139	Static and dynamic coupling transitions of vortex lattices in disordered anisotropic superconductors	5416	Olson C J, Zimányi G T, Kolton A B, et al.	vortex, single-crystals, magnetically interacting	5	3	51	3.09	129	25.8	1.56	0.6
140	Mott transition, antiferromagnetism, and unconventional superconductivity in layered organic superconductors	5420	Lefebvre S, Wzietek P, Brown S, et al.	mott transition, BIS (ethyl-enedithio) tetrathiafulv-alene, kappa-(bedt-ttf)(2)Cu<N(CN)(2)>Cl	4	12	266	16.12	571	142.75	8.65	3
141	Oscillatory curie temperature of two-dimensional ferromagnets	5424	Pajda M, Kudrnovský J, Turek I, et al.	two-dimensional, ferromagnets, first-principles	4	11	86	5.21	113	28.25	1.71	2.75
142	Anisotropic optical spectra of $PrBa_2Cu_4O_8$: Possible Tomonaga-Luttinger liquid response of the quasi-one-dimensional metallic CuO double chains	5428	Takenaka K, Nakada K, Osuka A, et al.	$PrBa_2Cu_4O_8$, Tomonaga-Luttinger	3	8	34	2.06	73	24.33	1.47	2.67
143	Optically injected spin currents in semiconductors	5432	Bhat R D R, Sipe J E	symmetry arguments, eight-band Kane	5	1	150	9.09	151	30.2	1.83	0.2

续表

序号	题目	起始页	作者	创新主题词	创新级别	检出文章数	SCI引用次数	年均SCI引用次数	创新总引次数	创新影响因子	年均创新影响因子	创新因子
144	Polarized raman spectroscopy on isolated single-wall carbon nanotubes	5436	Duesberg G S, Loa I, Burghard M, Syassen K., et al.	single-wall, optical-properties, vibrational-modes, room-temperature	8	3	345	20.91	458	57.25	3.47	0.38
145	Structural and optical properties of the Ge (111) - (2×1) surface	5440	Rohlfing M, Palummo M, Onida G, et al.	Ge (111), isomers, Structural	3	1	58	3.52	58	19.33	1.17	0.33
146	Ionization of xenon rydberg atoms at a metal surface	5444	Hill S B, Haich C B, Zhou Z, et al.	ionization, xenon, metal surface, external electric-field	7	10	70	4.24	210	30	1.82	1.43
147	Communication capacity of quantum computation	5448	Bose S, Rallan L, Vedral V	communication, capacity, quantum, mixedness	4	1	9	0.55	9	2.25	0.14	0.25
148	Experimental realization of an order-finding algorithm with an NMR quantum computer	5452	Vandersypen L M K, Steffen M, Breyta G, et al.	order-finding, algorithm, NMR quantum	5	2	105	6.36	109	21.8	1.32	0.4
149	Synchronization of randomly multiplexed chaotic systems with application to communication	5456	Sundar S, Minai A A	communication, multiplexed chaotic systems, noise-reduction	6	2	82	4.97	82	13.67	0.83	0.33
150	Effective screening of hydrodynamic interactions in charged colloidal suspensions	5460	Riese D O, Wegdam G H, Vos W L, et al.	screening, hydrodynamic interactions, colloidal suspensions, X-ray	6	8	55	3.33	175	29.17	1.77	1.33
151	Planar magnetic colloidal crystals	5464	Wen W, Zhang L, Sheng P	planar, colloidal crystals, magnetic	4	42	70	4.24	1027	256.75	15.56	10.5
152	Network robustness and fragility: Percolation on random graphs	5468	Callaway D S, Newman M E J, Strogatz S H, et al.	network, robustness, percolation	3	210	1097	66.48	15513	5171	313.39	70
153	Twist and writhe dynamics of stiff polymers	5472	Maggs A C	stiff polymers, writhe, dynamics	4	8	9	0.55	74	18.5	1.12	2

续表

序号	题目	起始页	作者	创新主题词	创新级别	检出文章数	SCI引用次数	年均SCI引用次数	创新总引次数	创新影响因子	年均创新影响因子	创新因子
154	Stochastic relaxation oscillator model for the solar cycle	5476	Minimi P D, Gómez D O, Mindlin G B	stochastic, relaxation, oscillator, solar cycle	5	2	41	2.48	75	15	0.91	0.4
155	Beam splitter for guided atoms	5483	Cassettari D, Hessmo B, Folman R, et al.	splitter, y-shaped	2	39	164	9.94	593	296.5	17.97	19.5
156	Implications of SU (2) symmetry on the dynamics of population difference in the two-component atomic vapor	5488	Kuklov A B, Birman J L	SU (2), atomic, vapor	3	16	11	0.67	104	34.67	2.1	5.33
157	Traveling waves, front selection, and exact nontrivial exponents in a random fragmentation problem	5492	Krapivsky P L, Majumdar S N	front, selection, fragmentation	3	25	36	2.18	499	166.33	10.08	8.33
158	Grazing collisions of black holes via the excision of singularities	5496	Brandt S, Correll R, Gómez R, et al.	non-head-on, black, holes	4	8	71	4.3	175	43.75	2.65	2
159	Solving the initial value problem of two black holes	5500	Marronetti P, Matzner R A	value, kerr-schild, collision	4	4	43	2.61	124	31	1.88	1
160	Is equilibrium of aligned Kerr black holes possible?	5504	Manko V S, Ruiz E, Manko O V	equilibrium, Kerr black holes, third	5	3	10	0.61	23	4.6	0.28	0.6
161	Entropy and holography constraints for inhomogeneous universes	5507	Wang B, Abdalla E, Osada T	entropy, constraints, inhomogeneous, universes	4	5	25	1.52	36	9	0.55	1.25
162	Astronomical constraints on the cosmic evolution of the fine structure constant and possible quantum dimensions	5511	Carilli C L, Menten K M, Stocke J T, et al.	astronomical, constraints, time-variation	4	104	53	3.21	3907	976.75	59.2	26
163	Tree structure of a percolating universe	5515	Colombi S, Pogosyan D, Souradeep T	simulations, topology, percolating	3	41	44	2.67	658	219.33	13.29	13.67

续表

序号	题目	起始页	作者	创新主题词	创新级别	检出文章数	SCI引用次数	年均SCI引用次数	创新总引次数	创新影响因子	年均创新影响因子	创新因子
164	New source for electroweak baryogenesis in the minimal supersymmetric standard model	5519	Cline J M, Kainulainen K	source, MSSM, $H^{-1}+H^{-2}$	3	3	66	4	216	72	4.36	1
165	Noncommutative d-brane in a nonconstant NS-NSB field background	5523	Ho P M, Yeh Y T	d-brane, NS-NSB	2	1	44	2.67	44	22	1.33	0.5
166	Kaluza-Klein mediated supersymmetry breaking	5527	Kobayashi T, Yoshioka K	Kaluza-Klein, auxiliary vacuum expectation value, four-dimensional effective theories, renormalization-group functions, framework	12	1	28	1.7	28	2.33	0.14	0.08
167	Kaon condensation in high-density quark matter	5531	Schäfer T	Kaon condensation, high-density, quark matter, perturbative	7	3	60	3.64	105	15	0.91	0.43
168	Non-abelian energy loss at finite opacity	5535	Gyulassy M, Levai P, Vitev I	non-abelian, energy, A+A	3	7	379	22.97	1301	433.67	26.28	2.33
169	Measurement of $\pi^0\pi^0$ production in the nuclear medium by π interactions at 0.408 GeV/c	5539	Starostin A, Staudenmaier H M, Allgower C E, et al.	$\pi^0\pi^0$, spectrum, 2m (π), π^-, nuclear	5	6	85	5.15	153	30.6	1.85	1.2
170	Cold atom beam splitter realized with two crossing dipole guides	5543	Houde O, Kadio D, Pruvost L	beam, splitter, crossing, dipole	4	7	46	2.79	110	27.5	1.67	1.75
171	Experimental demonstration of ground state laser cooling with electromagnetically induced transparency	5547	Roos C F, Leibfried D, Mundt A, et al.	electromagnetically, induced, Ca (+) ion	4	8	125	7.58	311	77.75	4.71	2
172	Ponderomotive optical lattice for rydberg atoms	5551	Dutta S K, Guest J R, Feldbaum D, et al.	ponderomotive, lattice, rydberg	3	9	53	3.21	108	36	2.18	3
173	Dynamics of three-body breakup in dissociative recombination: H_2O^+	5555	Datz S, Thomas R, Rosén S, et al.	DR or "dissociative recombination", breakup, H_2O^+	3	9	58	3.52	205	68.33	4.14	3
174	Unexpected X-ray emission due to formation of bound doubly excited states	5559	Schuch R, Madzunkov S, Lindroth E, et al.	X-ray, unexpected, bound, doubly	4	6	5	0.3	205	51.25	3.11	1.5

续表

序号	起始页	题目	作者	创新主题词	创新级别	检出文章数	SCI引用次数	年均SCI引用次数	创新总引次数	创新影响因子	年均创新影响因子	创新因子
175	5563	Vanishing of energy transport velocity and diffusion constant of electromagnetic waves in disordered magnetic media	Pinheiro F A, Martinez A S, Sampaio L C	vanishing, diffusion, nematic	3	7	16	0.97	90	30	1.82	2.33
176	5567	Experimental phase synchronization of a chaotic convective flow	Maza D, Vallone A, Mancini H, et al.	phase, synchronization, convective	3	24	52	3.15	737	245.67	14.89	8
177	5571	Chaotic dynamics of coupled transverse-longitudinal plasma oscillations in magnetized plasmas	Teychenné D, Bésuelle E, Oloumi A, et al.	magnetized, transverse-longitudinal,	3	8	7	0.42	23	7.67	0.46	2.67
178	5575	Stability of muon beams to langmuir waves during ionization cooling	Malkin V M, Fisch N J	muon, langmuir	2	3	3	0.18	13	6.5	0.39	1.5
179	5579	Electron temperature gradient turbulence	Dorland W, Jenko F, Kotschenreuther M, et al.	plasma, turbulence, electron temperature gradient or "ETG", secondary	4	28	381	23.09	896	224	13.58	7
180	5583	Molecular dynamics simulation study of hydrogen bonding in aqueous poly (ethylene oxide) solutions	Smith G D, Bedrov D, Borodin O	PEO, hydrogen, 1,2-dimethoxyethane, Molecular	4	7	95	5.76	275	68.75	4.17	1.75
181	5587	Evolution of the lamellar structure during crystallization of a semicrystalline-amorphous polymer blend: Time-resolved hot-stage SPM study	Basire C, Ivanov D A	crystallization, SPM, X-Ray	3	295	64	3.88	1458	486	29.45	98.33
182	5591	Anomalous isotope dependence of tunnel splitting of OH and OD defects in KCl and NaCl crystals	Ludwig S, Brederek A, Enss C, et al.	OH, halides, paraelectric	3	3	3	0.18	3	1	0.06	1
183	5595	New ortho-para conversion mechanism in dense solid hydrogen	Strzhemechny M A, Hemley R J	ortho-para, dense, GPa	4	3	15	0.91	38	9.5	0.58	0.75
184	5599	Negative excess interfacial entropy between free and end-grafted chemically identical polymers	Reiter G, Khanna R	negative, entropy, polymers	3	8	45	2.73	250	83.33	5.05	2.67

续表

序号	题目	起始页	作者	创新主题词	创新级别	检出文章数	SCI引用次数	年均SCI引用次数	创新总引次数	创新影响因子	年均创新影响因子	创新因子
185	Unique dynamic appearance of a Ge-Si ad-dimer on Si（001）	5603	Lu Z Y, Liu F, Wang C Z, et al.	Ge-Si, ad-Dimer, dynamic	3	7	26	1.58	88	29.33	1.78	2.33
186	Nonperturbative saddle point for the effective action of disordered and interacting electrons in 2D	5607	Chamon C, Mucciolo E R	nonperturbative, saddle, 2D	3	4	16	0.97	47	15.67	0.95	1.33
187	Efficient total energy calculations from self-energy models	5611	Friera P S, Godby R W	self-energy, models, electron-gas, silicon	4	6	28	1.7	500	125	7.58	1.5
188	Wigner-dyson statistics from the keldysh σ-model	5615	Altland A, Kamenev A	statistics, keldysh, σ-model	4	8	18	1.09	168	42	2.55	2
189	Mesoscopic Kondo effect in an Aharonov-Bohm ring	5619	Kang K, Shin S C	Mesoscopic, Kondo, Aharonov-Bohm, zero-bias	5	3	74	4.48	106	21.2	1.28	0.6
190	Theory of tunneling spectroscopy in ferromagnetic nanoparticles	5623	Canali C M, MacDonald A H	low-energy, excitations, ferromagnetic, nanoparticles	5	14	41	2.48	205	41	2.48	2.8
191	Magnetic-field-induced low-energy spin excitations in $YBa_2Cu_4O_8$ measured by high field Gd^{3+} electron spin resonance	5627	Fehér T, Jánossy A, Oszlányi G, et al.	magnetic, $YBa_2Cu_4O_8$, Gd^{3+}, resonance	4	3	6	0.36	61	15.25	0.92	0.75
192	Schwinger-Keldysh semionic approach for quantum spin systems	5631	Kiselev M N, Oppermann R	semionic, spin	2	9	19	1.15	251	125.5	7.61	4.5
193	Quantum key distribution in the holevo limit	5635	Cabello A	quantum, key, holevo	3	36	236	14.3	1128	376	22.79	12
194	Atomic quantum state teleportation and swapping	5639	Kuzmich A, Polzik E S	atomic, quantum, teleportation, swapping	4	41	136	8.24	1890	472.5	28.64	10.25
195	Quantum communication between atomic ensembles using coherent light	5643	Duan L M, Cirac J I, Zoller P, et al.	communication, atomic, ensembles, coherent	4	117	244	14.79	6460	1615	97.88	29.25
196	Quantum information processing with semiconductor macroatoms	5647	Biolatti E, Iotti R C, Zanardi P, et al.	quantum, macroatoms	2	24	409	24.79	846	423	25.64	12

续表

序号	题目	起始页	作者	创新主题词	创新级别	检出文章数	SCI引用次数	年均SCI引用次数	创新总引次数	创新影响因子	年均创新影响因子	创新因子
197	DNA electrophoresis on a flat surface	5651	Pernodet N, Samuilov V, Shin K, et al.	DNA, electrophores, silane, silicon	4	11	41	2.48	441	110.25	6.68	2.75
198	Enhanced diffusion in active intracellular transport	5655	Caspi A, Granek R, Elbaum M	intracellular, semiflexible	2	19	225	13.64	886	443	26.85	9.5
199	Transmission of information and herd behavior: An application to financial markers	5659	Eguiluz V M, Zimmermann M G	network, herd, behavior, financial,	4	64	203	12.3	1074	268.5	16.27	16
200	Determining the cascade of passive scalar variance in the lower stratosphere	5663	Lindborg E, Cho J Y N	scalar, variance, cascade, stratosphere	4	3	12	0.73	46	11.5	0.7	0.75

索　引

其他

后 记

从开始动笔到完成初稿已经过去了一年半的时间。

写作的过程也是我们思考的过程、创新的过程，我们享受着创新的艰辛和收获的惊喜，这一年半的时间是作者人生中最感享受的时光。

置笔回顾书中的内容，心中有几分释然也有几分忐忑。我们把大胆的思考付诸笔端，一百多个新定义的概念贯穿书中的章节，用自然科学的思维方式研究社会科学问题，旨在建立一个基于中华文化的科学创新理论。与许多新生事物一样，科学创新理论尚在襁褓之中，一定还存在着不足之处，书中的很多理论和观点还有待实践检验，需要在未来的时间里不断地完善、去伪存真和精益求精。

在书中的应用部分，我们只尝试论述了创新理论在教育、科学研究、学术评价中的应用。创新理论的研究结果是否可以用于其他更多的领域？书中提出的一些原则和方法是否能在其他领域中产生出有价值的结果？要回答这些问题需要不同领域的专家、学者和有识之士共同参与和探索。

衷心地希望读者能够提出宝贵的修改建议和意见。

衷心地希望有更多的人参与到创新理论的建立与完善之中，有更多的人加入到创新理论的应用之中。

衷心地希望本书能够成为新时代中国科学创新之路上的一块基石。

作 者

2018 年 5 月 8 日于吉林长春